BKI Baupreise kompakt 2025 Neubau

Statistische Baupreise für Positionen mit Kurztexten

BKI Baupreise 2025
Neubau

Statistische Baupreise für Positionen mit Kurztexten

BKI Baukosteninformationszentrum (Hrsg.)
Stuttgart: BKI, 2024

Mitarbeit:
Hannes Spielbauer (Geschäftsführer)
Brigitte Lechler (Prokuristin)
Heike Elsäßer
Jeannette Sturm

Fachautoren:
Patrick Jeske
Jörn Luther
Wolfgang Mandl
Thomas Schmid
Hans-Jürgen Schneider
Andreas Wagner

Layout, Satz:
Marvin Bisceglie
Hans-Peter Freund
Thomas Fütterer

Fachliche Begleitung:
Beirat Baukosteninformationszentrum
Stephan Weber (Vorsitzender)
Markus Lehrmann (stellv. Vorsitzender)
Prof. Dr. Bert Bielefeld
Markus Fehrs
Andrea Geister-Herbolzheimer
Prof. Dr. Wolfdietrich Kalusche
David Meuer
Martin Müller
Markus Weise

Anschrift:
Seelbergstraße 4, 70372 Stuttgart
Kundenbetreuung: (0711) 954 854-0
Baukosten-Hotline: (0711) 954 854-41
Telefax: (0711) 954 854-54
info@bki.de, www.bki.de

Vorwort

Die Ermittlung, Planung und Überwachung der Baukosten in verschiedenen Planungsphasen eines Bauprojektes ist ein wesentlicher Bestandteil der Architektenleistung.

Das neue Fachbuch unterstützt Architekt*innen, Ingenieur*innen, Sachverständige und alle Fachleute, die mit Baupreisen von Baumaßnahmen im Neubau befasst sind.

Das Fachbuch eignet sich aufgrund seiner kompakten Abmessungen besonders für die schnelle und mobile Baupreisrecherche. Auch für die Bepreisung von Leistungsverzeichnissen, eine Grundleistung nach HOAI, ist es ein wertvolles Werkzeug.

Anwender*innen finden nach Leistungsbereichen geordnet statistisch ausgewertete Baupreise zu Positionen mit Minimal-, Von-, Mittel-, Bis- und Maximalpreisen sowie erläuternde Stichworttexte und die zugehörigen Mengeneinheiten und Kostengruppen nach der aktuellen DIN 276.

Die Baupreise für Neubau stammen aus den Bereichen Rohbau, Ausbau, Gebäudetechnik sowie Freianlagen. Insgesamt befinden sich im Fachbuch Baupreise zu 48 Leistungsbereichen. Alle Kennwerte basieren auf der Analyse realer, abgerechneter Bauwerke, die in den BKI-Baukostendatenbanken verfügbar sind.

Mit den BKI Regionalfaktoren 2025 für jeden Stadt-/Landkreis, sowie für die Inseln der Nord- und Ostsee, passen Anwender die BKI-Bundesdurchschnittspreise an Ihre regionalen Gegebenheiten an.

Besonderer Dank gilt abschließend dem BKI-Beirat, der mit seinem Expert*innenwissen aus der Architektenpraxis, den Architekten- und Ingenieurkammern, Normausschüssen und Universitäten zum Gelingen der BKI-Fachinformationen beiträgt.

Wir wünschen allen Anwender*innen des neuen Fachbuchs viel Erfolg in allen Phasen der Kostenplanung. Anregungen und Kritik zur Verbesserung der BKI-Fachbücher sind uns jederzeit willkommen.

Hannes Spielbauer - Geschäftsführer
Brigitte Lechler - Prokuristin

Baukosteninformationszentrum
Deutscher Architektenkammern GmbH
Stuttgart, im November 2024

Inhalt   Seite

Benutzerhinweise

Baupreise für die Positionen der Leistungsbereiche (LB)

Einführung

Dieses Fachbuch wendet sich an Architekt*innen, Ingenieur*innen, Sachverständige und sonstige Fachleute, die mit Kostenermittlungen von Hochbaumaßnahmen befasst sind. Es enthält statistische Baupreise für „Positionen", geordnet nach den Leistungsbereichen nach STLB. Neben den Mittelwerten sind auch Von-Bis-Werte und Minimal-Maximal-Werte angegeben. Bei den Von-Bis-Werten handelt es sich um mit der Standardabweichung berechnete Bandbreiten, wobei Werte über dem Mittelwerte und Werte unter dem Mittelwert getrennt betrachtet werden. Der Mittelwert muss deshalb nicht zwingend in der Mitte der Bandbreite liegen.

Durch Übernahme der BKI Regionalfaktoren in die Datenbanken wurde es möglich, die Objekte und damit auch deren Positionspreise auch hinsichtlich des Bauortes zu bewerten. Für statistische Auswertungen rechnet BKI so, als ob das Objekt nicht am Bauort, sondern in einer mit dem Bundesdurchschnitt identischen Region gebaut worden wäre.

Die regional bedingten Kosteneinflussfaktoren sind somit aus den hier veröffentlichten Positionspreisen herausgerechnet. Das soll aber nicht darüber hinwegtäuschen, dass Positionspreise darüber hinaus weiteren vielfältigen Einflussfaktoren unterliegen.

Alle Baupreise wurden objektorientiert ermittelt und basieren auf der Analyse realer, abgerechneter Vergleichsobjekte, die derzeit in den BKI-Baukostendatenbanken verfügbar sind.

Benutzerhinweise

1. Definitionen

Positionen sind Teilleistungen die in einem Leistungsverzeichnis eine zu erbringende Leistung eindeutig beschreiben. Bestandteile der Positionen sind Positionsnummer, Kurztext, Langtext, Stichworttext, Abrechnungseinheit, Einheitspreis, Gesamtpreis und Kostengruppen nach der aktuellen DIN 276. Die Positionsnummer dient als Sortierkriterium innerhalb des Leistungsverzeichnisses, welches sich meist in hierarchischen Stufen mit Leistungsbereichen und Titeln strukturiert. Die Kurztexte dienen der verkürzten Darstellung und als schnelles Selektionskriterium. Der Langtext beschreibt dann die geforderte Leistung eindeutig. Einheitspreise sind Preise, welche in Verrechnung mit definierter Einheit den Gesamtpreis ergeben.

Bei dieser Veröffentlichung in kompakter Form wird der Kurztext mit einem konkretisierenden Stichworttext ergänzt. Die Sortierung der Positionen erfolgt ohne Titel über Leistungsbereiche und den Positionsnummern. Der Einheitspreis wird Netto und Brutto in fünf Preisstufen auf der Basis abgerechneter Bauleistungen nach statistischer Methode dargestellt.

2. Kostenstand und Mehrwertsteuer

Kostenstand aller Kennwerte ist das 3. Quartal 2024. Alle Baupreise dieses Fachbuchs werden in brutto und netto angegeben. Die Angabe aller Baupreise dieser Veröffentlichung erfolgt in Euro. Die vorliegenden Baupreise sind Orientierungswerte. Sie können nicht als Richtwerte im Sinne einer verpflichtenden Obergrenze angewendet werden.

3. Datengrundlage

Grundlage der Daten sind statistische Analysen abgerechneter Bauvorhaben. Die Daten wurden mit größtmöglicher Sorgfalt vom BKI bzw. seinen Dokumentationsstellen erhoben und zusammengestellt. Für die Richtigkeit, Aktualität und Vollständigkeit dieser Daten, Analysen und Tabellen übernehmen jedoch weder die Herausgeber*in noch BKI eine Haftung, ebenso nicht für Druckfehler und fehlerhafte Angaben. Die Benutzung dieses Fachbuchs und die Umsetzung der darin erhaltenen Informationen erfolgen auf eigenes Risiko.

Angesichts der vielfältigen Kosteneinflussfaktoren müssen Anwender*innen die genannten Orientierungswerte eigenverantwortlich prüfen und entsprechend dem jeweiligen Verwendungszweck anpassen.

4. Anwendungsbereiche

Die Baupreise sind Orientierungswerte, sie können bei Kostenberechnungen und Kostenanschlägen angewendet werden. Die formalen Mindestanforderungen hinsichtlich der Darstellung der Ergebnisse einer Kostenermittlung sind in DIN 276 Ausgabe 2018 unter Ziffer 4 „Grundsätze der Kostenplanung" festgelegt. Die Anwendung des Positions-Verfahrens bei Kostenermittlungen setzt voraus, dass genügend Planungsinformationen vorhanden sind, um Qualitäten und Mengen von Positionen ermitteln zu können.

5. Geltungsbereiche

Die genannten Baupreise spiegeln in etwa das durchschnittliche Baukostenniveau in Deutschland wider. Die Geltungsbereiche der Tabellenwerte sind fließend. Die „von-/ bis-Werte" markieren weder nach oben noch nach unten absolute Grenzwerte. Auch die Minimal- Maximal-Werte sind nur als Minimum und Maximum der in der Stichprobe enthaltenen Werte zu verstehen. Das schließt nicht aus, dass diese Werte in der Praxis unter- oder überschritten werden können.

6. von-bis Preise

Die „von-bis Preise" wurden mit der Standardabweichung ermittelt, ein statistisches Verfahren, das aus dem kompletten Spektrum der Preisbeispiele einen wahrscheinlichen Mittelbereich errechnet. Um dem Umstand Rechnung zu tragen, dass Abweichungen vom Mittelwert (BKI-Bundesdurchschnittswert) nach oben bei Baupreisen wahrscheinlicher sind als nach unten, wurde die Standardabweichung für Preise oberhalb des Mittelwertes getrennt von denen unterhalb des Mittelwertes ermittelt.

7. BKI-Bundesdurchschnittswerte / Regionalfaktor Stadt-/Landkreis

Grundlage der BKI Regionalfaktoren, die auch der Normierung der Baupreise der dokumentierten Objekte auf Bundesniveau zu Grunde liegen, sind Daten aus der amtlichen Bautätigkeitsstatistik der statistischen Landesämter.

Zusätzlich wurden von BKI Verfahren entwickelt, um die Daten prüfen und Plausibilitätsprüfungen unterziehen zu können.

Für Anwender*innen bedeutet die regionale Normierung der Daten auf einen BKI-Bundesdurchschnitt (Mittelwert), dass einzelne Baupreise oder das Ergebnis einer Kostenermittlung einfach mit dem Regionalfaktor des Standorts des geplanten Objekts multipliziert werden können. Die landkreisbezogenen Regionalfaktoren finden sich im Anhang des Buchs ab Seite 424.

8. Einflüsse auf Baupreise

In den Streubereichen (von-/bis-Werte) der Baupreise spiegeln sich die vielfältigen Einflüsse aus Nutzung, Markt, Gebäudegeometrie, Ausführungsstandard, Projektgröße etc. wider. Die Orientierungswerte können daher nicht schematisch übernommen werden, sondern müssen entsprechend den spezifischen Planungsbedingungen überprüft und ggf. angepasst werden. Mögliche Einflüsse, die eine Anpassung der Orientierungswerte erforderlich machen, können sein:

- besondere Nutzungsanforderungen,
- Standortbedingungen (Erschließung, Immission, Topographie, Bodenbeschaffenheit),
- Bauwerksgeometrie (Grundrissform, Geschosszahlen, Geschosshöhen, Dachform, Dachaufbauten),

- Bauwerksqualität (gestalterische, funktionale und konstruktive Besonderheiten),
- Quantität (Positionsmengen),
- Baumarkt (Zeit, regionaler Baumarkt, Vergabeart).

9. Urheberrechte
Alle Objektinformationen und die daraus abgeleiteten Auswertungen (Statistiken) sind urheberrechtlich geschützt. Die Urheberrechte liegen bei den jeweiligen Büros, Personen bzw. bei BKI.

Es ist ausschließlich eine Anwendung der Daten im Rahmen der praktischen Kostenplanung im Hochbau zugelassen. Für eine anderweitige Nutzung oder weiterführende Auswertungen behält sich BKI alle Rechte vor.

Erläuterungen

1

► min
▷ von
ø Mittel
◁ bis
◄ max

012
Mauerarbeiten

Kosten: Stand 3.Quartal 2024, Bundesdurchschnitt

LB 012 **Preise €**

Nr.	**Kurztext** / Stichworte **Einheit** / Kostengruppe		►	▷	**brutto ø** netto ø	◁	◄
9	**Dämmstein, KS-Mauerwerk 17,5cm** Dämmstein; KS-ISO-Kimmstein, RDK 1,2; Wanddicke 17,5cm, Steinhöhe 13,5cm						
	m	**€ brutto**	**42**	**58**	**63**	**70**	**85**
	KG 342	€ netto	36	49	53	59	72
10	**Dämmstein, KS-Mauerwerk, 24,0cm** Dämmstein; KS-ISO-Kimmstein, RDK 1,2; Wanddicke 24cm, Steinhöhe 13,5cm						
	m	**€ brutto**	**55**	**71**	**75**	**84**	**99**
	KG 341	€ netto	46	60	63	70	83
11	**Innenwand, Mauerziegel, 11,5cm** Innenwand; Mz, SFK 20, RDK 1,6; 2DF 240x115x113mm; MG III						
	m²	**€ brutto**	**74**	**91**	**93**	**97**	**112**
	KG 342	€ netto	62	76	78	82	94
12	**Innenwand, Mauerziegel, 24cm** Innenwand; Mz, SFK 20, RDK 1,7; 2DF 240x240x113mm; MG III						
	m²	**€ brutto**	**103**	**113**	**120**	**125**	**143**
	KG 342	€ netto	87	95	101	105	120
13	**Innenwand, HLz-Planstein 11,5cm, 8DF** Innenwand; HLz, SFK 8, RDK 0,8; 8 DF 498x115x249mm; Dünnbettmörtel						
	m²	**€ brutto**	**61**	**77**	**83**	**91**	**108**
	KG 342	€ netto	51	65	70	76	91

2 6 3 4 5

Erläuterung nebenstehender Tabelle

Alle Baupreise werden mit und ohne Mehrwertsteuer dargestellt.
Kostenstand: 3. Quartal 2024.
Kosten und Baupreise umgerechnet auf den Bundesdurchschnitt.

❶
Leistungsbereich mit Nummer nach Standardleistungsbuch

❷
Ordnungsziffer im jeweiligen Leistungsbereich

❸
Kurztext der Position

❹
Stichworte aus dem Mustertext mit:
Gegenstand, Material, Dimension, Verarbeitung, Ort, Sonstige

❺
Abrechnungseinheit; Einheitspreise brutto und netto mit min/von/mittel/bis/max-Werten

❻
Kostengruppe nach DIN 276:2018-12

Gliederung in Leistungsbereiche nach STLB-Bau

Als Beispiel für eine ausführungsorientierte Ergänzung der Kostengliederung werden im Folgenden die Leistungsbereiche des Standardleistungsbuches für das Bauwesen in einer Übersicht dargestellt.

000 Baustelleneinrichtungen; Verkehrssicherungs- und Sicherheitseinrichtungen
001 Gerüstarbeiten
002 Erdarbeiten
003 Landschaftsbauarbeiten
004 Landschaftsbauarbeiten - Pflanzen
005 Brunnenbauarbeiten und Aufschlussbohrungen
006 Spezialtiefbauarbeiten
007 Untertagebauarbeiten
008 Wasserhaltungsarbeiten
009 Entwässerungskanalarbeiten
010 Drän- und Versickerarbeiten
011 Abscheider- und Kleinkläranlagen
012 Mauerarbeiten
013 Betonarbeiten
014 Natur-, Betonwerksteinarbeiten
016 Zimmer- und Holzbauarbeiten
017 Stahlbauarbeiten
018 Abdichtungsarbeiten
020 Dachdeckungsarbeiten
021 Dachabdichtungsarbeiten
022 Klempnerarbeiten
023 Putz- und Stuckarbeiten, Wärmedämmsysteme
024 Fliesen- und Plattenarbeiten
025 Estricharbeiten
026 Fenster, Außentüren
027 Tischlerarbeiten
028 Parkett-, Holzpflasterarbeiten
029 Beschlagarbeiten
030 Rollladenarbeiten
031 Metallbauarbeiten
032 Verglasungsarbeiten
033 Baureinigungsarbeiten
034 Maler- und Lackierarbeiten - Beschichtungen
035 Korrosionsschutzarbeiten an Stahlbauten
036 Bodenbelagarbeiten
037 Tapezierarbeiten
038 Vorgehängte hinterlüftete Fassaden
039 Trockenbauarbeiten

040 Wärmeversorgungsanlagen - Betriebseinrichtungen
041 Wärmeversorgungsanlagen - Leitungen, Armaturen, Heizflächen
042 Gas- und Wasseranlagen - Leitungen, Armaturen
043 Druckrohrleitungen für Gas, Wasser und Abwasser
044 Abwasseranlagen - Leitungen, Abläufe, Armaturen
045 Gas-, Wasser- und Entwässerungsanlagen - Ausstattung, Elemente, Fertigbäder
046 Gas-, Wasser- und Entwässerungsanlagen - Betriebseinrichtungen
047 Dämm- und Brandschutzarbeiten an technischen Anlagen
049 Feuerlöschanlagen, Feuerlöschgeräte
050 Blitzschutz- / Erdungsanlagen, Überspannungsschutz
051 Kabelleitungstiefbauarbeiten
052 Mittelspannungsanlagen
053 Niederspannungsanlagen - Kabel/Leitungen, Verlegesysteme, Installationsgeräte
054 Niederspannungsanlagen - Verteilersysteme und Einbaugeräte
055 Ersatzstromversorgungsanlagen
057 Gebäudesystemtechnik
058 Leuchten und Lampen
059 Sicherheitsbeleuchtungsanlagen
060 Elektroakustische Anlagen, Sprechanlagen, Personenrufanlagen
061 Kommunikations- und Übertragungsnetze
062 Kommunikationsanlagen
063 Gefahrenmeldeanlagen
064 Zutrittskontroll-, Zeiterfassungssysteme
069 Aufzüge
070 Gebäudeautomation
075 Raumlufttechnische Anlagen
078 Kälteanlagen für raumlufttechnische Anlagen
080 Straßen, Wege, Plätze
081 Betonerhaltungsarbeiten
082 Bekämpfender Holzschutz
083 Sanierungsarbeiten an schadstoffhaltigen Bauteilen
084 Abbruch-, Rückbau- und Schadstoffsanierungsarbeiten
085 Rohrvortriebsarbeiten
087 Abfallentsorgung, Verwertung und Beseitigung
090 Baulogistik
091 Stundenlohnarbeiten
096 Bauarbeiten an Bahnübergängen
097 Bauarbeiten an Gleisen und Weichen
098 Witterungsschutzmaßnahmen

Abkürzungsverzeichnis

Einheiten

cm	Zentimeter
cm^2	Quadratzentimeter
d	Tag
DPr	Proctodichte
h	Stunde
kg	Kilogramm
kN	Kilonewton
kW	Kilowatt
l	Liter
m	Meter
m^2	Quadratmeter
m^3	Kubikmeter
mm	Millimeter
min	Minute
Mt	Monat
St	Stück
s	Sekunde
t	Tonne
Wo	Woche
µm	Mikrometer

Mengenangaben

A	Fläche
B	Breite
D	Durchmesser
d	Dicke
H	Höhe
k	k-Wert
lw	lichte Weite
T	Tiefe
U	u-Wert
V	Volumen
psch	Pauschal
n.A.	nach Aufwand (Preis ist Projektbezogen)

Kombinierte Einheiten

l/m^2	Liter pro Quadratmeter
mh	Meter pro Stunde
md	Meter pro Tag
mWo	Meter pro Woche
mMt	Meter pro Monate
ma	Meter pro Jahr
m^2d	Quadratmeter pro Tag
m^2Wo	Quadratmeter pro Woche
m^2Mt	Quadratmeter pro Monat
m^3d	Kubikmeter pro Tag
m^3Wo	Kubikmeter pro Woche
m^3Mt	Kubikmeter pro Monat
Sth	Stück pro Stunde
Std	Stück pro Tag
StWo	Stück pro Woche
StMt	Stück pro Monat
td	Tonne pro Tag
tMt	Tonne pro Monat
tWo	Tonne pro Monat
$W/(m^2K)$	Wärmedurchgangskoeffizient

Rechenzeichen

<	kleiner
>	größer
<=	kleiner gleich
>=	größer gleich
-	bis

Abkürzungen

AN	Auftragnehmer
AG	Auftraggeber
AP	Arbeitsplätze
APP	Appartement
MW	Maulweite (Zargen)
NF	Normalformat
NF	Nutzfläche
NF	Nut und Feder

Abkürzungen

BB	BB-Schloss=Buntbartschloss
BSH	Brettschichtholz
DD	DD-Lack=Polyurethan-Lack
DN	Durchmesser, Nennmaß (DN80)
DF	Dünnformat
DG	Dachgeschoss
DK	Dreh-/Kipp(-flügel)
DHH	Doppelhaushälfte
EG	Erdgeschoss
ELW	Einliegerwohnung
ETW	Etagenwohnung
EPS	expandierter Polystyrol-schaum
ESG	Einscheiben-Sicherheitsglas
F90-A	Feuerwiderstandsklasse 90min
GK1	Geotechnische Kategorie 1
GK	Gipskarton
GKB	Gipskarton-Bauplatten
GKF	Gipskarton-Feuerschutz
GKI	Gipskarton - imprägniert
GKL	Güteklasse
Gl	Glieder (Heizkörper)
HLz	Hochlochziegel
HDF	hochdichte Faserplatte
HT	Hochtemperatur-Abflussrohr
i.L.	im Lichten
i.M.	im Mittel
KG	Kellergeschoss
KG	Kunststoff Grundleitung
KFZ	Kraftfahrzeug
KS	Kalksandstein
KSL	Kalksandstein-Lochstein
KSV	Kalksandstein-Vollstein
KSVm	Kalksandstein-Vormauer-werk
KVH	Konstruktionsvollholz
LM	Leichtmetall
LZR	Luftzwischenraum (Isolierglas)
MF	Mineralfaser
MG	Mörtelgruppe
MW	Mauerwerk
MW	Mineralwolle
NH	Nadelholz
OG	Obergeschoss
OK	Oberkante
OSB	Oriented Strand Board, Spanplatte
PE	Polyethylen
PE-HD	Polyethylen, hohe Dichte
PES	Polyester
PP	Polypropylen
PS	Polystyrol
PU	Polyurethan
PVC	Polyvinylchlorid
PZ	Profilzylinder
RD	rauchdicht
RRM	Rohbaurichtmaß
RS	Rauchschutz (Türen)
RW	Regenwasser
RWA	Rauch-Wärme-Abzug
SML	Gusseisen-Abwasserrohr
Stb	Stahlbeton
STP	Stellplatz
Stg	Steigung
TG	Tiefgarage
T30	Tür mit Feuerwiderstand 30min
UK	Unterkante
UK	Unterkonstruktion
VK	Vorderkante
VSG	Verbund-Sicherheitsglas
V2A	Edelstahl
V4A	Edelstahl
WDVS	Wärmedämmverbundsystem
WE	Wohneinheit
WK	Einbruch-Widerstandsklasse
WLG	Wärmeleitgruppe
WLS	Wärmeleitstufe
WU	wasserundurchlässig (Beton)
ZTV	zusätzl. techn. Vorbemerkungen

Abkürzungen Pflanzqualitäten

Bu	Busch	Sol	Solitär
C	mit Container	Sth	Stammhöhe
H	Hochstamm	Str	Strauch
He	Heckenpflanze	StU	Stammumfang
mB	mit Ballen	Tr	Triebe
mDb	mit Drahtballen	v	verpflanzt
oB	ohne Ballen	vStr	verpflanzter Strauch

A

Rohbau

Titel des Leistungsbereichs	LB-Nr.
Baustelleneinrichtungen, Sicherheitseinrichtungen	000
Gerüstarbeiten	001
Erdarbeiten	002
Spezialtiefbauarbeiten	006
Wasserhaltungsarbeiten	008
Entwässerungskanalarbeiten	009
Drän- und Versickerarbeiten	010
Mauerarbeiten	012
Betonarbeiten	013
Naturwerkstein-, Betonwerksteinarbeiten	014
Zimmer- und Holzbauarbeiten	016
Stahlbauarbeiten	017
Abdichtungsarbeiten	018
Dachdeckungsarbeiten	020
Dachabdichtungsarbeiten	021
Klempnerarbeiten	022

000

Baustelleneinrichtungen; Verkehrssicherungs- und Sicherheitseinrichtungen

LB 000 **Preise €**

Nr.	Kurztext / Stichworte Einheit / Kostengruppe		▶	▷	brutto ø netto ø	◁	◀
1	**Stammschutz, Brettermantel, bis 30cm** Stammschutz; Brettermantel; StD bis 30cm; gegen mechanische Schäden						
	St	**€ brutto**	**51**	**67**	**74**	**94**	**124**
	KG 211	€ netto	42	56	62	79	104
2	**Stammschutz, Brettermantel, bis 50cm** Stammschutz; Brettermantel; StD bis 50cm; gegen mechanische Schäden						
	St	**€ brutto**	**69**	**87**	**97**	**110**	**139**
	KG 211	€ netto	58	73	82	93	117
3	**Fußgängerschutz, Gehwege** Fußgängerschutzdach; Holzkonstruktion, Belag, mit Bitumenbahn, glasvliesarmiert; Höhe 2,10, Breite 0,90m; Gehwege						
	m	**€ brutto**	**59**	**76**	**82**	**85**	**98**
	KG 391	€ netto	50	64	69	72	82
4	**Übergangs-/Fußgängerbrücke** Fußgängerhilfsbrücke; Durchfahrtshöhe 3,50m, Breite 1,50m, Länge 2,50m; mit Fundamenten, Geländer und Schutzdach; herstellen, vorhalten, abbauen						
	St	**€ brutto**	**117**	**165**	**184**	**263**	**384**
	KG 391	€ netto	99	139	154	221	323
5	**Laufsteg - Zugang Gebäude** Laufsteg, Baustellenzugang; rutschsicher profiliert; Geländer beidseitig, herstellen, vorhalten, beseitigen						
	m	**€ brutto**	**74**	**110**	**115**	**123**	**163**
	KG 391	€ netto	62	93	97	104	137
6	**Bauzaun, Bretter 2,00m** Bauzaun; Bretter; Höhe 2,00m; aufstellen, vorhalten, abbauen; Türen und Tore gesondert						
	m	**€ brutto**	**17**	**23**	**25**	**27**	**31**
	KG 391	€ netto	14	20	21	23	26
7	**Bauzaun, Stahlrohrrahmen 2,00m** Bauzaun, versetzbar; Stahlrohrrahmen, verzinkt; Höhe 2,00m; aufstellen, vorhalten, abbauen; Türen und Tore gesondert						
	m	**€ brutto**	**7,3**	**12,5**	**14,4**	**17,6**	**25,5**
	KG 391	€ netto	6,2	10,5	12,1	14,8	21,4
8	**Bauzaun umsetzen, Bretter** Bauzaun umsetzen; Bretter; Höhe 2,00m; inkl. Türen und Tore						
	m	**€ brutto**	**4,0**	**6,8**	**7,8**	**9,2**	**13,6**
	KG 391	€ netto	3,4	5,7	6,6	7,7	11,4

Kosten: Stand 3.Quartal 2024, Bundesdurchschnitt

LB 000						Preise €
Nr.	**Kurztext** / Stichworte			**brutto ø**		
	Einheit / Kostengruppe	►	▷	netto ø	◁	◄
9	**Bauzaun umsetzen, Stahlrohrrahmen**					
	Bauzaun umsetzen; Stahlrohrrahmen; Höhe 2,00m; inkl. Türen und Tore					
	m € brutto	**2,0**	**4,4**	**5,6**	**7,2**	**10,6**
	KG 391 € netto	1,7	3,7	4,7	6,1	8,9
10	**Bauzaun vorhalten**					
	Bauzaun vorhalten; Höhe 2,00m; über die Grundvorhaltedauer hinaus; inkl. Tore und Türen					
	mWo € brutto	**0,2**	**0,4**	**0,4**	**0,7**	**1,0**
	KG 391 € netto	0,2	0,3	0,4	0,5	0,9
11	**Bauzaunbeleuchtung, öffentlicher Raum**					
	Sicherungsbeleuchtung, Bauzaun; betriebsfertig montieren, entfernen					
	St € brutto	**25**	**46**	**47**	**52**	**73**
	KG 391 € netto	21	39	39	44	61
12	**Absturzsicherung, Seitenschutz**					
	Seitenschutz, behelfsmäßig; herstellen, vorhalten, entfernen; Treppenläufe, Podeste; Absturzsicherung					
	m € brutto	**15**	**22**	**25**	**29**	**44**
	KG 391 € netto	12	18	21	25	37
13	**Tor, Bauzaun, Breite 3,50m**					
	Bauzauntor, behelfsmäßig; Höhe 2,00 Breite 3,50m; abschließbar, einbauen, vorhalten, abbauen					
	St € brutto	**123**	**152**	**158**	**183**	**243**
	KG 391 € netto	103	128	133	153	204
14	**Tor, Bauzaun, Breite 5,00m**					
	Bauzauntor, behelfsmäßig; Höhe 2,00m, Breite 5,00m; abschließbar, einbauen, vorhalten, abbauen					
	St € brutto	**148**	**208**	**221**	**238**	**280**
	KG 391 € netto	124	175	186	200	235
15	**Tür, Bauzaun, Breite 1,00m**					
	Bauzauntür, behelfsmäßig; Höhe 2,00m, Breite 1,00m; abschließbar, einbauen, vorhalten, abbauen					
	St € brutto	**99**	**130**	**147**	**157**	**190**
	KG 391 € netto	83	109	124	132	160
16	**Tür, Bauzaun, Breite 1,50m**					
	Bauzauntür, behelfsmäßig; Höhe 2,00m, Breite 1,50m; abschließbar, einbauen, vorhalten, abbauen					
	St € brutto	**112**	**140**	**158**	**189**	**237**
	KG 391 € netto	94	118	133	159	199

LB 000 **Preise €**

Nr.	Kurztext / Stichworte Einheit / Kostengruppe		►	▷	brutto ø netto ø	◁	◄
17	**Baustraße, Breite bis 2,50m** Baustraße/Bauweg, temporär; RC-Baustoff; Breite bis 2,50m, Dicke bis 30cm; frostsicher herstellen, vorhalten, abbauen; Baustellenverkehr						
	m²	**€ brutto**	**20**	**29**	**32**	**38**	**49**
	KG 391	€ netto	17	24	27	32	41
18	**Hilfsüberfahrt, Baustellenverkehr** Hilfsüberfahrt; Stahlplatte; herstellen, vorhalten, abbauen; über Gehweg/Gräben; Baustellenverkehr						
	m²	**€ brutto**	**30**	**46**	**53**	**57**	**77**
	KG 391	€ netto	25	39	45	48	65
19	**Hilfsüberfahrt, Stahlplatte** Hilfsüberfahrt; Stahlplatte; Breite bis 2,50m; herstellen, vorhalten, abbauen						
	St	**€ brutto**	**123**	**174**	**191**	**206**	**232**
	KG 391	€ netto	104	146	160	173	195
20	**Kabelbrücke, Strom-/Wasserleitung** Kabelbrücke, Strom-/Wasserleitung; Brücke aus 2 Pfosten, Träger zur Überspannung; Höhe 4,20m; sturmsicher herstellen, vorhalten, abbauen; öffentliche Straße						
	St	**€ brutto**	**1.244**	**1.870**	**2.286**	**2.735**	**3.659**
	KG 391	€ netto	1.045	1.572	1.921	2.298	3.075
21	**Verkehrseinrichtung, Verkehrszeichen** Verkehrseinrichtung; Verkehrsschild; herstellen, vorhalten, abbauen						
	St	**€ brutto**	**21**	**47**	**49**	**74**	**127**
	KG 391	€ netto	18	39	41	62	106
22	**Verkehrssicherung, Baustelle** Verkehrssicherung, Baustelle; kennzeichnen, vorhalten; inkl. Rückbau						
	m	**€ brutto**	**31**	**52**	**55**	**74**	**101**
	KG 391	€ netto	26	44	47	62	85
23	**Verkehrsregelung, Lichtsignalanlage** Lichtsignalanlage, automatische Steuerung; zwei Ampeln; inkl. Komponenten, Vorhalte- und Betriebskosten; Batteriebetrieb						
	psch	**€ brutto**	**717**	**1.457**	**1.590**	**2.125**	**3.133**
	KG 391	€ netto	603	1.224	1.336	1.785	2.633
24	**Grenzstein sichern** Grenzstein sichern; über gesamte Bauzeit						
	St	**€ brutto**	**37**	**61**	**63**	**70**	**81**
	KG 391	€ netto	31	52	53	58	68

Kosten: Stand 3.Quartal 2024, Bundesdurchschnitt

LB 000 — **Preise €**

Nr.	Kurztext / Stichworte Einheit / Kostengruppe		▶	▷	brutto ø netto ø	◁	◀
25	**Lagerplatz einrichten und räumen** Lagerplatz einrichten, räumen; Sortierung, Lagerung von Baustellenabfällen; Baugrundstück; nach Baustelleneinrichtungsplan						
	m²	**€ brutto**	**8,6**	**18,1**	**20,6**	**26,5**	**35,0**
	KG 391	€ netto	7,2	15,2	17,3	22,3	29,4
26	**Bauwasseranschluss, 3 Zapfstellen** Bauwasseranschluss; drei Zapfstellen; herstellen, vorhalten, abbauen; inkl. Beantragung						
	St	**€ brutto**	**288**	**633**	**767**	**1.042**	**1.579**
	KG 391	€ netto	242	532	645	876	1.327
27	**Bauwasseranschluss heranführen** Bauwasserleitung; DN32; provisorisch herstellen, vorhalten, abbauen; öffentlicher Anschluss						
	m	**€ brutto**	**15**	**30**	**35**	**51**	**74**
	KG 391	€ netto	13	25	30	43	62
28	**Schmutzwasseranschluss herstellen** Kanalanschluss, Schmutzwasser; DN100/DN150; herstellen, vorhalten, entfernen; inkl. Beantragung						
	St	**€ brutto**	**365**	**475**	**530**	**576**	**676**
	KG 391	€ netto	306	399	445	484	568
29	**Baustromanschluss** Baustromanschluss; Zähler, Steckdosen, FI-Schalter, Sicherungen; Zuleitung bis 50m; herstellen, vorhalten, abbauen						
	St	**€ brutto**	**337**	**741**	**887**	**1.087**	**1.662**
	KG 391	€ netto	284	623	746	914	1.396
30	**Baustrom, Zuleitung** Baustromhauptanschluss, Zuleitung; geschützte Leitung; Zuleitung bis 50m; herstellen, vorhalten, abbauen						
	m	**€ brutto**	**13**	**23**	**27**	**29**	**36**
	KG 391	€ netto	11	19	23	24	30
31	**Baustellenbeleuchtung, innen** Beleuchtung innen, Hauptverkehrswege; herstellen, vorhalten, betreiben, abbauen; inkl. Kabel, Schalter, Anschlussarbeiten						
	psch	**€ brutto**	**1.690**	**2.949**	**3.475**	**3.775**	**4.723**
	KG 391	€ netto	1.420	2.478	2.920	3.172	3.969
32	**Container, Bauleitung, 15m²** Bürocontainer; 15m²; beheizbar, wärmegedämmte Ausstattung, aufstellen, vorhalten, abfahren						
	St	**€ brutto**	**1.596**	**2.312**	**2.636**	**3.121**	**3.873**
	KG 391	€ netto	1.341	1.943	2.215	2.623	3.254

LB 000 **Preise €**

Nr.	Kurztext / Stichworte Einheit / Kostengruppe		▶	▷	brutto ø netto ø	◁	◀
33	**Container, Bauleitung, 37,5m²** Bürocontainer; bis 37,5m²; beheizbar, wärmegedämmte Ausstattung, aufstellen, vorhalten, abfahren						
	St	**€ brutto**	**2.024**	**3.285**	**3.799**	**4.586**	**6.405**
	KG 391	€ netto	1.701	2.761	3.192	3.854	5.383
34	**WC-Kabine** WC-Kabine; 1 WC-Sitz; aufstellen, vorhalten, abbauen; inkl. Verbrauchsmaterial						
	St	**€ brutto**	**67**	**110**	**125**	**138**	**170**
	KG 391	€ netto	56	93	105	116	143
35	**Sanitärcontainer** Sanitärcontainer; 2 WC-Kabinen, 2 Waschrinnen mit je 3 Waschplätzen; beheizbar, wärmegedämmt, aufstellen, vorhalten, abfahren						
	St	**€ brutto**	**781**	**1.683**	**1.969**	**2.474**	**3.454**
	KG 391	€ netto	657	1.415	1.655	2.079	2.902
36	**Sanitärcontainer vorhalten** Sanitärcontainer, vorhalten; wöchentlich reinigen						
	StWo	**€ brutto**	**83**	**113**	**121**	**129**	**158**
	KG 391	€ netto	70	95	101	109	133
37	**Kranaufstandsfläche herstellen** Kranaufstandsfläche; herstellen, entfernen, entsorgen; inkl. Erdarbeiten und Kranfundamente						
	m²	**€ brutto**	**14**	**19**	**21**	**24**	**30**
	KG 391	€ netto	11	16	17	20	25
38	**Krannutzung** Baukran; mit Bedienung, als Leistung für Dritte						
	h	**€ brutto**	**86**	**159**	**188**	**217**	**285**
	KG 391	€ netto	72	133	158	182	239
39	**Autokran, bis 70t** Autokran bereitstellen; max. Traglast 50-70t; aufbauen, betreiben, abbauen; inkl. Bedienung						
	h	**€ brutto**	**155**	**233**	**268**	**268**	**364**
	KG 391	€ netto	130	196	225	226	306
40	**Bauaufzug, 200kg, Material und Personen** Personen- und Materialaufzug; bis 200kg, Förderhöhe 15,0m; liefern, aufbauen, abbauen						
	St	**€ brutto**	**727**	**1.099**	**1.204**	**1.510**	**2.009**
	KG 391	€ netto	611	923	1.012	1.269	1.688

Kosten: Stand 3.Quartal 2024, Bundesdurchschnitt

LB 000 **Preise €**

Nr.	Kurztext / Stichworte Einheit / Kostengruppe		►	▷	brutto ø netto ø	◁	◄
41	**Bauaufzug, 500kg, Material und Personen** Personen- und Materialaufzug; bis 500kg, Förderhöhe 15,0m; liefern, aufbauen, abbauen						
	St	**€ brutto**	**1.445**	**2.138**	**2.532**	**2.749**	**3.630**
	KG 391	€ netto	1.215	1.797	2.127	2.310	3.050
42	**Bauaufzug, 1.000kg, Material und Personen** Personen- und Materialaufzug; bis 1.000kg, Förderhöhe bis 15,0m; liefern, aufbauen, abbauen						
	St	**€ brutto**	**2.406**	**4.259**	**4.784**	**5.462**	**6.716**
	KG 391	€ netto	2.022	3.579	4.020	4.590	5.644
43	**Bauaufzug, 1.500kg Material** Materialaufzug; bis 1.500kg, Förderhöhe bis 15,00m, Fahrkorb 2,00m²; liefern, aufbauen, abbauen						
	St	**€ brutto**	**4.633**	**7.271**	**9.365**	**12.569**	**15.773**
	KG 391	€ netto	3.894	6.110	7.870	10.563	13.255
44	**Bauaufzug, vorhalten** Bauaufzug, Gebrauchsüberlassung; betreiben, bedienen						
	StWo	**€ brutto**	**–**	**466**	**753**	**1.020**	**–**
	KG 391	€ netto	–	391	633	857	–
45	**Schutzabdeckung, Boden, Holzplatten** Schutzabdeckung, Boden; Holzplatten, NF-System; entfernen						
	m²	**€ brutto**	**12**	**18**	**21**	**26**	**35**
	KG 397	€ netto	9,8	14,8	17,5	22,0	29,0
46	**Bautrocknung, Kondensationstrockner** Kondensationstrockner; 1000 Watt, Entfeuchtung 10l/Tag, Behältergröße 15l; aufstellen, betreiben, abbauen; inkl. Komponenten						
	St	**€ brutto**	**175**	**265**	**303**	**359**	**526**
	KG 397	€ netto	147	223	255	302	442
47	**Reinigen grobe Verschmutzung** Baustellenreinigung; grobe Verschmutzung, Abfälle; Stoffe entsorgen; Betonboden						
	m²	**€ brutto**	**33**	**45**	**50**	**55**	**65**
	KG 391	€ netto	28	38	42	46	54
48	**Bautreppe, zweiläufig** Bautreppe; Breite mind. 90cm, Geschosshöhe bis 3,00m; zweiläufig, herstellen, vorhalten, abbauen; inkl. Podest						
	St	**€ brutto**	**224**	**560**	**738**	**960**	**1.553**
	KG 391	€ netto	188	471	620	807	1.305

LB 000 **Preise €**

Nr.	Kurztext / Stichworte Einheit / Kostengruppe		►	▷	brutto ø netto ø	◁	◄
49	**Laufbrücke, Holz** Laufbrücke; Holz; inkl, Handlauf, Seitenschutz zweiseitig, herstellen, vorhalten, demontieren						
	m	**€ brutto**	**74**	**109**	**114**	**129**	**150**
	KG 391	€ netto	62	91	96	108	126
50	**Schutzwand, Folienbespannung** Staubschutzvorrichtung; Holzkonstruktion, Gitterfolie 0,5mm; Höhe bis 3,50m; herstellen, vorhalten, abbauen; im Gebäude						
	m²	**€ brutto**	**12**	**24**	**30**	**35**	**46**
	KG 397	€ netto	10	20	25	29	39
51	**Schutzwand, Holz beplankt** Bauschutzwand, Holzbeplankung; Holzkonstruktion, Holzwerkstoffplatten; Dicke mind. 15mm, Höhe bis 3,00m; vorhalten, abbauen						
	m²	**€ brutto**	**20**	**40**	**45**	**61**	**89**
	KG 391	€ netto	17	33	38	51	75
52	**Bautür, Stahlblech** Bautür, abschließbar; Stahl; 1,26x2,26m; montieren, entfernen; inkl. Schloss und Drücker						
	St	**€ brutto**	**93**	**237**	**299**	**416**	**701**
	KG 391	€ netto	78	199	252	350	589
53	**Bautür, Holz** Bautür, abschließbar; Holz; 1,00x2,00m; montieren, entfernen; inkl. Schloss und Drücker						
	St	**€ brutto**	**89**	**208**	**244**	**331**	**507**
	KG 391	€ netto	75	174	205	278	426
54	**Witterungsschutz, Fensteröffnung** Witterungsschutz; Holzkonstruktion, PE-Folie 0,5mm; herstellen, vorhalten, abbauen						
	m²	**€ brutto**	**9,9**	**23,9**	**28,8**	**41,9**	**63,5**
	KG 397	€ netto	8,3	20,1	24,2	35,3	53,4
55	**Meterriss** Meterriss; unverrückbar herstellen; inkl. Komponenten						
	St	**€ brutto**	**9,0**	**25,0**	**31,8**	**42,6**	**67,6**
	KG 391	€ netto	7,6	21,0	26,7	35,8	56,8
56	**Höhenfestpunkt, Einschlagbolzen** Höhenfestpunkt; Einschlagbolzen; unverrückbar herstellen						
	St	**€ brutto**	**25**	**64**	**78**	**107**	**161**
	KG 391	€ netto	21	54	65	90	135

Kosten: Stand 3.Quartal 2024, Bundesdurchschnitt

LB 000 **Preise €**

Nr.	Kurztext / Stichworte Einheit / Kostengruppe		►	▷	brutto ø netto ø	◁	◄
57	**Bauschuttcontainer, gemischter Bauschutt, 7m³** Bauschuttcontainer; Material nicht schadstoffbelastet; 7,00m³; aufstellen, vorhalten, abfahren						
	St	**€ brutto**	**447**	**780**	**901**	**995**	**1.259**
	KG 391	€ netto	376	655	757	836	1.058
58	**Bauschuttcontainer, gemischter Bauschutt, bis 10m³** Bauschuttcontainer; Material nicht schadstoffbelastet; 7,0-10,0m³; aufstellen, vorhalten, abfahren						
	St	**€ brutto**	**529**	**997**	**1.221**	**1.456**	**1.801**
	KG 391	€ netto	445	838	1.026	1.224	1.513
59	**Bauschuttcontainer, sortierter Bauschutt, 7m³** Bauschuttcontainer; Beton, Ziegel, Fliesen und Keramik; 7,0m³; aufstellen, vorhalten, abfahren						
	St	**€ brutto**	**319**	**509**	**619**	**836**	**1.136**
	KG 391	€ netto	268	428	520	702	955
60	**Bauschuttcontainer, sortierter Bauschutt, bis 10m³** Bauschuttcontainer; Beton, Ziegel, Fliesen und Keramik; bis,10,0m³; aufstellen, vorhalten, abfahren						
	St	**€ brutto**	**332**	**662**	**806**	**970**	**1.271**
	KG 391	€ netto	279	556	678	815	1.068
61	**Deponiegebühr, gemischter Bauschutt** Deponiegebühr; Material nicht schadstoffbelastet						
	m³	**€ brutto**	**32**	**63**	**65**	**90**	**129**
	KG 391	€ netto	27	53	55	76	108
62	**Bauschild, Grundplatte** Bauschild mit Trägerkonstruktion; Mehrschichtplatte; Breite 5,00m, Höhe 2,50m; aufstellen, vorhalten, abbauen; inkl. Fundamente						
	St	**€ brutto**	**1.344**	**2.480**	**2.841**	**3.795**	**6.014**
	KG 391	€ netto	1.130	2.084	2.388	3.189	5.054
63	**Bauschild, Firmenleiste** Firmenschild; Abmessung 2,50x0,15m; montieren, demontieren						
	St	**€ brutto**	**43**	**93**	**116**	**168**	**265**
	KG 391	€ netto	36	78	98	141	223
64	**Schuttabwurfschacht, bis 12m** Schuttabwurfschacht; Durchmesser 60cm, Höhe über 8,0-12,0m; aufstellen, vorhalten, abbauen; Außenbereich						
	m	**€ brutto**	**27**	**39**	**44**	**53**	**77**
	KG 391	€ netto	23	33	37	44	65

LB 000 **Preise €**

Nr.	Kurztext / Stichworte Einheit / Kostengruppe		►	▷	brutto ø netto ø	◁	◄
65	**Schuttabwurfschacht, bis 8m** Schuttabwurfschacht; Durchmesser 60cm, Höhe 4,0-8,0m; aufstellen, vorhalten, abbauen; Außenbereich						
	St	**€ brutto**	**149**	**320**	**354**	**396**	**759**
	KG 391	€ netto	125	269	298	333	638
66	**Stundensatz, Facharbeiter/-in** Stundenlohnarbeiten, Vorarbeiterin, Vorarbeiter, Facharbeiterin, Facharbeiter und Gleichgestellte; Baustelleneinrichtung						
	h	**€ brutto**	**68**	**80**	**85**	**90**	**101**
		€ netto	57	67	72	76	85
67	**Stundensatz, Helfer/-in** Stundenlohnarbeiten für Werkerin, Werker, Helferin, Helfer und Gleichgestellte; Baustelleneinrichtung						
	h	**€ brutto**	**58**	**70**	**75**	**80**	**90**
		€ netto	49	59	63	67	76

001
Gerüstarbeiten

LB 001 **Preise €**

Nr.	Kurztext / Stichworte Einheit / Kostengruppe	▶	▷	brutto ø netto ø	◁	◀
1	**Fassadengerüst erstellen, LK3, W06** Arbeitsgerüst, LK3; W06, H1; erstellen					
	m² € brutto	**4,1**	**5,5**	**6,1**	**6,9**	**8,2**
	KG 392 € netto	3,5	4,6	5,1	5,8	6,9
2	**Fassadengerüst erstellen, LK3, W09** Arbeitsgerüst, LK 3; W09, H1; erstellen					
	m² € brutto	**4,9**	**6,4**	**7,2**	**8,2**	**9,6**
	KG 392 € netto	4,1	5,4	6,0	6,9	8,1
3	**Fassadengerüst erstellen, LK4, W09** Arbeitsgerüst, LK4; W09, H1; erstellen					
	m² € brutto	**5,6**	**7,4**	**8,3**	**9,4**	**11,1**
	KG 392 € netto	4,7	6,3	7,0	7,9	9,3
4	**Fassadengerüst erstellen, LK5, W09** Arbeitsgerüst, LK5; W09, H1; erstellen					
	m² € brutto	**6,4**	**8,5**	**9,4**	**10,8**	**12,6**
	KG 392 € netto	5,4	7,1	7,9	9,0	10,6
5	**Fassadengerüst abbauen, LK3, W06** Arbeitsgerüst, LK3; W06, H1; abbauen					
	m² € brutto	**2,5**	**3,3**	**3,7**	**4,2**	**5,0**
	KG 392 € netto	2,1	2,8	3,1	3,6	4,2
6	**Fassadengerüst abbauen, LK3, W09** Arbeitsgerüst, LK3; W09, H1; abbauen					
	m² € brutto	**3,0**	**3,9**	**4,4**	**5,0**	**5,9**
	KG 392 € netto	2,5	3,3	3,7	4,2	4,9
7	**Fassadengerüst abbauen, LK4, W09** Arbeitsgerüst, LK4; W09, H1; abbauen					
	m² € brutto	**3,5**	**4,6**	**5,1**	**5,8**	**6,8**
	KG 392 € netto	2,9	3,8	4,3	4,9	5,7
8	**Fassadengerüst abbauen, LK5, W09** Arbeitsgerüst, LK5; W09, H1; abbauen					
	m² € brutto	**3,9**	**5,2**	**5,8**	**6,6**	**7,7**
	KG 392 € netto	3,3	4,4	4,9	5,5	6,5
9	**Fassadengerüst, Gebrauchsüberlassung, LK3, W06** Gebrauchsüberlassung, Fassadengerüst, LK3, W06; je Woche					
	m²Wo € brutto	**0,2**	**0,3**	**0,3**	**0,4**	**0,4**
	KG 392 € netto	0,2	0,3	0,3	0,3	0,4
10	**Fassadengerüst, Gebrauchsüberlassung, LK3, W09** Gebrauchsüberlassung, Fassadengerüst, LK3, W09; je Woche					
	m²Wo € brutto	**0,3**	**0,4**	**0,4**	**0,5**	**0,5**
	KG 392 € netto	0,2	0,3	0,3	0,4	0,5

Kosten: Stand 3.Quartal 2024, Bundesdurchschnitt

LB 001						**Preise €**
Nr.	**Kurztext** / Stichworte			**brutto ø**		
	Einheit / Kostengruppe	►	▷	netto ø	◁	◄
11	**Fassadengerüst, Gebrauchsüberlassung, LK4, W09**					
	Gebrauchsüberlassung, Fassadengerüst, LK4, W09; je Woche					
	m²Wo € brutto	**0,4**	**0,5**	**0,6**	**0,6**	**0,8**
	KG 392 € netto	0,3	0,4	0,5	0,5	0,6
12	**Fassadengerüst, Gebrauchsüberlassung, LK5, W09**					
	Gebrauchsüberlassung, Fassadengerüst, LK5, W09; je Woche					
	m²Wo € brutto	**0,4**	**0,6**	**0,6**	**0,7**	**0,8**
	KG 392 € netto	0,3	0,5	0,5	0,6	0,7
13	**Fassadengerüst umsetzen**					
	Arbeitsgerüst, umsetzen; H1; im Ganzen/in Abschnitten					
	m² € brutto	**6,0**	**8,6**	**9,7**	**12,0**	**15,2**
	KG 392 € netto	5,1	7,2	8,2	10,1	12,8
14	**Abstützung, freistehendes Gerüst**					
	Standgerüst, freistehend; abstützen gem. statischer Berechnung					
	m² € brutto	**2,1**	**3,6**	**4,1**	**4,8**	**6,3**
	KG 392 € netto	1,7	3,0	3,4	4,1	5,3
15	**Standfläche herstellen, Hilfsgründung**					
	Hilfsgründung, Gerüst; Standfläche herstellen					
	m € brutto	**4,8**	**6,4**	**7,1**	**8,1**	**9,5**
	KG 392 € netto	4,1	5,4	6,0	6,8	8,0
16	**Schutzlage, Dachabdichtung**					
	Schutzlage über Dachabdichtung; Gummischrotmatte 6mm; lose verlegen, entfernen					
	m² € brutto	**6,5**	**9,7**	**11,0**	**12,4**	**15,9**
	KG 363 € netto	5,5	8,2	9,3	10,4	13,3
17	**Standgerüst erstellen, innen LK3**					
	Standgerüst, LK3; H1; erstellen; innen					
	m² € brutto	**4,4**	**5,6**	**6,2**	**7,0**	**8,3**
	KG 392 € netto	3,7	4,7	5,2	5,9	6,9
18	**Standgerüst abbauen, innen LK3**					
	Standgerüst, LK3; H1; abbauen; innen					
	m² € brutto	**3,7**	**4,7**	**5,2**	**5,9**	**7,0**
	KG 392 € netto	3,1	3,9	4,4	5,0	5,8
19	**Standgerüst, Gebrauchsüberlassung**					
	Gebrauchsüberlassung, Standgerüst; LK3; H1; je Woche					
	m²Wo € brutto	**0,3**	**0,3**	**0,4**	**0,4**	**0,5**
	KG 392 € netto	0,2	0,3	0,3	0,4	0,4

LB 001						Preise €
Nr.	**Kurztext** / Stichworte **Einheit** / Kostengruppe	►	▷	brutto ø netto ø	◁	◄
20	**Raumgerüst erstellen, LK3** Raumgerüst, LK3; H1; erstellen, Seitenschutz einseitig/zweiseitig/umlaufend					
	m³ € brutto	**4,7**	**5,9**	**6,5**	**7,4**	**8,7**
	KG 392 € netto	3,9	4,9	5,5	6,2	7,3
21	**Raumgerüst abbauen, LK3** Raumgerüst, LK3; H1; abbauen, Seitenschutz einseitig/zweiseitig/umlaufend					
	m³ € brutto	**3,4**	**4,3**	**4,8**	**5,4**	**6,4**
	KG 392 € netto	2,9	3,6	4,0	4,6	5,4
22	**Raumgerüst, Gebrauchsüberlassung** Gebrauchsüberlassung Raumgerüst, LK 3; H1; je Woche					
	m³Wo € brutto	**0,2**	**0,4**	**0,4**	**0,6**	**0,9**
	KG 392 € netto	0,2	0,3	0,3	0,5	0,8
23	**Absetzpodest erstellen, LK4** Absetzpodest als Arbeitsgerüst, LK4; H1; erstellen, Seitenschutz einseitig/zweiseitig/umlaufend					
	St € brutto	**165**	**206**	**229**	**261**	**307**
	KG 392 € netto	139	173	192	219	258
24	**Absetzpodest abbauen, LK4** Absetzpodest als Arbeitsgerüst, LK4; H1; abbauen, Seitenschutz einseitig/zweiseitig/umlaufend					
	St € brutto	**85**	**106**	**118**	**135**	**158**
	KG 392 € netto	71	89	99	113	133
25	**Absetzpodest, Gebrauchsüberlassung** Gebrauchsüberlassug; Absetzpodest als Arbeitsgerüst, LK4; H1; je Woche					
	StWo € brutto	**29**	**36**	**40**	**46**	**54**
	KG 392 € netto	24	31	34	39	45
26	**Fahrgerüst erstellen, LK3** Fahrgerüst, LK3; erstellen					
	St € brutto	**167**	**208**	**231**	**264**	**310**
	KG 392 € netto	140	175	194	222	261
27	**Fahrgerüst entfernen, LK3** Fahrgerüst, LK3; entfernen					
	St € brutto	**86**	**108**	**119**	**136**	**160**
	KG 392 € netto	72	90	100	114	135
28	**Fahrgerüst, Gebrauchsüberlassung** Gebrauchsüberlassug; Fahrgerüst LK3; je Woche					
	StWo € brutto	**30**	**37**	**42**	**47**	**56**
	KG 392 € netto	25	31	35	40	47

Kosten: Stand 3.Quartal 2024, Bundesdurchschnitt

LB 001 **Preise €**

Nr.	Kurztext / Stichworte Einheit / Kostengruppe		►	▷	brutto ø netto ø	◁	◄
29	**Gerüstverbreiterung erstellen, bis30cm** Gerüstverbreiterung; bis 0,30m; erstellen						
	m	**€ brutto**	**3,6**	**4,4**	**5,2**	**6,2**	**7,2**
	KG 392	€ netto	3,0	3,7	4,4	5,2	6,1
30	**Gerüstverbreiterung erstellen, bis 70cm** Gerüstverbreiterung; über 0,30-0,70m; erstellen						
	m	**€ brutto**	**5,7**	**7,0**	**8,2**	**9,8**	**11,5**
	KG 392	€ netto	4,8	5,9	6,9	8,3	9,6
31	**Gerüstverbreiterung abbauen, bis 30cm** Gerüstverbreiterung; bis 30cm; abbauen						
	m	**€ brutto**	**2,2**	**2,7**	**3,2**	**3,8**	**4,5**
	KG 392	€ netto	1,9	2,3	2,7	3,2	3,7
32	**Gerüstverbreiterung abbauen, bis 70cm** Gerüstverbreiterung; über 0,30-0,70m abbauen						
	m	**€ brutto**	**3,5**	**4,3**	**5,0**	**6,0**	**7,0**
	KG 392	€ netto	3,0	3,6	4,2	5,1	5,9
33	**Gerüstverbreiterung, Gebrauchsüberlassung** Gebrauchsüberlassung, Gerüstverbreiterung; je Woche						
	mWo	**€ brutto**	**0,2**	**0,3**	**0,3**	**0,4**	**0,6**
	KG 392	€ netto	0,2	0,2	0,3	0,3	0,5
34	**Dachfanggerüst als Erweiterung erstellen, Arbeitsgerüst** Arbeitsgerüst Erweiterung zum Dachfanggerüst; erstellen, inkl. Seitenschutz						
	m	**€ brutto**	**5,9**	**7,8**	**8,7**	**9,9**	**11,6**
	KG 392	€ netto	5,0	6,6	7,3	8,3	9,8
35	**Dachfanggerüst als Erweiterung abbauen, Arbeitsgerüst** Arbeitsgerüst Erweiterung zum Dachfanggerüst; abbauen, inkl. Seitenschutz						
	m	**€ brutto**	**3,6**	**4,7**	**5,3**	**6,0**	**7,1**
	KG 392	€ netto	3,0	4,0	4,4	5,0	5,9
36	**Dachfanggerüst, Gebrauchsüberlassung** Gebrauchsüberlassung Dachfanggerüst; je Woche						
	mWo	**€ brutto**	**0,2**	**0,4**	**0,5**	**0,7**	**0,9**
	KG 392	€ netto	0,2	0,4	0,4	0,6	0,8
37	**Kamineinrüstung, Dachgerüst, LK4** Kamingerüst, LK 4; Dachgerüstkonsolen, dreiteiliger Seitenschutz; W09, Höhe 2,0m; über schräge Dachflächen						
	St	**€ brutto**	**728**	**864**	**930**	**1.047**	**1.218**
	KG 392	€ netto	612	726	782	880	1.023

LB 001 **Preise €**

Nr.	Kurztext / Stichworte Einheit / Kostengruppe		►	▷	brutto ø netto ø	◁	◄
38	**Gerüsttreppe erstellen, Treppenturm** Treppenturm, Gerüst; Breite über 0,50-0,75m; erstellen, Klasse A/B						
	St	**€ brutto**	**1.453**	**1.817**	**2.019**	**2.301**	**2.705**
	KG 392	€ netto	1.221	1.527	1.696	1.934	2.273
39	**Gerüsttreppe abbauen, Treppenturm** Treppenturm, Gerüst; Breite über 0,50-0,75m; abbauen, Klasse A/B						
	St	**€ brutto**	**553**	**691**	**768**	**875**	**1.028**
	KG 392	€ netto	464	580	645	735	864
40	**Treppenturm, Gebrauchsüberlassung** Gebrauchsüberlassung, Treppenturm, Gerüst; je Woche						
	StWo	**€ brutto**	**123**	**153**	**170**	**194**	**228**
	KG 392	€ netto	103	129	143	163	192
41	**Leitergang erstellen, Gerüst** Leitergang; Höhe Gerüstlage 2,0m; in Gerüstkonstruktion einbauen						
	St	**€ brutto**	**18**	**23**	**26**	**29**	**34**
	KG 392	€ netto	15	19	22	25	29
42	**Leitergang abbauen, Gerüst** Leitergang; in Gerüstkonstruktion abbauen						
	St	**€ brutto**	**11**	**14**	**16**	**18**	**21**
	KG 392	€ netto	9,5	11,9	13,2	15,0	17,7
43	**Leitergang, Gebrauchsüberlassung** Gebrauchsüberlassung, Leitergang; je Woche						
	StWo	**€ brutto**	**5,4**	**12,3**	**15,3**	**19,8**	**23,7**
	KG 392	€ netto	4,6	10,4	12,8	16,6	19,9
44	**Überbrückung erstellen, Gerüst** Überbrückung erstellen; Gitterträger, Spannweite bis 6,0m, inkl. Belag, Seitenschutz						
	m	**€ brutto**	**17**	**22**	**24**	**28**	**33**
	KG 392	€ netto	14	18	20	24	28
45	**Überbrückung abbauen, Gerüst** Überbrückung abbauen; Gitterträger; Spannweite bis 6,0m; inkl. Belag, Seitenschutz						
	m	**€ brutto**	**11**	**13**	**15**	**17**	**21**
	KG 392	€ netto	8,9	11,1	12,3	14,6	17,3
46	**Überbrückung, Gebrauchsüberlassung** Gebrauchsüberlassung, Überbrückung; je Woche						
	mWo	**€ brutto**	**0,4**	**1,1**	**1,3**	**2,3**	**4,4**
	KG 392	€ netto	0,3	0,9	1,1	1,9	3,7

Kosten: Stand 3.Quartal 2024, Bundesdurchschnitt

LB 001 **Preise €**

Nr.	Kurztext / Stichworte Einheit / Kostengruppe		►	▷	brutto ø netto ø	◁	◄
47	**Seitenschutz, Arbeitsgerüst** Seitenschutz, Arbeitsgerüst; Systemteile						
	m	**€ brutto**	**3,3**	**6,2**	**7,1**	**9,9**	**16,5**
	KG 392	€ netto	2,7	5,2	6,0	8,3	13,8
48	**Baustellenaufzug, bis 500kg** Bauaufzug; bis 500kg; aufstellen, gebrauchsüberlassen, abbauen; mit/ohne Personenbeförderung						
	St	**€ brutto**	**3.261**	**4.084**	**4.540**	**5.335**	**6.158**
	KG 391	€ netto	2.740	3.432	3.815	4.483	5.174
49	**Bauaufzug, Gebrauchsüberlassung** Gebrauchsüberlassung, Bauaufzug; je Woche						
	StWo	**€ brutto**	**506**	**614**	**658**	**664**	**833**
	KG 391	€ netto	425	516	553	558	700
50	**Sondergerüstanker, WDVS** Gerüstanker; nicht rostender Stahl; zur Verankerung bei WDVS-Fassaden						
	St	**€ brutto**	**9,6**	**14,4**	**14,9**	**15,0**	**19,8**
	KG 392	€ netto	8,1	12,1	12,5	12,6	16,6
51	**Sondergerüstanker, Verblendmauerwerk** Gerüstanker; nicht rostender Stahl; gedübelt; hinterlüftetes Vbl-Mauerwerk; inkl. Ringösenschrauben						
	St	**€ brutto**	**44**	**57**	**62**	**68**	**84**
	KG 392	€ netto	37	48	52	57	71
52	**Fußgängertunnel, Gerüst** Fußgängertunnel, Erweiterung Fassadengerüst; Folienabdeckung, Bretterbekleidung seitlich						
	m	**€ brutto**	**28**	**47**	**52**	**67**	**94**
	KG 392	€ netto	23	40	44	56	79
53	**Fußgängertunnel, Gebrauchsüberlassung** Gebrauchsüberlassung, Fußgängertunnel; je Woche						
	mWo	**€ brutto**	**0,4**	**0,6**	**0,6**	**0,7**	**0,8**
	KG 392	€ netto	0,4	0,5	0,5	0,6	0,7
54	**Schutzdach, Gerüst** Schutzdach; Schutzdachbeplankung mit Rieselschutzfolie; Gerüstbreite 0,60m, Bordwand Höhe 0,60m; Arbeitsgerüst						
	m	**€ brutto**	**34**	**40**	**40**	**43**	**58**
	KG 392	€ netto	28	33	34	36	49
55	**Schutzdach, Gebrauchsüberlassung** Gebrauchsüberlassung, Schutzdach; je Woche						
	mWo	**€ brutto**	**0,3**	**1,0**	**1,2**	**1,7**	**2,8**
	KG 392	€ netto	0,2	0,8	1,0	1,4	2,3

LB 001 **Preise €**

Nr.	Kurztext / Stichworte Einheit / Kostengruppe		▶	▷	brutto ø netto ø	◁	◀
56	**Wetterschutzdach, Systemteile** Wetterschutz, Dachkonstruktion; Stahl-/Leichtmetall-Systemteile; aufbauen, gebrauchsüberlassen, abbauen						
	m²	**€ brutto**	**–**	**82**	**111**	**141**	**–**
	KG 392	€ netto	–	69	93	118	–
57	**Gerüstbekleidung, PE-Folie** Gerüstbekleidung; PE-Folie, wetterfest, gitterverstärkt; vollflächig montieren, gebrauchsüberlassen, entfernen						
	m²	**€ brutto**	**3,4**	**5,1**	**6,0**	**6,9**	**9,5**
	KG 392	€ netto	2,8	4,3	5,1	5,8	8,0
58	**Gerüstbekleidung, Staubschutznetz/Schutzgewebe** Gerüstbekleidung; Staubschutznetz/Schutzgewebe; vollflächig montieren, gebrauchsüberlassen, entfernen						
	m²	**€ brutto**	**1,5**	**3,7**	**4,5**	**5,4**	**7,4**
	KG 392	€ netto	1,3	3,1	3,8	4,6	6,2
59	**Gerüstbekleidung, Gebrauchsüberlassung** Gebrauchsüberlassung, Gerüstbekleidung; je Woche						
	m²Wo	**€ brutto**	**< 0,1**	**0,2**	**0,2**	**0,2**	**0,4**
	KG 392	€ netto	< 0,1	0,1	0,1	0,2	0,3
60	**Kabelbrücke, Strom-/Wasserleitung** Kabelbrücke; Brücke, Fachwerkträger; Höhe 4,20m; unverrückbar, sturmsicher herstellen, gebrauchsüberlassen, abbauen; inkl. Beschilderung						
	St	**€ brutto**	**1.590**	**2.230**	**2.680**	**3.048**	**3.983**
	KG 392	€ netto	1.336	1.874	2.252	2.561	3.347
61	**Statische Berechnung, Fassadengerüst** Statische Berechnung, Fassadengerüst; Ausführung gem. Sonderbeschreibung						
	St	**€ brutto**	**788**	**1.617**	**2.102**	**2.652**	**3.721**
	KG 392	€ netto	662	1.359	1.767	2.229	3.127
62	**Stundensatz, Facharbeiter/-in** Stundenlohnarbeiten, Vorarbeiterin, Vorarbeiter, Facharbeiterin, Facharbeiter und Gleichgestellte; Gerüstbau						
	h	**€ brutto**	**66**	**76**	**81**	**87**	**102**
		€ netto	56	64	68	73	86
63	**Stundensatz, Helfer/-in** Stundenlohnarbeiten für Werkerin, Werker, Helferin, Helfer und Gleichgestellte; Gerüstbau						
	h	**€ brutto**	**49**	**65**	**72**	**77**	**89**
		€ netto	41	55	60	64	74

LB 002						Preise €
Nr.	Kurztext / Stichworte Einheit / Kostengruppe		▶	▷ brutto ø / netto ø	◁	◀
1	**Aushub, Schlitzgraben/Suchgraben** Aushub Suchgraben; mit Verbau; LxBxT 4,00x0,80x1,75m; Boden seitlich lagern, wiederverfüllen, teilweise abfahren; inkl. Handaushub					
	m	**€ brutto** **39**	**48**	**52**	**59**	**71**
	KG 211	€ netto 33	40	44	50	60
2	**Kabelbündel sichern** Leitungssicherung; Kabelbündel; Höhenlage bis 1,25m					
	m	**€ brutto** **9,5**	**13,9**	**14,2**	**15,4**	**18,1**
	KG 211	€ netto 8,0	11,7	11,9	12,9	15,2
3	**Sichern von Leitungen/Kabeln** Leitungssicherung; Kabel, Steinzeugrohr; Länge über 5,00-10,00m, Höhenlage bis 1,25m					
	m	**€ brutto** **15**	**19**	**21**	**25**	**31**
	KG 211	€ netto 13	16	18	21	26
4	**Entwässerungsleitung, sichern** Entwässerungsleitung; Steinzeugrohr; Höhenlage bis 1,25m					
	m	**€ brutto** **19**	**26**	**29**	**31**	**35**
	KG 211	€ netto 16	22	24	26	29
5	**Oberboden abtragen, entsorgen, 30cm** Oberboden abtragen; nicht schadstoffbelastet, Zuordnung BM0; Dicke 30cm; laden, transportieren, einarbeiten					
	m³	**€ brutto** **24**	**29**	**31**	**34**	**42**
	KG 214	€ netto 20	24	26	29	35
6	**Baugrubenaushub, bis 1,75m, lagern, GK1** Aushub Baugrube, GK1; Tiefe bis 1,75m; Boden lösen, fördern, lagern					
	m³	**€ brutto** **10**	**13**	**15**	**17**	**19**
	KG 311	€ netto 8,8	11,2	12,9	14,0	15,5
7	**Baugrubenaushub, bis 2,50m, lagern, GK1** Aushub Baugrube, GK1; Tiefe bis 2,50m; Boden lösen, fördern, lagern					
	m³	**€ brutto** **13**	**14**	**18**	**20**	**23**
	KG 311	€ netto 11	12	15	17	20
8	**Baugrubenaushub, bis 3,50m, lagern, GK1** Aushub Baugrube, GK1; Tiefe bis 3,50m; Boden lösen, fördern, lagern					
	m³	**€ brutto** **14**	**18**	**19**	**21**	**24**
	KG 311	€ netto 12	15	16	17	20
9	**Baugrubenaushub, bis 2,50m, abfahren, GK1** Aushub Baugrube, GK1; nicht schadstoffbelastet; Tiefe bis 2,50m; Boden lösen, fördern, einbauen					
	m³	**€ brutto** **21**	**26**	**28**	**31**	**37**
	KG 311	€ netto 18	22	23	26	31

Kosten: Stand 3.Quartal 2024, Bundesdurchschnitt

LB 002 **Preise €**

Nr.	Kurztext / Stichworte Einheit / Kostengruppe		►	▷	brutto ø netto ø	◁	◄
10	**Baugrubenaushub, bis 3,50m, abfahren, GK1** Aushub Baugrube, GK1; nicht schadstoffbelastet; Tiefe bis 3,50m; Boden lösen, fördern, einbauen						
	m³	**€ brutto**	**26**	**33**	**38**	**40**	**47**
	KG 311	€ netto	22	27	32	34	39
11	**Bodenabtrag, bis 40cm, entsorgen, GK1** Bodenabtrag, GK; Tiefe bis 40cm; lösen, laden,entsorgen						
	m³	**€ brutto**	**25**	**32**	**36**	**38**	**42**
	KG 512	€ netto	21	27	30	32	35
12	**Baugrubenaushub, Fels, bis 1,75m, lagern, GK1** Aushub Baugrube, GK1; felsiger Boden; Tiefe bis 1,75m; Boden lösen, laden, lagern						
	m³	**€ brutto**	**38**	**45**	**48**	**52**	**63**
	KG 311	€ netto	32	38	40	44	53
13	**Baugrubenaushub, Fels, bis 3,50m, lagern, GK1** Aushub Baugrube, GK1; felsiger Boden; Tiefe bis 3,50m; Boden lösen, fördern, lagern						
	m³	**€ brutto**	**41**	**53**	**55**	**63**	**74**
	KG 311	€ netto	34	45	46	53	62
14	**Baugrubenaushub, Fels, entsorgen, GK1** Aushub Baugrube, GK1; felsiger Boden; Boden lösen, abfahren, entsorgen						
	m³	**€ brutto**	**72**	**87**	**98**	**106**	**129**
	KG 311	€ netto	61	73	82	89	108
15	**Baugrubenaushub, Handschachtung, bis 1,75m, lagern, GK1** Aushub Baugrube, GK1, Handaushub; Tiefe bis 1,75m; Boden seitlich lagern						
	m³	**€ brutto**	**106**	**118**	**123**	**135**	**158**
	KG 311	€ netto	89	99	103	113	132
16	**Baugrube sichern, Folienabdeckung** Baugrubenwände sichern; Plane; unterhalten, abbauen, entsorgen; inkl. Deponiegebühr						
	m²	**€ brutto**	**3,1**	**4,2**	**4,6**	**5,3**	**6,8**
	KG 312	€ netto	2,6	3,5	3,9	4,5	5,7
17	**Fundamentaushub, bis 1,25m, lagern, GK1** Fundamentaushub, GK1; Tiefe bis 1,25m; Boden lösen, fördern, lagern						
	m³	**€ brutto**	**33**	**42**	**45**	**51**	**59**
	KG 322	€ netto	28	35	38	43	50
18	**Fundamentaushub, bis 1,75m, lagern, GK1** Fundamentaushub, GK1; Tiefe bis 1,75m; Boden lösen, fördern, lagern						
	m³	**€ brutto**	**43**	**53**	**55**	**62**	**68**
	KG 322	€ netto	36	44	46	52	57

LB 002						Preise €
Nr.	Kurztext / Stichworte Einheit / Kostengruppe	►	▷	brutto ø netto ø	◁	◄
19	**Fundamentaushub, bis 1,25m, entsorgen, GK1** Fundamentaushub, GK1; Tiefe bis 1,25m; Boden, lösen, laden, abfahren, entsorgen					
	m³ **€ brutto**	**48**	**49**	**52**	**57**	**74**
	KG 322 € netto	40	41	44	48	63
20	**Fundamentaushub, bis 1,75m, entsorgen, GK1** Fundamentaushub, GK1; Tiefe bis 1,75m; Boden, lösen, laden, abfahren, entsorgen					
	m³ **€ brutto**	**50**	**58**	**63**	**71**	**82**
	KG 322 € netto	42	49	53	59	69
21	**Einzelfundamentaushub, bis 1,75m, lagern, GK1** Einzelfundamentaushub, GK1; Tiefe bis 1,75m; Boden lösen, fördern, lagern					
	m³ **€ brutto**	**42**	**50**	**54**	**59**	**67**
	KG 322 € netto	35	42	45	49	56
22	**Einzelfundamentaushub, bis 1,75m, entsorgen, GK1** Einzelfundamentaushub, GK1; Tiefe bis 1,75m; Boden lösen, laden, abfahren, entsorgen					
	m³ **€ brutto**	**57**	**68**	**75**	**79**	**85**
	KG 322 € netto	48	57	63	66	72
23	**Streifenfundamentaushub, bis 1,75m, lagern, GK1** Streifenfundament, GK1; Tiefe bis 1,75m; Boden lösen, fördern, lagern					
	m³ **€ brutto**	**34**	**48**	**53**	**57**	**66**
	KG 322 € netto	28	40	44	48	56
24	**Streifenfundamentaushub, bis 1,75m, entsorgen, GK1** Streifenfundamentaushub, GK1; Tiefe bis 1,75m; Boden lösen, laden, entsorgen					
	m³ **€ brutto**	**40**	**62**	**66**	**72**	**79**
	KG 322 € netto	33	52	55	61	66
25	**Fundament, Hinterfüllung, Lagermaterial, bis 1,00m** Hinterfüllung, Einzel-/Streifenfundament; Tiefe bis 1,00m; Boden aufnehmen, fördern, verfüllen, verdichten					
	m³ **€ brutto**	**23**	**32**	**35**	**39**	**49**
	KG 322 € netto	19	27	30	33	41
26	**Fundament, Hinterfüllung, Liefermaterial, bis 1,00m** Hinterfüllung, Einzel-/Streifenfundament; Tiefe bis 1,00m; Boden liefern, verfüllen, verdichten					
	m³ **€ brutto**	**25**	**33**	**38**	**45**	**53**
	KG 322 € netto	21	27	32	38	44

LB 002 **Preise €**

Nr.	Kurztext / Stichworte Einheit / Kostengruppe		►	▷	brutto ø netto ø	◁	◄
27	**Kabelgraben ausheben, bis 1,00m, lagern, GK1** Aushub Kabelgraben, GK1; Tiefe bis 1,00m, Sohlenbreite bis 50cm; Boden lösen, seitlich lagern						
	m³	**€ brutto**	**25**	**30**	**34**	**39**	**47**
	KG 511	€ netto	21	25	29	33	40
28	**Kabelgraben ausheben, bis 1,25m, lagern, GK1** Aushub Kabelgraben, GK1; Tiefe bis 1,25m, Sohlenbreite bis 50cm; Boden lösen, seitlich lagern						
	m³	**€ brutto**	**26**	**32**	**35**	**41**	**48**
	KG 511	€ netto	22	27	30	34	40
29	**Kabelgraben ausheben, bis 1,00m, entsorgen, GK1** Aushub Kabelgraben, GK1; unbelastet; Tiefe bis 1,00m, Sohlenbreite bis 50cm; lösen, laden, abfahren, entsorgen						
	m³	**€ brutto**	**28**	**34**	**38**	**45**	**51**
	KG 511	€ netto	23	29	32	38	43
30	**Hindernisse beseitigen, Gräben** Abbruch Bodenhindernis; Mauerwerk, Steine, Beton; Breite bis 0,80m, Hindernisse bis 0,01m³; lösen, seitlich lagern						
	m³	**€ brutto**	**83**	**108**	**124**	**145**	**188**
	KG 212	€ netto	70	91	104	122	158
31	**Aushub lagernd, entsorgen** Aushub entsorgen; unbelastet; lagernd, laden, abfahren und entsorgen; inkl. Deponiegebühr						
	m³	**€ brutto**	**27**	**33**	**36**	**38**	**47**
	KG 311	€ netto	23	28	30	32	40
32	**Bodenaustausch, Liefermaterial** Bodenaustausch; kornabgestufter, Kiessand; 103% Proctordichte						
	m³	**€ brutto**	**37**	**46**	**50**	**63**	**83**
	KG 321	€ netto	31	39	42	53	70
33	**Bodenverbesserung, Liefermaterial** Bodenverbesserung; Recycling-Kies/Kalkschotter; Schichtdicke bis 30cm; einarbeiten, verdichten						
	m³	**€ brutto**	**30**	**40**	**46**	**61**	**77**
	KG 321	€ netto	26	34	38	51	65
34	**Planum, Baugrube** Planum der Baugrube; Abweichung +/-2cm; inkl. verdichten						
	m²	**€ brutto**	**2,0**	**2,9**	**3,4**	**3,6**	**4,6**
	KG 311	€ netto	1,7	2,5	2,8	3,0	3,9

LB 002							Preise €
Nr.	Kurztext / Stichworte Einheit / Kostengruppe		▶	▷	brutto ø netto ø	◁	◀
35	**Planum, Wege/Fahrstraßen, verdichten** Planum von Verkehrsfläche; Abweichung +/-2cm, mind. EV2 45MN/m²						
	m²	**€ brutto**	**1,5**	**2,2**	**2,7**	**3,3**	**4,6**
	KG 530	€ netto	1,3	1,9	2,2	2,8	3,9
36	**Gründungssohle verdichten, Baugrube** Baugrubensohle verdichten; DPr 97%						
	m²	**€ brutto**	**1,1**	**2,3**	**2,9**	**3,6**	**5,1**
	KG 311	€ netto	0,9	1,9	2,5	3,0	4,3
37	**Lastplattendruckversuch, Baugrube** Lastplattendruckversuch; mit Nachweis, durch neutrales Prüflabor						
	St	**€ brutto**	**168**	**228**	**246**	**261**	**349**
	KG 319	€ netto	141	192	207	220	293
38	**Trennlage, Filtervlies** Trennlage; Filtervlies; auf Erdplanum einbauen; Baugrube						
	m²	**€ brutto**	**1,7**	**3,2**	**3,9**	**4,3**	**5,7**
	KG 325	€ netto	1,4	2,7	3,3	3,6	4,8
39	**Trennlage, Bodenplatte, Folie, zweilagig** Trennlage; PE-Folie, 0,3mm; überlappend 25cm; unter Bodenplatte						
	m²	**€ brutto**	**1,4**	**2,7**	**3,2**	**4,9**	**7,6**
	KG 329	€ netto	1,2	2,3	2,7	4,1	6,4
40	**Kies 16/32, frei Baustelle, liefern** Kies liefern; Körnung 16/32						
	m³	**€ brutto**	**60**	**70**	**74**	**78**	**86**
	KG 325	€ netto	50	59	62	65	72
41	**Rohrgraben/Arbeitsraum verfüllen, Kies 0/32mm** Rohrgraben/Arbeitsraum verfüllen; Kies 0/32; einbauen, verdichten, DPr mind.97%						
	m³	**€ brutto**	**39**	**50**	**54**	**62**	**77**
	KG 311	€ netto	33	42	45	52	64
42	**Rohrgraben/Arbeitsraum verfüllen, Liefermaterial** Rohrgraben/Arbeitsraum verfüllen; Boden; einbauen, verdichten, DPr mind. 97%						
	m³	**€ brutto**	**55**	**64**	**70**	**74**	**83**
	KG 311	€ netto	46	54	59	62	70
43	**Rohrgraben/Fundamente verfüllen, Liefermaterial** Rohrgraben/Fundamente verfüllen; Boden; einbauen, verdichten, DPr mind. 97%						
	m³	**€ brutto**	**33**	**45**	**50**	**63**	**89**
	KG 311	€ netto	28	38	42	53	75

Kosten: Stand 3.Quartal 2024, Bundesdurchschnitt

LB 002							**Preise €**
Nr.	**Kurztext** / Stichworte **Einheit** / Kostengruppe		►	▷	brutto ø netto ø	◁	◄
44	**Arbeitsräume verfüllen, verdichten, Lagermaterial** Arbeitsraum verfüllen; Boden; Höhen Graben bis 1,00m/über Rohre bis 1,25m; einbauen, verdichten, DPr mind. 97%						
	m³	**€ brutto**	**10**	**17**	**19**	**25**	**37**
	KG 311	€ netto	8,6	14,4	16,2	20,8	31,3
45	**Arbeitsräume verfüllen, verdichten, Liefermaterial** Arbeitsraum verfüllen; Boden; Höhe bis 1,00m/bis 2,00m; einbauen, verdichten, DPr mind. 97%						
	m³	**€ brutto**	**38**	**46**	**48**	**52**	**59**
	KG 311	€ netto	32	38	41	44	50
46	**Leitungsgraben verfüllen, Lagermaterial** Leitungsgraben verfüllen; Lagermaterial Boden; Höhe bis 1,00m/über Rohre bis 1,25m; einbauen, verdichten, DPr mind. 97%; Förderweg bis 50m						
	m³	**€ brutto**	**20**	**24**	**25**	**30**	**37**
	KG 311	€ netto	17	20	21	25	31
47	**Kabelgraben verfüllen, Liefermaterial Sand 0/2** Kabelgraben verfüllen; Liefermaterial Sand 0/2; einbauen, verdichten, DPr mind. 97%						
	m	**€ brutto**	**11**	**16**	**19**	**22**	**27**
	KG 440	€ netto	9,3	13,3	15,9	18,5	23,0
48	**Kabelschutzrohr, Kunststoff** Kabelschutzrohr; PE/PVC-P; verlegen in Erdreich/Beton						
	m	**€ brutto**	**8,1**	**11,0**	**12,0**	**13,5**	**16,3**
	KG 556	€ netto	6,8	9,2	10,1	11,3	13,7
49	**Zugdraht für Kabelschutzrohr** Zugdraht; in verlegtes Kabelschutzrohr einlegen						
	m	**€ brutto**	**1,1**	**1,5**	**1,7**	**1,8**	**2,2**
	KG 556	€ netto	1,0	1,3	1,5	1,5	1,8
50	**Warnband, Leitungsgraben** Markierung von Kabeltrassen; Trassenband; 40cm über Leitung						
	m	**€ brutto**	**0,6**	**1,3**	**1,6**	**1,9**	**2,7**
	KG 556	€ netto	0,5	1,1	1,3	1,6	2,3
51	**Tragschicht, Kies** Tragschicht, kapillarbrechend; Kies; Sollhöhe +/-2cm; lagenweise einbringen, verdichten; unter Bodenplatte/Fundament						
	m³	**€ brutto**	**35**	**54**	**65**	**72**	**90**
	KG 325	€ netto	29	45	54	60	75

LB 002							Preise €
Nr.	**Kurztext** / Stichworte **Einheit** / Kostengruppe		►	▷	**brutto ø** netto ø	◁	◄
52	**Planum herstellen** Planum herstellen; Abweichung +/-3cm; Auf- und Abtrag bis 5cm, überschüssiger Boden seitlich lagern; Zufahrt						
	m²	**€ brutto**	**1,5**	**2,1**	**2,3**	**3,4**	**4,6**
	KG 530	€ netto	1,3	1,8	1,9	2,8	3,9
53	**Stundensatz, Facharbeiter/-in** Stundenlohnarbeiten, Vorarbeiterin, Vorarbeiter, Facharbeiterin, Facharbeiter und Gleichgestellte; Erdbau						
	h	**€ brutto**	**66**	**76**	**83**	**89**	**101**
		€ netto	55	64	70	75	85
54	**Stundensatz, Helfer/-in** Stundenlohnarbeiten für Werkerin, Werker, Helferin, Helfer und Gleichgestellte; Erdbau						
	h	**€ brutto**	**40**	**62**	**72**	**76**	**86**
		€ netto	34	52	61	64	73

LB 006							Preise €
Nr.	**Kurztext** / Stichworte **Einheit** / Kostengruppe		►	▷	**brutto ø** netto ø	◁	◄
1	**Graben-Normverbau, senkrecht, bis 3,0m** Graben-Normverbau, senkrecht; Kies-Schluff-Gemisch; Höhe bis 3,0m, Sohlbreite bis 1,5m; vorhalten, abbauen						
	m²	**€ brutto**	**43**	**48**	**51**	**61**	**64**
	KG 411	€ netto	37	40	43	52	54
2	**Grabenverbau, Dielen, senkrecht, bis 3,0m** Grabenverbau Dielen, senkrecht; Kies-Schluff-Gemisch; Höhe bis 3,0m, Sohlbreite bis 1,5m; vorhalten, abbauen						
	m²	**€ brutto**	**89**	**98**	**103**	**124**	**130**
	KG 411	€ netto	74	82	87	104	109
3	**Messung, Lärmpegel, Dokumentation** Lärmpegelmessung, Dokumentation; Messung während der Rammarbeiten, vorhalten aller Geräte; inkl. An-und Abfahrt						
	St	**€ brutto**	**–**	**3.916**	**4.037**	**4.844**	**–**
	KG 312	€ netto	–	3.291	3.392	4.071	–
4	**Auf-/Umstellen Geräteeinheit** Auf-/Umstellen Geräteeinheiten; Geräte für Bohr-/Verpress-/Ramm-/Rüttelarbeiten; inkl. Einmessen Ansatzpunktes; Transportweg bis 50m						
	St	**€ brutto**	**–**	**169**	**176**	**205**	**–**
	KG 312	€ netto	–	142	148	172	–
5	**Ramm- Bohr-/Rüttelergebnisse, Dokumentation** Dokumentationsübergabe an AG; Ramm-/Bohr-/Rüttelergebnisse; inkl. Bericht						
	St	**€ brutto**	**–**	**2.807**	**2.954**	**3.545**	**–**
	KG 312	€ netto	–	2.359	2.483	2.979	–
6	**Gussrammpfähle, Mantelverpressung** Rammpfahl; Gusseisen, Verpressematerial Zementmörtel C25/30; inkl. Mantelverpressung, Ablängen						
	m	**€ brutto**	**144**	**159**	**172**	**182**	**202**
	KG 312	€ netto	121	134	144	153	170
7	**Bohrloch herstellen** Bohrloch herstellen; Bodenmaterial lt. Aufstellung/Bericht/Einzelbeschreibung; Bohrgut seitlich lagern						
	m	**€ brutto**	**93**	**129**	**145**	**167**	**204**
	KG 312	€ netto	78	108	122	140	171
8	**Verbauträger, Stahlprofile** Verbauträger; Stahl S235JR; verlorener Träger						
	t	**€ brutto**	**1.455**	**1.743**	**1.842**	**2.073**	**2.548**
	KG 312	€ netto	1.222	1.465	1.548	1.742	2.141

LB 006 **Preise €**

Nr.	Kurztext / Stichworte Einheit / Kostengruppe		►	▷	brutto ø netto ø	◁	◄
9	**Baustelle einrichten, Geräteeinheit/Kolonne** Baustelleneinrichtung; 1 Kolonne; einrichten, räumen für Bohr-/Ramm-/Rüttelarbeiten						
	St	**€ brutto**	**14.918**	**25.501**	**30.528**	**35.343**	**53.010**
	KG 312	€ netto	12.536	21.429	25.653	29.700	44.546
10	**Träger einbinden, Beton** Trägereinbindung und Fußauflager; Beton C20/25						
	m	**€ brutto**	**–**	**24**	**26**	**30**	**–**
	KG 312	€ netto	–	20	22	25	–
11	**Bohrloch verfüllen** Bohrlochverfüllung; hydraulisch gebundener Siebschutt						
	m	**€ brutto**	**–**	**17**	**18**	**21**	**–**
	KG 312	€ netto	–	15	15	17	–
12	**Verbauausfachung, Holzbohlen** Verbauausfachung, Holzbohlen; Nadelholz; Ausfachung verkeilen, verlatten, inkl. Hilfsmittel, kompletter Rückbau; Graben/Baugrube						
	m²	**€ brutto**	**75**	**111**	**135**	**137**	**202**
	KG 312	€ netto	63	93	113	115	170
13	**Verbauausfachung, Spritzbeton** Verbauausfachung; Spritzbeton bewehrt; einbauen, vorhalten; zwischen Verbauträger						
	m²	**€ brutto**	**–**	**33**	**47**	**56**	**–**
	KG 312	€ netto	–	28	40	47	–
14	**Verpressanker, Trägerbohlwand** Verpressanker; inkl. Verrohrung und Verpressmörtel; einbauen, verpressen, vorspannen, verfüllen; Trägerbohlwand						
	m	**€ brutto**	**–**	**104**	**133**	**150**	**–**
	KG 312	€ netto	–	87	112	126	–
15	**Verbauträger-/Bohrköpfe kappen** Verbauträger-/Bohrköpfe kappen; Stahl/Gusseisen/Beton; Abtragsdicke bis 0,5m; Stoffe laden, in Behälter sammeln						
	St	**€ brutto**	**92**	**153**	**173**	**188**	**228**
	KG 312	€ netto	77	129	145	158	192
16	**Verbau, Trägerbohlwand, rückverankert** Baugrubenverbau, Trägerbohlwand; Stahlträger, Ausfachung Nadelholzbohlen; herstellen, vorhalten zurückbauen						
	m²	**€ brutto**	**215**	**296**	**344**	**393**	**493**
	KG 312	€ netto	181	249	289	330	414

LB 006 **Preise €**

Nr.	Kurztext / Stichworte Einheit / Kostengruppe		▶	▷	brutto ø netto ø	◁	◀
17	**Verbau, Spundwand, Stahlprofile** Baugrubenverbau; Stahlspundwandprofilen; Tiefe über 3 bis 6m; durch hindernisfreie Bodenschichten						
	m²	**€ brutto**	**172**	**256**	**285**	**341**	**419**
	KG 312	€ netto	144	215	239	286	352
18	**Stillstand Geräteeinheit, inkl. Personal** Stillstand Geräte inkl. Personal; Bohr-/Ramm-/Verpress-/Rüttelarbeiten						
	h	**€ brutto**	**572**	**702**	**766**	**842**	**992**
	KG 312	€ netto	481	590	644	708	834
19	**Stundensatz, Facharbeiter/-in** Stundenlohnarbeiten, Vorarbeiterin, Vorarbeiter, Facharbeiterin, Facharbeiter und Gleichgestellte; Spezialtiefbauarbeiten						
	h	**€ brutto**	**75**	**82**	**84**	**86**	**92**
		€ netto	63	69	70	73	77

LB 008						Preise €
Nr.	**Kurztext** / Stichworte **Einheit** / Kostengruppe	►	▷	**brutto ø** netto ø	◁	◄
1	**Pumpensumpf, Betonfertigteil** Pumpensumpf herstellen; Betonfertigteilringe DN1.000; Tiefe bis 3,00m, Breite bis 1,00m²; Aushub seitlich lagern, wiederverfüllen					
	St € brutto	**264**	**519**	**670**	**743**	**1.119**
	KG 313 € netto	221	436	563	624	940
2	**Tauchpumpe, Fördermenge bis 10m³/h** Tauchpumpe; Fördermenge bis 10m³/h, Höhe bis 5,00m; betreiben, vorhalten, abbauen; in Baugrube					
	St € brutto	**187**	**342**	**398**	**503**	**786**
	KG 313 € netto	157	288	334	423	661
3	**Betrieb Tauchpumpe bis 10m³/h** Tauchpumpe, Betrieb; Fördermenge bis 10m³/h, Höhe bis 5,00m; in Baugrube					
	h € brutto	**2,3**	**7,5**	**9,5**	**11,0**	**14,7**
	KG 313 € netto	1,9	6,3	8,0	9,2	12,4
4	**Saugpumpe, Fördermenge bis 20m³/h** Saugpumpe; Fördermenge bis 20m³/h, Höhe bis 10,0m; betreiben, vorhalten, abbauen; in Baugrube					
	St € brutto	**252**	**546**	**695**	**898**	**1.267**
	KG 313 € netto	212	459	584	754	1.065
5	**Betrieb Saugpumpe über 10m³/h** Saugpumpe, Betrieb; Fördermenge bis 20m³/h, Höhe bis 10,0m; in Baugrube					
	h € brutto	**6,3**	**8,3**	**9,3**	**10,4**	**13,1**
	KG 313 € netto	5,3	6,9	7,8	8,8	11,0
6	**Brunnenschacht, Grundwasserabsenkung** Brunnenschacht, Grundwassersenkung; Brunneneinbauten, Filterrohre, Kiespackung; Borgut abfahren, Bohrwaser ableiten, klären					
	St € brutto	**1.312**	**2.384**	**2.592**	**3.096**	**3.866**
	KG 313 € netto	1.103	2.004	2.178	2.601	3.249
7	**Druckrohrleitung, DN100** Druckrohrleitung; DN100; herstellen, vorhalten, abbauen; inkl. Formstücke, Anschlüsse, Armaturen					
	m € brutto	**11**	**17**	**22**	**27**	**33**
	KG 313 € netto	9,6	14,7	18,3	22,6	28,0
8	**Saugleitung, DN100** Saugleitung; DN100; herstellen, vorhalten, abbauen; inkl. Formstücke, Anschlüsse, Armaturen					
	m € brutto	**12**	**19**	**22**	**28**	**35**
	KG 313 € netto	10	16	19	24	29

Kosten: Stand 3.Quartal 2024, Bundesdurchschnitt

LB 008 **Preise €**

Nr.	**Kurztext** / Stichworte				**brutto ø**		
	Einheit / Kostengruppe		►	▷	netto ø	◁	◄
9	**Stromaggregat, 10-30kVA**						
	Stromerzeuger; 10-30kva; aufstellen, anschließen, abbauen						
	St	**€ brutto**	**2.072**	**2.911**	**3.298**	**3.513**	**4.818**
	KG 313	€ netto	1.741	2.446	2.772	2.952	4.049
10	**Absetzbecken, Wasserhaltung**						
	Absetzbecken Grund- und Tagwasser; Volumen 5m³; aufbauen, vorhalten, abbauen; inkl. Messeinrichtung						
	St	**€ brutto**	**1.903**	**2.322**	**3.069**	**3.552**	**4.098**
	KG 313	€ netto	1.599	1.951	2.579	2.985	3.443
11	**Messeinrichtung, Wassermenge**						
	Messeinrichtung; einbauen, vorhalten, ausbauen; Protokollierung						
	St	**€ brutto**	**255**	**488**	**544**	**628**	**895**
	KG 313	€ netto	215	410	457	528	752
12	**Wasserhaltung, Betrieb 10-20l/s**						
	Wasserhaltung, Pumpe; Durchfluss 10-20l/s; inkl. Betriebskosten						
	h	**€ brutto**	**18**	**21**	**23**	**25**	**28**
	KG 313	€ netto	15	18	19	21	24
13	**Stundensatz, Facharbeiter/-in**						
	Stundenlohnarbeiten, Vorarbeiterin, Vorarbeiter, Facharbeiterin, Facharbeiter und Gleichgestellte; Wasserhaltung						
	h	**€ brutto**	**65**	**72**	**77**	**80**	**86**
		€ netto	55	61	64	68	72

LB 009						Preise €
Nr.	Kurztext / Stichworte Einheit / Kostengruppe	►	▷	brutto ø netto ø	◁	◄
1	**Rohrgrabenaushub, bis 1,00m, lagern, GK1** Aushub Rohrgraben; Tiefe bis 100cm, Breite 0,30-1,00m; lagern, wiederverwerten/abfahren					
	m³ € brutto	**27**	**34**	**37**	**42**	**50**
	KG 511 € netto	23	29	31	35	42
2	**Rohrgrabenaushub, bis 1,25m, lagern, GK1** Aushub Rohrgraben, Schacht, GK1; Tiefe bis 1,25m; Boden lösen, fördern, seitlich lagern					
	m³ € brutto	**30**	**40**	**45**	**48**	**56**
	KG 511 € netto	25	34	38	40	47
3	**Rohrgrabenaushub, bis 1,75m, lagern, GK1** Aushub Rohrgraben, Schacht, GK1; Tiefe bis 1,75m; Boden lösen, fördern, seitlich lagern					
	m³ € brutto	**34**	**43**	**46**	**49**	**60**
	KG 511 € netto	29	36	38	41	51
4	**Rohrgrabenaushub, bis 1,00m, abfahren, GK1** Aushub Rohrgraben, Schacht, GK1; Tiefe bis 1,00m; Boden lösen, laden, abfahren					
	m³ € brutto	**39**	**47**	**51**	**57**	**67**
	KG 511 € netto	33	39	43	48	56
5	**Rohrgrabenaushub, bis 1,25m, abfahren, GK1** Aushub Rohrgraben, Schacht, GK1; Tiefe bis 1,25m; Boden lösen, laden, abfahren					
	m³ € brutto	**40**	**50**	**52**	**54**	**61**
	KG 511 € netto	34	42	43	45	51
6	**Rohrgrabenaushub, bis 1,75m, abfahren, GK1** Aushub Rohrgraben, Schacht, GK1; Tiefe bis 1,75m; Boden lösen, laden, abfahren					
	m³ € brutto	**42**	**49**	**53**	**57**	**66**
	KG 511 € netto	35	41	44	48	56
7	**Aushub, Rohrgraben, schwerer Fels** Aushub Rohrgraben; schwerer Fels; Boden lockern mit geeignetem Werkzeug					
	m³ € brutto	**70**	**78**	**85**	**111**	**152**
	KG 511 € netto	59	66	71	94	128
8	**Handaushub, bis 1,25m** Aushub Rohrgräben/Fundamenten/Vertiefungen von Hand; Tiefe bis 1,25m; Boden lösen, seitlich lagern					
	m³ € brutto	**77**	**102**	**114**	**128**	**154**
	KG 511 € netto	65	85	96	108	129

Kosten: Stand 3.Quartal 2024, Bundesdurchschnitt

LB 009 **Preise €**

Nr.	Kurztext / Stichworte				brutto ø		
	Einheit / Kostengruppe		►	▷	netto ø	◁	◄
9	**Erdaushub, Schacht DN1.000, bis 1,25m, Verbau** Aushub Schacht, GK1; DN1.000, Tiefe bis 1,25m; Boden lösen, lagern, wieder verfüllen, verdichten; inkl. Verbau, überschüssiger Boden abfahren, entsorgen						
	m³	**€ brutto**	**43**	**51**	**54**	**61**	**72**
	KG 511	€ netto	36	43	45	51	61
10	**Erdaushub, Schacht DN1.000, bis 1,75m, Verbau** Aushub Schacht, GK1; DN1.000, Tiefe bis 1,75m; Boden lösen, lagern, wieder verfüllen, verdichten; inkl. Verbau, überschüssiger Boden abfahren, entsorgen						
	m³	**€ brutto**	**48**	**58**	**62**	**68**	**83**
	KG 511	€ netto	40	49	52	57	70
11	**Erdaushub, Schacht DN1.000, bis 3,50m, Verbau** Aushub Schacht, GK1; DN1.000, Tiefe bis 3,50m; Boden lösen, lagern, wieder verfüllen, verdichten; inkl. Verbau, überschüssiger Boden abfahren, entsorgen						
	m³	**€ brutto**	**61**	**73**	**79**	**88**	**104**
	KG 511	€ netto	51	62	66	74	87
12	**Ummantelung, Rohrleitung, Beton** Rohrummantelung; Ortbeton C8/10, X0; DN100, 300x300mm; inkl. Abschalung						
	m	**€ brutto**	**38**	**47**	**51**	**60**	**73**
	KG 511	€ netto	32	39	43	51	62
13	**Anschluss, Abwasser, Kanalnetz** Kanalanschluss; DN150; Anschluss mit Dichtungs- und Anschlussmaterial, inkl. Erdaushub, wiederverfüllen						
	St	**€ brutto**	**437**	**625**	**683**	**864**	**1.268**
	KG 551	€ netto	367	525	574	726	1.066
14	**Abwasserkanal, Betonrohre DN400** Abwasserkanal; Betonrohr, wandverstärkt; DN400, Tiefe 1,75-4,00m; in Graben mit Verbau						
	m	**€ brutto**	**118**	**144**	**157**	**174**	**203**
	KG 551	€ netto	99	121	132	146	171
15	**Abwasserkanal, Steinzeug, DN100** Abwasserkanal; Steinzeug, FN34; DN100, Tiefe bis 4,00m; in Graben mit Verbau						
	m	**€ brutto**	**35**	**44**	**48**	**55**	**66**
	KG 551	€ netto	29	37	41	46	55

LB 009 **Preise €**

Nr.	Kurztext / Stichworte Einheit / Kostengruppe		▶	▷	brutto ø netto ø	◁	◀
16	**Abwasserkanal, Steinzeug, DN125** Abwasserkanal; Steinzeug, FN34; DN125, Tiefe bis 4,00m; in Graben mit Verbau						
	m	**€ brutto**	**43**	**59**	**62**	**64**	**72**
	KG 551	€ netto	36	49	52	54	61
17	**Abwasserkanal, Steinzeug, DN150** Abwasserkanal; Steinzeug, FN34; DN150, Tiefe bis 4,00m; in Graben mit Verbau						
	m	**€ brutto**	**48**	**65**	**76**	**79**	**97**
	KG 551	€ netto	40	55	64	66	81
18	**Abwasserkanal, Steinzeug, DN200** Abwasserkanal; Steinzeug, FN34; DN200, Tiefe bis 4,00m; in Graben mit Verbau						
	m	**€ brutto**	**51**	**82**	**88**	**95**	**113**
	KG 551	€ netto	43	69	74	80	95
19	**Formstück, Steinzeug, DN100, Bogen** Formstück, Bogen; Steinzeug mit Steckmuffe; DN100, 45/.....°						
	St	**€ brutto**	**36**	**45**	**46**	**48**	**54**
	KG 551	€ netto	31	38	39	41	45
20	**Formstück, Steinzeug, DN125, Bogen** Formstück, Bogen; Steinzeug mit Steckmuffe; DN125, 45/.....°						
	St	**€ brutto**	**39**	**62**	**65**	**68**	**78**
	KG 551	€ netto	33	52	55	58	66
21	**Formstück, Steinzeug, DN150, Bogen** Formstück, Bogen; Steinzeug mit Steckmuffe; DN150, 45/.....°						
	St	**€ brutto**	**47**	**62**	**70**	**84**	**105**
	KG 551	€ netto	40	52	58	71	88
22	**Formstück, Steinzeug, DN200, Bogen** Formstück, Bogen; Steinzeug mit Steckmuffe; DN200, 45/.....°						
	St	**€ brutto**	**103**	**119**	**131**	**138**	**158**
	KG 551	€ netto	87	100	110	116	133
23	**Formstück, Steinzeug, DN100, Abzweig** Formstück, Abzweig; Steinzeug mit Steckmuffe; DN100						
	St	**€ brutto**	**53**	**66**	**72**	**77**	**87**
	KG 551	€ netto	45	56	60	64	73
24	**Formstück, Steinzeug, DN125, Abzweig** Formstück, Abzweig; Steinzeug mit Steckmuffe; DN125						
	St	**€ brutto**	**56**	**74**	**82**	**87**	**99**
	KG 551	€ netto	47	62	69	73	83

Kosten: Stand 3.Quartal 2024, Bundesdurchschnitt

LB 009							Preise €
Nr.	**Kurztext** / Stichworte **Einheit** / Kostengruppe		▶	▷	**brutto ø** netto ø	◁	◀
25	**Formstück, Steinzeug, DN150, Abzweig** Formstück, Abzweig; Steinzeug mit Steckmuffe; DN150						
	St	**€ brutto**	**60**	**84**	**93**	**106**	**131**
	KG 551	€ netto	50	71	78	89	110
26	**Formstück, Steinzeug, DN200, Abzweig** Formstück, Abzweig; Steinzeug mit Steckmuffe; DN200						
	St	**€ brutto**	**105**	**118**	**120**	**131**	**147**
	KG 551	€ netto	88	99	101	110	124
27	**Übergangsstück, Steinzeug, DN125/150** Formstück, Übergangsstück; Steinzeug mit Steckmuffe; DN125/150						
	St	**€ brutto**	**50**	**60**	**64**	**72**	**83**
	KG 551	€ netto	42	50	54	60	70
28	**Übergangsstück, Steinzeug, DN150/200** Formstück, Übergangsstück; Steinzeug mit Steckmuffe; DN150/200						
	St	**€ brutto**	**60**	**83**	**93**	**101**	**107**
	KG 551	€ netto	50	70	78	85	90
29	**Übergang, PE/PVC/Steinzeug auf Guss** Formstück, Übergangsstück; PE-/PVC-Rohr/Steinzeug auf Gusseisen; DN100/100						
	St	**€ brutto**	**37**	**52**	**59**	**67**	**79**
	KG 551	€ netto	31	43	50	57	67
30	**Abwasserkanal, Steinzeug, DN100, inkl. Bettung** Abwasserkanal; Steinzeug mit Steckmuffe; DN100, Tiefe über 1,00-1,25m; auf Sohle, inkl. Bettung Typ 1						
	m	**€ brutto**	**38**	**51**	**56**	**66**	**84**
	KG 551	€ netto	32	42	47	55	71
31	**Abwasserkanal, Steinzeug, DN125, inkl. Bettung** Abwasserkanal; Steinzeug mit Steckmuffe; DN125, Tiefe über 1,00-1,25m; auf Sohle, inkl. Bettung Typ 1						
	m	**€ brutto**	**42**	**57**	**71**	**77**	**98**
	KG 551	€ netto	35	48	60	65	82
32	**Abwasserkanal, Steinzeug, DN150, inkl. Bettung** Abwasserkanal; Steinzeug mit Steckmuffe; DN150, Tiefe über 1,00-1,25m; auf Sohle, inkl. Bettung Typ 1						
	m	**€ brutto**	**51**	**66**	**79**	**85**	**105**
	KG 551	€ netto	43	56	66	72	89
33	**Abwasserkanal, Steinzeug, DN200, inkl. Bettung** Abwasserkanal; Steinzeug mit Steckmuffe; DN200, Tiefe über 1,00-1,25m; auf Sohle, inkl. Bettung Typ 1						
	m	**€ brutto**	**59**	**81**	**95**	**98**	**117**
	KG 551	€ netto	50	68	80	83	98

LB 009 **Preise €**

Nr.	Kurztext / Stichworte Einheit / Kostengruppe		▶	▷	brutto ø netto ø	◁	◀
34	**Abwasserkanal, PVC-U, DN/ID100, inkl. Bettung** Abwasserkanal; PVC-U mit Mehrlippendichtung, Steckmuffe; DN/ID100, Tiefe 1,00-1,25m; in Graben, inkl. Bettung						
	m	**€ brutto**	**23**	**34**	**37**	**45**	**64**
	KG 551	€ netto	19	28	31	38	53
35	**Abwasserkanal, PVC-U, DN/ID125, inkl. Bettung** Abwasserkanal; PVC-U mit Mehrlippendichtung, Steckmuffe; DN/ID125, Tiefe 1,00-1,25m; in Graben, inkl. Bettung						
	m	**€ brutto**	**23**	**38**	**43**	**51**	**66**
	KG 551	€ netto	20	32	36	43	55
36	**Abwasserkanal, PVC-U, DN/ID150, inkl. Bettung** Abwasserkanal; PVC-U mit Mehrlippendichtung, Steckmuffe; DN/ID150, Tiefe über 1,00-1,25m; in Graben, inkl. Bettung						
	m	**€ brutto**	**32**	**44**	**49**	**57**	**70**
	KG 551	€ netto	27	37	41	48	59
37	**Abwasserkanal, PVC-U, DN/ID200, inkl. Bettung** Abwasserkanal; PVC-U mit Mehrlippendichtung, Steckmuffe; DN/ID200, Tiefe über 1,00-1,25m; in Graben, inkl. Bettung						
	m	**€ brutto**	**38**	**61**	**72**	**83**	**103**
	KG 551	€ netto	32	52	60	70	87
38	**Abwasserkanal, PVC-U, DN/ID100** Abwasserkanal; PVC-U mit Mehrlippendichtung, Steckmuffe; DN/ID100; in Graben						
	m	**€ brutto**	**18**	**29**	**32**	**36**	**48**
	KG 551	€ netto	15	24	27	30	41
39	**Abwasserkanal, PVC-U, DN/ID125** Abwasserkanal; PVC-U mit Mehrlippendichtung, Steckmuffe; DN/ID125; in Graben						
	m	**€ brutto**	**18**	**32**	**37**	**46**	**63**
	KG 551	€ netto	15	27	31	39	53
40	**Abwasserkanal, PVC-U, DN/ID150** Abwasserkanal; PVC-U mit Mehrlippendichtung, Steckmuffe; DN/ID150; in Graben						
	m	**€ brutto**	**19**	**33**	**41**	**49**	**73**
	KG 551	€ netto	16	28	34	41	61
41	**Abwasserkanal, PVC-U, DN/ID200** Abwasserkanal; PVC-U mit Mehrlippendichtung, Steckmuffe; DN/ID200; in Graben						
	m	**€ brutto**	**26**	**47**	**54**	**65**	**88**
	KG 551	€ netto	22	39	45	54	74

Kosten: Stand 3.Quartal 2024, Bundesdurchschnitt

LB 009 **Preise €**

Nr.	Kurztext / Stichworte Einheit / Kostengruppe		►	▷	brutto ø netto ø	◁	◄
42	**Formstück, PVC-U, DN/ID100, Abzweig** Formstück, Abzweige; PVC-U; DN/ID100; Anschluss an PVC-U Muffe						
	St	**€ brutto**	**22**	**33**	**38**	**43**	**53**
	KG 551	€ netto	19	27	32	36	44
43	**Formstück, PVC-U, DN/ID125, Abzweig** Formstück, Abzweige; PVC-U; DN/ID125; Anschluss an PVC-U Muffe						
	St	**€ brutto**	**24**	**38**	**44**	**45**	**61**
	KG 551	€ netto	20	32	37	38	51
44	**Formstück, PVC-U, DN/ID150, Abzweig** Formstück, Abzweige; PVC-U; DN/ID150; Anschluss an PVC-U Muffe						
	St	**€ brutto**	**28**	**43**	**50**	**55**	**68**
	KG 551	€ netto	24	36	42	47	57
45	**Formstück, PVC-U, DN/ID200, Abzweig** Formstück, Abzweige; PVC-U; DN/ID200; Anschluss an PVC-U Muffe						
	St	**€ brutto**	**43**	**53**	**56**	**62**	**72**
	KG 551	€ netto	36	44	47	52	61
46	**Formstück, PVC-U, DN/ID100, Bogen** Formstück, Bogen; PVC-U; DN/ID100, 45°; Anschluss an PVC-U Muffe						
	St	**€ brutto**	**14**	**18**	**19**	**26**	**38**
	KG 551	€ netto	12	15	16	22	32
47	**Formstück, PVC-U, DN/ID125, Bogen** Formstück, Bogen; PVC-U; DN/ID125, 45°; Anschluss an PVC-U Muffe						
	St	**€ brutto**	**17**	**24**	**25**	**33**	**50**
	KG 551	€ netto	14	20	21	28	42
48	**Formstück, PVC-U, DN/ID150, Bogen** Formstück, Bogen; PVC-U; DN/ID150, 45°; Anschluss an PVC-U Muffe						
	St	**€ brutto**	**17**	**26**	**29**	**36**	**59**
	KG 551	€ netto	15	21	24	31	50
49	**Formstück, PVC-U, DN/ID200, Bogen** Formstück, Bogen; PVC-U; DN/ID200, 45°; Anschluss an PVC-U Muffe						
	St	**€ brutto**	**19**	**36**	**41**	**52**	**74**
	KG 551	€ netto	16	30	34	44	62
50	**Übergang, PVC-U auf Steinzeug/Beton** Formstück, Übergangsstück; PVC-U auf Steinzeug/Beton; DN100/100 / DN150/150						
	St	**€ brutto**	**29**	**49**	**56**	**73**	**105**
	KG 551	€ netto	24	41	47	61	88

LB 009						Preise €
Nr.	**Kurztext** / Stichworte			**brutto ø**		
	Einheit / Kostengruppe	►	▷	netto ø	◁	◄
51	**Abwasserkanal duktiles Gussrohr, DN/OD100**					
	Abwasserkanal; Gusseisen, muffenlos; DN/OD100, Länge 6,00m, Tiefe bis 1,75m; in Graben mit Verbau; inkl. Pass-, Form- und Verbindungsstücken					
	m **€ brutto**	**62**	**85**	**90**	**101**	**129**
	KG 551 € netto	52	71	76	85	108
52	**Abwasserkanal duktiles Gussrohr, DN/OD125**					
	Abwasserkanal; Gusseisen, muffenlos; DN/OD125, Länge 6,00m, Tiefe bis 1,75m; in Graben mit Verbau; inkl. Pass-, Form- und Verbindungsstücken					
	m **€ brutto**	**67**	**103**	**121**	**137**	**175**
	KG 551 € netto	57	87	101	115	147
53	**Abwasserkanal duktiles Gussrohr, DN/OD150**					
	Abwasserkanal; Gusseisen, muffenlos; DN/OD150, Länge 6,00m, Tiefe bis 1,75m; in Graben mit Verbau; inkl. Pass-, Form- und Verbindungsstücken					
	m **€ brutto**	**132**	**161**	**176**	**224**	**276**
	KG 551 € netto	111	135	148	188	232
54	**Abwasserleitung, duktiles Gussrohr, DN/OD200**					
	Abwasserkanal; Gusseisen, muffenlos; DN/OD200, Länge 6,00m, Tiefe bis 1,75m; in Graben mit Verbau; inkl. Pass-, Form- und Verbindungsstücken					
	m **€ brutto**	**189**	**274**	**313**	**339**	**393**
	KG 551 € netto	158	230	263	285	331
55	**Formstück, duktiles Gussrohr, Bogen, DN/OD100**					
	Formstück, Bogen; Gusseisen; DN/OD100, 45°					
	St **€ brutto**	**27**	**30**	**31**	**32**	**34**
	KG 551 € netto	22	25	26	27	29
56	**Formstück, duktiles Gussrohr, Übergangsstück**					
	Formstück, Übergangsstück; Gusseisen; DN100					
	St **€ brutto**	**92**	**134**	**170**	**174**	**208**
	KG 551 € netto	77	112	143	147	174
57	**Formstück, duktiles Gussrohr, Abzweig, DN/OD100**					
	Formstück, Abzweig; Gusseisen; DN/OD100					
	St **€ brutto**	**34**	**45**	**48**	**54**	**71**
	KG 551 € netto	28	38	41	46	60
58	**Standrohr, duktiles Gussrohr/Grauguss**					
	Standrohr; Gusseisen; Sockelbereich; inkl. Anschluss an Kanalnetz					
	St **€ brutto**	**87**	**127**	**140**	**151**	**184**
	KG 551 € netto	73	106	118	127	154

Kosten: Stand 3.Quartal 2024, Bundesdurchschnitt

LB 009 **Preise €**

Nr.	**Kurztext** / Stichworte / **Einheit** / Kostengruppe		►	▷	**brutto ø** / netto ø	◁	◀
59	**Abwasserkanal, PP-Rohre, DN/OD110** Abwasserkanal; PP-Rohr, SN 8, Steckmuffe; DN/OD110, Tiefe bis 1,75m; in Graben; inkl. Schweiß/Klebe, Dichtungsmaterial						
	m	**€ brutto**	**26**	**34**	**38**	**50**	**65**
	KG 551	€ netto	21	29	32	42	55
60	**Abwasserkanal, PP-Rohre, DN/OD150** Abwasserkanal; PP-Rohr, SN 8, Steckmuffe; DN/OD150, Tiefe bis 1,75m; in Graben; inkl. Schweiß/Klebe, Dichtungsmaterial						
	m	**€ brutto**	**29**	**45**	**51**	**61**	**85**
	KG 551	€ netto	25	38	43	51	72
61	**Abwasserkanal, PP-Rohre, DN/OD200** Abwasserkanal; PP-Rohr, SN 8, Steckmuffe; DN/OD200, Tiefe bis 1,75m; in Graben; inkl. Schweiß/Klebe, Dichtungsmaterial						
	m	**€ brutto**	**38**	**56**	**69**	**73**	**86**
	KG 551	€ netto	32	47	58	61	72
62	**Abwasserleitung, PE-HD-Rohre, DN/OD100** Abwasserkanal; PE-HD-Rohr, SN 4, Mehrlippendichtung, Steckmuffe; DN/OD100, Tiefe bis 1,75m; in Graben; inkl. Schweiß/Klebe, Dichtungsmaterial						
	m	**€ brutto**	**30**	**34**	**36**	**42**	**51**
	KG 551	€ netto	25	29	30	35	43
63	**Abwasserkanal PE-HD-Rohre, DN/OD125** Abwasserkanal; PE-HD-Rohr, SN 4, Mehrlippendichtung, Steckmuffe; DN/OD100, Tiefe bis 1,75m; in Graben; inkl. Schweiß/Klebe, Dichtungsmaterial						
	m	**€ brutto**	**34**	**44**	**48**	**59**	**66**
	KG 551	€ netto	28	37	40	50	55
64	**Abwasserleitung, PE-HD-Rohre, DN/OD150** Abwasserkanal; PE-HD-Rohr, SN 4, Mehrlippendichtung, Steckmuffe; DN/OD100, Tiefe bis 1,75m; in Graben; inkl. Schweiß/Klebe, Dichtungsmaterial						
	m	**€ brutto**	**41**	**50**	**54**	**62**	**73**
	KG 551	€ netto	35	42	45	52	61
65	**Abwasserleitung, PE-HD-Rohre, DN/OD200** Abwasserkanal; PE-HD-Rohr, SN 4 Mehrlippendichtung, Steckmuffe; DN/OD100, Tiefe bis 1,75m; in Graben; inkl. Schweiß/Klebe, Dichtungsmaterial						
	m	**€ brutto**	**44**	**58**	**66**	**71**	**83**
	KG 551	€ netto	37	49	55	60	70

LB 009							Preise €
Nr.	Kurztext / Stichworte Einheit / Kostengruppe		►	▷	brutto ø netto ø	◁	◄
66	**Dichtheitsprüfung, Grundleitung** Dichtheitsprüfung; Prüfmedium Wasser/Luft; bis DN200/über DN200; inkl. Gerätschaften						
	St	**€ brutto**	**324**	**511**	**609**	**696**	**853**
	KG 551	€ netto	272	430	512	585	717
67	**Dichtheitsprüfung, Grundleitung** Dichtheitsprüfung; Prüfmedium Wasser/Luft; bis DN200/über DN200; inkl. Gerätschaften						
	m	**€ brutto**	**4,7**	**8,2**	**9,5**	**11,0**	**14,9**
	KG 551	€ netto	4,0	6,9	8,0	9,3	12,5
68	**Hofablauf, Polymerbeton, A15** Hofablauf, A15; Polymerbeton, Rost GFK, Kunststoffeimer; 500x300mm, Nennweite 10cm						
	St	**€ brutto**	**317**	**382**	**412**	**430**	**508**
	KG 551	€ netto	266	321	346	361	427
69	**Straßenablauf, Polymerbeton, B125** Straßenablauf, B125; Polymerbeton, Rost GFK, Kunststoffeimer; 500x300mm, Nennweite 10cm; in Beton versetzen						
	St	**€ brutto**	**354**	**476**	**535**	**559**	**662**
	KG 551	€ netto	297	400	449	470	556
70	**Straßenablauf, Polymerbeton, D400** Straßenablauf, D400; Polymerbeton, Abdeckrost GFK, Kunststoffeimer; 500x300mm, Nennweite 10cm; in Beton versetzen						
	St	**€ brutto**	**476**	**622**	**690**	**790**	**982**
	KG 551	€ netto	400	523	579	664	825
71	**Bodenablauf, Gusseisen** Bodenablauf, K3, Rückstauverschluss; Gusseisen, Edelstahlrost, Schlammeimer; Aufsatz 197x197mm; inkl. Notverschluss; für fäkalienfreies Abwasser						
	St	**€ brutto**	**171**	**295**	**331**	**386**	**585**
	KG 551	€ netto	144	248	278	325	492
72	**Reinigungsrohr, Putzstück, DN100** Reinigungsrohr, Steinzeugleitungen; Gusseisen; DN100; eindichten, Betonbettung; Kontrollschacht						
	St	**€ brutto**	**97**	**140**	**160**	**186**	**234**
	KG 551	€ netto	81	118	135	157	196
73	**Absperreinrichtung, Kanal, Gusseisen** Absperreinrichtung für Abwasserkanal; Gusseisen; DN100						
	St	**€ brutto**	**215**	**388**	**402**	**443**	**552**
	KG 551	€ netto	181	326	338	373	464

Kosten: Stand 3.Quartal 2024, Bundesdurchschnitt

LB 009 **Preise €**

Nr.	Kurztext / Stichworte Einheit / Kostengruppe		▶	▷	brutto ø netto ø	◁	◀
74	**Rückstaudoppelverschluss, DN100, Kunststoff** Rückstaudoppelverschluss, fakalienfreies Abwasser; PVC-U; DN100; automatisch und Handbetätigung inkl. Reinigungsöffnung						
	St	**€ brutto**	**275**	**441**	**499**	**500**	**803**
	KG 551	€ netto	231	371	419	420	675
75	**Schachtsohle, ausformen/Gerinne einbringen** Schachtsohle ausformen; Steinzeug-Halbschalen; DN100/DN150/DN200; Gerinne einbringen, M10 einbetten						
	St	**€ brutto**	**242**	**349**	**423**	**425**	**511**
	KG 551	€ netto	203	293	355	357	429
76	**Schachtring, DN1.000, Beton, 250mm** Schachtring; Betonfertigteil, Steigeisen; DN1.000, Höhe 250mm; Form E, mit beidseitigem Steg						
	St	**€ brutto**	**145**	**186**	**207**	**230**	**280**
	KG 551	€ netto	122	156	174	193	235
77	**Schachtring, DN1.000, Beton, 500mm** Schachtring; Betonfertigteil, Steigeisen; DN1.000, Höhe 500mm; Form E, mit beidseitigem Steg						
	St	**€ brutto**	**152**	**217**	**241**	**280**	**368**
	KG 551	€ netto	127	182	202	235	310
78	**Schachthals, Kontrollschacht** Schachthals, Kontrollschacht; Betonfertigteil, Steigeisen; DN1.000/625mm, Dicke 120mm						
	St	**€ brutto**	**163**	**242**	**285**	**320**	**411**
	KG 551	€ netto	137	204	240	268	346
79	**Steigeisen, Form A/B, Stb.-Schacht** Steigeisen Schacht; Edelstahl, PP-ummantelt; Stg. 280mm, Breite 300mm; einläufig; Betonfertigteilschacht						
	St	**€ brutto**	**83**	**95**	**96**	**100**	**107**
	KG 551	€ netto	70	80	81	84	90
80	**Auflagering, DN625, Fertigteil** Auflagering; Stahlbetonfertigteil; DN625, Höhe 60/80mm						
	St	**€ brutto**	**39**	**61**	**71**	**80**	**100**
	KG 551	€ netto	33	51	60	67	84
81	**Leitungsanschluss, Schacht** Anschluss Abwasserkanal an Betonschacht; Steinzeugrohr/PVC-Rohr; DN100/DN150/DN200						
	St	**€ brutto**	**132**	**202**	**230**	**259**	**332**
	KG 551	€ netto	111	170	193	218	279

LB 009						Preise €
Nr.	**Kurztext** / Stichworte **Einheit** / Kostengruppe	►	▷	**brutto ø** netto ø	◁	◄
82	**Seitenzulauf zum Schacht** Seitenzulauf Schacht; mit gelenkiger Rohreinbindung					
	St € brutto	**111**	**160**	**174**	**221**	**294**
	KG 551 € netto	93	134	147	186	247
83	**Schachtabdeckung, Klasse A15** Schachtabdeckung, rund, A15; Gusseisen mit Beton, Lüftungsöffnungen; DN800; in M10 versetzen					
	St € brutto	**192**	**248**	**284**	**313**	**357**
	KG 551 € netto	161	209	239	263	300
84	**Schachtabdeckung, Klasse D400** Schachtabdeckung, rund, D400; Gusseisen mit Beton, Lüftungsöffnungen; DN800; in M10 versetzen					
	St € brutto	**348**	**492**	**540**	**605**	**739**
	KG 551 € netto	292	413	453	508	621
85	**Schmutzfangkorb, Schachtabdeckung** Schmutzfangkorb, Schachtabdeckung; Stahlblech, verzinkt; DN600					
	St € brutto	**37**	**72**	**82**	**87**	**105**
	KG 551 € netto	31	61	69	73	88
86	**Schachtabdeckung anpassen** Schachtabdeckung höhenmäßig anpassen; Höhe bis 500mm					
	St € brutto	**71**	**133**	**163**	**203**	**298**
	KG 551 € netto	60	112	137	171	251
87	**Kontrollschacht komplett, bis 3,5m, DN1000** Kontrollschacht komplett; Betonfertigteil C20/25, Steigeisen; Höhe bis 3,5m, Bodendicke 20cm, Stg 333mm; Sohle mit Gerinne					
	St € brutto	**1.506**	**2.120**	**2.521**	**2.929**	**3.516**
	KG 551 € netto	1.266	1.782	2.118	2.461	2.955
88	**Regenwasserspeicher, Stahlbeton** Regenwasserspeicher, Stahlbeton; Schachtringe, Konus, Schachtabdeckung befahrbar					
	St € brutto	**3.780**	**5.799**	**6.330**	**7.870**	**10.688**
	KG 551 € netto	3.176	4.873	5.319	6.613	8.981
89	**Entwässerungsrinne, Klasse B125, Beton** Entwässerungsrinne, Kastenrinne, B125; Stahl-/Kunstharzbeton, Stahlabdeckung schraublose Arretierung; seitliche Verfüllung C12/15; inkl. Fundamentbeton					
	m € brutto	**138**	**201**	**245**	**252**	**336**
	KG 551 € netto	116	169	206	212	282

Kosten: Stand 3.Quartal 2024, Bundesdurchschnitt

LB 009							Preise €
Nr.	**Kurztext** / Stichworte				**brutto ø**		
	Einheit / Kostengruppe		►	▷	netto ø	◁	◄
90	**Entwässerungsrinne, Klasse C250, Beton**						
	Entwässerungsrinne, Kastenrinne, C250; Stahl-/Kunstharzbeton, Stahlabdeckung schraublose Arretierung; seitliche Verfüllung C12/16; inkl. Fundamentbeton						
	m	**€ brutto**	**179**	**259**	**288**	**331**	**431**
	KG 551	€ netto	150	218	242	278	362
91	**Entwässerungsrinne, Klasse D400, Beton**						
	Entwässerungsrinne, Kastenrinne, D400; Stahl-/Kunstharzbeton, Stahlabdeckung schraublose Arretierung; seitliche Verfüllung C12/17; inkl. Fundamentbeton						
	m	**€ brutto**	**214**	**347**	**409**	**510**	**729**
	KG 551	€ netto	180	292	344	429	612
92	**Abdeckung Entwässerungsrinne, Guss, C250**						
	Abdeckung, Entwässerungsrinne, C250; Gusseisen, schraublose Arretierung; Loch-/Stegrost						
	m	**€ brutto**	**89**	**112**	**122**	**144**	**183**
	KG 551	€ netto	74	94	103	121	154
93	**Abdeckung Entwässerungsrinne Guss, D400**						
	Abdeckung, Entwässerungsrinne, D400; Gusseisen, schraublose Arretierung; Loch-/Stegrost						
	m	**€ brutto**	**172**	**190**	**202**	**202**	**215**
	KG 551	€ netto	144	160	170	170	180
94	**Abdeckung Entwässerungsrinne, Schlitzaufsatz**						
	Abdeckung, Entwässerungsrinne, Schlitzaussatz; Gusseisen, schraublose Arretierung						
	m	**€ brutto**	**78**	**122**	**134**	**143**	**186**
	KG 551	€ netto	65	103	113	120	156
95	**Kanalreinigung, Hochdruckspülgerät**						
	Abwasserkanal reinigen; Hochdruckspülgerät; Abfall aufsaugen, laden, entsorgen; inkl. Gerätschaften aufstellen, entfernen						
	m	**€ brutto**	**3,7**	**5,9**	**7,1**	**8,5**	**16,2**
	KG 551	€ netto	3,1	5,0	5,9	7,1	13,6
96	**Kanalprüfung, Kamera**						
	Kameraprüfung, Abwasserkanal; bis DN200/über DN200; mit Dokumentation; inkl. Gerätschaften aufstellen, entfernen						
	m	**€ brutto**	**6,8**	**8,2**	**8,9**	**10,1**	**13,0**
	KG 551	€ netto	5,7	6,9	7,5	8,5	10,9

LB 009						Preise €
Nr.	**Kurztext** / Stichworte			**brutto ø**		
	Einheit / Kostengruppe	►	▷	netto ø	◁	◄
97	**Stundensatz, Facharbeiter/-in** Stundenlohnarbeiten, Vorarbeiterin, Vorarbeiter, Facharbeiterin, Facharbeiter und Gleichgestellte; Kanalarbeiten					
	h **€ brutto**	**80**	**86**	**89**	**92**	**101**
	€ netto	67	72	75	77	85
98	**Stundensatz, Helfer/-in** Stundenlohnarbeiten für Werkerin, Werker, Helferin, Helfer und Gleichgestellte; Kanalarbeiten					
	h **€ brutto**	**67**	**73**	**75**	**78**	**83**
	€ netto	57	62	63	65	70

LB 010 **Preise €**

Nr.	Kurztext / Stichworte Einheit / Kostengruppe		▶	▷	brutto ø netto ø	◁	◀
1	**Handaushub, Drängraben, GK1** Handaushub Drängraben; Boden lösen, seitlich lagern						
	m³	**€ brutto**	**66**	**88**	**99**	**105**	**122**
	KG 311	€ netto	55	74	83	88	102
2	**Aushub, Drängraben, GK1, lagern** Aushub Drängraben; Boden lösen, seitlich lagern						
	m³	**€ brutto**	**24**	**28**	**30**	**32**	**35**
	KG 311	€ netto	20	24	25	27	29
3	**Aushub, Dränarbeiten, GK1, lagern/verfüllen** Aushub Grube, Schacht, Rohrgraben; Boden lösen, fördern, lagern, wieder verfüllen, verdichten; Förderweg bis 50m						
	m³	**€ brutto**	**37**	**41**	**42**	**44**	**49**
	KG 311	€ netto	31	35	36	37	42
4	**Filtervlies, Erdplanum/Frostschutz** Trennlage; Vlies, Dicke 1,1mm, GRK-Klasse 2; überlappend verlegen; zwischen Erdplanum und Frostschutz						
	m²	**€ brutto**	**3,0**	**4,3**	**4,7**	**5,5**	**7,4**
	KG 326	€ netto	2,5	3,6	4,0	4,6	6,2
5	**Tragschicht, kapillarbrechend** Tragschicht, kapillarbrechend; Mineralgemisch/Kies-Schotter-Gemisch/RC-Stoffe; Dicke 30cm, Sollhöhe +/-2cm; unter Bodenplatte/Fundament						
	m²	**€ brutto**	**10**	**13**	**15**	**16**	**19**
	KG 325	€ netto	8,6	11,3	12,3	13,2	16,2
6	**Kiesfilter, Flächendränage** Filterschicht, Flächendränage; Filterkies 8/16; Dicke 15cm; zwischen Fundamente						
	m³	**€ brutto**	**45**	**75**	**90**	**102**	**122**
	KG 326	€ netto	37	63	75	85	103
7	**Dränleitung, PVC-U, DN100** Dränleitung; PVC-U, Doppelsteckmuffe; DN100; Arbeitsraum/Graben/Baugrube						
	m	**€ brutto**	**9,7**	**13,8**	**15,9**	**18,2**	**24,8**
	KG 326	€ netto	8,2	11,6	13,4	15,3	20,8
8	**Dränleitung, PVC-U, DN125** Dränleitung; PVC-U, Doppelsteckmuffen; DN125; Arbeitsraum/Graben/Baugrube						
	m	**€ brutto**	**11**	**15**	**17**	**19**	**25**
	KG 326	€ netto	9,5	12,3	14,4	15,9	20,6

Kosten: Stand 3.Quartal 2024, Bundesdurchschnitt

LB 010 **Preise €**

Nr.	Kurztext / Stichworte				brutto ø		
	Einheit / Kostengruppe		▶	▷	netto ø	◁	◀
9	**Dränleitung, PVC-U, DN150**						
	Dränleitung; PVC-U, Doppelsteckmuffen; DN160; Arbeitsraum/Graben/ Baugrube						
	m	**€ brutto**	**15**	**19**	**21**	**24**	**30**
	KG 326	€ netto	13	16	17	20	26
10	**Dränleitung, PVC-U, DN200**						
	Dränleitung; PVC-U, Doppelsteckmuffen; DN200; Arbeitsraum/Graben/ Baugrube						
	m	**€ brutto**	**21**	**28**	**32**	**37**	**46**
	KG 326	€ netto	18	24	27	31	38
11	**Formstück, Dränleitung, Abzweig**						
	Formstück, Dränleitung, Abzweig; PVC-U, Steckmuffe; 45°						
	St	**€ brutto**	**16**	**33**	**38**	**47**	**62**
	KG 326	€ netto	14	28	32	39	52
12	**Formstück, Dränleitung, Bogen**						
	Formstück, Dränleitung, Bogen; PVC-U, Steckmuffe						
	St	**€ brutto**	**17**	**22**	**26**	**28**	**33**
	KG 326	€ netto	14	19	21	23	28
13	**Formstück, Dränleitung, Verschlussstück**						
	Formstück, Dränleitung, Verschlussstück; PVC-U, Steckmuffe						
	St	**€ brutto**	**5,5**	**9,1**	**10,4**	**14,4**	**24,4**
	KG 326	€ netto	4,6	7,6	8,7	12,1	20,5
14	**Formstück, Dränleitung, Verbindungsmuffe**						
	Formstück, Dränleitung, Verbindungsmuffe; PVC-U, Steckmuffe						
	St	**€ brutto**	**14**	**21**	**23**	**29**	**38**
	KG 326	€ netto	12	17	19	24	32
15	**Formstück, Dränleitung, Reduzierstück**						
	Formstück, Dränleitung, Reduzierstück; PVC-U, Steckmuffe						
	St	**€ brutto**	**17**	**25**	**30**	**36**	**46**
	KG 326	€ netto	15	21	25	30	39
16	**Formstück, Dränleitung, T-Stück**						
	Formstück, Dränleitung, Anschluss T-Stück; PVC-U, Steckmuffe						
	St	**€ brutto**	**16**	**23**	**26**	**33**	**43**
	KG 326	€ netto	14	19	22	28	36
17	**Anschluss, Dränleitung/Schacht**						
	Anschluss Dränleitung an Sickerschacht; PVC-U, Betonschacht; inkl. Dichtungs- und Anschlussmaterial						
	St	**€ brutto**	**51**	**69**	**80**	**85**	**99**
	KG 326	€ netto	43	58	67	72	83

LB 010							Preise €
Nr.	Kurztext / Stichworte Einheit / Kostengruppe		►	▷	brutto ø netto ø	◁	◄
18	**Spülschacht PP, DN315** Spülschacht Dränleitung; PP-Rohr, PP-Abdeckung; Rohr DN315, Nutzhöhe 0,80m; inkl. Blindstopfen, Sandfang						
	St	**€ brutto**	**247**	**350**	**395**	**453**	**609**
	KG 326	€ netto	208	294	332	381	512
19	**Schachtverlängerung, PP, DN315** Schachtverlängerung, Dränagespül- und Kontrollschacht; PP-Rohr; DN315						
	m	**€ brutto**	**61**	**85**	**97**	**102**	**120**
	KG 326	€ netto	51	71	82	86	101
20	**Schachtabdeckung, Alu, mit Arretierung** Schachtabdeckung, Drainschacht; Aluminium; DN315; Deckel geschlossen mit Arretierung						
	St	**€ brutto**	**117**	**149**	**164**	**179**	**190**
	KG 326	€ netto	98	125	138	151	159
21	**Schachtabdeckung, Guss, DN315, Klasse B** Schachtabdeckung, Drainschacht, Klasse B; Guss; DN315; mit Rahmen, Deckel geschlossen						
	St	**€ brutto**	**209**	**272**	**274**	**315**	**409**
	KG 326	€ netto	176	229	230	264	343
22	**Dichtung, Schachtdeckung** Dichtung Dränschacht; DN315; wasser- und gasdicht						
	St	**€ brutto**	**15**	**20**	**25**	**29**	**35**
	KG 326	€ netto	13	17	21	25	29
23	**Sickerpackung, Dränleitung** Sickerpackung; Kies 8/16; einbauen, verdichten; Ummantelung Dränleitung						
	m	**€ brutto**	**13**	**19**	**21**	**24**	**28**
	KG 326	€ netto	11	16	18	20	24
24	**Sickerpackung, Dränleitung** Sickerpackung; Kies 8/16; einbauen, verdichten; Ummantelung Dränleitung						
	m³	**€ brutto**	**61**	**77**	**85**	**99**	**136**
	KG 326	€ netto	51	65	72	84	114
25	**Sickerschacht, Betonfertigteile, B125** Sickerschacht,B125, komplett; Betonfertigteilringe, gelocht, Kiesfüllung; DN1.000, Tiefe bis 2,00m,						
	St	**€ brutto**	**1.218**	**1.740**	**1.989**	**2.519**	**3.533**
	KG 326	€ netto	1.024	1.463	1.671	2.116	2.969

LB 010 **Preise €**

Nr.	Kurztext / Stichworte Einheit / Kostengruppe		►	▷	brutto ø netto ø	◁	◄
26	**Sickerschicht, Kies/Flies** Sickerschicht; Kies 32/64; Höhe 1,00m; inkl. Filtervliesabdeckung						
	m³	**€ brutto**	**51**	**71**	**81**	**86**	**96**
	KG 326	€ netto	43	60	68	72	81
27	**Dränschicht, Dränmatten, Wand** Dränageschicht; Dränmatte, Kunststoff, vlieskaschiert; überlappend verlegen; auf Bauwerksabdichtung						
	m²	**€ brutto**	**6,3**	**16,3**	**18,7**	**23,5**	**34,0**
	KG 326	€ netto	5,3	13,7	15,7	19,7	28,5
28	**Filter-/Dränageschicht, Vlies/Noppenbahn, Wand** Schutz- und Dränageschicht; Noppenbahn mit Vlies und Gleitfolie; auf Abdichtung einbauen; Außenwand						
	m²	**€ brutto**	**4,5**	**11,9**	**14,7**	**17,6**	**23,3**
	KG 335	€ netto	3,8	10,0	12,3	14,8	19,5
29	**Sickerschicht, Perimeterplatte, vlieskaschiert** Sickerschicht; Polystyrol-Platte, vlieskaschiert, WLS 034; Dicke bis 80mm; Außenwand; Einbauhöhe bis 4,0/über 4,0m						
	m²	**€ brutto**	**15**	**20**	**23**	**25**	**29**
	KG 335	€ netto	12	17	19	21	25
30	**Filter, Vlies, Dränkörper** Filterschicht um Dränkörper; Vlies; vollständige Ummantelung						
	m²	**€ brutto**	**3,0**	**4,4**	**4,7**	**5,6**	**7,6**
	KG 335	€ netto	2,5	3,7	3,9	4,7	6,3
31	**Filterschicht, Kiessand, Wand** Filterschicht vor Außenwand; Kiessand; einbauen, verdichten						
	m³	**€ brutto**	**68**	**77**	**82**	**86**	**97**
	KG 326	€ netto	57	65	69	73	82
32	**Grobkiesstreifen, Sockelbereich** Kiesstreifen; Rundkies 32/63, gewaschen; Breite 50cm, Tiefe 30cm; auf Filtervlies; Sockelbereich						
	m³	**€ brutto**	**67**	**96**	**108**	**113**	**163**
	KG 326	€ netto	56	81	91	95	137
33	**Dränleitung spülen, Hochdruckgerät** Dränleitung spülen; Hochdruckgerät						
	m	**€ brutto**	**3,5**	**5,0**	**6,9**	**11,6**	**15,0**
	KG 326	€ netto	3,0	4,2	5,8	9,8	12,6
34	**Stundensatz, Facharbeiter/-in,** Stundenlohnarbeiten, Vorarbeiterin, Vorarbeiter, Facharbeiterin, Facharbeiter und Gleichgestellte; Dränarbeiten						
	h	**€ brutto**	**73**	**83**	**87**	**93**	**103**
		€ netto	61	70	73	78	87

LB 012						Preise €

Nr.	Kurztext / Stichworte Einheit / Kostengruppe		►	▷	brutto ø netto ø	◁	◄
1	**Querschnittsabdichtung, Mauerwerk bis 15cm** Querschnittsabdichtung, Wand, W4-E; Bitumen-Dachdichtungsbahn G200DD; Dicke bis 15cm; gegen Bodenfeuchte und nichtdrückendes Wasser						
	m	**€ brutto**	**1,4**	**3,5**	**4,0**	**5,2**	**7,7**
	KG 342	€ netto	1,2	2,9	3,4	4,4	6,5
2	**Querschnittsabdichtung, Mauerwerk bis 17,5cm** Querschnittsabdichtung, Wand, W4-E; Bitumen-Dachdichtungsbahn G200DD; Dicke bis 17,5cm; gegen Bodenfeuchte und nichtdrückendes Wasser						
	m	**€ brutto**	**2,2**	**4,8**	**6,1**	**7,2**	**9,8**
	KG 342	€ netto	1,9	4,1	5,1	6,1	8,3
3	**Querschnittsabdichtung, Mauerwerk bis 24cm** Querschnittsabdichtung, Wand, W4-E; Bitumen-Dachdichtungsbahn G200DD; Dicke bis 24,0cm; gegen Bodenfeuchte und nichtdrückendes Wasser						
	m	**€ brutto**	**3,1**	**5,4**	**6,5**	**8,3**	**13,4**
	KG 341	€ netto	2,6	4,5	5,4	7,0	11,2
4	**Querschnittsabdichtung, Mauerwerk bis 36,5cm** Querschnittsabdichtung, Wand, W4-E; Bitumen-Dachdichtungsbahn G200DD; Dicke bis 36,5cm; gegen Bodenfeuchte und nichtdrückendes Wasser						
	m	**€ brutto**	**5,3**	**8,2**	**9,3**	**11,3**	**15,7**
	KG 331	€ netto	4,4	6,9	7,8	9,5	13,2
5	**Dämmstein, Mauerwerk, 11,5cm** Dämmelement; Dämmstein; Dicke 11,5cm, Steinhöhe 13,5cm						
	m	**€ brutto**	**37**	**48**	**54**	**63**	**81**
	KG 342	€ netto	31	41	46	53	68
6	**Dämmstein, Mauerwerk, 17,5cm** Dämmelement; Dämmstein; Dicke 17,5cm, Steinhöhe 13,5cm						
	m	**€ brutto**	**40**	**58**	**67**	**82**	**119**
	KG 341	€ netto	34	49	57	69	100
7	**Dämmstein, Mauerwerk, 24cm** Dämmelement; Dämmstein; Dicke 24cm, Steinhöhe 13,5cm						
	m	**€ brutto**	**55**	**78**	**87**	**112**	**161**
	KG 341	€ netto	46	65	73	94	135
8	**Dämmstein, KS-Mauerwerk, 11,5cm** Dämmstein; KS-ISO-Kimmstein, RDK 1,2; Wanddicke 11,5cm, Steinhöhe 13,5cm						
	m	**€ brutto**	**33**	**38**	**40**	**43**	**48**
	KG 342	€ netto	28	32	34	36	40

Kosten: Stand 3.Quartal 2024, Bundesdurchschnitt

LB 012							Preise €
Nr.	**Kurztext** / Stichworte **Einheit** / Kostengruppe		►	▷	**brutto ø** netto ø	◁	◄
9	**Dämmstein, KS-Mauerwerk 17,5cm** Dämmstein; KS-ISO-Kimmstein, RDK 1,2; Wanddicke 17,5cm, Steinhöhe 13,5cm						
	m	**€ brutto**	**42**	**58**	**63**	**70**	**85**
	KG 342	€ netto	36	49	53	59	72
10	**Dämmstein, KS-Mauerwerk, 24,0cm** Dämmstein; KS-ISO-Kimmstein, RDK 1,2; Wanddicke 24cm, Steinhöhe 13,5cm						
	m	**€ brutto**	**55**	**71**	**75**	**84**	**99**
	KG 341	€ netto	46	60	63	70	83
11	**Innenwand, Mauerziegel, 11,5cm** Innenwand; Mz, SFK 20, RDK 1,6; 2DF 240x115x113mm; MG III						
	m²	**€ brutto**	**74**	**91**	**93**	**97**	**112**
	KG 342	€ netto	62	76	78	82	94
12	**Innenwand, Mauerziegel, 24cm** Innenwand; Mz, SFK 20, RDK 1,7; 2DF 240x240x113mm; MG III						
	m²	**€ brutto**	**103**	**113**	**120**	**125**	**143**
	KG 342	€ netto	87	95	101	105	120
13	**Innenwand, HLz-Planstein 11,5cm, 8DF** Innenwand; HLz, SFK 8, RDK 0,8; 8 DF 498x115x249mm; Dünnbettmörtel						
	m²	**€ brutto**	**61**	**77**	**83**	**91**	**108**
	KG 342	€ netto	51	65	70	76	91
14	**Innenwand, HLz-Planstein 17,5cm, 12DF** Innenwand; HLz, SFK 12, RDK 0,9; 12 DF 498x175x249mm; Dünnbettmörtel						
	m²	**€ brutto**	**82**	**98**	**104**	**118**	**151**
	KG 342	€ netto	69	83	87	100	127
15	**Innenwand, HLz-Planstein 24cm, 12DF** Innenwand; Hlz, SFK 10-14, RDK 0,8-1,4; 12DF, 373x240x249mm; Dünnbettmörtel						
	m²	**€ brutto**	**95**	**115**	**123**	**139**	**190**
	KG 342	€ netto	80	97	103	117	160
16	**Innenwand, KS L 11,5cm, bis 3DF** Innenwand, nichttragend/tragend; KS L/KS, SFK 12/20, RDK 1,4/1,8/2,0; bis 3DF, 240x115x113mm; für späteren Putzauftrag						
	m²	**€ brutto**	**74**	**83**	**88**	**97**	**115**
	KG 342	€ netto	62	70	74	81	97

LB 012 **Preise €**

Nr.	Kurztext / Stichworte Einheit / Kostengruppe		▶	▷	brutto ø netto ø	◁	◀
17	**Innenwand, KS L 17,5cm, 3DF**						
	Innenwand, nichttragend/tragend; KS L, SFK 12/20, RDK 1,4/1,8/2,0; 3DF, 240x175x113mm; für Putzauftrag						
	m²	**€ brutto**	**85**	**98**	**103**	**114**	**139**
	KG 341	€ netto	72	83	87	95	117
18	**Innenwand, KS-Sichtmauerwerk, 11,5cm, einseitig**						
	Sichtmauerwerk; KS Vb/Vm, SFK 12, RDK 1,8; DF/NF/2DF, Dicke 11,5cm; MG II						
	m²	**€ brutto**	**99**	**117**	**126**	**132**	**151**
	KG 342	€ netto	83	99	106	111	127
19	**Innenwand, KS Sichtmauerwerk 11,5cm, beidseitig**						
	Innenwand; KS Vm/KS Vb; Wanddicke 11,5cm, SFK 12/20, RDK 1,8; zweiseitiges Sichtmauerwerk						
	m²	**€ brutto**	**119**	**143**	**154**	**167**	**186**
	KG 342	€ netto	100	120	129	140	156
20	**Innenwand, KS Planstein 11,5cm, 3DF**						
	Innenwand; KS L-R, SFK 12/20, RDK 1,8-2,0; 3DF 248x115x248mm; Dünnbettmörtel, NF-System						
	m²	**€ brutto**	**61**	**79**	**85**	**91**	**104**
	KG 342	€ netto	51	66	71	76	88
21	**Innenwand, KS Planstein 17,5cm, 6DF**						
	Innenwand, tragend/nichttragend; KS R, SFK 12/20, RDK 1,4-2,0; 6DF 248x175x248mm; Dünnbettmörtel, NF-System						
	m²	**€ brutto**	**77**	**95**	**103**	**114**	**143**
	KG 341	€ netto	65	80	87	96	120
22	**Innenwand, KS Planstein 24cm, 8DF**						
	Innenwand, tragend/nichttragend; KS-R, SFK 12/20, RDK 1,4-2,0; 8DF 248x240x248mm; Dünnbettmörtel, NF-System						
	m²	**€ brutto**	**80**	**106**	**120**	**127**	**146**
	KG 341	€ netto	68	89	101	107	122
23	**Innenwand, KS Rasterelement 11,5cm**						
	Innenwand, tragend/nichttragend; KS XL, SFK 12/20, RDK 1,4-2,0; 16DF 498x115x498mm; Dünnbettmörtel, NF-System						
	m²	**€ brutto**	**65**	**76**	**79**	**81**	**94**
	KG 341	€ netto	54	64	66	68	79
24	**Innenwand, KS Rasterelement 24cm**						
	Innenwand, tragend/nichttragend; KS XL, SFK 12/20, RDK 1,4-2,0; 498x240x498mm; Dünnbettmörtel, NF-System						
	m²	**€ brutto**	**97**	**116**	**127**	**145**	**181**
	KG 341	€ netto	81	97	106	122	152

Kosten: Stand 3.Quartal 2024, Bundesdurchschnitt

LB 012							**Preise €**
Nr.	**Kurztext** / Stichworte				**brutto ø**		
	Einheit / Kostengruppe		►	▷	netto ø	◁	◄
25	**Innenwand, Porenbeton Planbauplatte 5cm, nichttragend** Innenwand, nichttragend; Porenbeton-Planplatte 5cm; 625x50x250mm; Dünnbettmörtel						
	m²	**€ brutto**	**61**	**65**	**78**	**82**	**92**
	KG 342	€ netto	51	55	66	69	77
26	**Innenwand, Porenbeton Planbauplatte 10cm, nichttragend** Innenwand, nichttragend; Porenbeton-Planplatte 10cm; 624x100x249mm; Dünnbettmörtel						
	m²	**€ brutto**	**87**	**88**	**92**	**111**	**125**
	KG 342	€ netto	73	74	77	93	105
27	**Innenwand, Porenbeton 11,5cm, nichttragend** Innenwand, nichttragend; Porenbeton-Planstein; 249x115x249mm; Dünnbettmörtel						
	m²	**€ brutto**	**67**	**81**	**84**	**93**	**114**
	KG 342	€ netto	56	68	71	78	96
28	**Innenwand, Porenbeton 17,5cm, nichttragend** Innenwand, nichttragend; Porenbeton-Planstein; 249x175x249mm; Dünnbettmörtel						
	m²	**€ brutto**	**75**	**91**	**98**	**105**	**118**
	KG 342	€ netto	63	76	83	89	100
29	**Innenwand, Poren-Planelement 24cm** Innenwand; Porenbeton-Planelement; 999x240x624mm; Dünnbettmörtel						
	m²	**€ brutto**	**100**	**116**	**122**	**126**	**134**
	KG 342	€ netto	84	98	103	106	112
30	**Innenwand, Gipswandbauplatte, 6cm, nichttragend** Innenwand, nichttragend; Gipswandbauplatten, A1, F30/EI30; Wanddicke 6cm, Format 666x500mm						
	m²	**€ brutto**	**58**	**67**	**71**	**78**	**89**
	KG 342	€ netto	49	57	60	66	75
31	**Innenwand, Gipswandbauplatte, 10cm, nichttragend** Innenwand, nichttragend; Gipswandbauplatten, A1, F180/EI180; Wanddicke 10cm, Format 666x500mm						
	m²	**€ brutto**	**70**	**82**	**87**	**93**	**105**
	KG 342	€ netto	59	69	73	78	88
32	**Brüstungsmauerwerk, Breite 11,5cm** Mauerwerksbrüstung; Mz/HLz; 2DF 240x115x113mm, Höhe bis 1,00m						
	m²	**€ brutto**	**76**	**87**	**93**	**95**	**116**
	KG 359	€ netto	64	73	79	80	97

LB 012							Preise €
Nr.	**Kurztext** / Stichworte		**brutto ø**				
	Einheit / Kostengruppe	►	▷	netto ø	◁	◄	
33	**Brüstungsmauerwerk, Breite 24,0cm** Mauerwerksbrüstung; Mz/HLz; 4DF 240x240x113mm, Höhe bis 1,00m						
	m²	**€ brutto**	**85**	**123**	**132**	**142**	**161**
	KG 359	€ netto	71	103	111	120	135
34	**Brüstungsmauerwerk, Breite 36,5cm** Mauerwerksbrüstung; Mz/HLz, kleinformatig/großformatig; Dicke 36,5cm, Höhe bis 1,00m						
	m²	**€ brutto**	**134**	**164**	**181**	**209**	**275**
	KG 359	€ netto	113	138	152	175	231
35	**Öffnungen, Mauerwerk bis 17,5cm, 1,01/2,13** Öffnungen anlegen; Mauerwerk; Dicke 17,5cm, Breite 1,01m, Höhe 2,13m; beim Aufmauern; als Tür-/Fensteröffnung						
	St	**€ brutto**	**34**	**47**	**52**	**56**	**80**
	KG 341	€ netto	29	39	44	47	67
36	**Öffnungen, Mauerwerk bis 24cm, 1,01/2,13** Öffnungen anlegen; Mauerwerk; Dicke 24cm, Breite 1,01m, Höhe 2,13m; beim Aufmauern; als Tür-/Fensteröffnung						
	St	**€ brutto**	**36**	**52**	**64**	**73**	**98**
	KG 341	€ netto	30	44	54	61	82
37	**Öffnungen, Mauerwerk bis 2,50m²** Öffnungen anlegen; Mauerwerk; Größe über 2,5m²; Türöffnung						
	m²	**€ brutto**	**10**	**13**	**15**	**19**	**25**
	KG 341	€ netto	8,5	11,2	12,4	15,7	20,8
38	**Fensteröffnung, Mauerwerk über 2,50m²** Öffnungen anlegen; Mauerwerk; Größe über 2,5m²; beim Aufmauern; Fensteröffnung						
	m²	**€ brutto**	**11**	**15**	**16**	**22**	**27**
	KG 341	€ netto	8,9	12,3	13,3	18,3	22,9
39	**Öffnungen schließen, Mauerwerk** Öffnungen schließen; Hlz, SFK 12, RDK 1,8; 2DF 240x115x113mm; MG II						
	m²	**€ brutto**	**114**	**150**	**166**	**191**	**243**
	KG 340	€ netto	95	126	140	161	204
40	**Türöffnung schließen, Mauerwerk** Öffnungen schließen; Hlz, SFK 12, RDK 1,8; 2DF 240x115x113mm; MG II; Türöffnung						
	m²	**€ brutto**	**86**	**157**	**182**	**230**	**326**
	KG 340	€ netto	72	132	153	194	274

LB 012 **Preise €**

Nr.	Kurztext / Stichworte Einheit / Kostengruppe		►	▷	brutto ø netto ø	◁	◄
41	**Aussparung schließen, bis 0,04m²** Aussparung schließen; Hlz, SFK 12, RDK 1,8; 2DF 240x115x113mm; waagrecht/senkrecht, MG II						
	St	**€ brutto**	**23**	**45**	**50**	**65**	**99**
	KG 340	€ netto	19	38	42	55	83
42	**Aussparung schließen, bis 0,25m²** Aussparung schließen; Hlz, SFK 12, RDK 1,8; 2DF 240x115x113mm; waagrecht/senkrecht, MG II						
	St	**€ brutto**	**25**	**52**	**63**	**77**	**113**
	KG 340	€ netto	21	44	53	64	95
43	**Aussparung schließen, bis 0,50m²** Aussparung schließen; Hlz, SFK 12, RDK 1,8; 2DF 240x115x113mm; waagrecht/senkrecht, MG II						
	St	**€ brutto**	**37**	**73**	**89**	**103**	**134**
	KG 340	€ netto	31	62	74	86	113
44	**Schacht, gemauert, Formteile** Schacht, Fertigteil-Formsteine; Ziegel/Leichtbetonstein; ein-/zweizügig						
	m	**€ brutto**	**117**	**166**	**190**	**213**	**273**
	KG 342	€ netto	99	139	159	179	229
45	**Schachtwand, Kalksandsteine** Schachtwand EI30/EI60/EI90; KS L, SFK 12, RDK 1,8; 2-3DF 240x115/175x113mm; Mauerwerk, Dünnbettmörtel						
	m²	**€ brutto**	**62**	**95**	**111**	**126**	**152**
	KG 342	€ netto	52	80	93	106	128
46	**Schachtwand, Kalksandsteine, Brandwand** Mauerwerk, Schachtwand, F90; KS L, SFK 12, RDK 1,8; 3DF 240x175x113mm; NM II						
	m²	**€ brutto**	**97**	**121**	**137**	**143**	**167**
	KG 342	€ netto	82	102	115	120	140
47	**Öffnung überdecken, Ziegelsturz** Sturz; Ziegelflachsturz; Höhe 71/113mm						
	m	**€ brutto**	**31**	**35**	**36**	**42**	**51**
	KG 342	€ netto	26	29	31	35	43
48	**Öffnung überdecken, KS-Sturz, 17,5cm** Sturz; Kalksandstein; Dicke 17,5cm						
	m	**€ brutto**	**33**	**46**	**52**	**65**	**88**
	KG 341	€ netto	28	39	44	55	74
49	**Öffnung überdecken, Betonsturz, 24cm** Fertigteilsturz; Stahlbeton; Dicke 24cm						
	m	**€ brutto**	**36**	**79**	**96**	**113**	**141**
	KG 341	€ netto	30	67	80	95	118

LB 012 **Preise €**

Nr.	Kurztext / Stichworte Einheit / Kostengruppe	▶	▷	brutto ø netto ø	◁	◀
50	**Öffnung überdecken, Außenwand, Ziegelsturz, 36,5cm** WD-Ziegelsturz; Breite 36,5cm, Höhe 238mm; U-Schale wärmegedämmt					
	m **€ brutto**	**61**	**78**	**89**	**95**	**112**
	KG 331 € netto	51	65	74	80	94
51	**Laibung beimauern, Sichtmauerwerk** Laibungen beimauern, Sichtmauerwerk; VMz; NF, 240x115x71mm					
	m **€ brutto**	**14**	**18**	**19**	**21**	**28**
	KG 330 € netto	12	15	16	17	24
52	**Glattstrich, Laibungen/Brüstungen** Glattstrich, Laibungen, Brüstungen; Mörtel					
	m **€ brutto**	**6,8**	**9,2**	**10,4**	**11,6**	**13,6**
	KG 330 € netto	5,7	7,7	8,8	9,8	11,4
53	**Schlitze herstellen, Mauerwerk** Schlitz herstellen; Tiefe bis 10cm; herstellen, ohne schließen; Mauerwerk					
	m **€ brutto**	**15**	**22**	**24**	**28**	**35**
	KG 341 € netto	13	18	20	23	30
54	**Schlitze schließen, Mauerwerk** Schlitz schließen, Innenwand; Untergrund Ziegel-/KS-Mauerwerk					
	m **€ brutto**	**9,9**	**22,7**	**27,9**	**28,9**	**41,6**
	KG 341 € netto	8,3	19,1	23,4	24,3	35,0
55	**Dämmung, Ringanker, MW60mm** Ringankerdämmung; Mineralwolle, WLG 035; Dicke 60mm					
	m **€ brutto**	**20**	**25**	**26**	**30**	**38**
	KG 331 € netto	17	21	22	25	32
56	**Deckenrandabmauerung, Dämmung MW 80mm** Deckenrandabmauerung, Dämmung; Mineralwolle; Dicke 80mm					
	m **€ brutto**	**22**	**26**	**28**	**31**	**41**
	KG 331 € netto	18	22	23	26	34
57	**Deckenanschluss, Mauerwerkswand** Deckenanschlussfuge; MW, A1; Dicke 11,5cm; mit MW verstopfen, beidseitig versiegeln					
	m **€ brutto**	**13**	**19**	**20**	**21**	**28**
	KG 342 € netto	11	16	17	18	23
58	**Deckenanschlussfuge feuerhemmend** Deckenanschlussfuge; Fugendichtmaterial, EI30/EI60; Wanddicke bis 24cm; rauchdicht, beidseitig elastisch versiegeln; Mauerwerkswand, nichttragen					
	m **€ brutto**	**25**	**43**	**59**	**70**	**85**
	KG 342 € netto	21	36	50	58	72

Kosten: Stand 3.Quartal 2024, Bundesdurchschnitt

LB 012 **Preise €**

Nr.	Kurztext / Stichworte Einheit / Kostengruppe		►	▷	brutto ø netto ø	◁	◄
59	**Deckenanschluss gleitend, ohne Brandschutz** Deckenanschluss gleitend; Einbauhöhe bis 2,75m, Mauerdicke 11,5/17,5/24cm; mit Anker						
	m	**€ brutto**	**6,1**	**9,6**	**10,2**	**11,0**	**14,6**
	KG 342	€ netto	5,1	8,1	8,6	9,3	12,2
60	**Deckenanschluss gleitend, mit Brandschutz** Deckenanschluss gleitend; Einbauhöhe bis 2,75m, Mauerdicke 11,5/17,5/24cm; mit Anker						
	m	**€ brutto**	**36**	**56**	**57**	**65**	**85**
	KG 342	€ netto	30	47	48	55	72
61	**Mauerwerksanschluss stumpf** Mauerwerksanschluss; Flachanker; Einbauhöhe bis 2,75m; stumpf stoßen						
	m	**€ brutto**	**6,1**	**11,4**	**15,0**	**18,0**	**24,9**
	KG 342	€ netto	5,1	9,6	12,6	15,1	20,9
62	**Maueranschlussschiene, 25/15** Maueranschlussschiene; verzinkter Stahl/Edelstahl; HMS 25/15; inkl. ablängen						
	m	**€ brutto**	**12**	**18**	**21**	**25**	**33**
	KG 341	€ netto	10	15	18	21	28
63	**Maueranschlussschiene, 28/15** Maueranschlussschiene; verzinkter Stahl/Edelstahl; HTA 28/15; inkl. ablängen						
	m	**€ brutto**	**10**	**22**	**27**	**30**	**40**
	KG 341	€ netto	8,7	18,5	22,4	25,4	33,4
64	**Maueranschlussschiene, 38/17** Maueranschlussschiene; verzinkter Stahl/Edelstahl; HTA 38/17; inkl. ablängen						
	m	**€ brutto**	**22**	**32**	**32**	**39**	**51**
	KG 341	€ netto	19	26	27	33	43
65	**Maueranker, beim Aufmauern einlegen** Maueranschluss, Flachanker; HTA 25/15-D/28/15 Stahl, verzinkt/rostfrei						
	St	**€ brutto**	**1,2**	**2,8**	**3,3**	**4,1**	**5,3**
	KG 341	€ netto	1,0	2,4	2,8	3,5	4,5
66	**Mauerwerk verzahnen** Maueranschluss, Verzahnung; KS-L, Format 2DF; Höhe bis 2,75m; Innenwand, nichttragend						
	m	**€ brutto**	**12**	**18**	**21**	**22**	**28**
	KG 341	€ netto	10	15	18	19	24

LB 012 **Preise €**

Nr.	Kurztext / Stichworte Einheit / Kostengruppe	►	▷	brutto ø netto ø	◁	◄
67	**Außenwand, LHLz 24cm, tragend** Außenwand, tragend; LHLz, SFK 6, RDK 0,6, WLS 008; 10DF 308x240x249mm; NF-System, Dünnbettmörtel					
	m² € brutto	**119**	**128**	**131**	**135**	**143**
	KG 331 € netto	100	108	110	113	120
68	**Außenwand, LHLz 36,5cm, tragend** Außenwand, tragend; LHLz, SFK 6, RDK 0,6, WLS 008; 12DF 248x365x249mm; NF-System, Dünnbettmörtel					
	m² € brutto	**144**	**169**	**181**	**192**	**219**
	KG 331 € netto	121	142	152	162	184
69	**Außenwand, LHLz 42,5cm, tragend** Außenwand, tragend; LHLz, SFK 6, RDK 0,65, WLS 008; 14DF 248x425x249mm; NF-System, Dünnbettmörtel					
	m² € brutto	**179**	**202**	**219**	**230**	**268**
	KG 331 € netto	150	170	184	193	225
70	**Außenwand, LHLz 36,5cm, tragend, gefüllt** Außenwand, tragend; LHLz, SFK 6, RDK 0,6, Füllung Perlite/Mineralwolle; 12DF 248x365x249mm; NF-System, Dünnbettmörtel					
	m² € brutto	**161**	**183**	**193**	**206**	**242**
	KG 331 € netto	135	153	162	173	203
71	**Außenwand, LHLz 42,5cm, tragend, gefüllt** Außenwand, tragend; LHLz, SFK 6, RDK 0,6, Füllung Perlite/Mineralwolle; 14DF 248x425x249mm; NF-System, Dünnbettmörtel					
	m² € brutto	**186**	**217**	**229**	**243**	**281**
	KG 331 € netto	156	182	192	204	236
72	**Außenwand, KS L-R 17,5cm, tragend** Außenwand, tragend; KS L-R, SFK 12, RDK 1,6; 12DF 373x175x248mm; NF-System, Dünnbettmörtel					
	m² € brutto	**71**	**94**	**103**	**111**	**139**
	KG 331 € netto	60	79	86	93	117
73	**Außenwand, KS L-R 24cm, tragend** Außenwand, tragend; KS L-R, SFK 12, RDK 1,8; 4DF 240x240x248mm; NF-System, Dünnbettmörtel					
	m² € brutto	**98**	**117**	**128**	**139**	**167**
	KG 331 € netto	83	99	108	117	140
74	**Außenwand, Betonsteine Hbn 17,5cm** Außenwand; Hbn, SFK 12, RDK 1,6; 12DF 248x175x238mm; MG IIa; in allen Geschossen					
	m² € brutto	**72**	**83**	**89**	**99**	**115**
	KG 331 € netto	61	70	75	83	97

Kosten: Stand 3.Quartal 2024, Bundesdurchschnitt

LB 012 **Preise €**

Nr.	Kurztext / Stichworte Einheit / Kostengruppe		▶	▷	brutto ø netto ø	◁	◀
75	**Außenwand, Porenbeton 30cm, tragend** Innenwand; Porenbeton-Planelement; 999x300x624mm; Dünnbett-mörtel						
	m²	**€ brutto**	**115**	**131**	**132**	**138**	**149**
	KG 331	€ netto	96	110	111	116	125
76	**Mauerpfeiler, rechteckig, freitragend** Mauerpfeiler, freitragend, rechteckig; Ziegel; SFK 20, RDK 1,8; MG IIa; rechteckig						
	m	**€ brutto**	**69**	**109**	**126**	**147**	**201**
	KG 333	€ netto	58	92	106	123	169
77	**Kerndämmung, MW 040, 80mm, Außenwand** Kerndämmung, zweischaliges Außenmauerwerk; Mineralwolle, WLG 040, A1; Dicke 80mm; Drahtanker						
	m²	**€ brutto**	**22**	**25**	**27**	**29**	**35**
	KG 330	€ netto	18	21	22	24	30
78	**Kerndämmung, MW 040, 140mm, Außenwand** Kerndämmung, zweischaliges Außenmauerwerk; Mineralwolle, WLG 040, A1; Dicke 140mm; Drahtanker						
	m²	**€ brutto**	**38**	**43**	**47**	**49**	**57**
	KG 330	€ netto	32	36	39	41	48
79	**Gebäudetrennfugen, MW, 20mm, Außenwand** Gebäudetrennfuge, Schalldämmung; Mineralwolle, WLG 035 A1; Dicke 20mm; Außenwand						
	m²	**€ brutto**	**9,4**	**11,6**	**12,7**	**13,6**	**15,3**
	KG 341	€ netto	7,9	9,8	10,7	11,4	12,9
80	**Gebäudetrennfugen, MW, 50mm, Außenwand** Gebäudetrennfuge, Schalldämmung; Mineralwolle, WLG 035 A1; Dicke 50mm; Außenwand						
	m²	**€ brutto**	**20**	**28**	**30**	**37**	**46**
	KG 341	€ netto	17	23	26	31	39
81	**Deckenranddämmung, Mehrschichtleichtbauplatte** Deckenranddämmung; Holzwolle-Mehrschichtplatte, EPS, WLG 035/040, F; Dicke 35/50mm; in Schalung						
	m	**€ brutto**	**9,6**	**17,1**	**22,0**	**26,4**	**36,2**
	KG 351	€ netto	8,1	14,3	18,5	22,2	30,4
82	**Drahtanker, Hintermauerung/Tragschale** Drahtanker, zweischaliges Mauerwerk; Schalabstand 160mm, Höhe ü.G. 12m						
	m²	**€ brutto**	**5,4**	**11,2**	**13,8**	**16,2**	**21,3**
	KG 335	€ netto	4,6	9,4	11,6	13,6	17,9

LB 012 **Preise €**

Nr.	Kurztext / Stichworte Einheit / Kostengruppe		▶	▷	brutto ø netto ø	◁	◀
83	**Verblendmauerwerk, Abfangung, Winkelkonsole** Verblendmauerwerk, Winkelkonsolanker; Stahl; höhenverstellbar +/-35mm						
	St	**€ brutto**	**224**	**347**	**392**	**423**	**562**
	KG 335	€ netto	188	291	329	355	473
84	**Verblendmauerwerk, Abfangung Einzelkonsole** Verblendmauerwerk, Einzelkonsolanker; Stahl; höhenverstellbar +/-35mm						
	St	**€ brutto**	**30**	**57**	**72**	**86**	**109**
	KG 335	€ netto	26	48	61	72	91
85	**Verblendmauerwerk, VMz, 115mm** Verblendmauerwerk, Außenwand; VMz, SFK 20, RDK 2,0; NF, 240x115x71mm; hinterlüftet, MG IIa; Arbeitshöhe bis 3,5 m						
	m²	**€ brutto**	**147**	**204**	**230**	**254**	**326**
	KG 335	€ netto	124	171	193	214	274
86	**Sparverblendung WDVS, Klinkerriemchen** Klinkerriemchen, Sparverblendung; VMz; Im Verband						
	m²	**€ brutto**	**161**	**197**	**209**	**243**	**296**
	KG 335	€ netto	135	165	176	204	248
87	**Verblendmauerwerk, Betonsteine** Verblendmauerwerk, Außenwand; Betonstein, SFK 20, RDK 1,8; 290x90x190mm; hinterlüftet, MG IIa; Arbeitshöhe bis 3,5 m						
	m²	**€ brutto**	**255**	**281**	**302**	**314**	**344**
	KG 335	€ netto	215	236	254	264	289
88	**Verblendmauerwerk, Kalksandsteine** Verblendmauerwerk, Außenwand; KS, SFK 20, RDK 1,8; 2DF 240x115x113mm; hinterlüftet, MG IIa						
	m²	**€ brutto**	**191**	**239**	**251**	**277**	**324**
	KG 335	€ netto	161	201	211	233	272
89	**Verblendmauerwerk, Öffnungen** Öffnungen überdecken; Sturz, Sichtbeton; BxL 115x113mm; Verblendmauerwerk						
	m²	**€ brutto**	**30**	**46**	**55**	**58**	**80**
	KG 335	€ netto	25	39	46	49	68
90	**Verblendmauerwerk, Rollschicht** Rollschicht, Verblendmauerwerk; waagrecht/geneigt; inkl. Verfugung						
	m	**€ brutto**	**32**	**62**	**77**	**85**	**108**
	KG 335	€ netto	27	52	65	71	91

Kosten: Stand 3.Quartal 2024, Bundesdurchschnitt

LB 012							**Preise €**
Nr.	**Kurztext** / Stichworte **Einheit** / Kostengruppe		▶	▷	**brutto ø** netto ø	◁	◀
91	**Mauerwerk abgleichen, 17,5cm** Giebelmauerwerk abgleichen; Beton C20/25; Dicke 17,5cm; abreiben; inkl. beidseitiger Schalung						
	m	**€ brutto**	**4,9**	**13,2**	**18,1**	**22,7**	**32,7**
	KG 331	€ netto	4,1	11,1	15,2	19,1	27,5
92	**Mauerwerk abgleichen, 24cm** Giebelmauerwerk abgleichen; Beton C20/25; Dicke 24cm; abreiben; inkl. beidseitiger Schalung						
	m	**€ brutto**	**6,5**	**18,1**	**23,4**	**30,2**	**47,4**
	KG 331	€ netto	5,4	15,2	19,7	25,4	39,9
93	**Mauerwerk abgleichen, 36,5cm** Giebelmauerwerk abgleichen; Beton C20/25; Dicke 36,5cm; abreiben; inkl. beidseitiger Schalung						
	m	**€ brutto**	**7,6**	**19,6**	**25,6**	**36,4**	**50,7**
	KG 331	€ netto	6,4	16,4	21,5	30,6	42,6
94	**Ringanker, U-Schale, 11,5cm** Ringanker/U-Schale; Ziegel/Porenbeton/Kalksandstein; Dicke 11,5cm						
	m	**€ brutto**	**35**	**51**	**58**	**60**	**68**
	KG 331	€ netto	29	43	49	50	57
95	**Ringanker, U-Schale, 24cm** Ringanker/U-Schale; Ziegel/Porenbeton/Kalksandstein; Dicke 24cm						
	m	**€ brutto**	**42**	**61**	**64**	**72**	**88**
	KG 331	€ netto	36	52	54	60	74
96	**Ringanker, U-Schale, 36,5cm** Ringanker/U-Schale; Ziegel/Porenbeton/Kalksandstein; Dicke 36,5cm						
	m	**€ brutto**	**59**	**71**	**75**	**89**	**113**
	KG 331	€ netto	50	59	63	75	95
97	**Ausmauerung, Sparren** Ausmauerung zwischen Sparren; Hlz, SFK 12, RDK 1,2; 2DF 240x115x113mm; MG II; Arbeitshöhe unter 1,5m						
	m	**€ brutto**	**37**	**52**	**59**	**70**	**100**
	KG 332	€ netto	31	44	49	59	84
98	**Schornstein, Formstein, einzügig** Schornstein; Ziegel/Leichtbeton; Höhe bis 11,00m, Schacht 10x25cm; einzügig; Arbeitshöhe bis 3,5m						
	m	**€ brutto**	**238**	**353**	**398**	**489**	**697**
	KG 429	€ netto	200	297	335	411	586

LB 012						Preise €
Nr.	**Kurztext** / Stichworte **Einheit** / Kostengruppe		▶	▷ **brutto ø** netto ø	◁	◀
99	**Schornstein, Formsteine, zweizügig** Schornstein; Ziegel/Leichtbeton; Höhe bis 11,0m, Schacht 10x25cm; zweizügig; Arbeitshöhe bis 3,5m					
	m	**€ brutto**	**347**	**441**	**473**	**539**	**647**
	KG 429	€ netto	291	371	398	453	543
100	**Schornsteinkopf, Mauerwerk** Schornsteinkopf; KMz, SFK 28, RDK 1,6; Dicke 115mm, 0,70m über Dach; NF-System, MG IIa					
	m²	**€ brutto**	**284**	**386**	**396**	**437**	**504**
	KG 429	€ netto	239	325	333	367	423
101	**Schornsteinkopfabdeckung, Faserzement** Schornsteinkopfabdeckung; Faserzement, beschichtet					
	St	**€ brutto**	**380**	**642**	**727**	**859**	**1.129**
	KG 429	€ netto	319	540	611	722	949
102	**Ziegel-Elementdecke, ZST 1,0 - 22,5** Ziegelelementdecke; Deckenziegel 1,0-22,5; Elementbreite 0,50m-2,50m; inkl. Tragfähigkeitsnachweis					
	m²	**€ brutto**	**159**	**185**	**202**	**206**	**222**
	KG 351	€ netto	133	156	170	173	187
103	**Stundensatz, Facharbeiter/-in** Stundenlohnarbeiten, Vorarbeiterin, Vorarbeiter, Facharbeiterin, Facharbeiter und Gleichgestellte; Mauerarbeiten					
	h	**€ brutto**	**70**	**80**	**85**	**91**	**103**
		€ netto	59	67	71	76	86
104	**Stundensatz, Helfer/-in** Stundenlohnarbeiten für Werkerin, Werker, Helferin, Helfer und Gleichgestellte; Mauerarbeiten					
	h	**€ brutto**	**54**	**70**	**77**	**80**	**87**
		€ netto	46	59	65	67	73

LB 013						Preise €
Nr.	Kurztext / Stichworte			brutto ø		
	Einheit / Kostengruppe	►	▷	netto ø	◁	◄
1	**Tragschicht, Schotter, 30cm** Tragschicht; Schotter 0/45; Dicke 30cm; einbringen, verdichten, Sollhöhe +/-3cm; unter Bodenplatte, Fundament					
	m² € brutto	**14**	**23**	**26**	**32**	**40**
	KG 325 € netto	12	20	21	27	34
2	**Trennlage, PE-Folie** Trennlage; PE-Folie, 0,2mm; einlagig/zweilagig, überlappend verlegen; auf Kiesfilter/Sauberkeitsschicht					
	m² € brutto	**1,4**	**2,4**	**2,8**	**3,6**	**5,7**
	KG 325 € netto	1,2	2,0	2,4	3,0	4,8
3	**Glasschotter, unter Bodenplatte, 30cm** Tragschicht; Glasschotter, WLG 080/110; Dicke 30cm; einbringen, verdichten, Sollhöhe +/-3cm; unter Bodenplatte, Fundament					
	m³ € brutto	**130**	**160**	**172**	**200**	**261**
	KG 325 € netto	109	134	145	168	219
4	**Glasschotter, unter Bodenplatte, 30cm** Tragschicht; Glasschotter, WLG 080/111; Dicke 30cm; einbringen, verdichten, Sollhöhe +/-3cm; unter Bodenplatte, Fundament					
	m² € brutto	**49**	**61**	**66**	**74**	**95**
	KG 325 € netto	41	51	56	62	80
5	**Sauberkeitsschicht, Beton, 5cm** Sauberkeitsschicht; Beton C8/10, unbewehrt; Dicke 5cm; unter Gründungsbauteilen					
	m² € brutto	**11**	**15**	**16**	**21**	**31**
	KG 325 € netto	9,2	12,3	13,4	17,6	26,2
6	**Sauberkeitsschicht, Beton, 10cm** Sauberkeitsschicht; Beton C8/10, unbewehrt; Dicke 10cm; unter Gründungsbauteilen					
	m² € brutto	**15**	**21**	**24**	**29**	**40**
	KG 325 € netto	13	18	20	25	33
7	**Sauberkeitsschicht, Sand, 10cm** Sauberkeitsschicht; Sand; Dicke 10cm; Planum +/-3cm, einbauen, verdichten; unter Bodenplatte					
	m² € brutto	**7,9**	**10,8**	**12,2**	**16,2**	**23,3**
	KG 325 € netto	6,6	9,1	10,2	13,7	19,6
8	**Gleitschicht, PE-Folie, zweilagig** Gleitschicht; PE-Folie, 0,2mm; zweilagig; auf Sauberkeitsschicht					
	m² € brutto	**2,6**	**4,4**	**5,4**	**5,7**	**8,3**
	KG 325 € netto	2,2	3,7	4,6	4,8	6,9

LB 013 **Preise €**

Nr.	Kurztext / Stichworte Einheit / Kostengruppe		►	▷	brutto ø netto ø	◁	◄
9	**Fundament, Ortbeton C30/37** Fundament, Ortbeton; Stahlbeton C30/37, XC2/XF1; frostsicher						
	m^3	**€ brutto**	**218**	**248**	**254**	**289**	**349**
	KG 322	€ netto	183	208	214	243	293
10	**Schalung, Fundament, rau** Schalung, Einzel- und Streifenfundament; raue Schalung; Gründungsbereich						
	m^2	**€ brutto**	**30**	**49**	**57**	**69**	**107**
	KG 322	€ netto	25	42	48	58	90
11	**Schalung, Fundament, verloren** Schalung, Einzel- und Streifenfundamente; raue, verlorene Schalung; Gründungsbereich						
	m^2	**€ brutto**	**56**	**65**	**68**	**77**	**98**
	KG 322	€ netto	47	55	57	65	82
12	**Aufzugsunterfahrt, Ortbeton C25/30** Aufzugsunterfahrt, Ortbeton; WU-Stahlbeton, C25/30, XC2, WF						
	m^3	**€ brutto**	**241**	**338**	**370**	**561**	**877**
	KG 322	€ netto	202	284	311	471	737
13	**Bodenplatte, Ortbeton, C25/30, bis 35cm** Bodenplatte, Ortbeton; Stahlbeton C25/30, XC2/XA1, WF; Dicke 25-35cm						
	m^3	**€ brutto**	**193**	**237**	**254**	**272**	**323**
	KG 322	€ netto	163	199	213	228	271
14	**Bodenplatte, Ortbeton, C25/30, über 35 bis 40cm** Bodenplatte, Ortbeton; Stahlbeton C25/30, XC2/XA1, WF; Dicke über 35 bis 40cm						
	m^3	**€ brutto**	**204**	**243**	**261**	**291**	**343**
	KG 322	€ netto	171	204	219	245	288
15	**Bodenplatte, WU-Ortbeton C30/37, bis 35cm** Bodenplatte, Ortbeton; WU-Stahlbeton, C30/37, XC2/XA1/XF1, WF; Dicke 25-35cm						
	m^3	**€ brutto**	**191**	**257**	**285**	**301**	**356**
	KG 322	€ netto	160	216	240	253	299
16	**Bodenplatte, WU-Ortbeton C30/37, 40cm** Bodenplatte, Ortbeton; WU-Stahlbeton, C30/37, XC2/XA1/XF1, WF; Dicke 25-35cm						
	m^3	**€ brutto**	**198**	**277**	**299**	**347**	**415**
	KG 322	€ netto	166	233	252	291	348

LB 013 **Preise €**

Nr.	Kurztext / Stichworte Einheit / Kostengruppe		▶	▷	brutto ø netto ø	◁	◀
17	**Randschalung, Bodenplatte** Randschalung, Bodenplatte; Dicke bis 30cm; ohne Anforderung Sichtfläche						
	m	**€ brutto**	**9,4**	**15,6**	**18,5**	**21,8**	**29,8**
	KG 322	€ netto	7,9	13,1	15,6	18,3	25,1
18	**Fugenband, Blechband** Fugenband, W2.1-E; Blech, einseitig/beidseitig beschichtet; einlegen in Arbeitsfuge, inkl. Befestigungsmaterial; Bodenplatte und aufgehende Wand						
	m	**€ brutto**	**27**	**34**	**37**	**43**	**54**
	KG 331	€ netto	22	29	31	37	46
19	**Fugenband, Blech, Formstück** Fugenband, Formstück; Eckausführung/T-Stoß						
	St	**€ brutto**	**39**	**66**	**78**	**87**	**122**
	KG 331	€ netto	33	55	65	74	103
20	**Fugenband, Kunststoff** Fugenband, W2.1-E; PVC-NBR/PVC-P; in Arbeitsfuge, inkl. Befestigungsmaterial; Bodenplatte und aufgehende Wand						
	m	**€ brutto**	**25**	**37**	**42**	**45**	**60**
	KG 351	€ netto	21	31	35	38	50
21	**Fugenband, Kunststoff, Formstück** Fugenband, Formstück; PVC-NBR/PVC-P; Eckausführung/T-Stoß						
	St	**€ brutto**	**34**	**60**	**73**	**88**	**110**
	KG 351	€ netto	29	50	61	74	93
22	**Fugenband, Bewegungsfugen** Fugenabdichtung, Bewegungsfuge; Fugenband; bei drückendem Wasser; Bodenplatte und aufgehende Wand						
	m	**€ brutto**	**37**	**51**	**57**	**65**	**89**
	KG 331	€ netto	31	42	48	55	75
23	**Fugenband, Injektionsschlauch** Fugenabdichtung; Injektionsschlauch; Einfach-/Mehrfachverpressung; Bodenplatte und aufgehende Wand						
	m	**€ brutto**	**25**	**33**	**37**	**41**	**49**
	KG 331	€ netto	21	28	31	34	41
24	**Verpressung, Injektionsschlauch** Injektionsschlauch verpressen, W2.2-E; bauseitig verlegte Injektionsschläuche						
	m	**€ brutto**	**33**	**52**	**62**	**75**	**99**
	KG 331	€ netto	28	44	52	63	83

Kosten: Stand 3.Quartal 2024, Bundesdurchschnitt

LB 013 **Preise €**

Nr.	Kurztext / Stichworte Einheit / Kostengruppe		►	▷	brutto ø netto ø	◁	◄
25	**Innenwand, Ortbeton, C25/30, bis 25cm** Innenwand, Ortbeton; Stahlbeton C25/30, XC1, WO; Dicke über 15-25cm; Sichtbeton Klasse SB3						
	m³	**€ brutto**	**186**	**215**	**234**	**258**	**298**
	KG 341	€ netto	157	181	197	217	251
26	**Außenwand, Ortbeton, C25/30, bis 25cm** Außenwand, Ortbeton; Stahlbeton C25/30, XC4/XF1; Dicke 20-25cm, Höhe bis 3,00m; Sichtbeton						
	m³	**€ brutto**	**175**	**218**	**238**	**260**	**311**
	KG 331	€ netto	147	183	200	219	261
27	**Außenwand, WU-Ortbeton, C25/30, bis 30cm** Außenwand, Ortbeton; WU-Stahlbeton, C25/30, XC4/XF1; Dicke bis 30cm, Höhe bis 3,00m						
	m³	**€ brutto**	**210**	**241**	**248**	**284**	**365**
	KG 331	€ netto	176	203	209	239	306
28	**Außenwand, WU-Ortbeton, C30/37, bis 30cm** Außenwand, Ortbeton; WU-Stahlbeton, C30/37, XC4/XF1; Dicke bis 30cm, Höhe bis 3,00m						
	m³	**€ brutto**	**223**	**260**	**272**	**305**	**363**
	KG 331	€ netto	187	219	228	256	305
29	**Schalung, Aufzugsschacht** Schalung Aufzugsschacht; Höhe bis 3,50m; Kletterschalung						
	m²	**€ brutto**	**57**	**76**	**79**	**86**	**99**
	KG 341	€ netto	48	64	67	72	83
30	**Schalung, Wand, rau** Schalung, Wand, rau; Schalung rau; Betonoberfläche sichtbar						
	m²	**€ brutto**	**48**	**54**	**56**	**63**	**75**
	KG 331	€ netto	40	45	47	53	63
31	**Schalung, Wand, glatt** Schalung, Wand, glatt; GF-Schalungsplatte, scharfkantig/gefast/Dreikantleiste; Betonoberfläche sichtbar						
	m²	**€ brutto**	**35**	**53**	**61**	**69**	**95**
	KG 331	€ netto	29	45	51	58	80
32	**Schalung, Wand, SB3** Schalung, Wand; scharfkantig/gefast/Dreikantleiste; Sichtbeton Klasse SB3						
	m²	**€ brutto**	**60**	**78**	**84**	**88**	**99**
	KG 331	€ netto	50	66	70	74	83

LB 013						Preise €
Nr.	Kurztext / Stichworte Einheit / Kostengruppe	►	▷	brutto ø netto ø	◁	◄
33	**Schalung, Dreiecksleiste** Eck-/Kantenausbildung; Dreiecksleiste, Holz/Kunststoff, glatt, nicht saugend; 15x15mm					
	m **€ brutto**	**4,1**	**6,0**	**6,8**	**9,1**	**12,9**
	KG 331 € netto	3,5	5,0	5,7	7,7	10,8
34	**Wandschalung, Türe 0,885m** Schalung, Türöffnung; glatte, nicht saugende Schalung; 885x2.130mm, Dicke 20/25cm					
	St **€ brutto**	**70**	**133**	**154**	**169**	**245**
	KG 341 € netto	59	112	129	142	206
35	**Wandschalung, Türe 1,135m** Schalung, Türöffnung; glatte, nichtsaugende Schalung; 1.135x2.130mm, Dicke 20/25cm					
	St **€ brutto**	**86**	**138**	**163**	**172**	**326**
	KG 341 € netto	72	116	137	144	274
36	**Wandschalung, Türe 2,01m** Schalung, Türöffnung; glatte, nichtsaugende Schalung; 2.010x2.130mm, Dicke 20/25cm					
	St **€ brutto**	**121**	**214**	**264**	**330**	**453**
	KG 341 € netto	101	180	222	277	381
37	**Wandschalung, Fenster bis 2,00m²** Schalung Fenster; glatte, nichtsaugende Schalung; A bis 2,00m², Dicke 20/25cm					
	St **€ brutto**	**79**	**147**	**166**	**242**	**399**
	KG 331 € netto	67	123	139	204	336
38	**Wandschalung, Fenster bis 4,00m²** Schalung Fenster; glatte, nichtsaugende Schalung; A bis 4,00m², Dicke 20/25cm					
	St **€ brutto**	**94**	**220**	**325**	**341**	**467**
	KG 331 € netto	79	185	273	287	392
39	**Wandschalung, Stirnfläche** Wandschalung; rau/glatt; nicht sichtbar/sichtbar bleibend; freie Wandenden					
	m **€ brutto**	**19**	**26**	**30**	**35**	**43**
	KG 331 € netto	16	22	25	29	36
40	**Aussparung, bis 0,10m², Betonbauteile** Aussparung, Betonbauteile; A bis 0,10m²					
	St **€ brutto**	**20**	**46**	**56**	**76**	**127**
	KG 351 € netto	17	38	47	64	106

Kosten: Stand 3.Quartal 2024, Bundesdurchschnitt

LB 013 **Preise €**

Nr.	Kurztext / Stichworte				brutto ø		
	Einheit / Kostengruppe		►	▷	netto ø	◁	◄
41	**Öffnung, über 2,5m², Wand**						
	Öffnung, Ortbetonwand; Größe über 2,5m²; inkl. Sturzausbildung, Sichtbeton						
	m²	**€ brutto**	**88**	**98**	**103**	**105**	**120**
	KG 351	€ netto	74	82	86	88	101
42	**Kernbohrung, Stb-Decke, Durchmesser 55-80mm**						
	Kernbohrung, Decke; Stahlbeton; Durchmesser 55-80mm; inkl. Bauschuttentsorgung						
	St	**€ brutto**	**195**	**237**	**263**	**300**	**329**
	KG 351	€ netto	164	199	221	252	276
43	**Kernbohrung, Stb-Decke, Durchmesser 115-130mm**						
	Kernbohrung, Decke; Stahlbeton; Durchmesser 115-130mm; inkl. Bauschuttentsorgung						
	St	**€ brutto**	**220**	**261**	**293**	**337**	**366**
	KG 351	€ netto	185	219	246	283	308
44	**Kernbohrung, Stahlschnitte, 16-28mm**						
	Kernbohrung, Stahlschnitte; Durchmesser 16-28mm; Mehrpreis Schnitte Stabstahl						
	St	**€ brutto**	**4,9**	**5,9**	**6,8**	**7,7**	**9,1**
	KG 351	€ netto	4,2	5,0	5,7	6,4	7,7
45	**Betonschneidearbeiten, bis 43cm**						
	Betondecke schneiden; Stahlbeton; Schnitttiefe 43cm; einseitig						
	m	**€ brutto**	**177**	**215**	**239**	**272**	**298**
	KG 351	€ netto	148	180	200	229	251
46	**Unterzug/Sturz, Stahlbeton C25/30**						
	Unterzug/Sturz, Ortbeton; Stahlbeton C25/30, XC1; Betonoberfläche sichtbar						
	m³	**€ brutto**	**188**	**243**	**263**	**314**	**414**
	KG 351	€ netto	158	205	221	264	348
47	**Schalung, Unterzug/Sturz**						
	Schalung, Unterzug; glatte Schalung; rechteckig						
	m²	**€ brutto**	**75**	**104**	**116**	**132**	**167**
	KG 351	€ netto	63	88	98	111	140
48	**Konsole, Ortbeton, Sichtbeton**						
	Konsole, Ortbeton; Stahlbeton, C25/30; Wanddicke 20-25, Wandhöhe bis 3,00m; Sichtbeton						
	m³	**€ brutto**	**201**	**337**	**408**	**477**	**593**
	KG 351	€ netto	169	284	343	401	498

LB 013						Preise €
Nr.	Kurztext / Stichworte Einheit / Kostengruppe		▶	▷ brutto ø netto ø	◁	◀
49	**Stütze, Stahlbeton C25/30, außen** Stütze, Ortbeton; Stahlbeton C25/30, XC4/XF1; Außenbereich					
	m³ € brutto	**251**	**307**	**333**	**361**	**420**
	KG 333 € netto	211	258	280	304	353
50	**Ortbeton, Stütze, C25/30, innen** Stütze, Ortbeton; Stahlbeton C25/30, XC1; Innenbereich					
	m³ € brutto	**221**	**266**	**287**	**307**	**410**
	KG 343 € netto	186	224	241	258	344
51	**Schalung, Stütze, rechteckig, rau** Schalung, Stütze, rechteckig; Schalung rau; Höhe 2,00-3,00m; Betonoberfläche nicht sichtbar					
	m² € brutto	**68**	**99**	**117**	**134**	**180**
	KG 343 € netto	57	83	98	113	152
52	**Schalung, Stütze, rechteckig, glatt** Schalung, Stütze, rechteckig; Schalung glatt; Höhe 2,00-3,00m; Betonoberfläche sichtbar					
	m² € brutto	**73**	**106**	**121**	**141**	**186**
	KG 343 € netto	61	89	101	119	156
53	**Schalung, Stütze, rund, glatt** Schalung, Stütze, rund; Schalung glatt, verloren, Pappschalrohre; Höhe 2,00-3,00m; Betonoberfläche sichtbar					
	m² € brutto	**74**	**102**	**113**	**135**	**174**
	KG 343 € netto	62	86	95	113	146
54	**Decke, Ortbeton, C25/30, bis 35cm** Decke, Ortbeton; Stahlbeton C25/30, XC1, W0; Dicke bis 35cm; Betonfläche unten sichtbar					
	m³ € brutto	**182**	**203**	**211**	**217**	**244**
	KG 351 € netto	153	170	178	182	205
55	**Decke, Ortbeton, C25/30, bis 35cm, SB2** Decke, Ortbeton; Stahlbeton C25/30, XC1, WO; Dicke bis 35cm; Sichtbetonklasse SB2					
	m³ € brutto	**186**	**215**	**232**	**253**	**281**
	KG 351 € netto	156	180	195	213	236
56	**Balkonplatte, Ortbeton, C25/30, SB2** Balkonkragplatte, Ortbeton; Stahlbeton C25/30,XC4, WF; Sichtbetonklasse SB2					
	m³ € brutto	**227**	**256**	**266**	**295**	**318**
	KG 351 € netto	190	215	224	248	267

Kosten: Stand 3.Quartal 2024, Bundesdurchschnitt

LB 013							Preise €
Nr.	**Kurztext** / Stichworte **Einheit** / Kostengruppe		►	▷	brutto ø netto ø	◁	◄
57	**Flachdach, Ortbeton, C25/30, bis 35cm** Flachdach, Ortbeton; Stahlbeton C25/30, XC1, W0; Dicke bis 35cm; Betonfläche unten sichtbar						
	m³	**€ brutto**	**183**	**201**	**205**	**219**	**241**
	KG 361	€ netto	154	169	173	184	203
58	**Schalung, Dach, glatt** Schalung, Dach; Schalungsplatten, glatt; Höhe bis 3,00m						
	m²	**€ brutto**	**44**	**58**	**63**	**74**	**108**
	KG 361	€ netto	37	49	53	62	90
59	**Schalung, Decken, glatt** Schalung, Decke; Schalungsplatten, glatt; Höhe bis 3,00m						
	m²	**€ brutto**	**35**	**58**	**64**	**78**	**110**
	KG 351	€ netto	29	49	54	66	92
60	**Dämmung, Deckenrand, PS** Dämmung, Deckenrand; Polystyrolplatten, extrudiert,030, dm/ds; Dicke 35/50mm; inkl. Rückverankerung						
	m	**€ brutto**	**10**	**13**	**15**	**18**	**22**
	KG 351	€ netto	8,6	11,1	12,7	14,9	18,3
61	**Dämmung, Deckenrand, Mehrschichtplatte** Dämmung, Deckenrand; Dämmplatte WW-C/3, XPS 035, Klasse E; Dicke 50mm; mit Rückverankerung						
	m²	**€ brutto**	**33**	**43**	**52**	**63**	**76**
	KG 351	€ netto	28	36	44	53	64
62	**Randschalung, Deckenplatte** Randschalung, Deckenplatte; Schalung rau; Dicke bis 30cm						
	m	**€ brutto**	**14**	**22**	**24**	**29**	**42**
	KG 351	€ netto	11	18	21	24	35
63	**Überzug/Attika, Ortbeton, C25/30** Überzug, Attika, Ringanker, Ortbeton; Stahlbeton C25/30, XC4/XF1; sichtbar/nicht sichtbar						
	m³	**€ brutto**	**192**	**251**	**282**	**328**	**422**
	KG 331	€ netto	161	211	237	276	354
64	**Unterzug, rechteckig, Ortbeton, Schalung** Unterzug, Ortbeton; Stahlbeton C25/30, XC1; Höhe 2,00-3,00m; rechteckig; inkl. Schalung						
	m	**€ brutto**	**81**	**123**	**138**	**178**	**289**
	KG 331	€ netto	68	103	116	150	243

LB 013 **Preise €**

Nr.	Kurztext / Stichworte Einheit / Kostengruppe		►	▷	brutto ø netto ø	◁	◄
65	**Schalung, Ringbalken/Überzug/Attika, glatt** Schalung, Überzug,/Ringbalken, Attika; Schalung glatt; Höhe bis 2,50m; rechteckig, Betonoberfläche sichtbar						
	m²	**€ brutto**	**65**	**84**	**94**	**107**	**136**
	KG 351	€ netto	55	71	79	90	115
66	**Stb-Fertigteilsturz, Breite 11,5cm** Fertigteilsturz; Stahlbeton; Sturzbreite 11,5cm, Öffnungsbreite max. 1,01m; inkl. Bewehrung						
	m	**€ brutto**	**39**	**61**	**67**	**76**	**94**
	KG 331	€ netto	33	51	56	64	79
67	**Stb-Fertigteilsturz, Breite 17,5cm** Fertigteilsturz; Stahlbeton; Sturzbreite 17,5cm, Öffnungsbreite max. 1,01m; inkl. Bewehrung						
	m	**€ brutto**	**59**	**90**	**108**	**117**	**144**
	KG 332	€ netto	50	76	90	98	121
68	**Stb-Fertigteilsturz, Breite 24cm** Fertigteilsturz; Stahlbeton; Sturzbreite 24cm, Öffnungsbreite max. 1,01m; inkl. Bewehrung						
	m	**€ brutto**	**64**	**102**	**122**	**140**	**175**
	KG 332	€ netto	54	85	102	117	147
69	**Treppenlauf, Ortbeton, C35/37** Treppenlaufplatte, Ortbeton; Stahlbeton C35/37, XC1, WO; Dicke 25cm, stufen 16 St; Oberfläche gescheibt; inkl. Stufen						
	m³	**€ brutto**	**305**	**359**	**381**	**457**	**584**
	KG 351	€ netto	256	301	320	384	491
70	**Schalung, Treppenlauf/Stufen, gerade** Schalung, Treppenlauf, Stufen; Schalhaut; Höhe bis 3,00m; inkl. Stufen						
	m²	**€ brutto**	**190**	**207**	**213**	**221**	**239**
	KG 351	€ netto	159	174	179	186	201
71	**Treppenpodest, Ortbeton, C30/37** Treppenpodest, Ortbeton; Stahlbeton C30/37, XC1, WO; Dicke 25cm; Oberfläche gescheibt						
	m³	**€ brutto**	**248**	**294**	**317**	**351**	**427**
	KG 351	€ netto	208	247	266	295	359
72	**Schalung, glatt, Treppenpodest** Schalung, Deckenplatte; glatte Schalung; Höhe 2,50-3,00m; Betonfläche sichtbar						
	m²	**€ brutto**	**69**	**108**	**126**	**148**	**191**
	KG 351	€ netto	58	91	106	124	160

Kosten: Stand 3.Quartal 2024, Bundesdurchschnitt

LB 013 **Preise €**

Nr.	Kurztext / Stichworte Einheit / Kostengruppe		►	▷	brutto ø netto ø	◁	◄
73	**Stb-Fertigteil, Treppenpodest** Fertigteiltreppenpodest; Stahlbeton, XC1, WO; Verkehrslast 3,5/5,0kN/m²; Sichtbeton						
	St	**€ brutto**	**1.160**	**2.127**	**2.468**	**2.990**	**3.997**
	KG 351	€ netto	975	1.787	2.074	2.513	3.359
74	**Stb-Fertigteil, Treppe, einläufig, 7 Stufen** Fertigteiltreppe, einläufig; Stahlbeton, XC1, WO; 7 Stufen, Stg 17,5x28,0cm, Breite 100cm; Betonoberfläche sichtbar, einläufig						
	St	**€ brutto**	**1.032**	**1.415**	**1.573**	**1.734**	**2.716**
	KG 351	€ netto	867	1.189	1.322	1.458	2.282
75	**Stb-Fertigteil, Treppe, einläufig, 16 Stufen** Fertigteiltreppe, einläufig; Stahlbeton, XC1, WO; 16 Stufen, Stg 17,5x27-28cm, Verkehrslast 3,5/5,0kN/m²; Sichtbeton, abgerieben, gespachtelt						
	St	**€ brutto**	**2.795**	**3.529**	**3.754**	**4.124**	**4.806**
	KG 351	€ netto	2.349	2.965	3.154	3.465	4.038
76	**Blockstufe, Betonfertigteil** Blockstufe, Fertigteil; Stahlbeton C20/25, XC4/XF1, R11; 100x33x18cm; Außenbereich						
	St	**€ brutto**	**155**	**294**	**348**	**516**	**845**
	KG 544	€ netto	130	247	293	433	710
77	**Elementdecke, 18cm, inkl. Aufbeton** Elementdecke, Halbfertigteil; Beton C35/37, XC1; Schalendicke 5cm, Plattendicke 18cm; Unterseite sichtbar; inkl. Aufbeton						
	m²	**€ brutto**	**68**	**99**	**109**	**123**	**152**
	KG 351	€ netto	58	83	91	104	128
78	**Elementdecke, 22cm, inkl. Aufbeton** Elementdecke, Halbfertigteil; Beton C35/37, XC1; Schalendicke 5cm, Plattendicke 22cm; Unterseite sichtbar; inkl. Aufbeton						
	m²	**€ brutto**	**87**	**106**	**113**	**129**	**157**
	KG 351	€ netto	73	89	95	109	132
79	**Elementdecke, 25cm, inkl. Aufbeton** Elementdecke, Halbfertigteil; Beton C35/37, XC1; Schalendicke 5cm, Plattendicke 25cm; Unterseite sichtbar; inkl. Aufbeton						
	m²	**€ brutto**	**116**	**135**	**145**	**171**	**206**
	KG 351	€ netto	97	113	122	144	173
80	**Gleitfolie, Wandaufleger** Gleitfolie; zweiseitig kaschiert; als Auflagerung; Decken/Wände						
	m	**€ brutto**	**5,6**	**11,6**	**14,0**	**16,5**	**22,0**
	KG 361	€ netto	4,7	9,8	11,8	13,9	18,5

LB 013						Preise €
Nr.	Kurztext / Stichworte Einheit / Kostengruppe		▶	▷ brutto ø netto ø	◁	◀
81	**Stb-Fertigteil, Balkonplatte** Balkonplatte, Fertigteil; Stahlbeton, C25/30, XC4/XF1; Dicke bis 24cm; Betonoberfläche sichtbar					
	m²	**€ brutto**	**194**	**252**	**304**	**323**	**372**
	KG 351	€ netto	163	212	255	272	313
82	**Stb-Fertigteil, Balkonbrüstung** Brüstung, Fertigteil; Stahlbeton, C25/30, XC4/XF1; Dicke 20cm; Betonoberfläche sichtbar					
	m²	**€ brutto**	**200**	**272**	**295**	**323**	**368**
	KG 359	€ netto	168	229	248	271	310
83	**Maschinenfundament, Ortbeton, Schalung, bis 3,0m²** Maschinenfundament, Ortbeton; Stahlbeton, C20/25, XC1, WO; A 1,50-3,00m², Dicke 25cm; inkl. Randschalung; Innenraum					
	m²	**€ brutto**	**65**	**148**	**149**	**166**	**210**
	KG 322	€ netto	55	124	125	139	176
84	**Gefällebeton, C12/15, XC4/XF1** Aufbeton; Beton C12/15, unbewehrt, XC4/XF1; Dicke 10cm; herstellen von Gefälle, Betonoberfläche nicht sichtbar					
	m²	**€ brutto**	**21**	**34**	**42**	**45**	**54**
	KG 361	€ netto	18	29	35	38	45
85	**Kellerlichtschacht, Kunststoffelement** Kellerlichtschacht; Polyester, glasfaserverstärkt; 80x60cm, Höhe 95cm; inkl. Gitterrost, begehbar/PKW-befahrbar					
	St	**€ brutto**	**182**	**346**	**404**	**491**	**716**
	KG 339	€ netto	153	291	340	413	601
86	**Kellerlichtschacht, Betonfertigteil** Kellerlichtschacht; Betonfertigteil; U-/L-/E-Lichtschacht; inkl. Gitterrost, begehbar/PKW/LKW befahrbar					
	St	**€ brutto**	**366**	**910**	**1.158**	**1.454**	**2.156**
	KG 339	€ netto	308	765	973	1.222	1.811
87	**Kellerfenster, einflüglig bis 0,60m², in Schalung** Kellerfensterelement mit Wechselzarge; Ug=1,1W/m²K; A bis 0,60m², Verglasung 24mm; einflüglig, DK					
	St	**€ brutto**	**290**	**373**	**420**	**464**	**542**
	KG 334	€ netto	244	313	353	390	456
88	**Kellerfenster, einflüglig bis 1,50m², in Schalung** Kellerfensterelement mit Wechselzarge; Ug=1,1W/m²K; A bis 1,50m², Verglasung 24mm; einflüglig, DK					
	St	**€ brutto**	**337**	**480**	**513**	**549**	**625**
	KG 334	€ netto	283	403	431	462	525

Kosten: Stand 3.Quartal 2024, Bundesdurchschnitt

LB 013						Preise €

Nr.	**Kurztext** / Stichworte **Einheit** / Kostengruppe		▶	▷	**brutto ø** netto ø	◁	◀
89	**Fundamenterder, Stahlband** Fundamenterder; Stahlband, verzinkt; 30x3,5/26x4mm; in Fundamentbeton						
	m	**€ brutto**	**5,1**	**8,7**	**10,1**	**13,7**	**23,2**
	KG 446	€ netto	4,3	7,3	8,4	11,5	19,5
90	**Rohrdurchführung, Kunststoff** Kunststoffrohr; DN100; in Schalung von Ortbetonbauteilen						
	St	**€ brutto**	**31**	**60**	**64**	**78**	**105**
	KG 444	€ netto	26	50	54	66	88
91	**Elektrogerätedose** Elektrogerätedose; IP 3X; Einbauhöhe 53mm; in Ortbeton						
	St	**€ brutto**	**7,0**	**13,5**	**16,0**	**22,2**	**37,3**
	KG 444	€ netto	5,9	11,3	13,4	18,7	31,4
92	**Elektroleerrohr, flexibel, DN25** Elektroleerrohr; flexibel; DN25; in Schalung von Ortbetonbauteilen						
	m	**€ brutto**	**5,0**	**11,1**	**13,4**	**28,0**	**55,3**
	KG 444	€ netto	4,2	9,3	11,3	23,5	46,5
93	**Leuchten-Einbaugehäuse/-Eingießtopf** Leuchten-Einbaugehäuse; in Stahlbetonbauteil; ohne Lieferung						
	St	**€ brutto**	**69**	**110**	**123**	**134**	**181**
	KG 445	€ netto	58	93	103	112	152
94	**Hauseinführung/Wanddurchführung, Medien** Rohrdurchführung; beidseitig mit PE-Deckel verschlossen; Länge 700mm; in Ortbetonschalung						
	St	**€ brutto**	**209**	**521**	**613**	**925**	**1.587**
	KG 331	€ netto	176	437	515	777	1.334
95	**Deckenschlitz, Beton** Schalung Deckenschlitz; Schalmaterial nichtsaugend; waagrecht/senkrecht						
	m	**€ brutto**	**14**	**30**	**36**	**45**	**69**
	KG 351	€ netto	12	26	30	38	58
96	**Wandaussparung schließen** Aussparung schließen, Wand; Beton C25/30; Dicke 200-250mm; waagrecht/senkrecht; inkl. Bewehrung und Schalung						
	m^2	**€ brutto**	**74**	**168**	**205**	**252**	**322**
	KG 341	€ netto	62	141	172	212	270
97	**Deckendurchbruch schließen, bis 250cm²** Aussparungen/Durchbrüche schließen; Ortbeton C20/25; Dicke 25cm, bis $250cm^2$; Betondecke						
	St	**€ brutto**	**20**	**36**	**42**	**50**	**72**
	KG 351	€ netto	17	30	35	42	60

LB 013							Preise €
Nr.	**Kurztext** / Stichworte				**brutto ø**		
	Einheit / Kostengruppe		►	▷	netto ø	◁	◄
98	**Deckendurchbruch schließen, 500 bis 1.000cm²**						
	Aussparungen/Durchbrüche schließen; Ortbeton C20/25; Dicke 25cm, über 500-1.000cm²; Betondecke; inkl. Bewehrung und Schalung						
	St	**€ brutto**	**21**	**43**	**53**	**64**	**86**
	KG 351	€ netto	17	36	45	54	73
99	**Deckendurchbruch schließen, 1.000 bis 2.500cm²**						
	Aussparungen/Durchbrüche schließen; Ortbeton C20/25; Dicke 25cm, über 1.000-2.500cm²; Betondecke; inkl. Bewehrung und Schalung						
	St	**€ brutto**	**22**	**64**	**74**	**94**	**131**
	KG 351	€ netto	19	54	62	79	110
100	**Perimeterdämmung, Wand, XPS 040, 80mm**						
	Perimeterdämmung; Polystyrolplatten, extrudiert, WLG 040, B1; 80mm; umlaufender Stufenfalz, geklebt; Außenwand erdberührt						
	m²	**€ brutto**	**39**	**44**	**46**	**63**	**73**
	KG 335	€ netto	33	37	39	53	62
101	**Perimeterdämmung, Wand, XPS 040, 120mm**						
	Perimeterdämmung; Polystyrolplatten, extrudiert, WLG 040, B1; 120mm; umlaufender Stufenfalz, geklebt; Außenwand erdberührt						
	m²	**€ brutto**	**50**	**59**	**71**	**79**	**95**
	KG 335	€ netto	42	50	60	67	80
102	**Schaumglasdämmung, Bodenplatte, 50-100mm**						
	Perimeterdämmung; Schaumglasplatten diffusionsdicht, WLG 045, A1; 50-100mm; pressgestoßene Fugen; unter Bodenplatte						
	m²	**€ brutto**	**77**	**95**	**102**	**112**	**131**
	KG 325	€ netto	65	79	86	94	110
103	**Schaumglasdämmung, Bodenplatte, 120-140mm**						
	Perimeterdämmung; Schaumglasplatten, diffusionsdicht, WLG 045, A1; 120-140mm; pressgestoßenen Fugen; unter Bodenplatte						
	m²	**€ brutto**	**143**	**165**	**176**	**189**	**218**
	KG 325	€ netto	120	139	148	159	183
104	**Mehrschichtdämmplatte, 50mm, in Schalung**						
	Wärmedämmung; Holzwolle-Mehrschichtplatten mit expandiertem Polystyrol, WLG 040, A1; 50mm; dicht gestoßen, in Schalung						
	m²	**€ brutto**	**35**	**47**	**51**	**56**	**68**
	KG 351	€ netto	29	40	43	47	57
105	**Trennwanddämmung, MW, schallbrückenfrei**						
	Gebäudetrennfuge; Mineralwolle, nicht brennbar A1, WTH, WLG 035/040; 20/30cm; Haustrennwände						
	m²	**€ brutto**	**10**	**16**	**17**	**22**	**31**
	KG 331	€ netto	8,8	13,5	14,3	18,5	25,9

Kosten: Stand 3.Quartal 2024, Bundesdurchschnitt

LB 013 **Preise €**

Nr.	Kurztext / Stichworte Einheit / Kostengruppe		►	▷	brutto ø netto ø	◁	◄
106	**Betonstahlmatten, Bst 500A/500B** Betonstahlmatten; Bst 500A/500B; Lagermatte/Listenmatte						
	t	**€ brutto**	**1.700**	**2.243**	**2.520**	**2.740**	**3.340**
	KG 351	€ netto	1.429	1.885	2.118	2.303	2.807
107	**Betonstabstahl, Bst 500B** Betonstabstahl; Bst 500B; inkl. Anpassarbeiten						
	t	**€ brutto**	**1.620**	**2.330**	**2.609**	**2.978**	**3.987**
	KG 351	€ netto	1.361	1.958	2.192	2.502	3.350
108	**Bewehrungszubehör, Abstandshalter** Bewehrungszubehör, Abstandshalterböcke; Stahl, Kunststoff						
	kg	**€ brutto**	**3,1**	**4,2**	**4,8**	**5,4**	**6,7**
	KG 351	€ netto	2,6	3,6	4,0	4,5	5,6
109	**Bewehrung, Gitterträger** Bewehrung, Gitterträger; Betonstahl/Stahlband						
	t	**€ brutto**	**2.296**	**2.530**	**2.601**	**2.738**	**3.040**
	KG 351	€ netto	1.929	2.126	2.186	2.301	2.555
110	**Bewehrungsstoß, 10-16mm** Bewehrungsstoß; Durchmesser 10-16mm; Betonstabstahlverbindung, geschraubt/geklemmte						
	St	**€ brutto**	**29**	**46**	**48**	**52**	**69**
	KG 351	€ netto	25	39	40	44	58
111	**Bewehrungsstoß, 22-28mm** Bewehrungsstoß; Durchmesser 22-28mm; Betonstabstahlverbindung, geschraubt/geklemmte						
	St	**€ brutto**	**60**	**80**	**87**	**93**	**115**
	KG 341	€ netto	50	67	73	78	97
112	**Klebeanker, M16** Klebeanker; M16; inkl. Bohrungen						
	St	**€ brutto**	**20**	**30**	**35**	**43**	**56**
	KG 331	€ netto	16	25	30	36	47
113	**Kopfbolzenleiste, Durchstanzbewehrung** Dübelleiste, Durchstanzbewehrung; inkl. Klemmbügel/Abstandshalter						
	St	**€ brutto**	**20**	**44**	**53**	**74**	**133**
	KG 351	€ netto	17	37	44	62	112
114	**Kleineisenteile, Baustahl S235JR** Kleineisenteile; Baustahl, S235JR; bis 30kg						
	kg	**€ brutto**	**5,7**	**9,3**	**10,5**	**16,0**	**27,0**
	KG 351	€ netto	4,8	7,8	8,8	13,4	22,7

LB 013						Preise €
Nr.	**Kurztext** / Stichworte **Einheit** / Kostengruppe	►	▷	**brutto ø** netto ø	◁	◄
115	**Stahlkonstruktion, Profilstahl S235JR** Profilstahlkonstruktion; S235JR AR, grundiert; Unterstützung; schwere Bewehrung					
	kg € brutto	**4,1**	**7,5**	**8,6**	**11,3**	**19,3**
	KG 333 € netto	3,5	6,3	7,3	9,5	16,2
116	**Stahlkonstruktion, Baustahl S235JR(AR)** Stahlkonstruktion; Baustahl, S235JR(+AR), grundiert					
	kg € brutto	**8,0**	**16,2**	**17,2**	**18,2**	**30,8**
	KG 333 € netto	6,8	13,6	14,5	15,3	25,9
117	**Stahlteile feuerverzinken** Feuerverzinken; Stahlteile					
	kg € brutto	**0,8**	**1,9**	**2,4**	**3,4**	**4,9**
	KG 351 € netto	0,7	1,6	2,0	2,9	4,1
118	**Kleineisenteile, nicht rostender Stahl** Kleineisenteile; nicht rostender Stahl; inkl. Montage					
	kg € brutto	**21**	**40**	**45**	**59**	**78**
	KG 351 € netto	18	34	38	50	65
119	**Ankerschiene 28/15** Ankerschiene; nicht rostender Stahl; HTA 28/15/HMS					
	m € brutto	**20**	**29**	**33**	**44**	**82**
	KG 331 € netto	17	24	28	37	69
120	**Ankerschiene 38/17** nicht rostender Stahl; Edelstahl; HTA 38/17					
	m € brutto	**24**	**48**	**57**	**67**	**89**
	KG 331 € netto	20	40	48	57	75
121	**Bewehrungs-/Rückbiegeanschluss 55/85** Bewehrungsanschluss/Rückbiegeanschluss; HBT 55/85; einlagig; an Wandschalung					
	m € brutto	**18**	**35**	**39**	**44**	**63**
	KG 331 € netto	15	30	33	37	53
122	**Bewehrungs-/Rückbiegeanschluss, 80/120** Bewehrungsanschluss/Rückbiegeanschluss; HBT 80/120; zweilagig; an Wandschalung					
	m € brutto	**30**	**46**	**50**	**61**	**82**
	KG 331 € netto	25	39	42	52	69
123	**Bewehrungs-/Rückbiegeanschluss, 150/190** Bewehrungsanschluss, Rückbiegeanschluss; HBT 150/190; zweilagig; an Wandschalung					
	m € brutto	**28**	**47**	**53**	**63**	**87**
	KG 331 € netto	23	39	45	53	73

Kosten: Stand 3.Quartal 2024, Bundesdurchschnitt

LB 013 **Preise €**

Nr.	**Kurztext** / Stichworte **Einheit** / Kostengruppe		►	▷	**brutto ø** netto ø	◁	◄
124	**Balkonanschluss, Wärmedämmelement** Balkonanschluss, Wärmedämmelement; EPS, WLS 035/031; Dämmung 80/120mm, Länge 1,00m						
	m	**€ brutto**	**161**	**391**	**457**	**558**	**781**
	KG 351	€ netto	135	329	384	469	657
125	**TSD-Element, Anschluss, Treppenpodest//Wand** Trittschalldämmelement; Anschluss; Treppenpodest, Wand						
	St	**€ brutto**	**149**	**202**	**219**	**239**	**315**
	KG 351	€ netto	125	170	184	201	265
126	**Stundensatz, Facharbeiter/-in** Stundenlohnarbeiten, Vorarbeiterin, Vorarbeiter, Facharbeiterin, Facharbeiter und Gleichgestellte; Betonbau						
	h	**€ brutto**	**67**	**79**	**85**	**89**	**100**
		€ netto	56	67	72	75	84
127	**Stundensatz, Helfer/-in** Stundenlohnarbeiten für Werkerin, Werker, Helferin, Helfer und Gleichgestellte; Betonbau						
	h	**€ brutto**	**61**	**71**	**76**	**79**	**84**
		€ netto	51	59	64	66	71

LB 014 **Preise €**

Nr.	Kurztext / Stichworte Einheit / Kostengruppe		►	▷	brutto ø netto ø	◁	◄
1	**Unterboden reinigen** Untergrund reinigen; Staub, grobe Verschmutzungen; aufnehmen, entsorgen						
	m²	**€ brutto**	**1,8**	**2,9**	**3,4**	**3,7**	**5,5**
	KG 324	€ netto	1,5	2,5	2,8	3,1	4,7
2	**Außenbelag, Betonwerkstein, Sandbett** Bodenbelag, Betonwerkstein; ungebunden im Sandbett, Fugenfüllung Sand; Terrasse						
	m²	**€ brutto**	**81**	**113**	**123**	**131**	**155**
	KG 533	€ netto	68	95	103	110	130
3	**Außenbelag, Naturwerkstein, Splittbett** Bodenbelag, Naturwerkstein; Granit, StB Kategorie GN; 160x160-220mm; ungebunden, im Splittbett in Reihe, Fugenfüllung Splitt; Außenbereich						
	m²	**€ brutto**	**123**	**163**	**190**	**201**	**251**
	KG 534	€ netto	103	137	160	169	211
4	**Innenbelag, Terrazzoplatten** Bodenbelag, Kunststeinplatten; Terrazzo; Mörtel 30mm; einschichtig im Mörtelbett, inkl. Fugenmörtel; Innenbereich						
	m²	**€ brutto**	**154**	**180**	**187**	**188**	**227**
	KG 353	€ netto	129	151	157	158	191
5	**Innenbelag, Betonwerkstein** Bodenbelag, Betonwerksteinplatten; feingeschliffen; Mörtel 30mm; einschichtig Dickbett, inkl. Fugenmörtel; Innenbereich						
	m²	**€ brutto**	**116**	**139**	**146**	**164**	**203**
	KG 353	€ netto	97	117	123	138	170
6	**Innenbelag, Naturwerkstein, Granit** Bodenbelag, Naturwerksteinplatten; Granit, poliert; Plattendicke bis 30mm; im Dünnbett, inkl. Fugenmörtel; Innenbereich						
	m²	**€ brutto**	**191**	**237**	**268**	**304**	**356**
	KG 353	€ netto	160	199	226	255	299
7	**Innenbelag, Naturwerkstein, Marmor** Bodenbelag, Naturwerksteinplatten; Marmor, poliert; Plattendicke 10mm; im Dünnbett, inkl. Fugenmörtel; Innenbereich						
	m²	**€ brutto**	**125**	**155**	**161**	**175**	**192**
	KG 353	€ netto	105	131	136	147	161
8	**Innenbelag, Naturwerkstein, Kalkstein** Bodenbelag, Naturwerksteinplatten; Kalkstein, gebürstet; Plattendicke 10mm; im Dünnbett, inkl. Fugenmörtel; Innenbereich						
	m²	**€ brutto**	**148**	**166**	**183**	**192**	**210**
	KG 353	€ netto	124	139	154	161	177

Kosten: Stand 3.Quartal 2024, Bundesdurchschnitt

LB 014 | **Preise €**

Nr.	Kurztext / Stichworte Einheit / Kostengruppe		►	▷	brutto ø netto ø	◁	◄
9	**Innenbelag, Naturwerkstein, Solnhofer Kalkstein** Bodenbelag, Solnhofer Naturwerkstein; Kalkstein, gebürstet; Plattendicke 10mm; im Dickebett, inkl. Fugenmörtel; Innenbereich						
	m²	**€ brutto**	**138**	**192**	**204**	**212**	**248**
	KG 353	€ netto	116	161	171	178	208
10	**Innenbelag, Naturwerkstein, Schiefer** Bodenbelag, Naturwerksteinplatten; Schiefer, spaltrau; Plattendicke 10mm; im Mittelbett, inkl. Fugenmörtel; Innenbereich						
	m²	**€ brutto**	**118**	**146**	**162**	**165**	**181**
	KG 353	€ netto	99	123	136	139	152
11	**Innenbelag, Naturwerkstein, Travertin** Bodenbelag, Naturwerksteinplatten; Travertin, geschliffen; Plattendicke 10mm; im Mörtelbett, inkl. Fugenmörtel; Innenbereich						
	m²	**€ brutto**	**177**	**227**	**253**	**303**	**324**
	KG 353	€ netto	149	191	212	255	272
12	**Innenbelag, Naturwerkstein, Kalkstein, R10** Bodenbelag, Naturwerksteinplatten; Kalkstein, R10; Plattendicke 20mm; im Mörtelbett, inkl. Fugenmörtel; Innenbereich						
	m²	**€ brutto**	**192**	**215**	**230**	**244**	**292**
	KG 353	€ netto	161	180	193	205	245
13	**Sockel, Naturwerkstein, magmatisches Gestein** Sockelleiste, Naturwerkstein; magmatisches Gestein, feingeschliffen; Plattendicke bis 15mm; auf Dünnbettmörtel, inkl. Verfugung; Innenbereich						
	m	**€ brutto**	**22**	**34**	**38**	**47**	**66**
	KG 353	€ netto	19	28	32	40	55
14	**Randplatte, Naturwerkstein, innen** Randplatte, Naturwerkstein; Plattenbreite 280mm; im Dünnbett inkl. Verfugung; Innenbereich						
	m	**€ brutto**	**85**	**107**	**114**	**128**	**157**
	KG 353	€ netto	71	90	96	108	132
15	**Randplatte, Naturwerkstein, Treppenauge, innen** Randplatte, Naturwerkstein; Plattenbreite 280mm; im Dünnbett inkl. Verfugung; Treppenauge, innen						
	m	**€ brutto**	**85**	**129**	**154**	**175**	**212**
	KG 353	€ netto	71	108	129	147	178
16	**Bodenprofil, Bewegungsfugen, Plattenbelag** Bewegungsfugenprofil; Aluminium, E6/C0; Plattendicke 10mm; Fuge mit Kautschukprofil füllen						
	m	**€ brutto**	**33**	**64**	**69**	**76**	**99**
	KG 353	€ netto	28	54	58	64	83

LB 014						Preise €
Nr.	**Kurztext** / Stichworte **Einheit** / Kostengruppe		►	▷ brutto ø netto ø	◁	◄
17	**Trennschiene, Messing** Trennschiene; Messing, matt/poliert; Werkstein-Bodenbelag, Innenbereich					
	m	**€ brutto**	**30**	**34**	**35**	**39**	**45**
	KG 353	€ netto	26	29	29	33	38
18	**Trennschiene, Aluminium** Trennschiene; Aluminium; Werkstein-Bodenbelag, Innenbereich					
	m	**€ brutto**	**28**	**33**	**36**	**45**	**60**
	KG 353	€ netto	24	28	31	38	50
19	**Trennschiene, nichtrostender Stahl** Trennschiene; Stahl, nichtrostend; Werkstein-Bodenbelag, Innenbereich					
	m	**€ brutto**	**28**	**38**	**42**	**50**	**69**
	KG 353	€ netto	23	32	36	42	58
20	**Fugenabdichtung, elastisch, Silikon** Fugenabdichtung, elastisch; Silikon; inkl. notwendiger Flankenvorbehandlung					
	m	**€ brutto**	**6,2**	**9,2**	**10,5**	**11,9**	**15,1**
	KG 353	€ netto	5,2	7,7	8,8	10,0	12,7
21	**Blockstufe, Naturwerkstein** Blockstufe; Naturwerkstein, R9; 1.200x350mm, Höhe 160mm; mit Zementmörtel verlegen; Außenbereich, Stahlbetonuntergrund					
	m	**€ brutto**	**202**	**292**	**330**	**412**	**553**
	KG 544	€ netto	169	246	278	346	465
22	**Blockstufe, Betonwerkstein** Blockstufe; Betonwerkstein; 1.200x350mm, Höhe 160mm; mit Zementmörtel verlegen; Außenbereich, Stahlbetonuntergrund					
	m	**€ brutto**	**145**	**215**	**244**	**313**	**432**
	KG 544	€ netto	122	181	205	263	363
23	**Treppe, Naturwerkstein, Winkelstufe, 1,00m** Winkelstufe; Naturwerkstein; 1.000x290x175mm, Dicke 40mm; mit Zementmörtel verlegen; Außenbereich, Betonuntergrund					
	St	**€ brutto**	**140**	**200**	**217**	**251**	**310**
	KG 544	€ netto	117	168	183	211	261
24	**Treppenbelag, Naturwerkstein, Tritt-/Setzstufe** Tritt- und Setzstufe; Naturstein; 1.000x290x175mm; mit Zementmörtel verlegen; Stahlbetonuntergrund					
	m	**€ brutto**	**163**	**193**	**207**	**230**	**278**
	KG 353	€ netto	137	162	174	193	234

Kosten: Stand 3.Quartal 2024, Bundesdurchschnitt

LB 014 **Preise €**

Nr.	Kurztext / Stichworte Einheit / Kostengruppe		►	▷	brutto ø netto ø	◁	◄
25	**Stufengleitschutzprofil, Treppe** Stufengleitschutzprofil; Kunststoff, rutschhemmend; Breite 20mm; in Stufenvorderkante; Naturstein-/Betonwerksteinstufe						
	m	€ brutto	**27**	**29**	**30**	**32**	**36**
	KG 353	€ netto	22	24	26	27	30
26	**Rillenfräsung, Stufenkante** Rillenfräsung, Stufenkante; Naturstein/Betonwerkstein; 4 parallele Rillen; als taktiles Erkennungsmerkmal						
	m	€ brutto	**36**	**40**	**44**	**57**	**62**
	KG 353	€ netto	30	34	37	48	52
27	**Aufmerksamkeitsstreifen, Stufenkante, PU-Einzelrippen** Aufmerksamkeitsstreifen, Stufenkante; Polyurethan; dreireihig; geklebte Einzelrippen, als taktiles Erkennungsmerkmal						
	m	€ brutto	–	**47**	**52**	**66**	–
	KG 353	€ netto	–	40	44	55	–
28	**Aufmerksamkeitsstreifen, Stufenkante, Klebeband** Aufmerksamkeitsstreifen, Stufenkante; Band, selbstklebend; Breite 50mm; einreihig, als taktiles Erkennungsmerkmal						
	m	€ brutto	–	**8,9**	**9,9**	**12,4**	–
	KG 353	€ netto	–	7,5	8,3	10,5	–
29	**Aufmerksamkeitsstreifen, Setzstufe, Klebeband** Aufmerksamkeitsstreifen, Setzstufe						
	m	€ brutto	–	**5,6**	**6,3**	**8,0**	–
	KG 353	€ netto	–	4,7	5,3	6,7	–
30	**Verblendmauerwerk, Granit/Basalt, außen** Verblendmauerwerk, Naturwerkstein; Granit/Basalt; 240x115x190mm; regelmäßiges Schichtmauerwerk; Außenwand						
	m²	€ brutto	**366**	**591**	**689**	**712**	**911**
	KG 335	€ netto	308	497	579	598	766
31	**Kerndämmung, zweischalige Außenwand** Kerndämmung; Mineralwolleplatte, WLG 035, A1; einlagig, versetzt gestoßen; Außenwand						
	m²	€ brutto	**33**	**44**	**49**	**53**	**68**
	KG 335	€ netto	28	37	41	44	57
32	**Trockenmauerwerk, Naturwerksteine** Trockenmauerwerk, Naturwerksteine; Außenbereich; auf Fundament						
	m²	€ brutto	**259**	**446**	**506**	**570**	**707**
	KG 543	€ netto	218	375	425	479	594

LB 014							Preise €
Nr.	Kurztext / Stichworte Einheit / Kostengruppe		►	▷	brutto ø netto ø	◁	◄
33	**Bohrung, Plattenbelag** Bohrungen, Naturwerksteinplatten; Durchmesser 25mm; Boden-/Wandbelag						
	St	€ brutto	**20**	**27**	**29**	**35**	**43**
	KG 353	€ netto	16	22	24	29	36
34	**Ausklinkung, Plattenbelag** Ausklinkung Plattenbelag; Naturwerkstein/Betonwerkstein; Boden-/Wandbelag						
	St	€ brutto	**15**	**24**	**27**	**35**	**53**
	KG 353	€ netto	12	20	23	29	44
35	**Kanten bearbeiten, Plattenbelag** Kantenprofilierung Plattenbelag; Naturwerkstein/Betonwerkstein; als eckige Fase; Boden-/Wandbelag						
	m	€ brutto	**9,5**	**15,5**	**18,9**	**24,5**	**34,9**
	KG 353	€ netto	8,0	13,1	15,8	20,6	29,3
36	**Schrägschnitte, Plattenbelag** Schrägschnitt, Naturwerksteinplatten; Boden-/Wandbelag						
	m	€ brutto	**11**	**27**	**35**	**48**	**73**
	KG 353	€ netto	9,3	23,1	29,2	40,1	61,1
37	**Rundschnittbogen, Plattenbelag** Rundschnitt, Naturwerksteinplatten; Gehrungsschnitt; Boden-/Wandbelag						
	m	€ brutto	**47**	**58**	**68**	**76**	**102**
	KG 353	€ netto	39	49	57	64	86
38	**Fries, Plattenbelag** Friesplatte; Naturwerkstein; Breite 280mm, Länge 500mm, Dicke 20mm; Dünnbettmörtel, inkl. Verfugung; Innenbereich						
	m	€ brutto	**63**	**108**	**123**	**139**	**173**
	KG 353	€ netto	53	91	104	117	145
39	**Trittschalldämmung, Randstreifen, MW** Trittschalldämmung; Mineralwolle DES-sh; Dicke 25mm						
	m^2	€ brutto	**10**	**13**	**15**	**16**	**20**
	KG 353	€ netto	8,5	10,8	12,5	13,6	16,4
40	**Erstreinigung, Bodenbelag** Erstreinigung, Bodenbelag; Naturwerksteinplatten						
	m^2	€ brutto	**6,1**	**16,8**	**19,1**	**22,6**	**37,2**
	KG 353	€ netto	5,1	14,1	16,0	19,0	31,3
41	**Betonwerksteinbeläge fluatieren** Betonwerkstein, Oberflächenbehandlung; Fluatieren; inkl. Vorreinigung						
	m^2	€ brutto	**5,2**	**6,1**	**6,5**	**7,1**	**8,0**
	KG 353	€ netto	4,4	5,1	5,4	5,9	6,7

Kosten: Stand 3.Quartal 2024, Bundesdurchschnitt

LB 014 **Preise €**

Nr.	Kurztext / Stichworte Einheit / Kostengruppe		►	▷	brutto ø netto ø	◁	◄
42	**Mauerabdeckung, Naturwerkstein, außen** Mauerabdeckung, Naturwerksteinplatte; Sandstein/Granit; Dicke 30mm; Mörtelbett, inkl. Verfugung; Außenbereich						
	m	**€ brutto**	**61**	**110**	**127**	**140**	**172**
	KG 543	€ netto	51	92	107	117	145
43	**Fensterbank, Naturwerkstein, außen** Fensterbank, Naturwerkstein außen; Granit/Sandstein, gefast; Breite 30mm, Dicke 3cm; Mörtelbett,verfugen						
	m	**€ brutto**	**78**	**105**	**122**	**147**	**195**
	KG 334	€ netto	66	88	103	123	164
44	**Fensterbank, Naturwerkstein, innen** Fensterbank, Naturwerkstein, innen; gefast; Breite 250mm, Dicke 25mm; Mörtelbett, verfugen						
	m	**€ brutto**	**45**	**70**	**79**	**87**	**115**
	KG 334	€ netto	38	59	67	73	97
45	**Fensterbank, Betonwerkstein, außen** Fensterbank, Betonwerkstein, außen; Oberfläche bruchrau/gesägt/geschliffen/poliert, Kante gefast/scharfkantig; Breite 30cm, Dicke 5cm; Mörtelbett, verfugen						
	m	**€ brutto**	**80**	**95**	**107**	**125**	**144**
	KG 334	€ netto	67	80	90	105	121
46	**Leitsystem, innen, Rippenfliesen, Edelstahl, 3 Rippen** Bodenindikator, Rippenfliesen; Edelstahl auf Fliese; Fliese 122x600mm, Dicke bis 12mm, Rippenanzahl 3; als taktiles Blindenleitsystem; Innenbereich						
	m	**€ brutto**	**–**	**192**	**213**	**272**	**–**
	KG 353	€ netto	–	161	179	229	–
47	**Leitsystem, innen, Rippenfliesen, Edelstahl, 7 Rippen** Bodenindikator, Rippenfliesen; Edelstahl auf Fliese; Fliese 298x600mm, Dicke bis 12mm, Rippenanzahl 7; als taktiles Blindenleitsystem; Innenbereich						
	m	**€ brutto**	**–**	**237**	**267**	**344**	**–**
	KG 353	€ netto	–	199	224	289	–
48	**Leitsystem, Rippenfliese/Begleitstreifen, Edelstahl, 200mm** Bodenindikator, Rippenfliesen/Begleitstreifen; Edelstahl auf Fliese; Fliese 200x600mm, Rippenzahl 3; als taktiles Blindenleitsystem; Innenbereich						
	m	**€ brutto**	**–**	**257**	**295**	**374**	**–**
	KG 353	€ netto	–	216	248	315	–

LB 014							Preise €
Nr.	Kurztext / Stichworte Einheit / Kostengruppe		►	▷	brutto ø netto ø	◁	◄
49	**Leitsystem, Rippenfliese/Begleitstreifen, Edelstahl, 400mm** Bodenindikator, Rippenfliesen/Begleitstreifen; Edelstahl auf Fliese; Fliese 400x600mm, Rippenzahl 3; als taktiles Blindenleitsystem; Innenbereich						
	m	**€ brutto**	**–**	**270**	**325**	**407**	**–**
	KG 353	€ netto	–	227	274	342	–
50	**Kontraststreifen, Noppenfliesen, Edelstahl, 300mm** Kontraststreifen, Leitsystem; Edelstahl auf Noppenfliese; Dicke 12mm; als taktiles Blindenleitsystem; Innenbereich						
	m	**€ brutto**	**–**	**70**	**79**	**100**	**–**
	KG 353	€ netto	–	59	66	84	–
51	**Kontraststreifen, Noppenfliesen, Edelstahl, 600mm** Kontraststreifen, Leitsystem; Edelstahl auf Noppenfliese; Dicke 12mm; als taktiles Blindenleitsystem; Innenbereich						
	m	**€ brutto**	**–**	**72**	**81**	**104**	**–**
	KG 353	€ netto	–	61	68	87	–
52	**Edelstahlrippen, 16mm, Streifen, dreireihig** Edelstahlrippen,Streifen; 280x16mm, dreireihig; geklebt, Einzelrippen, als Aufmerksamkeits-/Leitstreifen						
	m	**€ brutto**	**–**	**266**	**309**	**383**	**–**
	KG 353	€ netto	–	223	260	322	–
53	**Edelstahlrippen, 35mm, Streifen, dreireihig** Edelstahlrippen, Streifen; 280x35mm, dreireihig; geklebt, Einzelrippen, als Aufmerksamkeits-/Leitstreifen						
	m	**€ brutto**	**–**	**274**	**315**	**393**	**–**
	KG 353	€ netto	–	230	264	331	–
54	**Kunststoffrippen, 16mm, Streifen, dreireihig** Kunststoffrippen, Streifen; 295x16mm, dreireihig; geklebt, als Aufmerksamkeits-/Leitstreifen						
	m	**€ brutto**	**–**	**72**	**80**	**101**	**–**
	KG 353	€ netto	–	60	68	84	–
55	**Kunststoffrippen, 35mm, Streifen, dreireihig** Kunststoffrippen, Streifen; 295x35mm, dreireihig; geklebt, als Aufmerksamkeits-/Leitstreifen						
	m	**€ brutto**	**–**	**86**	**94**	**119**	**–**
	KG 353	€ netto	–	72	79	100	–

Kosten: Stand 3.Quartal 2024, Bundesdurchschnitt

LB 014 **Preise €**

Nr.	Kurztext / Stichworte Einheit / Kostengruppe		▶	▷	brutto ø netto ø	◁	◀
56	**Aufmerksamkeitsfeld, 600/600, Noppenfliesen, Edelstahl** Bodenindikator, Noppenfliesen; Edelstahl auf Fliese; Fliese 300x300mm, Feld 600x600mm; als Aufmerksamkeitsfeld; Innenbereich						
	St	**€ brutto**	**–**	**380**	**436**	**554**	**–**
	KG 353	€ netto	–	319	367	466	–
57	**Aufmerksamkeitsfeld, 1.200/1.200, Noppenfliesen, Edelstahl** Bodenindikator, Noppenfliesen; Edelstahl auf Fliese; Fliese 300x300mm, Feld 1.200x1.200mm; als Aufmerksamkeitsfeld; Innenbereich						
	St	**€ brutto**	**–**	**1.002**	**1.179**	**1.462**	**–**
	KG 353	€ netto	–	842	990	1.228	–
58	**Aufmerksamkeitsfeld, 600/600, Noppen, Edelstahl** Aufmerksamkeitsfeld, Einzelnoppen; Edelstahl, rutschhemmend; Feld 600x600mm, 145 Noppen; diagonal verleget						
	St	**€ brutto**	**–**	**671**	**762**	**968**	**–**
	KG 353	€ netto	–	564	641	814	–
59	**Aufmerksamkeitsfeld, 900/900, Noppen, Edelstahl** Bodenindikator, Einzelnoppen; Edelstahl, rutschhemmend; Feld 900x900mm, 313 Noppen; diagonal verleget						
	St	**€ brutto**	**–**	**1.442**	**1.567**	**2.021**	**–**
	KG 353	€ netto	–	1.211	1.317	1.699	–
60	**Aufmerksamkeitsfeld, 600/600, Noppen, Kunststoff** Bodenindikator, Einzelnoppen; Kunststoff, rutschhemmend; Feld 600x600mm, 198 Noppen; diagonal verleget						
	St	**€ brutto**	**–**	**314**	**353**	**456**	**–**
	KG 353	€ netto	–	264	297	383	–
61	**Aufmerksamkeitsfeld, 900/900, Noppen, Kunststoff** Bodenindikator, Einzelnoppen; Kunststoff, rutschhemmend; Feld 900x900mm, 446 Noppen; diagonal verleget						
	St	**€ brutto**	**–**	**577**	**663**	**835**	**–**
	KG 353	€ netto	–	485	557	702	–
62	**Stundensatz, Facharbeiter/-in** Stundenlohnarbeiten, Vorarbeiterin, Vorarbeiter, Facharbeiterin, Facharbeiter und Gleichgestellte; Natur-, Betonwerksteinarbeiten						
	h	**€ brutto**	**66**	**79**	**87**	**91**	**99**
		€ netto	55	67	73	76	83

LB 014						Preise €
Nr.	**Kurztext** / Stichworte			**brutto ø**		
	Einheit / Kostengruppe	►	▷	netto ø	◁	◄
63	**Stundensatz, Helfer/-in** Stundenlohnarbeiten für Werkerin, Werker, Helferin, Helfer und Gleichgestellte; Natur-, Betonwerksteinarbeiten					
	h — **€ brutto**	**56**	**65**	**72**	**76**	**83**
	€ netto	47	55	60	64	70

LB 016 **Preise €**

Nr.	Kurztext / Stichworte Einheit / Kostengruppe		▶	▷	brutto ø netto ø	◁	◀
1	**Lieferung, Bauschnittholz, Nadelholz, C24** Bauschnittholz, liefern; Nadelholz, GK 0, C24; 6x12cm, Länge bis 8,00m; allseitig egalisiert/gehobelt, geschliffen						
	m³	**€ brutto**	**555**	**671**	**717**	**815**	**1.142**
	KG 361	€ netto	467	564	603	684	960
2	**Lieferung, Bauschnittholz, Eiche, D30** Bauschnittholz, liefern; Eiche GK 0, D30, LS10; Länge bis 6,00m; allseitig egalisiert/gehobelt, geschliffen						
	m³	**€ brutto**	**1.778**	**1.959**	**2.101**	**2.123**	**2.304**
	KG 361	€ netto	1.494	1.646	1.766	1.784	1.936
3	**Lieferung, Konstruktionsvollholz Si, C24** Konstruktionsvollholz Si, C24; Nadelholz, GK 0, C24, S10TS, herzfrei; Breite 6x10cm, Höhe 6-30cm, Länge bis 6,00m; egalisiert, auf Fertigmaß gehobelt, gefast						
	m³	**€ brutto**	**643**	**778**	**820**	**880**	**1.052**
	KG 361	€ netto	540	654	689	740	884
4	**Lieferung, Balkenschichtholz Si, C24** Balkenschichtholz, Duo-/Triobalken, liefern; Nadelholz, GK 0, C24, S10; Breite bis 16cm, Höhe bis 24cm						
	m³	**€ brutto**	**817**	**961**	**1.054**	**1.157**	**1.306**
	KG 361	€ netto	686	808	886	973	1.097
5	**Lieferung, Brettschichtholz, GL24h, Industriequalität** Brettschichtholz, liefern; Nadelholz, GL24h; Breite bis 20cm, Höhe bis 40cm, Länge bis 12,00m						
	m³	**€ brutto**	**947**	**1.178**	**1.276**	**1.355**	**1.570**
	KG 361	€ netto	796	990	1.073	1.139	1.320
6	**Lieferung, Brettschichtholz, GL24h, Sicht-/Auslesequalität** Brettschichtholz, liefern; Nadelholz, GL24h; Breite bis 20cm, Höhe bis 40cm, Länge bis 12,00m; Sicht/Auslesequalität						
	m³	**€ brutto**	**995**	**1.328**	**1.459**	**1.607**	**1.974**
	KG 361	€ netto	836	1.116	1.226	1.350	1.659
7	**Lieferung, Holzstütze, Nadelholz, BSH, GL24h** Brettschichtholz, liefern, Holzstütze; Nadelholz GL24h, gehobelt; Stützen 20x20cm. Lamellendicke bis 45mm						
	m³	**€ brutto**	**1.097**	**1.282**	**1.326**	**1.374**	**1.627**
	KG 333	€ netto	922	1.078	1.115	1.155	1.367
8	**Lieferung, Bohle, Nadelholz, S13TS K** Bohle; Nadelholz, S13TS K, scharfkantig; Dicke 24mm; egalisiert/gehobelt						
	m	**€ brutto**	**9,8**	**13,1**	**13,9**	**15,3**	**17,8**
	KG 351	€ netto	8,3	11,0	11,7	12,8	15,0

Kosten: Stand 3.Quartal 2024, Bundesdurchschnitt

LB 016							**Preise €**
Nr.	**Kurztext** / Stichworte				**brutto ø**		
	Einheit / Kostengruppe		►	▷	netto ø	◁	◄
9	**Lieferung, Kantholz, Nadelholz, S10** Kantholz; Nadelholz, C24, allseitig gehobelt; 60x120mm, Einzellänge bis 8,0m						
	m	**€ brutto**	**18**	**24**	**26**	**31**	**43**
	KG 351	€ netto	15	20	22	26	36
10	**Abbund/Aufstellen, Dachkonstruktion, Bauschnittholz/KVH** Abbinden und Aufstellen; Bauschnittholz, Konstruktionsvollholz; bis 20x30cm, Länge bis 8,00m; Dachkonstruktion						
	m	**€ brutto**	**11**	**15**	**16**	**19**	**28**
	KG 361	€ netto	9,6	12,2	13,4	16,3	23,2
11	**Abbund/Verlegen, Deckenkonstruktion, Bauschnittholz/KVH** Abbinden und Verlegen; Bauschnittholz, Konstruktionsvollholz; bis 14x24cm, Länge bis 8,00m; Deckenkonstruktion						
	m	**€ brutto**	**9,4**	**12,4**	**13,6**	**15,7**	**24,9**
	KG 361	€ netto	7,9	10,4	11,4	13,2	20,9
12	**Abbund/Aufstellen, Dach-/Deckenkonstruktion, BSH** Abbinden und Aufstellen; Brettschichtholz; bis 10x40cm, Länge bis 12,00m; sichtbar/nicht sichtbar; Dach-/Deckenkonstruktion						
	m	**€ brutto**	**14**	**19**	**22**	**25**	**31**
	KG 361	€ netto	12	16	18	21	26
13	**Abbund/Aufstellen, Kehl-/Gratsparren, Bauschnittholz** Abbinden und Aufstellen; Bauschnittholz; bis 16x30cm, Länge bis 6,00m; sichtbar/nicht sichtbar; Bereich Kehl- und Gratsparren						
	m	**€ brutto**	**15**	**21**	**24**	**25**	**33**
	KG 361	€ netto	13	18	20	21	28
14	**Lieferung/Montage, Holzstegträger, Nadelholz** Holzträger; Nadelholz C24/BSH GL24h, GK 0; Länge bis 10m; inkl. Abbund						
	m	**€ brutto**	**33**	**39**	**41**	**46**	**66**
	KG 361	€ netto	27	33	35	38	55
15	**Stegverstärkung, Holzstegträger, beidseitig** Stegverstärkung, Holzstegträger; beidseitig; nach Detail						
	St	**€ brutto**	**14**	**16**	**17**	**17**	**19**
	KG 361	€ netto	12	14	14	14	16
16	**Lasche, Holzstegträger, einseitig** Lasche, Holzstegtäger; einseitig; nach Detail						
	St	**€ brutto**	**14**	**16**	**16**	**18**	**20**
	KG 361	€ netto	12	14	14	15	17

LB 016						Preise €
Nr.	**Kurztext** / Stichworte			**brutto ø**		
	Einheit / Kostengruppe	►	▷	netto ø	◁	◄
17	**Wechsel, Kamindurchdringung**					
	Öffnung/Auswechslung Kamindurchgang; herstellen und seitliche Wechsel einbauen; Dachstuhl/Geschossdecke					
	St **€ brutto**	**24**	**48**	**52**	**71**	**102**
	KG 361 € netto	20	40	43	59	86
18	**Schrägschnitt, Sparren**					
	Bauschnittholz bearbeiten; Schrägschnitt/Profilierung					
	St **€ brutto**	**0,8**	**7,6**	**10,6**	**14,9**	**23,7**
	KG 361 € netto	0,7	6,4	8,9	12,6	19,9
19	**Hobeln, Bauschnittholz**					
	Bauschnittholz hobeln; allseitig					
	m **€ brutto**	**2,4**	**4,9**	**6,0**	**7,8**	**12,8**
	KG 361 € netto	2,0	4,1	5,0	6,5	10,8
20	**Fasen, Holzbauteil**					
	Holzbauteil, Fasen; Bauschnittholz					
	m **€ brutto**	**0,4**	**1,8**	**2,5**	**2,9**	**4,7**
	KG 361 € netto	0,4	1,6	2,1	2,4	4,0
21	**Profilieren, Balkenkopf**					
	Balkenkopf, Profilieren/Fasen; Bauschnittholz					
	St **€ brutto**	**6,2**	**11,7**	**13,0**	**19,2**	**29,0**
	KG 361 € netto	5,2	9,9	10,9	16,1	24,4
22	**Holzschutz, Flächen, farblos**					
	Holzschutz; chemisch, farblos, vorbeugend; konstruktive Bauteile; Gebrauchsklasse 3.1					
	m² **€ brutto**	**1,2**	**5,4**	**7,3**	**10,2**	**17,2**
	KG 361 € netto	1,0	4,6	6,2	8,6	14,4
23	**Zwischensparrendämmung MW, DZ-034, 120mm**					
	Zwischensparrendämmung; Mineralwolle, WLS 034, A1; 120mm					
	m² **€ brutto**	**21**	**23**	**27**	**30**	**32**
	KG 363 € netto	18	20	23	25	27
24	**Zwischensparrendämmung MW, DZ-034, 160mm**					
	Zwischensparrendämmung; Mineralwolle, WLS 034, A1; 160mm					
	m² **€ brutto**	**23**	**27**	**32**	**35**	**37**
	KG 363 € netto	19	23	27	29	31
25	**Zwischensparrendämmung MW, DZ-034, 220mm**					
	Zwischensparrendämmung; Mineralwolle, WLS 034, A1; 220mm					
	m² **€ brutto**	**31**	**36**	**39**	**43**	**51**
	KG 363 € netto	26	30	33	36	43

Kosten: Stand 3.Quartal 2024, Bundesdurchschnitt

LB 016 **Preise €**

Nr.	Kurztext / Stichworte Einheit / Kostengruppe		►	▷	brutto ø netto ø	◁	◄
26	**Zwischensparrendämmung WF, DZ-038, 180mm** Zwischensparrendämmung; Holzfaser, WLS 038, E normal entflammbar; 180mm; einlagig						
	m2	**€ brutto**	**33**	**36**	**39**	**41**	**43**
	KG 363	€ netto	27	31	33	35	36
27	**Zwischensparrendämmung WF, DZ-038, 220mm** Zwischensparrendämmung; Holzfaser, WLS 038, E normal entflammbar; 220mm; einlagig						
	m2	**€ brutto**	**37**	**42**	**44**	**47**	**49**
	KG 363	€ netto	31	35	37	40	41
28	**Einblasdämmung, Dach, Zellulose** Einblasdämmung, DZ; Zellulosefasern, WLG 040, E; Dicke 100-400mm; inkl. verdichten						
	m3	**€ brutto**	**123**	**145**	**152**	**174**	**214**
	KG 363	€ netto	103	122	128	147	180
29	**Einblasdämmung, Dach, Zellulose, 160mm** Einblasdämmung, DZ; Zellulosefasern, WLG 040, E; Dicke 160mm; inkl. verdichten						
	m2	**€ brutto**	**17**	**26**	**29**	**34**	**40**
	KG 363	€ netto	14	22	25	28	34
30	**Einblasdämmung, Dach, Zellulose, 200mm** Einblasdämmung, DZ; Zellulosefasern, WLG 040, E; Dicke 200mm; inkl. verdichten						
	m2	**€ brutto**	**21**	**32**	**37**	**42**	**50**
	KG 363	€ netto	18	27	31	35	42
31	**Einblasdämmung, Dach, Zellulose, 240mm** Einblasdämmung, DZ; Zellulosefasern, WLG 040, E; Dicke 240mm; inkl. verdichten						
	m2	**€ brutto**	**24**	**37**	**42**	**48**	**57**
	KG 363	€ netto	20	31	35	41	48
32	**Einblasdämmung, Dach, Zellulose, 300mm** Einblasdämmung, DZ; Zellulosefasern, WLG 040, E; Dicke 300mm; inkl. verdichten						
	m2	**€ brutto**	**33**	**44**	**49**	**53**	**65**
	KG 363	€ netto	28	37	41	45	55
33	**Einblasdämmung, Wand, Zellulose** Einblasdämmung, WH; Zellulosefasern, WLG 040, E						
	m3	**€ brutto**	**116**	**141**	**149**	**166**	**212**
	KG 332	€ netto	98	118	125	140	178

LB 016 **Preise €**

Nr.	Kurztext / Stichworte Einheit / Kostengruppe		►	▷	brutto ø netto ø	◁	◄
34	**Schüttung, Splitt, Dachsparren** Schüttung; Splitt, A1; Dicke 60mm; zwischen Sparren						
	m²	**€ brutto**	**20**	**24**	**33**	**36**	**46**
	KG 361	€ netto	17	20	28	30	39
35	**Dachschalung, gespundete Bretter, gehobelt, 24mm** Schalung, gespundet; Nadelholz, S10, einseitig gehobelt; Dicke 24mm; genagelt; unter Dachdeckung						
	m²	**€ brutto**	**30**	**37**	**39**	**42**	**47**
	KG 363	€ netto	25	31	33	35	40
36	**Dachschalung, Bretter gehobelt, 24mm** Schalung, Glattkantbrett; Nadelholz, S10, einseitig gehobelt; Dicke 24mm, Breite 138mm; genagelt; unter Dachdeckung						
	m²	**€ brutto**	**44**	**54**	**58**	**63**	**73**
	KG 363	€ netto	37	46	49	53	62
37	**Dachschalung, Rauspund, bis 28mm** Schalung, Rauspund; Nadelholz, Rauspund S10; Dicke bis 28mm; genagelt; unter Dachkonstruktion						
	m²	**€ brutto**	**27**	**33**	**35**	**40**	**54**
	KG 363	€ netto	23	27	29	34	45
38	**Dachschalung, Holzspanplatte P5, 25mm** Schalung, Dach; Spanplatte, P5; Dicke bis 25mm; NF-System						
	m²	**€ brutto**	**25**	**30**	**34**	**38**	**51**
	KG 363	€ netto	21	25	28	32	43
39	**Dachschalung, Kehle, Rauspund, 24mm** Schalung; Nadelholz, Rauspund, S10; Dicke mind. 24mm; genagelt						
	m²	**€ brutto**	**33**	**37**	**39**	**44**	**53**
	KG 363	€ netto	28	31	33	37	44
40	**Dachschalung, Traufe, Bretter gehobelt, 24mm** Dachschalung, Traufe; Nadelholz, S10 einseitig gehobelt; Dicke 24mm, Breite bis 300mm; genagelt, Holzuntergrund						
	m	**€ brutto**	**15**	**23**	**26**	**30**	**39**
	KG 363	€ netto	13	20	21	25	33
41	**Schrägschnitt, Dachschalung** Schrägschnitte; Dachschalung						
	m	**€ brutto**	**6,1**	**7,8**	**8,9**	**9,5**	**12,1**
	KG 361	€ netto	5,1	6,5	7,5	8,0	10,2
42	**Traufbohle, konisch** Traufbohle, konischer Zuschnitt; Nadelholz, S13TS K, scharfkantig; 40/60x120mm; egalisiert/gehobelt						
	m	**€ brutto**	**9,8**	**13,2**	**15,0**	**19,9**	**29,7**
	KG 363	€ netto	8,3	11,1	12,6	16,7	25,0

Kosten: Stand 3.Quartal 2024, Bundesdurchschnitt

LB 016 **Preise €**

Nr.	Kurztext / Stichworte Einheit / Kostengruppe		►	▷	brutto ø netto ø	◁	◄
43	**Stellbrett, zwischen Sparren** Stellbrett; Nadelholz, S10; Höhe 120mm, Dicke 24mm						
	m	**€ brutto**	**18**	**25**	**28**	**32**	**42**
	KG 363	€ netto	15	21	23	27	36
44	**Bauteilanschluss, Dichtungsband, vorkomprimiert** Abdichtungsanschluss; Dichtungsband						
	m	**€ brutto**	**2,5**	**4,8**	**6,0**	**7,3**	**10,4**
	KG 361	€ netto	2,1	4,0	5,0	6,2	8,7
45	**Unterspannung, belüftetes Dach** Unterdach, Unterspannung; Unterdeckbahn UDB-A, Klasse E; Sd ca. 0,5m; frei belüftet						
	m²	**€ brutto**	**6,8**	**9,3**	**10,5**	**12,2**	**15,9**
	KG 363	€ netto	5,7	7,8	8,8	10,3	13,4
46	**Trennlage, Bitumenbahn** Trennlage; Bitumenbahn G200DD; unter Holzwände						
	m	**€ brutto**	**1,5**	**4,0**	**4,5**	**7,0**	**12,7**
	KG 361	€ netto	1,2	3,4	3,8	5,9	10,7
47	**Nivellierschwelle, Wandelemente** Nivellierschwelle; Nadelholz C24; Querschnitt 60x160mm; inkl. Befestigungsmaterial und Quellmörtel; auf Stahlbetonbodenplatte						
	m	**€ brutto**	**18**	**26**	**30**	**34**	**48**
	KG 331	€ netto	15	22	25	29	40
48	**Anschluss, Bodenplatte, luftdicht** Anschluss Außenwand, Bodenplatte; sd > 20m; luftdicht						
	m	**€ brutto**	**9,3**	**13,4**	**15,4**	**17,1**	**19,2**
	KG 331	€ netto	7,8	11,3	12,9	14,4	16,1
49	**Außenwand, Holzrahmen, 160mm, Dämmung, Bekleidungen** Außenwand, Holzrahmenkonstruktion; Nadelholz, c24, S10, OSB/2; Wanddicke, 160mm, Plattendicke 160mm; WF-Bekleidung außen						
	m²	**€ brutto**	**159**	**191**	**201**	**212**	**237**
	KG 337	€ netto	134	161	169	178	199
50	**Außenwand, Holzrahmen, 200mm, Dämmung, Bekleidungen** Außenwand, Holzrahmenkonstruktion; Nadelholz, c24, S10, OSB/2; Plattendicke 200mm, Wanddicke 200mm; WF-Bekleidung außen						
	m²	**€ brutto**	**180**	**202**	**211**	**231**	**280**
	KG 337	€ netto	151	170	177	194	235
51	**Außenwand, Holzrahmen, 240mm, Dämmung, Bekleidungen** Außenwand, Holzrahmenkonstruktion; Nadelholz, c24, S10, OSB/2; Plattendicke 240mm, Wanddicke 240mm; WF-Bekleidung außen						
	m²	**€ brutto**	**185**	**220**	**237**	**264**	**302**
	KG 337	€ netto	155	185	199	222	254

LB 016							Preise €
Nr.	Kurztext / Stichworte Einheit / Kostengruppe		►	▷	brutto ø netto ø	◁	◄
52	**Außenwand, tragend, Brettstapel, 120mm** Außenwand, Brettstapelelement; Nadelholz; Dicke 120mm; tragend, aussteifend						
	m²	€ brutto	**142**	**152**	**164**	**180**	**201**
	KG 331	€ netto	120	128	138	151	169
53	**Außenwand, tragend, Brettstapel, 160mm** Außenwand, Brettstapelelement; Nadelholz; Dicke 160mm; tragend, aussteifend						
	m²	€ brutto	**208**	**223**	**239**	**263**	**294**
	KG 331	€ netto	175	187	201	221	247
54	**Außenwand, tragend, Brettstapel, 200mm** Außenwand, Brettstapelelement; Nadelholz; Dicke 200mm; tragend, aussteifend						
	m²	€ brutto	**274**	**293**	**315**	**347**	**388**
	KG 331	€ netto	231	246	265	291	326
55	**Außenwand, tragend, Brettsperrholz, bis 85mm** Außenwand, Brettsperrholz; Nadelholz; Dicke 120mm; tragend, aussteifend						
	m²	€ brutto	**145**	**160**	**165**	**170**	**179**
	KG 331	€ netto	122	135	139	143	150
56	**Außenwand, tragend, Brettsperrholz, bis 100mm** Außenwand, Brettsperrholz; Nadelholz; Dicke 120mm; tragend, aussteifend						
	m²	€ brutto	**165**	**173**	**174**	**175**	**182**
	KG 331	€ netto	139	145	147	147	153
57	**Außenwand, tragend, Brettsperrholz, bis 120mm** Außenwand, Brettsperrholz; Nadelholz; Dicke 120mm; tragend, aussteifend						
	m²	€ brutto	**169**	**191**	**196**	**202**	**246**
	KG 331	€ netto	142	161	165	170	207
58	**Außenwand, tragend, Brettsperrholz, bis 160mm** Außenwand, Brettsperrholz; Nadelholz; Dicke 160mm; tragend, aussteifend						
	m²	€ brutto	**214**	**229**	**246**	**271**	**303**
	KG 331	€ netto	180	192	207	227	254
59	**Außenwand, Holzstegträger, Zellulose, OSB, WF-Bekleidung** Wandelement, Doppelstegträger; Beplankung außen Holzfaserplatte, Einblasdämmung, Schüttung Zellulosefasern WLG 040, OSB/4; Beplankung innen OSB/4						
	m²	€ brutto	**227**	**257**	**271**	**307**	**358**
	KG 337	€ netto	190	216	228	258	301

Kosten: Stand 3.Quartal 2024, Bundesdurchschnitt

LB 016							Preise €
Nr.	**Kurztext** / Stichworte **Einheit** / Kostengruppe		▶	▷	**brutto ø** netto ø	◁	◀
60	**Außenwandbekleidung, Dreischichtplatte, 30mm** Außenbekleidung; 3-Schicht-Massivholzplatte; Dicke 30mm; verschraubt, Sichtklasse A, Holzuntergrund						
	m²	**€ brutto**	**61**	**83**	**94**	**108**	**132**
	KG 335	€ netto	51	70	79	91	111
61	**Außenwandbekleidung, Fasenbretter, 24mm** Außenwandbekleidung, Fasenbretter; Nadelholz, gehobelt; Dicke 24mm						
	m²	**€ brutto**	**104**	**119**	**129**	**144**	**178**
	KG 335	€ netto	87	100	109	121	150
62	**Außenwandbekleidung, Boden-Deckel, 24mm** Außenwandbekleidung; Nadelholz, gehobelt; Dicke 24mm; sichtbar befestigt						
	m²	**€ brutto**	**116**	**134**	**144**	**159**	**193**
	KG 335	€ netto	97	112	121	134	162
63	**Außenwandbekleidung, Stülpschalung, 24mm** Außenwandbekleidung, Stülpschalung; Nadelholz, gehobelt; Dicke 24mm; sichtbar befestigt						
	m²	**€ brutto**	**99**	**116**	**123**	**139**	**171**
	KG 335	€ netto	83	97	103	117	144
64	**Außenbekleidung, Laibung, Holzbrett, 24mm** Laibungsbekleidung; Nadelholz, gehobelt; 24/28mm; Betonoberfläche sichtbar; Fenster/Türen						
	m	**€ brutto**	**15**	**27**	**34**	**41**	**56**
	KG 335	€ netto	13	22	28	34	47
65	**Innenbekleidung, Trockenbereich, OSB/2, 18mm** Innenbekleidung; OSB/2, Flachpressplatte, ungeschliffen; Dicke 18mm; genagelt; Trockenbereich, innen						
	m²	**€ brutto**	**18**	**31**	**31**	**34**	**41**
	KG 336	€ netto	15	26	26	29	35
66	**Innenbekleidung, Trockenbereich, OSB/3, 15mm** Innenbekleidung; OSB/3, Flachpressplatte, geschliffen/ungeschliffen; Dicke 15mm; genagelt; Trockenbereich, innen						
	m²	**€ brutto**	**21**	**30**	**34**	**36**	**42**
	KG 336	€ netto	18	26	28	30	36
67	**Innenbekleidung, Trockenbereich, OSB/3, 22mm** Innenbekleidung; OSB/3, Flachpressplatte, geschliffen/ungeschliffen; Dicke 22mm						
	m²	**€ brutto**	**31**	**36**	**39**	**42**	**49**
	KG 336	€ netto	26	31	33	36	41

LB 016 **Preise €**

Nr.	Kurztext / Stichworte Einheit / Kostengruppe		▶	▷	brutto ø netto ø	◁	◀
68	**Innenbekleidung, Feuchtebereich, OSB/4, 22mm** Innenbekleidung; OSB 4-Platte, geschliffen/ungeschliffen; Dicke bis 22mm; Flachpressschalung						
	m²	€ brutto	**31**	**40**	**45**	**49**	**58**
	KG 336	€ netto	26	34	37	41	48
69	**Innenbekleidung, Sperrholz, 22mm** Innenbekleidung; Sperrholzplatt; Dicke 20mm; auf Holzuntergrund; Trockenbereich, innen						
	m²	€ brutto	**41**	**59**	**68**	**75**	**97**
	KG 336	€ netto	35	50	57	63	82
70	**Innenbekleidung, Furnierschichtholz, 27mm** Innenbekleidung; Furnierschichtholzplatte; Dicke 27mm; geklammert, Holzuntergrund						
	m²	€ brutto	**52**	**68**	**74**	**79**	**93**
	KG 336	€ netto	43	57	62	66	78
71	**Innenbekleidung, Dreischichtplatte, 26mm** Innenbekleidung; 3-Schicht Massivholzplatte; Dicke 26; verschraubt, Sichtklasse A, Holzuntergrund						
	m²	€ brutto	**54**	**74**	**77**	**86**	**104**
	KG 336	€ netto	45	62	65	73	87
72	**Dämmung, Außenwand, MW 035, 160mm** Außenwanddämmung, WH; Mineralwolle, WLG 035, A1; Dicke 160mm; einlagig, als Matte, stumpf gestoßen						
	m²	€ brutto	**–**	**21**	**25**	**31**	**–**
	KG 335	€ netto	–	18	21	26	–
73	**Dämmung, Außenwand, MW 035, 200mm** Außenwanddämmung, WH; Mineralwolle, WLG 035, A1; Dicke 200mm; einlagig, als Matte, stumpf gestoßen						
	m²	€ brutto	**21**	**27**	**31**	**32**	**38**
	KG 335	€ netto	18	23	26	27	32
74	**Dämmung, Außenwand, MW 035, 240mm** Außenwanddämmung, WH; Mineralwolle, WLG 035, A1; Dicke 240mm; einlagig						
	m²	€ brutto	**28**	**35**	**40**	**43**	**49**
	KG 335	€ netto	23	30	34	37	41
75	**Außenwanddämmung, Holzfaserplatte, 60mm** Außenwanddämmung, Wf; Holzfaserplatte, Klasse E; 60mm; NF-Profil; Außenwand						
	m²	€ brutto	**37**	**44**	**47**	**47**	**58**
	KG 335	€ netto	31	37	39	40	49

Kosten: Stand 3.Quartal 2024, Bundesdurchschnitt

LB 016						**Preise €**
Nr.	**Kurztext** / Stichworte			**brutto ø**		
	Einheit / Kostengruppe	►	▷	netto ø	◁	◄
76	**Außenwanddämmung, Holzfaserplatte, 80mm** Wärmedämmung; Holzfaserplatte WF, Klasse E; 80mm; NF-Profil; Außenwand					
	m² **€ brutto**	**41**	**48**	**52**	**54**	**59**
	KG 335 € netto	34	40	44	45	50
77	**Außenwanddämmung, Putzträger, WF, 60mm** Wärmedämmung; Holzfaserdämmplatte WF, WLG 040, E normal entflammbar; Dicke 60mm; als Putzträger mit Stufenfalz/NF/stumpf gestoßen					
	m² **€ brutto**	**55**	**59**	**61**	**63**	**68**
	KG 335 € netto	46	49	51	53	58
78	**Außenwanddämmung, Putzträger, WF, 100mm** Wärmedämmung; Holzfaserdämmplatte WF, WLG 040, E normal entflammbar; Dicke 100mm; als Putzträger mit Stufenfalz/NF/stumpf gestoßen					
	m² **€ brutto**	**–**	**73**	**86**	**109**	**–**
	KG 335 € netto	–	61	72	91	–
79	**Außenwanddämmung, Putzträger, WF, 200mm** Außenwandbekleidung als Putzträgerplatte; Holzfaserdämmplatte, WLG 040/WLS 042, E; Dicke 200mm; einlagig, mit Stufenfalz/NF/stumpf gestoßen; Innen-/Außenwand					
	m² **€ brutto**	**–**	**87**	**101**	**128**	**–**
	KG 335 € netto	–	73	85	107	–
80	**Innenwand, Holzrahmen, 12cm, Dämmung, beplankt** Innenwand, Holzrahmenkonstruktion, tragend; Nadelholz, S10, C24, Dämmung; Dicke 12cm; 1. Seite OSB-beplankt / 2. Seite Gipsplattenbekleidung					
	m² **€ brutto**	**112**	**119**	**130**	**146**	**167**
	KG 342 € netto	94	100	109	123	140
81	**Innenwand, Holzrahmen, 16cm, Dämmung, beplankt** Innenwand, Holzrahmenkonstruktion, tragend; Nadelholz, S10, C24, Dämmung; Dicke 16cm; 1. Seite OSB-beplankt / 2. Seite Gipsplattenbekleidung					
	m² **€ brutto**	**128**	**135**	**149**	**167**	**191**
	KG 342 € netto	108	114	125	140	160
82	**Innenwand, Holzrahmen, 20cm, Dämmung, beplankt** Innenwand, Holzrahmenkonstruktion, tragend; Nadelholz, S10, C24, Dämmung; Dicke 20cm; 1. Seite OSB-beplankt / 2. Seite Gipsplattenbekleidung					
	m² **€ brutto**	**144**	**152**	**167**	**188**	**214**
	KG 342 € netto	121	128	141	158	180

LB 016 **Preise €**

Nr.	Kurztext / Stichworte Einheit / Kostengruppe		▶	▷	brutto ø netto ø	◁	◀
83	**Innenwand, Holzrahmen, 10cm, MW, beplankt** Innenwand, Holzrahmenkonstruktion, nichttragend; Nadelholz, S10, C24, Mineralfaserdämmung, WLG 040; Dicke 10cm; beplankt						
	m²	**€ brutto**	**87**	**90**	**91**	**93**	**98**
	KG 342	€ netto	73	76	76	78	83
84	**Innenwand, Holzrahmen, 10cm, WF, beplankt** Innenwand, Holzrahmenkonstruktion, nichttragend; Nadelholz, S10, C24, Holzfaserdämmung, WLG 040; Dicke 10cm; beplankt						
	m²	**€ brutto**	**92**	**104**	**105**	**106**	**114**
	KG 342	€ netto	77	87	88	89	96
85	**Innenwand, Holzrahmen, 10cm, Zellulose, beplankt** Innenwand, Holzrahmenkonstruktion, nichttragend; Nadelholz, S10, C24, Zellulosedämmschicht, WLG 040; Dicke 10cm; beplankt						
	m²	**€ brutto**	**80**	**85**	**93**	**104**	**119**
	KG 342	€ netto	67	71	78	87	100
86	**Innenwand, Holzrahmen, 12cm, MW, beplankt** Innenwand, Holzrahmenkonstruktion, nichttragend; Nadelholz, S10, C24, Mineralwolledämmschicht, WLG 040; Dicke 12cm; beplankt						
	m²	**€ brutto**	**98**	**103**	**114**	**127**	**146**
	KG 342	€ netto	82	87	96	107	122
87	**Türöffnung, Innenwand, Holztafel, 875x2.000** Türöffnung; Holz-Innenwand; 875x2.000mm; in Holzrahmenkonstruktion						
	St	**€ brutto**	**31**	**44**	**50**	**63**	**81**
	KG 340	€ netto	26	37	42	53	68
88	**Türöffnung, Innenwand, Holztafel, 1.000x2.000** Türöffnung; Holz-Innenwand; 1.000x2.000mm; in Holzrahmenkonstruktion						
	St	**€ brutto**	**41**	**55**	**63**	**80**	**113**
	KG 340	€ netto	35	46	53	67	95
89	**Ausschnitt, Holzplatte, bis 2,5m** Ausschnitt Holzplatte; Dicke bis 20mm; einlagig						
	St	**€ brutto**	**12**	**20**	**26**	**27**	**33**
	KG 345	€ netto	10	17	22	23	28
90	**Innenwand, nicht tragend, Brettsperrholz, 80mm** Innenwand, Brettsperrholz; Nadelholz; Dicke 100mm; tragend, aussteifend						
	m²	**€ brutto**	**88**	**104**	**116**	**126**	**147**
	KG 331	€ netto	74	87	97	106	123
91	**Innenwand, tragend, Brettsperrholz, 100mm** Innenwand, Brettsperrholz; Nadelholz; Dicke 100mm; tragend, aussteifend						
	m²	**€ brutto**	**115**	**131**	**137**	**145**	**167**
	KG 331	€ netto	96	110	115	122	140

Kosten: Stand 3.Quartal 2024, Bundesdurchschnitt

LB 016 **Preise €**

Nr.	Kurztext / Stichworte Einheit / Kostengruppe		►	▷	brutto ø netto ø	◁	◄
92	**Innenwand, tragend, Brettsperrholz, 120mm** Innenwand, Brettsperrholz; Nadelholz; Dicke 120mm; tragend, aussteifend						
	m²	**€ brutto**	**132**	**147**	**155**	**175**	**200**
	KG 331	€ netto	111	123	131	147	168
93	**Öffnung, Massivholzelement, bis 0,5m²** Öffnung herstellen; Holzmassiv-/Brettstapeldecke; Größe bis 0,5m²						
	St	**€ brutto**	**49**	**61**	**69**	**81**	**97**
	KG 351	€ netto	41	51	58	68	82
94	**Öffnung, Massivholzelement, bis 2,5m²** Öffnung herstellen; Holzmassiv-/Brettstapeldecke; Größe bis 2,5m²						
	St	**€ brutto**	**59**	**74**	**84**	**98**	**118**
	KG 351	€ netto	49	62	71	83	99
95	**Öffnung, Holztafelbauteil, Öffnung bis 2,5m²** Öffnung herstellen; Holzrahmenkonstruktion; Größe bis 2,5m²; rechteckige Öffnung; inkl. Füllhölzer						
	St	**€ brutto**	**35**	**57**	**58**	**62**	**78**
	KG 351	€ netto	29	48	49	52	66
96	**Öffnung, Holztafelbauteil, Öffnung bis 5m²** Öffnung herstellen; Holzrahmenkonstruktion; Größe bis 5,0m²; rechteckige Öffnung; inkl. Füllhölzer						
	St	**€ brutto**	**78**	**194**	**213**	**265**	**327**
	KG 351	€ netto	66	163	179	223	275
97	**Kellertrennwand, Lattenverschlag** Lattenverschlag; Nadelholz, gehobelt, C24, S10; Holzrahmen 60x60mm, Latten 30x50mm, Höhe bis 2,5m						
	m²	**€ brutto**	**34**	**60**	**73**	**82**	**105**
	KG 346	€ netto	29	51	61	69	88
98	**Tür, Lattenverschlag** Lattenverschlag Tür; Nadelholz, gehobelt, C24, S10; Latten 30x50mm, Tür 800x2.000mm, Höhe bis 2,5m						
	St	**€ brutto**	**–**	**84**	**107**	**143**	**–**
	KG 346	€ netto	–	70	90	121	–
99	**Massivholzdecke, Brettstapel, 140mm, gehobelt** Brettstapeldecke; Nadelholz, GK0, Sichtseite gehobelt; Dicke bis 140cm; inkl. Aussparungen, Anschlussausformungen Verbindungsmittel						
	m²	**€ brutto**	**136**	**164**	**173**	**198**	**230**
	KG 351	€ netto	114	138	145	166	193

LB 016							Preise €
Nr.	**Kurztext** / Stichworte				**brutto ø**		
	Einheit / Kostengruppe		►	▷	netto ø	◁	◄
100	**Massivholzdecke, Brettstapel, 160mm, gehobelt**						
	Brettstapeldecke; Nadelholz, GK0, Sichtseite gehobelt; Dicke bis 160mm; inkl. Aussparungen, Anschlussausformungen Verbindungsmittel						
	m²	**€ brutto**	**181**	**217**	**221**	**232**	**256**
	KG 351	€ netto	152	182	186	195	215
101	**Massivholzdecke, Brettstapel, 200mm, gehobelt**						
	Brettstapeldecke; Nadelholz, GK0, Sichtseite gehobelt; Dicke bis 200mm; inkl. Aussparungen, Anschlussausformungen Verbindungsmittel						
	m²	**€ brutto**	**230**	**249**	**259**	**269**	**291**
	KG 351	€ netto	193	209	217	226	245
102	**Massivholzdecke, Brettsperrholz, 120mm**						
	Brettsperrholzdecke; Nadelholz, GK0, Sichtseite gehobelt; Dicke bis 120mm; inkl. Aussparungen, Anschlussausformungen Verbindungsmittel						
	m²	**€ brutto**	**130**	**158**	**174**	**181**	**194**
	KG 351	€ netto	109	133	146	152	163
103	**Massivholzdecke, Brettsperrholz, 160mm**						
	Brettsperrholzdecke; Nadelholz, GK0, Sichtseite gehobelt; Dicke bis 200mm; inkl. Aussparungen, Anschlussausformungen Verbindungsmittel						
	m²	**€ brutto**	**151**	**182**	**193**	**197**	**242**
	KG 351	€ netto	127	153	162	166	204
104	**Massivholzdecke, Brettsperrholz, 240mm**						
	Brettsperrholzdecke; Nadelholz,GK0, Sichtseite gehobelt; Dicke bis 240mm; inkl. Aussparungen, Anschlussausformungen Verbindungsmittel						
	m²	**€ brutto**	**231**	**282**	**282**	**293**	**331**
	KG 351	€ netto	194	237	237	246	278
105	**Fußbodeneinschub, Nadelholz, 24mm, auf Auflager**						
	Fußbodeneinschub; Nadelholz; Dicke 24mm; gespundene Schalung						
	m²	**€ brutto**	**36**	**54**	**63**	**70**	**88**
	KG 351	€ netto	30	46	53	59	74
106	**Rieselschutz, Glasfaser**						
	Rieselschutz; Glasfaser, schwarz, A2; Flächengewicht: 75-80g/m²						
	m²	**€ brutto**	**2,8**	**5,4**	**6,7**	**8,3**	**11,6**
	KG 351	€ netto	2,4	4,6	5,6	7,0	9,8
107	**Schüttung, Sand, in Decken**						
	Schüttung; Sand, A1; Dicke 60mm; zwischen Deckensparren						
	m²	**€ brutto**	**14**	**19**	**20**	**22**	**33**
	KG 351	€ netto	11	16	17	18	27

Kosten: Stand 3.Quartal 2024, Bundesdurchschnitt

LB 016							Preise €
Nr.	**Kurztext** / Stichworte **Einheit** / Kostengruppe		►	▷	**brutto ø** netto ø	◁	◄
108	**Schüttung, Splitt, in Decken** Schüttung; Splitt, A1; Dicke 60mm; zwischen Deckensparren						
	m²	**€ brutto**	**20**	**24**	**33**	**36**	**46**
	KG 351	€ netto	17	20	28	30	39
109	**Deckenschalung, OSB bis 25mm** Deckenschaltung; OSB-Platten; Dicke 25mm; auf Holzuntergrund						
	m²	**€ brutto**	**23**	**32**	**35**	**40**	**51**
	KG 363	€ netto	20	27	30	33	43
110	**Deckenschalung, Sperrholzplatte, 24mm** Deckenschalung; Sperrholzplatte; Dicke 24mm; Holzuntergrund						
	m²	**€ brutto**	**39**	**53**	**58**	**64**	**78**
	KG 353	€ netto	33	45	49	54	66
111	**Wangentreppe, Holz, gerade** Wangentreppe, Holz; Eiche; Stufen 15 St, Stg 175x280mm, Breite 800mm; einläufig, mit/ohne Setzstufe; zwischen Gebälk/ Betondecke						
	St	**€ brutto**	**4.627**	**5.004**	**5.313**	**5.638**	**6.341**
	KG 352	€ netto	3.888	4.205	4.464	4.738	5.329
112	**Wangentreppe, Holz, gerade, Setzstufe** Wangentreppe, Holz; Eiche; Stufen 15St, Stg 175x280mm, Breite 800mm; einläufig, mit/ohne Setzstufe; zwischen Gebälk/ Betondecke						
	St	**€ brutto**	**8.912**	**11.517**	**13.025**	**13.865**	**16.110**
	KG 352	€ netto	7.489	9.678	10.945	11.651	13.537
113	**Wangentreppe, Holz, halbgewendelt** Wangentreppe, Holz; Eiche; Stufen 15 St, Stg 175x280mm, Breite 800mm; einläufig, mit/ohne Setzstufe; zwischen Gebälk/ Betondecke						
	St	**€ brutto**	**9.426**	**10.146**	**10.454**	**10.831**	**11.825**
	KG 352	€ netto	7.921	8.526	8.785	9.102	9.937
114	**Einschubtreppe, gedämmt** Einschubtreppe, Holz; Hartholzstufen; Öffnung Breite 600x700mm; gedämmt, mit/ohne einseitigem Handlauf; Gebälk/Holzplattenschalung						
	St	**€ brutto**	**926**	**1.716**	**1.894**	**3.390**	**5.977**
	KG 352	€ netto	778	1.442	1.592	2.848	5.023
115	**Einschubtreppe, EI30** Einschubtreppe, Holz; Hartholzstufen; Treppenöffnung 700x1.400mm; zweiteilig, einseitiger Handlauf						
	St	**€ brutto**	**800**	**1.133**	**1.268**	**1.879**	**2.986**
	KG 352	€ netto	672	952	1.066	1.579	2.510

Nr.	Kurztext / Stichworte Einheit / Kostengruppe		►	▷	brutto ø netto ø	◁	◄
116	**Scherentreppe, Aluminium** Scherentreppe, Aluminium; Hartholzstufen; Öffnungsbreite 600/700mm; zwei-/dreiteilig, mit/ohne einseitigem Handlauf, mit/ohne Schutzgeländer; Gebälk/Holzplattenschalung						
	St	**€ brutto**	**1.187**	**2.311**	**2.483**	**2.720**	**3.426**
	KG 359	€ netto	997	1.942	2.086	2.285	2.879
117	**Windrispenband, 40x2mm** Windrispenband; 40x2mm; Dachschalung; inkl. Ankernägel 4x40mm bis 4x60mm						
	m	**€ brutto**	**2,5**	**7,1**	**8,3**	**9,7**	**12,9**
	KG 361	€ netto	2,1	6,0	7,0	8,2	10,9
118	**Windrispenband, 60x3mm** Windrispenband; 60x3mm; Dachschalung; inkl. Ankernägel 4x40mm bis 4x60mm						
	m	**€ brutto**	**4,7**	**8,2**	**9,7**	**11,3**	**14,5**
	KG 361	€ netto	4,0	6,9	8,2	9,5	12,2
119	**Verbindung, Winkelverbinder/Knagge** Kleineisenteile, Verbindungsmittel; BMF-Winkelverbinder, feuerverzinkter Stahl; inkl. Bohr- und Stemmarbeiten						
	kg	**€ brutto**	**3,6**	**9,3**	**11,3**	**14,5**	**22,4**
	KG 361	€ netto	3,0	7,8	9,5	12,2	18,8
120	**Verankerung, Profilanker, Schwelle** Verankerung Holzschwelle; Profilanker; an Ankerschiene						
	St	**€ brutto**	**4,2**	**8,3**	**10,3**	**14,0**	**22,9**
	KG 361	€ netto	3,5	6,9	8,6	11,8	19,2
121	**Stabdübel, nicht rostender Stahl** Kleineisenteile, Befestigungsmittel; Stabdübel, nicht rostender Stahl; Durchmesser 12mm; inkl. Bohrung						
	St	**€ brutto**	**2,4**	**4,6**	**5,8**	**10,2**	**18,6**
	KG 361	€ netto	2,0	3,8	4,8	8,5	15,7
122	**Gewindestange, M12, feuerverzinkt** Kleineisenteile, Befestigungsmittel; Gewindestange, feuerverzinkt; M12; inkl. Bohrung, Unterlegscheiben, Muttern						
	St	**€ brutto**	**6,1**	**14,9**	**18,0**	**26,8**	**43,8**
	KG 361	€ netto	5,1	12,5	15,1	22,5	36,8
123	**Dachflächenfenster, Holz, bis 1,00m²** Wohndachfenster; Nadelholz, Uw=1,4W/(m²K), Mehrscheibenisolierglas; 780x1.180mm; Klapp-Schwing-Fenster						
	St	**€ brutto**	**1.005**	**1.319**	**1.510**	**1.635**	**1.854**
	KG 362	€ netto	844	1.108	1.269	1.374	1.558

Kosten: Stand 3.Quartal 2024, Bundesdurchschnitt

LB 016							**Preise €**
Nr.	**Kurztext** / Stichworte **Einheit** / Kostengruppe		▶	▷	**brutto ø** netto ø	◁	◀
124	**Dachflächenfenster, Holz, bis 1,85m²** Wohndachfenster; Nadelholz, Uw=1,4W/m²K, Mehrscheibenisolierglas; 1.140x1.600/1.340x1.400mm; Klapp-Schwing-Fenster						
	St	**€ brutto**	**1.430**	**1.654**	**1.711**	**2.124**	**2.624**
	KG 362	€ netto	1.201	1.390	1.438	1.785	2.205
125	**Dachflächenfenster, Kunststoff, bis 1,85m²** Wohndachfenster; Kunststoff, Uw<=1,4 W/m²K, Mehrscheibenisolierglas; 1.140x1.600mm; Klapp-Schwing-Fenster						
	St	**€ brutto**	**1.371**	**1.534**	**1.594**	**1.658**	**1.792**
	KG 362	€ netto	1.152	1.289	1.339	1.393	1.506
126	**Schutzabdeckung, Steildach, Folie** Schutzabdeckung; Schutzplane; sturmsicher						
	m²	**€ brutto**	**3,6**	**7,1**	**8,5**	**10,8**	**14,1**
	KG 397	€ netto	3,0	6,0	7,1	9,1	11,9
127	**Stundensatz, Facharbeiter/-in** Stundenlohnarbeiten, Vorarbeiterin, Vorarbeiter, Facharbeiterin, Facharbeiter und Gleichgestellte; Holzbau						
	h	**€ brutto**	**78**	**85**	**88**	**92**	**98**
		€ netto	66	71	74	77	82
128	**Stundensatz, Helfer/-in** Stundenlohnarbeiten für Werkerin, Werker, Helferin, Helfer und Gleichgestellte; Holzbau						
	h	**€ brutto**	**64**	**72**	**76**	**77**	**82**
		€ netto	54	61	64	64	69

LB 017							Preise €
Nr.	**Kurztext** / Stichworte **Einheit** / Kostengruppe		▶	▷	brutto ø netto ø	◁	◀
1	**Handlauf, Rohrprofil, feuerverzinkt** Handlauf; Stahlrohr, S235JR, feuerverzinkt; Durchmesser 42,5mm, Wanddicke 2,0mm						
	m	**€ brutto**	**94**	**110**	**119**	**126**	**140**
	KG 359	€ netto	79	93	100	106	118
2	**Profilstahl-Konstruktion, Profile UNP/UPE, feuerverzinkt** Stahlträger, Walzprofil UNP/UPE; S235JR, feuerverzinkt; Deckenkonstruktion; inkl. Kopfplatten, Bohrungen, Verschraubungsmittel						
	kg	**€ brutto**	**3,7**	**5,3**	**6,2**	**7,1**	**8,6**
	KG 351	€ netto	3,1	4,5	5,2	5,9	7,2
3	**Profilstahl-Konstruktion, Profile IPE, feuerverzinkt** Stahlträger, IPE; S235JR, feuerverzinkt; Deckenkonstruktion						
	kg	**€ brutto**	**4,7**	**6,0**	**6,6**	**7,1**	**8,4**
	KG 351	€ netto	3,9	5,1	5,5	6,0	7,1
4	**Profilstahl-Konstruktion, Profile HEA 160, feuerverzinkt** Stahlträger, HEA 160, Walzprofil; S235JR, feuerverzinkt; Stahlprofil 30,4kg/m; Deckenkonstruktion; inkl. Kopfplatten, Bohrungen, Verbindungsmittel						
	kg	**€ brutto**	**3,4**	**4,9**	**5,5**	**6,6**	**9,1**
	KG 351	€ netto	2,9	4,1	4,6	5,5	7,7
5	**Rundstahl, Zugstab, feuerverzinkt** Zugstange, Rundstahl; feuerverzinkt; mit Gewindeschloss als Diagonalaussteifung; inkl. Anschlussbleche, Bohrungen, Verbindungsmittel						
	kg	**€ brutto**	**6,2**	**8,4**	**8,8**	**10,3**	**17,6**
	KG 361	€ netto	5,2	7,1	7,4	8,6	14,8
6	**Stahlstütze, Rohrprofil, rund** Stahlstütze; Rundstahl, S235 J2, grundiert/beschichtet; Durchmesser 114,3mm; Deckenkonstruktion; inkl. Kopfplatten, Bohrungen, Verbindungsmittel						
	kg	**€ brutto**	**5,0**	**7,9**	**9,0**	**10,8**	**14,4**
	KG 333	€ netto	4,2	6,6	7,6	9,1	12,1
7	**Stahlstütze, Rohrprofil, eckig** Stahlstütze; S235 J2, grundiert/beschichtet; 100x100mm; Deckenkonstruktion; inkl. Kopfplatten, Bohrungen, Verbindungsmittel						
	kg	**€ brutto**	**5,4**	**8,4**	**9,8**	**11,8**	**15,3**
	KG 333	€ netto	4,6	7,1	8,3	9,9	12,8
8	**Fußplatte, Stahlblech** Einbauteile, Hilfskonstruktionen, Stahl; S235JR; inkl. Steifungen, Bohrungen, Verbindungsmitte						
	kg	**€ brutto**	**5,4**	**8,9**	**10,2**	**14,9**	**21,0**
	KG 351	€ netto	4,5	7,4	8,6	12,5	17,6

Kosten: Stand 3.Quartal 2024, Bundesdurchschnitt

LB 017						**Preise €**
Nr.	**Kurztext** / Stichworte			**brutto ø**		
	Einheit / Kostengruppe	►	▷	netto ø	◁	◄
9	**Kopfplatte, Stahlblech**					
	Einbauteile, Hilfskonstruktionen, Stahl; S235JR, feuerverzinkt; 2-5kg/St; inkl. Steifungen, Verbindungsmittel, Bohrungen					
	kg € brutto	**3,9**	**6,6**	**8,3**	**9,7**	**11,7**
	KG 351 € netto	3,2	5,5	7,0	8,1	9,9
10	**Trapezblechdach, Stahlblech**					
	Dachdeckung, Trapezblech; Stahl 0,88mm; Profil 161,5x250mm; inkl. Verbindungsmittel					
	m² € brutto	**38**	**48**	**53**	**59**	**72**
	KG 363 € netto	32	40	44	49	61
11	**Trapezblechdach, Randverstärkung, Übergangsblech**					
	Randverstärkung, Trapezblechdach; Stahlblech 0,88mm; Zuschnitt 333mm; dreifach gekantet					
	m € brutto	**23**	**35**	**40**	**51**	**66**
	KG 363 € netto	19	29	34	43	55
12	**Trapezblechdach, Dachausschnitt**					
	Dachausschnitt Trapezblechdach; Stahlblech bis 1mm; rechteckig					
	St € brutto	**76**	**111**	**137**	**151**	**189**
	KG 363 € netto	64	93	115	127	159
13	**Bohrungen, Stahlblech, Durchmesser bis 30mm**					
	Bohrung Stahl; Stahlblech; Durchmesser bis 30mm; Stahlblech, Stege, Flansche					
	St € brutto	**7,8**	**14,3**	**14,5**	**15,8**	**22,3**
	KG 359 € netto	6,6	12,1	12,2	13,3	18,8
14	**Gitterroste, verzinkt, rutschhemmend, verankert**					
	Gitterroste; Feuerverzinkt; Gitterrost LxB 500x1.000mm, Maschenteilung 30x1mm; R9					
	m² € brutto	**126**	**150**	**161**	**179**	**226**
	KG 339 € netto	106	126	135	151	190
15	**Verzinken, Stahlprofile**					
	Feuerverzinkung; Stahlkonstruktion, Korrosivitätskategorie; inkl. Entrostung					
	kg € brutto	**0,8**	**1,3**	**1,6**	**1,8**	**2,4**
	KG 333 € netto	0,7	1,1	1,3	1,5	2,1
16	**Brandschutzbeschichtung, R30, Stahlbauteile**					
	Brandschutzbeschichtung R30; Stahlbauteilen; reinigen, entrosten; Stahlträger/Fachwerkbinder/Stützen/.....					
	m² € brutto	**76**	**93**	**99**	**103**	**125**
	KG 333 € netto	64	78	83	87	105

LB 017							Preise €
Nr.	**Kurztext** / Stichworte **Einheit** / Kostengruppe		►	▷	**brutto ø** netto ø	◁	◄
17	**Brandschutzbeschichtung, Stahlbauteile, Decklack** Brandschutzbeschichtung F30/F60/F90; Überzugslack; Stahlträger/ Fachwerkbinder/Stützen/....						
	m^2 KG 333	**€ brutto** € netto	**17** 14	**35** 29	**37** 31	**52** 43	**70** 59
18	**Stundensatz, Facharbeiter/-in** Stundenlohnarbeiten, Vorarbeiterin, Vorarbeiter, Facharbeiterin, Facharbeiter und Gleichgestellte; Stahlbau						
	h	**€ brutto** € netto	**83** 69	**90** 76	**94** 79	**97** 81	**104** 88
19	**Stundensatz, Helfer/-in** Stundenlohnarbeiten für Werkerin, Werker, Helferin, Helfer und Gleichgestellte; Stahlbau						
	h	**€ brutto** € netto	**61** 51	**67** 56	**71** 59	**74** 62	**82** 69

LB 018						Preise €
Nr.	**Kurztext** / Stichworte **Einheit** / Kostengruppe	►	▷	**brutto ø** netto ø	◁	◄
1	**Untergrund reinigen** Untergrund reinigen; Staub, grobe Verschmutzungen, lose Teile; abkehren, entsorgen					
	m² € brutto	**0,6**	**2,2**	**2,8**	**5,3**	**8,8**
	KG 324 € netto	0,5	1,8	2,4	4,4	7,4
2	**Voranstrich, Abdichtung, Betonbodenplatte** Voranstrich, Abdichtung; Bitumen-Voranstrich/Bitumen-Emulsion; 300g/m²; vollflächig; Stahlbetonbodenplatte					
	m² € brutto	**1,5**	**3,5**	**4,4**	**6,0**	**9,9**
	KG 324 € netto	1,3	3,0	3,7	5,1	8,3
3	**Wandanschluss, Bitumen-Dichtbahn** Abdichtungsanschluss, Wand; Bitumendichtbahn; Bodenplatte und aufgehender Wand					
	m € brutto	**6,2**	**8,2**	**8,8**	**10,5**	**13,0**
	KG 325 € netto	5,2	6,9	7,4	8,8	10,9
4	**Wandanschluss, Dickbeschichtung** Abdichtungsanschluss, Wand; Bitumendickbeschichtung; Bodenplatte und aufgehender Wand					
	m € brutto	**11**	**14**	**17**	**23**	**27**
	KG 325 € netto	9,6	12,0	14,3	19,0	22,7
5	**Dichtungsanschluss, Anschweißflansch** Abdichtungsanschluss, Durchdringungen; Anschweißflansch; DN100-250; gegen Bodenfeuchte; Bodenplatte					
	St € brutto	**13**	**22**	**26**	**30**	**41**
	KG 324 € netto	11	18	22	26	34
6	**Dichtungsanschluss, Klemm-/Klebeflansch** Abdichtungsanschluss, Durchdringungen; Klemm-/Klebeflansch; DN100; gegen Bodenfeuchte; Bodenplatte					
	St € brutto	**22**	**54**	**64**	**76**	**100**
	KG 324 € netto	18	46	54	64	84
7	**Perimeterdämmung, XPS, bis 60mm, Fundament** Perimeterdämmung; Polystyrolplatten, extrudiert, PW; 60mm; geklebt, umlaufender Falz; Fundament					
	m² € brutto	**28**	**38**	**42**	**44**	**52**
	KG 325 € netto	23	32	36	37	44
8	**Perimeterdämmung, XPS bis 100mm, Bodenplatte** Perimeterdämmung; Polystyrolplatten, extrudiert, PB; bis 100mm; umlaufender Falz; unter Bodenplatte					
	m² € brutto	**29**	**37**	**42**	**47**	**55**
	KG 325 € netto	25	31	35	39	47

LB 018							Preise €
Nr.	Kurztext / Stichworte Einheit / Kostengruppe		►	▷	brutto ø netto ø	◁	◄
9	**Perimeterdämmung, XPS bis 150mm, Bodenplatte** Perimeterdämmung; Polystyrolplatten, extrudiert, PB; bis 150mm; umlaufender Falz; unter Bodenplatte						
	m²	**€ brutto**	**39**	**49**	**53**	**56**	**63**
	KG 325	€ netto	33	41	44	47	53
10	**Perimeterdämmung, XPS bis 240mm, Bodenplatte** Perimeterdämmung; Polystyrolplatten, extrudiert, PB; bis 240mm; umlaufender Falz; unter Bodenplatte						
	m²	**€ brutto**	**74**	**82**	**83**	**86**	**98**
	KG 325	€ netto	62	68	70	73	82
11	**Perimeterdämmung, XPS 100mm, Wand** Perimeterdämmung; Polystyrolplatten, extrudiert; 100mm; geklebt, umlaufender Falz; Außenwand						
	m²	**€ brutto**	**43**	**48**	**51**	**57**	**67**
	KG 335	€ netto	36	41	43	48	56
12	**Perimeterdämmung, XPS 160mm, Wand** Perimeterdämmung; Polystyrolplatten, extrudiert; 160mm; geklebt, umlaufender Falz; Außenwand						
	m²	**€ brutto**	**46**	**60**	**64**	**73**	**87**
	KG 335	€ netto	39	50	53	61	73
13	**Perimeterdämmung, XPS 240mm, Wand** Perimeterdämmung; Polystyrolplatten, extrudiert; 240mm; geklebt, umlaufender Falz, Außenwand						
	m²	**€ brutto**	**–**	**65**	**77**	**96**	**–**
	KG 335	€ netto	–	55	65	81	–
14	**Perimeterdämmung, CG, 120mm, Wand** Perimeterdämmung; Schaumglasplatten, PW; 120mm; umlaufender Falz, geklebt; Außenwand						
	m²	**€ brutto**	**113**	**123**	**128**	**145**	**161**
	KG 335	€ netto	95	103	108	122	136
15	**Perimeterdämmung, CG, 200mm, Wand** Perimeterdämmung; Schaumglasplatten, PW; 200mm; umlaufender Falz, geklebt; Außenwand						
	m²	**€ brutto**	**150**	**160**	**170**	**191**	**215**
	KG 335	€ netto	126	134	143	160	180
16	**Trennlage, PE-Folie, unter Bodenplatte** Trennlage; PE-Folie 0,2mm; einlagig						
	m²	**€ brutto**	**1,8**	**3,2**	**3,6**	**4,5**	**5,8**
	KG 325	€ netto	1,5	2,7	3,1	3,8	4,9

LB 018							Preise €
Nr.	**Kurztext** / Stichworte **Einheit** / Kostengruppe		►	▷	**brutto ø** netto ø	◁	◄
17	**Querschnittsabdichtung, G200DD, Mauerwerk 11,5cm** Querschnittsabdichtung; Bitumen-Dachdichtungsbahn G200 DD; bis 11,50cm; einlagig, gegen aufsteigende Feuchtigkeit						
	m	**€ brutto**	**2,0**	**3,5**	**3,9**	**5,4**	**7,7**
	KG 342	€ netto	1,7	3,0	3,3	4,5	6,5
18	**Querschnittsabdichtung, G200DD, Mauerwerk 24cm** Querschnittsabdichtung; Bitumen-Dachdichtungsbahn G200 DD; 24cm; einlagig, gegen aufsteigende Feuchtigkeit						
	m	**€ brutto**	**5,5**	**8,8**	**10,0**	**13,3**	**20,5**
	KG 341	€ netto	4,6	7,4	8,4	11,2	17,2
19	**Querschnittsabdichtung, G200DD, Mauerwerk 36,5cm** Querschnittsabdichtung; Bitumen-Dachdichtungsbahn G200 DD; 36,5cm; einlagig, gegen aufsteigende Feuchtigkeit						
	m	**€ brutto**	**8,3**	**13,5**	**14,1**	**20,7**	**28,5**
	KG 331	€ netto	7,0	11,3	11,8	17,4	23,9
20	**Bodenabdichtung, Bodenfeuchte, G200DD** Bodenabdichtung gegen Bodenfeuchte; Bitumenschweißbahn G200DD, einlagig; vollflächig verklebt; erdberührte Bauteile						
	m²	**€ brutto**	**18**	**20**	**22**	**23**	**24**
	KG 324	€ netto	16	17	18	19	20
21	**Bodenabdichtung, Bodenfeuchte, PMBC** Bodenabdichtung gegen Bodenfeuchte; kunststoffmodifizierte Bitumendickbeschichtung; Schichtdicke 3mm; zwei Arbeitsgänge; Kellersohle, Beton						
	m²	**€ brutto**	**37**	**40**	**41**	**47**	**52**
	KG 325	€ netto	31	34	34	40	43
22	**Bodenabdichtung, Bodenfeuchte, MDS** Bodenabdichtung gegen Bodenfeuchte; mineralische Dichtungsschlämme, flexibel; Schichtdicke 3mm; zwei Arbeitsgänge; Kellersohle, Beton						
	m²	**€ brutto**	**43**	**46**	**48**	**54**	**60**
	KG 325	€ netto	36	39	41	45	50
23	**Bodenabdichtung, Bodenfeuchte, PV200 DD** Bodenabdichtung gegen Bodenfeuchte; Bitumen-Dachdichtungsbahn PV200 DD; Kellersohle, Beton						
	m²	**€ brutto**	**33**	**36**	**37**	**42**	**46**
	KG 325	€ netto	28	30	31	35	39
24	**Bodenabdichtung, Bodenfeuchte, PYE G200S4** Bodenabdichtung gegen Bodenfeuchte; Elastomerbitumen-Schweißbahn PYE G200 S4; Kellersohle, Beton						
	m²	**€ brutto**	**32**	**35**	**37**	**42**	**45**
	KG 325	€ netto	27	29	31	35	38

LB 018							Preise €
Nr.	Kurztext / Stichworte				brutto ø		
	Einheit / Kostengruppe		►	▷	netto ø	◁	◄
25	**Bodenabdichtung, nicht drückendes Wasser, PMBC** Bodenabdichtung gegen nicht drückendes Wasser; kunststoffmodifizierter Bitumendickbeschichtung, Gewebeeinlage; Schichtdicke 3mm; zwei Arbeitsgänge; Nassraum						
	m2	**€ brutto**	**53**	**57**	**60**	**68**	**75**
	KG 325	€ netto	45	48	51	57	63
26	**Hohlkehle, Mörtel** Hohlkehle; Mörtel, kunststoffmodifiziert; gerundet; zwischen Fundament und Wand; inkl. Grundierung						
	m	**€ brutto**	**5,8**	**10,3**	**12,2**	**15,8**	**25,4**
	KG 335	€ netto	4,9	8,7	10,2	13,2	21,4
27	**Voranstrich, Wandabdichtung** Wandabdichtung, Haftgrund; Bitumenlösung/Bitumen-Emulsion; vollflächig; erdberührte Außenwand						
	m2	**€ brutto**	**2,4**	**4,8**	**5,7**	**7,7**	**11,4**
	KG 335	€ netto	2,0	4,0	4,8	6,5	9,5
28	**Wandabdichtung, Bodenfeuchte, MDS** Wandabdichtung gegen Bodenfeuchte; zementgebundener Dichtungsschlämme, flexibel; Schichtdicke 2mm; zwei Arbeitsgänge; Außenwand; Beton						
	m2	**€ brutto**	**36**	**38**	**40**	**46**	**50**
	KG 335	€ netto	30	32	34	38	42
29	**Wandabdichtung, Bodenfeuchte, PMBC** Wandabdichtung gegen Bodenfeuchte; kunststoffmodifizierter Bitumendickbeschichtung, Gewebeeinlage; Schichtdicke mind. 3mm; zwei Arbeitsgänge; Außenwand; Mauerwerk						
	m2	**€ brutto**	**42**	**44**	**47**	**53**	**58**
	KG 335	€ netto	35	37	39	44	49
30	**Wandabdichtung, nicht drückendes Wasser, MDS** Wandabdichtung gegen nicht drückendes Wasser; zementgebundene Dichtungsschlämme, flexibel; Schichtdicke mind. 3mm; zwei Arbeitsgänge; Kelleraußenwand; Beton						
	m2	**€ brutto**	**41**	**44**	**46**	**52**	**57**
	KG 335	€ netto	34	37	39	43	48
31	**Wandabdichtung, nicht drückendes Wasser, KSP** Wandabdichtung, gegen nicht drückendes Wasser; kaltselbstklebende PYE G200 KSP; erdberührte Außenwand; Kelleraußenwand; Mauerwerk						
	m2	**€ brutto**	**34**	**38**	**42**	**47**	**51**
	KG 335	€ netto	28	32	35	40	43

LB 018							Preise €
Nr.	**Kurztext** / Stichworte				**brutto ø**		
	Einheit / Kostengruppe		▶	▷	netto ø	◁	◀
32	**Wandabdichtung, drückendes Wasser, G200DD/PYE-PV200DD** Wandabdichtung, gegen drückendes Wasser; G 200 DD, PYE- PV 200 DD; zweilagig; Außenwand; Mauerwerk						
	m²	**€ brutto**	**50**	**53**	**56**	**64**	**70**
	KG 335	€ netto	42	45	47	53	59
33	**Wandabdichtung, drückendes Wasser, PYE-PV200S5** Abdichtung gegen drückendes Wasser; PYE- PV 200 S5; einlagig, vollflächig verklebt; Außenwand						
	m²	**€ brutto**	**40**	**43**	**46**	**51**	**56**
	KG 335	€ netto	34	36	39	43	47
34	**Wandabdichtung, drückendes Wasser, R500N Kupfer** Abdichtung gegen drückendes Wasser; Bitumenbahn R 500 N mit Kupfereinlage; zweilagig; Außenwand; Mauerwerk						
	m²	**€ brutto**	**61**	**66**	**70**	**78**	**85**
	KG 335	€ netto	51	55	59	66	71
35	**Wandabdichtung, drückendes Wasser, R500N Kupfer, dreilagig** Abdichtung gegen drückendes Wasser; Bitumenbahn R 500 N mit Kupfereinlage; dreilagig; Außenwand; Mauerwerk						
	m²	**€ brutto**	**73**	**79**	**82**	**94**	**103**
	KG 335	€ netto	61	66	69	79	86
36	**Fugenabdichtung, Wand, Feuchte, Dichtmasse** Bewegungsfugenabdichtung, Bodenfeuchte; mineralischer Dichtschlämme, flexibel, Gewebeeinlage; Breite 15mm; Fugenvorbereitung, Hinterfüllprofil, vollflächig verklebt; erdberührte Außenwand						
	m	**€ brutto**	**15**	**17**	**19**	**22**	**24**
	KG 325	€ netto	13	14	16	18	20
37	**Fugenabdichtung, Wand, Feuchte, Fugenband** Abdichtung über Fuge, Bodenfeuchte; Fugenband, elastisch; erdberührte Außenwand						
	m	**€ brutto**	**40**	**44**	**50**	**57**	**62**
	KG 325	€ netto	33	37	42	48	52
38	**Fugenabdichtung, Wand, Feuchte, Kunststoffbahn** Abdichtung über Fuge, Bodenfeuchte; Kunststoffdichtungsbahnstreifen, Vlies-/Gewebekaschiert; in Bitumendickbeschichtung einbetten; erdberührte Außenwand.						
	m	**€ brutto**	**26**	**29**	**33**	**37**	**41**
	KG 325	€ netto	22	24	28	31	34

Kosten: Stand 3.Quartal 2024, Bundesdurchschnitt

LB 018 **Preise €**

Nr.	Kurztext / Stichworte Einheit / Kostengruppe		►	▷	brutto ø netto ø	◁	◄
39	**Fugenabdichtung, Bodenplatte, Feuchte, Schweißbahn, PYE-PV200S5** Abdichtung über Fuge, Bodenfeuchte; Bitumenschweißbahn PYE-PV 200 S5; Breite 300mm; Bodenplatte						
	m	**€ brutto**	**36**	**40**	**46**	**51**	**57**
	KG 325	€ netto	30	34	39	43	48
40	**Fugenabdichtung, Bodenplatte, Feuchte, KSP-Streifen** Abdichtung über Fuge, Bodenfeuchte; kaltselbstklebender Polymer-bitumenbahn; Breite 300mm; Bodenplatte						
	m	**€ brutto**	**25**	**28**	**32**	**36**	**40**
	KG 325	€ netto	21	24	27	30	33
41	**Fugenabdichtung, Wand, drückendes Wasser, Schweißbahn** Abdichtung über Fuge, drückendes Wasser; Bitumenschweißbahn PYE-PV 200 S5; Breite 300mm; Bodenplatte						
	m	**€ brutto**	**31**	**34**	**39**	**44**	**48**
	KG 325	€ netto	26	29	33	37	41
42	**Bewegungsfuge, Wand, drückendes Wasser, Kupferband** Bewegungsfuge Abdichtung; Kupferband 0,2mm, geriffelt; Breite 300mm; erdberührte Außenwand						
	m	**€ brutto**	**35**	**39**	**45**	**50**	**55**
	KG 325	€ netto	29	33	38	42	46
43	**Bewegungsfuge, Wand, drückendes Wasser, Kunststoffbahn** Bewegungsfuge Abdichtung, drückendes Wasser; Kunststoffbahn 0,2mm; Breite 300mm; erdberührte Außenwand						
	m	**€ brutto**	**32**	**35**	**40**	**45**	**50**
	KG 325	€ netto	27	30	34	38	42
44	**Bewegungsfuge, Wand, drückendes Wasser, Kupferband/ Bitumen** Bewegungsfuge Abdichtung, drückendes Wasser; Kupferband CU-DHP 0,1mm, geriffelt, Bitumenschweißbahn G 200 S4; Breite 300mm; erdberührte Außenwand						
	m	**€ brutto**	**42**	**47**	**53**	**59**	**66**
	KG 325	€ netto	35	39	44	50	55
45	**Bewegungsfuge, Decke, drückendes Wasser, vierstegiges Fugenband** Bewegungsfuge Abdichtung, drückendes Wasser; Fugenband, vier-stegig verschweißt, Kunststoffbahn; Kunststoffbahn lose verlegen; Terrasse/Tiefgarage						
	m	**€ brutto**	**49**	**54**	**62**	**69**	**76**
	KG 325	€ netto	41	45	52	58	64

LB 018							Preise €
Nr.	Kurztext / Stichworte Einheit / Kostengruppe		▶	▷	brutto ø netto ø	◁	◀
46	**Bewegungsfuge, drückendes Wasser, Los-Festflansch** Bewegungsfuge Abdichtung, drückendes Wasser; Los-Festflansch						
	m	**€ brutto**	**59**	**65**	**74**	**83**	**92**
	KG 325	€ netto	49	55	62	70	77
47	**Rohrdurchführung, Los-/Festflansch, Faserzementrohr** Durchführung abdichten, drückendes wasser; Faserzementrohr, Los-/Festflansch; DN100, Länge 200-300mm, Bauteildicke 25cm; Betonwand						
	St	**€ brutto**	**191**	**349**	**406**	**411**	**632**
	KG 335	€ netto	160	293	341	345	531
48	**Abdichtungsanschluss, Decke, Anschweißflansch DN100** Abdichtungsanschluss Durchdringungen, Oberflächenwasser; Anschweißflansch; DN100; Decke						
	St	**€ brutto**	**16**	**30**	**39**	**48**	**68**
	KG 335	€ netto	14	25	33	41	57
49	**Abdichtungsanschluss, Anschweißflansch DN250** Abdichtungsanschluss Durchdringungen, gegen Bodenfeuchte und nicht stauendes Sickerwasser/nicht drückendes Wasser; Anschweißflansch; bis DN250						
	St	**€ brutto**	**27**	**48**	**60**	**72**	**98**
	KG 335	€ netto	23	40	51	61	82
50	**Dränschicht, EPS-Polystyrolplatte/Vlies** Sickerschicht; Polystyrolplatte EPS mit Vlieskaschierung, WLS 034; Dicke bis 65mm; dicht gestoßen, in Kiesfilter eingebunden; erdberührter Außenwand						
	m²	**€ brutto**	**13**	**26**	**31**	**36**	**49**
	KG 335	€ netto	11	22	26	30	41
51	**Sickerschicht, Kunststoffnoppenbahn/Vlies** Sickerschicht; Noppenbahn, Filtervlieskaschierung; erdberührter Außenwand						
	m²	**€ brutto**	**7,1**	**11,7**	**13,9**	**16,9**	**23,0**
	KG 335	€ netto	5,9	9,9	11,7	14,2	19,4
52	**Filtervlies, Schutzschicht** Schutzschicht der Sickerplatte; Filtervliesmatten; senkrecht vor Sickerplatten verlegen						
	m²	**€ brutto**	**3,1**	**4,9**	**5,6**	**6,6**	**8,6**
	KG 335	€ netto	2,6	4,1	4,7	5,5	7,2

Kosten: Stand 3.Quartal 2024, Bundesdurchschnitt

LB 018 **Preise €**

Nr.	Kurztext / Stichworte				brutto ø		
	Einheit / Kostengruppe		▶	▷	netto ø	◁	◀
53	**Rohrdurchführung, Faserzementrohr**						
	Rohrdurchführung, Außenwand, Futterrohr; Faserzementrohr; DN100/125/150, Länge 200-300mm, Betonwand 25-30cm						
	St	**€ brutto**	**292**	**625**	**710**	**903**	**1.301**
	KG 411	€ netto	245	525	596	759	1.093
54	**Dichtsatz, Rohrdurchführung**						
	Dichtsatz, Rohrdurchführung; elastomerer Dichtring						
	St	**€ brutto**	**102**	**203**	**279**	**319**	**397**
	KG 411	€ netto	86	171	234	268	334
55	**Stundensatz, Facharbeiter/-in**						
	Stundenlohnarbeiten, Vorarbeiterin, Vorarbeiter, Facharbeiterin, Facharbeiter und Gleichgestellte; Abdichtungsarbeiten						
	h	**€ brutto**	**70**	**81**	**88**	**93**	**104**
		€ netto	59	68	74	78	88
56	**Stundensatz, Helfer/-in**						
	Stundenlohnarbeiten für Werkerin, Werker, Helferin, Helfer, und Gleichgestellte; Abdichtungsarbeiten						
	h	**€ brutto**	**60**	**67**	**72**	**75**	**82**
		€ netto	50	56	61	63	69

LB 020 **Preise €**

Nr.	Kurztext / Stichworte Einheit / Kostengruppe		▶	▷	brutto ø netto ø	◁	◀
1	**Zwischensparrendämmung, MW, 140mm** Zwischensparrendämmung; Mineralwolle, WLG 035, A1; 140mm						
	m²	**€ brutto**	**26**	**29**	**31**	**34**	**35**
	KG 361	€ netto	22	25	26	28	30
2	**Zwischensparrendämmung, MW, 180mm** Zwischensparrendämmung; Mineralwolle, WLG 035, A1; 180mm						
	m²	**€ brutto**	**29**	**32**	**40**	**44**	**46**
	KG 361	€ netto	24	27	34	37	39
3	**Zwischensparrendämmung, MW, 220mm** Zwischensparrendämmung; Mineralwolle, WLG 035, A1; 220mm						
	m²	**€ brutto**	**31**	**37**	**46**	**47**	**52**
	KG 361	€ netto	26	31	39	39	43
4	**Zwischensparrendämmung, WF, 180mm** Zwischensparrendämmung; Holzfaser, WLG 040, E; 180mm						
	m²	**€ brutto**	**51**	**58**	**62**	**65**	**69**
	KG 361	€ netto	43	49	52	55	58
5	**Zwischensparrendämmung, WF, 240m** Zwischensparrendämmung; Holzfaser, WLG 040, E; 240mm						
	m²	**€ brutto**	**67**	**74**	**75**	**85**	**90**
	KG 361	€ netto	56	62	63	71	76
6	**Aufsparrendämmung, DAD, PUR, 140mm** Aufsparrendämmung, DAD; Polyurethan-Hartschaumplatten, kaschiert, WLG 025/030, E; 140mm; einlagig, umlaufend mit Stufenfalz						
	m²	**€ brutto**	**75**	**86**	**93**	**98**	**102**
	KG 363	€ netto	63	72	78	83	86
7	**Aufsparrendämmung, DAD, PUR, 180mm** Aufsparrendämmung, DAD; Polyurethan-Hartschaumplatten, kaschiert, WLG 025/030, E; 180mm; einlagig, umlaufend mit Stufenfalz						
	m²	**€ brutto**	**92**	**101**	**106**	**117**	**124**
	KG 363	€ netto	77	85	89	99	104
8	**Einblasdämmung, Zellulosefaser** Einblasdämmung; Zellulosefaser, WLG 040, E; 240mm; zwischen Sparren, Wandpfosten						
	m³	**€ brutto**	**109**	**141**	**156**	**160**	**176**
	KG 363	€ netto	92	118	131	135	148
9	**Unterdach, Behelfsdeckung, Bitumenbahn V13** Vordeckung; Bitumendachbahn Glasvlieseinlage V13, inkl. Nadelholzlattung, S10; Lattung 30x50mm; mechanisch befestigt						
	m²	**€ brutto**	**7,3**	**9,9**	**11,1**	**12,7**	**16,3**
	KG 363	€ netto	6,1	8,3	9,3	10,7	13,7

Kosten: Stand 3.Quartal 2024, Bundesdurchschnitt

LB 020 **Preise €**

Nr.	Kurztext / Stichworte Einheit / Kostengruppe		►	▷	brutto ø netto ø	◁	◄
10	**Vordeckung, unter Stehfalzdeckung** Vordeckung; Glasvlies-Bitumendachbahn V13; unter Stehfalzdeckungen						
	m²	**€ brutto**	**9,7**	**11,5**	**12,2**	**12,9**	**14,7**
	KG 363	€ netto	8,2	9,7	10,2	10,8	12,3
11	**Unterdeckung, WF, bis 22mm, auf Sparren** Unterdeckung; Holzfaserplatte, bituminiert/paraffiniert/latexiert, E; Dicke bis 22mm; regensicher, Platten dicht gestoßen; Dachkonstruktion						
	m²	**€ brutto**	**24**	**27**	**30**	**30**	**33**
	KG 363	€ netto	20	23	25	25	27
12	**Unterdeckung, WF, bis 35mm, auf Sparren** Unterdeckung; Holzfaserplatte, bituminiert/paraffiniert/latexiert, E; Dicke bis 35mm; regensicher; Dachkonstruktion						
	m²	**€ brutto**	**31**	**37**	**39**	**41**	**45**
	KG 363	€ netto	26	31	33	34	38
13	**Unterdeckung, unbelüftetes Dach** Unterdach, Unterdeckbahn; UDB-A, diffusionsoffen, E; Sd ca. 0,3m; auf Dämmung						
	m²	**€ brutto**	**6,4**	**9,2**	**10,3**	**12,8**	**16,6**
	KG 363	€ netto	5,4	7,7	8,7	10,8	13,9
14	**Unterspannung, belüftetes Dach** Unterdach, Unterspannbahn; PUR-Folie, USB-A; Überlappend; frei hinterlüftet						
	m²	**€ brutto**	**6,1**	**9,8**	**10,1**	**10,9**	**12,5**
	KG 363	€ netto	5,1	8,2	8,5	9,1	10,5
15	**Luftdichtheitsschicht, Dampfsperre** Anschluss Unterspannbahn; Klebeband; inkl. Nebenarbeiten						
	m	**€ brutto**	**4,6**	**7,4**	**8,9**	**9,2**	**12,5**
	KG 363	€ netto	3,8	6,2	7,4	7,7	10,5
16	**Luftdichtheitsschicht, Dampfbremse** Dampfbremse; sd-Wert: über 0,5 bis kleiner 100m; unbelüftetes Dach; unter Sparren						
	m²	**€ brutto**	**6,4**	**10,2**	**11,8**	**15,8**	**26,1**
	KG 363	€ netto	5,4	8,6	9,9	13,3	21,9
17	**Dampfbremse, unter Dachsparren** Luftdichtungs-/Dampfbremsbahn; Polyethylenfolie; 0,2mm; luftdicht verkleben; unter Sparren						
	m²	**€ brutto**	**8,5**	**12,3**	**14,1**	**15,5**	**19,1**
	KG 363	€ netto	7,1	10,3	11,8	13,1	16,1

LB 020							Preise €
Nr.	**Kurztext** / Stichworte				**brutto ø**		
	Einheit / Kostengruppe		►	▷	netto ø	◁	◄
18	**Anschluss, Dampfsperre/-bremse, Klebeband**						
	Dampfsperrbahn, Anschluss; Klebeband; Durchdringungen, Einbauten; inkl. Nebenarbeiten						
	m	**€ brutto**	**7,6**	**12,4**	**14,2**	**22,8**	**35,4**
	KG 363	€ netto	6,4	10,4	12,0	19,2	29,7
19	**Konterlattung, 30x50mm, Dach**						
	Konterlattung; Nadelholz, S10, gehobelt/sägerau; 30x50mm; Dach						
	m	**€ brutto**	**3,7**	**4,0**	**4,2**	**4,4**	**5,0**
	KG 363	€ netto	3,1	3,4	3,6	3,7	4,2
20	**Konterlattung, 40x60mm, Dach**						
	Konterlattung; Nadelholz, S10, gehobelt/sägerau; 40x60mm; Dach						
	m	**€ brutto**	**4,0**	**5,2**	**5,7**	**6,7**	**8,2**
	KG 363	€ netto	3,3	4,3	4,8	5,6	6,9
21	**Traglattung, 30x50mm, Dachziegel/Betondachstein**						
	Dachlattung; Nadelholz, S10; 30x50mm; für Dachziegel- oder Betondachsteindeckung						
	m²	**€ brutto**	**9,3**	**11,9**	**12,6**	**14,8**	**18,9**
	KG 363	€ netto	7,8	10,0	10,6	12,5	15,9
22	**Traglattung, 40x60mm, Dachziegel/Betondachstein**						
	Dachlattung; Nadelholz, S10; 40x60mm; für Dachziegel- oder Betondachsteindeckung						
	m²	**€ brutto**	**12**	**14**	**14**	**16**	**19**
	KG 363	€ netto	10	11	12	13	16
23	**Traglattung, 30x50mm, Biberschwanzdeckung**						
	Dachlattung; Nadelholz, S10; 30x50mm; Doppeldeckung; Biberschwanz						
	m²	**€ brutto**	**13**	**17**	**19**	**22**	**27**
	KG 363	€ netto	11	15	16	18	22
24	**Nagelabdichtung, Konterlattung**						
	Nageldichtstreifen; Elastomerbitumenstreifen, selbstklebend; Breite 60mm; unter Konterlattung						
	m	**€ brutto**	**3,2**	**4,3**	**5,1**	**6,4**	**8,5**
	KG 363	€ netto	2,7	3,6	4,3	5,4	7,1
25	**Kantholz, Nadelholz S10TS, scharfkantig**						
	Kantholz; Nadelholz, S10 TS, scharfkantig, gehobelt; 60x120mm						
	m	**€ brutto**	**13**	**16**	**19**	**21**	**25**
	KG 361	€ netto	11	14	16	17	21
26	**Dachschalung, Nadelholz, Rauspund 24mm**						
	Dachschalung; Nadelholz; Dicke 24mm, Breite 80-160mm; Rauspund						
	m²	**€ brutto**	**25**	**33**	**37**	**39**	**43**
	KG 363	€ netto	21	28	31	33	36

LB 020 **Preise €**

Nr.	Kurztext / Stichworte Einheit / Kostengruppe		►	▷	brutto ø netto ø	◁	◄
27	**Dachschalung, Nadelholz, Rauspund 28mm** Dachschalung; Nadelholz, S10; Dicke 28mm, Breite 80-160mm; Rauspund						
	m²	**€ brutto**	**25**	**35**	**39**	**46**	**60**
	KG 363	€ netto	21	29	33	39	51
28	**Dachschalung, Holzspanplatte P5, bis 25mm** Dachschalung; Holzspanplatte P5; Dicke bis 25mm; NF-Profil, mechanisch befestigen, tragende Anwendung; Feuchtebereich						
	m²	**€ brutto**	**29**	**35**	**38**	**42**	**49**
	KG 363	€ netto	25	30	32	35	41
29	**Dachschalung, Holzspanplatte P7, bis 25mm** Dachschalung; Holzspanplatte P7; Dicke bis 25mm; NF-Profil, mechanisch befestigen, tragende Anwendung; Feuchtebereich						
	m²	**€ brutto**	**31**	**37**	**39**	**45**	**58**
	KG 363	€ netto	26	31	33	38	48
30	**Traufbohle, Nadelholz, bis 60/240mm** Traufbohle, trapezförmig; Nadelholz, S10; Höhe 20-60mm, Breite 160-240mm; sichtbar; auf Holzkonstruktion						
	m	**€ brutto**	**12**	**14**	**16**	**18**	**24**
	KG 363	€ netto	9,9	12,1	13,2	15,3	20,4
31	**Trauf-/Ortgangschalung, N+F, bis 28mm, gehobelt** Trauf-/Ortgangschalung; Nadelholz, gehobelt, imprägniert; Dicke 24-28mm; NF-Profil, sichtbar						
	m²	**€ brutto**	**37**	**45**	**49**	**57**	**69**
	KG 363	€ netto	31	38	41	48	58
32	**Ortgangbrett, Windbrett, bis 28mm, gehobelt** Ortgangbrett; Nadelholz, gehobelt, imprägniert; Dicke 24/28mm; Unterseite, mit Tropfkante						
	m	**€ brutto**	**20**	**33**	**37**	**41**	**50**
	KG 363	€ netto	17	28	31	35	42
33	**Insektenschutzgitter, Traufe** Insektenschutzgitter; Titanzink/Kupfer/nicht rostender Stahl; Breite 166mm; dreifach gekantet; Traufe; inkl. Befestigungsmittel						
	m	**€ brutto**	**6,0**	**10,3**	**11,9**	**14,4**	**20,9**
	KG 363	€ netto	5,0	8,7	10,0	12,1	17,5
34	**Zahnleiste, Nadelholz, gehobelt** Zahnleiste; Nadelholz, gehobelt, imprägniert; Dicke 30mm; Unterseite mit Tropfkante, Oberseite profiliert; Ortgang						
	m	**€ brutto**	**29**	**50**	**57**	**68**	**84**
	KG 363	€ netto	24	42	48	57	71

LB 020						Preise €
Nr.	Kurztext / Stichworte Einheit / Kostengruppe	▶	▷	brutto ø netto ø	◁	◀
35	**Dachdeckung, Hohlfalzziegel** Dachdeckung, Tonziegel; Hohlfalzziegel, naturrot; auf Lattung					
	m² € brutto	**39**	**48**	**52**	**54**	**60**
	KG 363 € netto	33	40	43	46	50
36	**Dachdeckung, Doppelmuldenfalzziegel** Dachdeckung, Tonziegel; Doppelmuldenfalzziegel, naturrot; auf Lattung					
	m² € brutto	**43**	**50**	**52**	**55**	**64**
	KG 363 € netto	36	42	44	46	54
37	**Dachdeckung, Flachdachziegel** Dachdeckung, Tonziegel; Flachdachziegel, naturrot; auf Lattung					
	m² € brutto	**36**	**43**	**47**	**50**	**56**
	KG 363 € netto	30	36	40	42	47
38	**Dachdeckung, Glattziegel** Dachdeckung, Tonziegel; Glattziegel, naturrot; auf Lattung					
	m² € brutto	**37**	**43**	**46**	**48**	**55**
	KG 363 € netto	32	37	38	40	46
39	**Dachdeckung, Biberschwanzziegel** Dachdeckung, Tonziegel; Biberschwanz; Kronen-/Doppeldeckung; auf Lattung					
	m² € brutto	**48**	**65**	**70**	**74**	**86**
	KG 363 € netto	40	54	59	63	73
40	**Dachdeckung, Betondachsteine** Dachdeckung, Dachstein; feinrau/glasiert; auf Lattung					
	m² € brutto	**28**	**37**	**41**	**45**	**56**
	KG 363 € netto	23	31	34	38	47
41	**Dachdeckung, Dachsteine, eben** Dachdeckung, Betondachstein; eben, matt, glatte Schnittkante; Steinformat 420x330mm inkl. Falz; Steildach; auf Lattung					
	m² € brutto	**36**	**41**	**43**	**45**	**50**
	KG 363 € netto	30	34	36	38	42
42	**Dachdeckung, Faserzement, Wellplatte** Dachdeckung; Faserzementwellplatte, naturrot/hellbraun; Stöße mit Dichtband hinterlegt; auf Lattung					
	m² € brutto	**43**	**51**	**55**	**58**	**65**
	KG 363 € netto	36	43	46	48	55
43	**Dachdeckung, Faserzement, Doppeldeckung** Dachdeckung; Faserzement-Dachplatten, glatt/strukturiert; waagerechte Doppeldeckung; auf Lattung					
	m² € brutto	**–**	**88**	**102**	**124**	**–**
	KG 363 € netto	–	74	86	104	–

Kosten: Stand 3.Quartal 2024, Bundesdurchschnitt

LB 020 **Preise €**

Nr.	Kurztext / Stichworte Einheit / Kostengruppe		►	▷	brutto ø netto ø	◁	◄
44	**Dachdeckung, Faserzement, Deutsche Deckung** Dachdeckung; Faserzementplatte; Deutsche Deckung; auf Lattung						
	m²	**€ brutto**	**–**	**107**	**123**	**150**	**–**
	KG 363	€ netto	–	90	104	126	–
45	**Dachdeckung, Holzschindeln** Dachdeckung, Holzschindeln; Nadelholz, GKL 1; Doppeldeckung/Dreifachdeckung; auf Unterdach						
	m²	**€ brutto**	**109**	**144**	**157**	**167**	**206**
	KG 363	€ netto	92	121	132	140	173
46	**Dachdeckung, Schiefer** Dachdeckung, Schiefer; Neigung 50-55°; Deutsche Deckung/Rechteckdeckung, geschraubt/genagelt; auf Schalung, Vordeckung						
	m²	**€ brutto**	**121**	**133**	**134**	**138**	**154**
	KG 363	€ netto	102	112	113	116	129
47	**Dachdeckung, Bitumenschindeln** Dachdeckung, Bitumenschindeln; granulatbeschichtet; Dicke über 3mm; Doppeldeckung; auf Holzschalung, Vordeckung						
	m²	**€ brutto**	**38**	**44**	**50**	**58**	**81**
	KG 363	€ netto	32	37	42	49	68
48	**Ortgang, Ziegeldeckung, Formziegel** Ortgangdeckung, Formziegel; Doppelwulstziegel/Ortgangziegel						
	m	**€ brutto**	**43**	**60**	**67**	**78**	**96**
	KG 363	€ netto	36	51	57	66	80
49	**Ortgang, Biberschwanzdeckung, Formziegel** Ortgangdeckung, Formziegel; Segmentschnitt/gerader Zuschnitt/spitzer Zuschnitt; inkl. Beidecken						
	m	**€ brutto**	**43**	**59**	**67**	**79**	**99**
	KG 363	€ netto	36	50	56	66	83
50	**Kehle eingebunden, Biberschwanz** Kehlausbildung, Biberschwanzdeckung; eingebundene Kehle; inkl. allen Nebenarbeiten						
	m	**€ brutto**	**80**	**95**	**110**	**121**	**139**
	KG 363	€ netto	68	80	93	102	117
51	**Ortgang, Dachsteindeckung, Formziegel** Ortgangdeckung, Dachstein; Formstein/Ortgangstein, feinrau/glasiert						
	m	**€ brutto**	**40**	**55**	**60**	**68**	**94**
	KG 363	€ netto	33	47	50	57	79

LB 020 **Preise €**

Nr.	**Kurztext** / Stichworte **Einheit** / Kostengruppe		►	▷	**brutto ø** netto ø	◁	◄
52	**Ortgang, Schiefer** Ortgangdeckung Schieferdach; Anfangortstein und Stichstein, Endort mit Doppelort						
	m	**€ brutto**	**44**	**51**	**53**	**58**	**68**
	KG 363	€ netto	37	43	44	48	57
53	**Firstanschluss, Ziegeldeckung, Formziegel** Firstanschluss, Formziegel; Biberschwanz/Flachziegel; Länge 260mm; geklammert; First, aufgehende Bauteile; inkl. Fristanschlussziegel						
	m	**€ brutto**	**26**	**42**	**42**	**43**	**54**
	KG 363	€ netto	21	35	35	36	45
54	**First, Firstziegel, mörtellos, inkl. Lüfter** Firstdeckung, trocken verlegt; Biberschwanz/Falzziegel; geklammert; inkl. Anfängerziegel, Lüfterelement						
	m	**€ brutto**	**54**	**77**	**88**	**93**	**110**
	KG 363	€ netto	46	65	74	78	93
55	**First, Firstziegel, vermörtelt** Firstdeckung, Firstziegel; Biberschwanz-/Flachziegel; vermörtelt; inkl. Anfängerziegel						
	m	**€ brutto**	**54**	**72**	**84**	**92**	**107**
	KG 363	€ netto	45	60	70	77	90
56	**First, Firststein, geklammert, Dachstein** Firstdeckung, Firststein; Betondachstein; geklammert; inkl. Anfänger-ziegel, Lüfterelement						
	m	**€ brutto**	**45**	**73**	**82**	**93**	**117**
	KG 363	€ netto	38	61	69	78	99
57	**Pultdachabschluss, Abschlussziegel** Pultdachabschluss, Pultfirstziegel; Falzziegel; geklammert; inkl. Pult-Ortgangziegel						
	m	**€ brutto**	**66**	**99**	**109**	**129**	**167**
	KG 363	€ netto	55	83	92	108	140
58	**Pultdachanschluss, Metallblech Z333** Pultdachanschlussausbildung; Metallblech; Zuschnitt 333mm; mechanisch befestigen						
	m	**€ brutto**	**29**	**58**	**66**	**70**	**82**
	KG 363	€ netto	25	49	55	59	69
59	**Grateindeckung, Ziegel, mörtellos** Gratdeckung, Formziegel, trocken verlegt; Biberschwanz-/Falzziegel; geklammert; inkl. Anfängerziegel, Lüfterelement						
	m	**€ brutto**	**69**	**83**	**90**	**104**	**132**
	KG 363	€ netto	58	70	76	88	111

Kosten: Stand 3.Quartal 2024, Bundesdurchschnitt

LB 020 **Preise €**

Nr.	Kurztext / Stichworte Einheit / Kostengruppe		▶	▷	brutto ø netto ø	◁	◀
60	**Grateindeckung, Ziegel, vermörtelt** Gratdeckung, vermörtelt; Grat-Formziegel; auf Gratlatte; inkl. Anfänger-ziegel						
	m	**€ brutto**	**62**	**85**	**97**	**107**	**127**
	KG 363	€ netto	52	71	81	90	107
61	**Gratdeckung, Schiefer** Gratdeckung, Schiefer; Anfangsort Stichort, Endort Doppelort						
	m	**€ brutto**	**28**	**33**	**38**	**42**	**71**
	KG 363	€ netto	23	27	32	35	60
62	**Durchgangsziegel, Dunstrohr, DN100** Dunstrohr-Durchgangsziegel; Ton; DN100; inkl. schlagregensicherem Dunstrohraufsatz.						
	St	**€ brutto**	**149**	**201**	**225**	**244**	**303**
	KG 363	€ netto	126	169	189	205	255
63	**Durchgangselement, Dunstrohr, Kunststoff, DN100** Dunstrohr-Durchgangsformstück; Kunststoff/PVC; DN100; inkl. schlagregensicherer Abdeckhaube						
	St	**€ brutto**	**92**	**117**	**129**	**151**	**191**
	KG 363	€ netto	77	99	108	127	161
64	**Durchgangselement, Solarleitung** Durchgangselement, Solarleitung; Formziegel mit Adapter für Solar-träger; Dacheinbau						
	St	**€ brutto**	**52**	**114**	**139**	**206**	**356**
	KG 363	€ netto	43	96	117	173	299
65	**Lüfterelement, Dachziegel** Lüfterziegel; mörtellos; inkl. Insektenschutzgitter						
	St	**€ brutto**	**24**	**32**	**36**	**38**	**47**
	KG 363	€ netto	20	27	30	32	39
66	**Durchgangselement, Antenne, Formziegel** Antennenanschluss, Formziegel; Tonziegel, PVC Aufsatz						
	St	**€ brutto**	**97**	**127**	**145**	**161**	**225**
	KG 363	€ netto	81	107	122	135	189
67	**Tonziegel, Reserve** Reserveziegel; Ton; liefern, lagern						
	St	**€ brutto**	**3,4**	**5,8**	**6,3**	**7,4**	**12,1**
	KG 363	€ netto	2,9	4,9	5,3	6,2	10,2
68	**Wandanschluss Ziegel/Dachstein** Dachdeckung anarbeiten; Ziegel/Dachstein; trocken verlegt; aufgehende Wände						
	m	**€ brutto**	**19**	**31**	**36**	**41**	**58**
	KG 363	€ netto	16	26	31	34	49

LB 020 **Preise €**

Nr.	Kurztext / Stichworte Einheit / Kostengruppe		►	▷	brutto ø netto ø	◁	◄
69	**Ziegel beidecken, Dachdeckung** Beidecken, Ziegeldachdeckung; Zuschneiden/Fräsen; Anschlüsse Dachfenster, Kehlen, Kamin, Dachgauben						
	m	**€ brutto**	**12**	**19**	**22**	**26**	**34**
	KG 363	€ netto	9,8	15,9	18,2	21,5	28,6
70	**Verklammerung, Dachdeckung** Verklammerung, Dachdeckung; korrosionsgeschütztem/nichtrostendem Klammern; sturmsicher verklemmen						
	m²	**€ brutto**	**2,0**	**6,3**	**8,1**	**13,9**	**24,8**
	KG 363	€ netto	1,7	5,3	6,8	11,6	20,9
71	**Wandbekleidung Holzschindel** Außenwandbekleidung Holzschindel; Nadelholz, gespalten, GKL 1/2; Fußdicke mind. 8mm, Höhe bis 8,00m; als vorgehängte, hinterlüftete Fassade; Unterkonstruktion, Rauspund mit Bitumenpappe						
	m²	**€ brutto**	**135**	**195**	**224**	**288**	**378**
	KG 335	€ netto	113	164	188	242	317
72	**Eckausbildung Holzschindelbekleidung** Eckausbildung Holzschindelbekleidung; Eckprofil, Nadelholz, allseitig gehobelt; geschraubt						
	m	**€ brutto**	**16**	**37**	**38**	**44**	**64**
	KG 335	€ netto	13	31	32	37	54
73	**Randanschluss Holzschindelbekleidung** Randanschluss Holzschindelbekleidung; Außenecken						
	m	**€ brutto**	**16**	**32**	**45**	**48**	**64**
	KG 335	€ netto	13	26	38	41	54
74	**Dachfenster/Dachausstieg** Dachausstieg; Kunststoff; 490x760mm; 180° Öffnungswinkel und Schwingfunktion						
	St	**€ brutto**	**333**	**618**	**712**	**853**	**1.339**
	KG 362	€ netto	279	519	598	717	1.125
75	**Dachflächenfenster, gedämmt, Holz, Lasur** Wohndachfenster; Nadelholz, Isolierverglasung; Blendrahmen 1,14x1,60m/1,34x1,40m; Klapp-Schwingflügel; inkl. Eindeckrahmen						
	St	**€ brutto**	**885**	**1.387**	**1.567**	**1.812**	**2.490**
	KG 362	€ netto	744	1.166	1.317	1.523	2.093
76	**Stundensatz, Facharbeiter/-in** Stundenlohnarbeiten, Vorarbeiterin, Vorarbeiter, Facharbeiterin, Facharbeiter und Gleichgestellte; Dachdeckung						
	h	**€ brutto**	**78**	**88**	**93**	**97**	**104**
		€ netto	66	74	78	82	88

Kosten: Stand 3.Quartal 2024, Bundesdurchschnitt

LB 020						**Preise €**
Nr.	**Kurztext** / Stichworte			**brutto ø**		
	Einheit / Kostengruppe	►	▷	netto ø	◁	◄
77	**Stundensatz, Helfer/-in** Stundenlohnarbeiten für Werkerin,Werker, Helferin, Helfer und Gleichgestellte; Dachdeckung					
	h **€ brutto**	**52**	**66**	**74**	**78**	**88**
	€ netto	44	55	62	66	74

LB 021							Preise €
Nr.	Kurztext / Stichworte Einheit / Kostengruppe		▶	▷	brutto ø netto ø	◁	◀
1	**Voranstrich, Dampfsperre** Voranstrich für Dampfsperre; Haftgrund; vollflächig aufbringen; Beton-/Holzwerkstofffläche						
	m2	**€ brutto**	**1,0**	**2,7**	**3,2**	**4,5**	**7,8**
	KG 363	€ netto	0,8	2,3	2,7	3,8	6,5
2	**Trennlage/untere Lage, V13, auf Holz** Trennlage/Vordeckung; Bitumendachbahn mit Glasvlies V 13; überlappend, mechanisch befestigen, Holzuntergrund						
	m2	**€ brutto**	**2,5**	**5,7**	**6,7**	**7,9**	**11,1**
	KG 363	€ netto	2,1	4,8	5,6	6,7	9,3
3	**Trennlage/untere Lage, G200 DD, auf Holz** Trennlage/Vordeckung; Bitumendachdichtungsbahn G 200 DD; Nähte überlappend, mechanisch befestigen auf Holzwerkstoffplatten; Dach						
	m2	**€ brutto**	**13**	**14**	**15**	**17**	**19**
	KG 363	€ netto	11	12	13	14	16
4	**Dampfsperre hochführen, aufgehende Bauteile** Dampfsperre hochführen; bis OK Dämmung, starr anschließen; aufgehende Bauteile						
	m	**€ brutto**	**4,6**	**7,3**	**8,6**	**10,0**	**13,0**
	KG 363	€ netto	3,9	6,1	7,3	8,4	11,0
5	**Trennlage/Ausgleichsschicht, PE-Folie** Trennlage/Gleitschicht; PE-Folie; lose verlegt; auf Holzschalung/Betondecke						
	m2	**€ brutto**	**1,0**	**4,5**	**5,7**	**7,0**	**10,4**
	KG 363	€ netto	0,9	3,8	4,8	5,9	8,7
6	**Dampfsperre, V60S4 Al01, auf Beton** Dampfsperre; Bitumenschweißbahn mit Glasvlieseinlage; sd-Wert 1.500m; punktförmig geschweißt, Stöße überlappt; Betondecke						
	m2	**€ brutto**	**11**	**15**	**17**	**19**	**28**
	KG 363	€ netto	9,3	13,0	14,5	16,4	23,8
7	**Dampfsperre, Alu-Verbundfolie, mind. 1.500m** Dampfsperre; Polyolefin-Kunststoffdichtbahn; selbstklebend, Stöße überlappt; Betondecke						
	m2	**€ brutto**	**2,8**	**7,3**	**8,5**	**10,7**	**15,8**
	KG 363	€ netto	2,3	6,1	7,1	9,0	13,3
8	**Wärmedämmung DAA, EPS 035, bis 80mm** Wärmedämmung EPS; Polystyrol-Hartschaumplatte, expandiert, WLG 035; bis 80mm; einlagig, geklebt; nichtbelüftetes Flachdach						
	m2	**€ brutto**	**21**	**26**	**28**	**31**	**38**
	KG 363	€ netto	18	22	24	26	32

Kosten: Stand 3.Quartal 2024, Bundesdurchschnitt

LB 021 **Preise €**

Nr.	Kurztext / Stichworte				brutto ø		
	Einheit / Kostengruppe		▶	▷	netto ø	◁	◀
9	**Wärmedämmung DAA, EPS 035, bis 140mm** Wärmedämmung EPS; Polystyrol-Hartschaumplatte, expandiert, WLG 035; bis 140mm; einlagig, geklebt; nichtbelüftetes Flachdach						
	m²	€ brutto	28	37	40	46	58
	KG 363	€ netto	24	31	34	39	49
10	**Wärmedämmung DAA, EPS 035, bis 240mm** Wärmedämmung EPS; Polystyrol-Hartschaumplatte, expandiert, WLG 035; bis 240; einlagig, geklebt; nichtbelüftetes Flachdach						
	m²	€ brutto	36	48	57	62	77
	KG 363	€ netto	30	40	48	52	65
11	**Wärmedämmung DAA, PUR 024 bis 120mm, kaschiert** Wärmedämmung PU; Polyurethan-Hartschaumplatten, beidseitig Alukaschiert, WLG 025, E; 80/100/120mm; einlagig, geklebt; nichtbelüftetes Flachdach						
	m²	€ brutto	31	40	42	47	56
	KG 363	€ netto	26	34	36	39	47
12	**Wärmedämmung DAA, PUR 024, 180mm, kaschiert** Wärmedämmung PU; Polyurethan-Hartschaumplatten, beidseitig Alukaschiert, WLG 025, E; bis 180mm; einlagig, geklebt; nichtbelüftetes Flachdach						
	m²	€ brutto	53	67	75	86	120
	KG 363	€ netto	45	56	63	72	101
13	**Wärmedämmung DAA, CG 045, 140mm** Wärmedämmung CG; Schaumglas-Dämmplatte, WLG 045, A1; Dicke 140mm; einlagig, vollflächig geklebt Heißbitumen; Rohbetondecke						
	m²	€ brutto	107	127	136	142	162
	KG 363	€ netto	90	107	114	119	136
14	**Wärmedämmung DUK, XPS 040, 140mm** Wärmedämmung XPS; Polystyrol-Hartschaumplatten, extrudiert, WL 040; Dicke 140mm; einlagig; Umkehrdach, Flachdach						
	m²	€ brutto	37	54	57	68	87
	KG 363	€ netto	32	46	48	57	74
15	**Wärmedämmung DAA, MW 038, 160mm** Wärmedämmung MW; Mineralwolle-Dämmplatte, A1; Dicke 160mm; einlagig, punktweise geklebt; Rohbetondecke						
	m²	€ brutto	–	40	46	55	–
	KG 363	€ netto	–	34	39	46	–

LB 021						Preise €
Nr.	**Kurztext** / Stichworte **Einheit** / Kostengruppe	►	▷	**brutto ø** netto ø	◁	◄
16	**Übergang, Dämmkeil, EPS-Hartschaum, 60x60mm** Dämmkeil; EPS Hartschaum; 60x60mm, Zuschnitt 45°; an aufgehende Bauteile					
	m **€ brutto**	**1,9**	**4,3**	**5,4**	**8,3**	**15,0**
	KG 363 € netto	1,6	3,6	4,6	7,0	12,6
17	**Unterkonstruktion, Kantholz, bis 100x60mm** Unterkonstruktion, Kantholz; Nadelholz, S10, C24; 60x60 bis 100x60mm; in Dachabdichtung/Attika/Brüstung; inkl. Holzschutz					
	m **€ brutto**	**10**	**14**	**16**	**16**	**19**
	KG 363 € netto	8,5	11,7	13,5	13,7	15,8
18	**Unterkonstruktion, Holzbohlen, 40x120mm** Unterkonstruktion, Holzbohlen; Nadelholz, S10, C24; 40x120mm; mechanisch befestigt; Flachdachrand/Attika/Brüstung					
	m **€ brutto**	**20**	**26**	**29**	**32**	**39**
	KG 363 € netto	17	22	24	27	33
19	**Fugenabdichtung, Silikon** Fugenabdichtung, elastisch; Silikon; inkl. Flankenvorbehandlung					
	m **€ brutto**	**2,7**	**5,5**	**7,0**	**9,0**	**11,8**
	KG 363 € netto	2,2	4,6	5,9	7,5	9,9
20	**Bewegungsfuge, Typ I, Schleppstreifen, Bitumenbahn** Bewegungsfuge; Typ i; Flachdachaufbau					
	m **€ brutto**	**36**	**44**	**48**	**56**	**75**
	KG 363 € netto	30	37	40	47	63
21	**Dachabdichtung PYE G200, S4/S5, untere Lage** Dachabdichtung DU, untere Lage; Polymerbitumenschweißbahn PYE-G 200, S4/S5; Gefälle über 2%; extensive Dachnutzung					
	m² **€ brutto**	**14**	**18**	**20**	**22**	**26**
	KG 363 € netto	12	16	17	18	22
22	**Dachabdichtung PYE PV200 S5, obere Lage** Dachabdichtung DO; Polymerbitumenschweißbahn PYE-PV 200 S5, Eigenschaftsklasse E1; Gefälle über 2%; extensiv/intensiv Dachnutzung					
	m² **€ brutto**	**18**	**24**	**26**	**29**	**34**
	KG 363 € netto	15	20	22	24	29
23	**Dachabdichtung PYE PV 200 S5 Cu01, Wurzelschutz, obere Lage** Dachabdichtung DO, als Wurzelschutzbahn; Polymerbitumen-Schweißbahn PYE-PV 200 S5+Cu01, Eigenschaftsklasse E1; Gefälle über 2%					
	m² **€ brutto**	**33**	**41**	**42**	**46**	**54**
	KG 363 € netto	28	35	35	38	46

Kosten: Stand 3.Quartal 2024, Bundesdurchschnitt

LB 021 **Preise €**

Nr.	Kurztext / Stichworte Einheit / Kostengruppe		►	▷	brutto ø netto ø	◁	◄
24	**Dachabdichtung PYE PV 200 S5, Wurzelschutz, obere Lage** Dachabdichtung DO, als Wurzelschutzbahn; Polymerbitumenschweißbahn PYE-PV 200 S5, Eigenschaftsklasse E1; Gefälle über 2%						
	m²	**€ brutto**	**20**	**29**	**31**	**41**	**56**
	KG 363	€ netto	17	24	26	34	47
25	**Dachabdichtung zweilagig, Polymerbitumen-Schweißbahnen** Dachabdichtung; PYE-G 200 S4/S5, DU/E1, PYE-PV 200 S5 DO/E1; Gefälle über 2%						
	m²	**€ brutto**	**33**	**41**	**44**	**48**	**56**
	KG 363	€ netto	28	34	37	41	47
26	**Wandanschluss, gedämmt EPS 035, zweilagige Abdichtung** Wandanschluss, gedämmt; EPS-Dämmstoffkeile, WLG 035, Kantholz, C24; Keil 60x60mm, Dämmdicke 80mm; Wand/Brüstung						
	m	**€ brutto**	**32**	**46**	**52**	**65**	**92**
	KG 363	€ netto	27	38	44	55	78
27	**Attikaabschluss, gedämmt, zweilagige Abdichtung** Attikaanschluss, zweilagig; EPS-Dämmstoffkeile, WLG 035, Anwendung K1/K2; Keil 60x60, Dämmung 80mm						
	m	**€ brutto**	**36**	**59**	**71**	**83**	**102**
	KG 363	€ netto	31	49	60	70	86
28	**Dachabdichtung, Kunststoffbahn, PVC 1,5mm, einlagig** Dachabdichtung DE; PVC-P Kunststoffbahn mit Glasvlies, E; Dicke 1,5mm						
	m²	**€ brutto**	**–**	**36**	**41**	**49**	**–**
	KG 363	€ netto	–	30	34	42	–
29	**Dachabdichtung, Kunststoffbahn, FPO, einlagig** Dachabdichtung DE; FPO Kunststoffbahn, E; Dicke 2,0mm						
	m²	**€ brutto**	**35**	**40**	**46**	**52**	**59**
	KG 363	€ netto	29	34	39	44	50
30	**Dachabdichtung, Kunststoffbahn, PIB, einlagig** Dachabdichtung DE; PIB Kunststoffbahn mit Polyestervlies; Dicke 1,5mm						
	m²	**€ brutto**	**47**	**54**	**57**	**61**	**69**
	KG 363	€ netto	39	46	48	52	58
31	**Dachabdichtung, Kunststoffbahn, EVA, einlagig, 1,5mm** Dachabdichtung DE, mit Wurzelschutz; Ethylen-Vinyl-Acetat Terpolymer - EVA-BV-K(PV), E; Dicke 1,5mm						
	m²	**€ brutto**	**28**	**37**	**41**	**45**	**54**
	KG 363	€ netto	23	31	34	38	45

LB 021							Preise €
Nr.	Kurztext / Stichworte Einheit / Kostengruppe		►	▷	brutto ø netto ø	◁	◄
32	**Dachabdichtung, Kunststoffbahn, EVA, einlagig, 2,0mm** Dachabdichtung DE, mit Wurzelschutz; Ethylen-Vinyl-Acetat Terpolymer - EVA-BV-K(PV), E; Dicke 2,0mm						
	m²	**€ brutto**	**32**	**41**	**45**	**50**	**62**
	KG 363	€ netto	27	34	38	42	52
33	**Dachabdichtung, Kunststoffbahn, EPDM, einlagig, 2,5mm** Dachabdichtung DE; Ethylen-Propylen-Dien-Kautschuk- EPDM, bitumenverträglich; Dicke 2,5mm; einlagig, selbstklebend						
	m²	**€ brutto**	**44**	**51**	**53**	**59**	**68**
	KG 363	€ netto	37	42	44	49	57
34	**Dachabdichtung, Befestigung, Schienen** Dachabdichtung Kunststoffbahn, mechanische Befestigung; Linien-/Punktbefestiger; einlagig; im Eck- und Randbereich/Feldmitte						
	m²	**€ brutto**	**8,2**	**13,3**	**14,4**	**17,8**	**23,1**
	KG 363	€ netto	6,9	11,2	12,1	15,0	19,4
35	**Wandanschluss, gedämmt, Kunststoffbahn, einlagig** Wandanschluss Kunststoffbahn, gedämmt; PUR-Wärmedämmung, Kantholz S10, Alu-Klemmschiene, Blechabdeckprofil; Dämmkeil 60x60mm, Dämmung 60mm; einlagig						
	m	**€ brutto**	**30**	**51**	**59**	**76**	**111**
	KG 363	€ netto	26	43	50	63	93
36	**Attikaanschluss, Kunststoffbahn, einlagig** Attikaanschluss, gedämmt; Kunststoffdichtungsbahn, PUR-Wärmedämmung, Metallabdeckprofil, Dämmstoffkeil; Keil 60x60mm, Dämmdicke 60mm; einlagig						
	m	**€ brutto**	**25**	**44**	**53**	**60**	**74**
	KG 363	€ netto	21	37	44	50	62
37	**Balkonabdichtung, zweilagig, PYE PV 200 S5 u. PYE G200 S5** Balkonabdichtung, Flächendichtung; untere Lage PYE-PV 200 S5, E1, IA, obere Lage PYE-G 200 S5, E1, IA; zweilagig; inkl. Voranstrich						
	m²	**€ brutto**	**43**	**50**	**54**	**63**	**76**
	KG 353	€ netto	36	42	45	53	64
38	**Wandanschluss, Abdichtung, Balkon, zweilagig** Balkon-Wandanschluss; Polymerbitumenbahn, Polystyrol-Dämmung, Dämmkeil, Kantholz S10, Abdeckung; Dämmung 80mm, 50x50mm, Kantholz 80x60mm						
	m	**€ brutto**	**30**	**52**	**63**	**76**	**95**
	KG 353	€ netto	25	44	53	63	80

Kosten: Stand 3.Quartal 2024, Bundesdurchschnitt

LB 021							**Preise €**
Nr.	**Kurztext** / Stichworte **Einheit** / Kostengruppe		►	▷	**brutto ø** netto ø	◁	◄
39	**Flüssigabdichtung, PMMA, 2,1mm** Flüssigabdichtung, Wurzelfestigkeit, Dach; zweikomponentigen Polymethylacrylat-Harz, Vlies 165/200g; Dicke 2,1mm; Dachfläche						
	m²	**€ brutto**	**–**	**72**	**83**	**101**	**–**
	KG 363	€ netto	–	61	70	85	–
40	**Flüssigabdichtung, PU-Harz/Vlies, 2,1mm** Flüssigabdichtung, Wurzelfestigkeit, Dach; Pu-Harz, Vlies, lösemittelfrei, UV-Stabil; Dicke 2,0mm, Vlies 165/200g; Dachfläche mit Wurzelfestigkeit						
	m²	**€ brutto**	**–**	**126**	**145**	**177**	**–**
	KG 363	€ netto	–	106	122	149	–
41	**Abdichtungsanschluss, Fenstertür, Abdeckblech** Fenstertüranschluss; Abdeckblech, Titanzink/Kupfer; inkl. obenliegende Fuge verfugen						
	m	**€ brutto**	**50**	**73**	**79**	**101**	**130**
	KG 363	€ netto	42	62	66	85	109
42	**Wandanschluss, Dachabdichtung, Aluminiumprofil** Wandanschlussprofil; Aluminium, eloxiert; Anschluss Abdichtungsbahnen; inkl. Abschlussfuge versiegeln						
	m	**€ brutto**	**15**	**22**	**25**	**29**	**38**
	KG 363	€ netto	12	19	21	24	32
43	**Notüberlauf, Attika, DN 100, Freispiegel** Notüberlauf, Attika; Rohr mit 5° Gefälle; DN100; mit Gefällestrecke; inkl. integrierter Anschlussmanschette						
	St	**€ brutto**	**140**	**274**	**323**	**567**	**937**
	KG 363	€ netto	118	230	271	477	787
44	**Flachdachablauf, mit Kiesfang, UP-GF, DN70, Freispiegel** Flachdachablauf; Glasfaserverstärkter Kunststoff; DN70; mehrteilig, gedämmt, Aufstockelement; inkl. Dichtringen, Anschlussmanschetten						
	St	**€ brutto**	**145**	**179**	**187**	**196**	**218**
	KG 363	€ netto	122	151	157	165	183
45	**Flachdachablauf, mit Kiesfang, PUR, DN100, Druckstrom** Flachdachablauf; Glasfaserverstärkter Kunststoff; DN100; mehrteilig, gedämmt, Aufstockelement; inkl. Dichtringen, Anschlussmanschetten						
	St	**€ brutto**	**154**	**312**	**357**	**541**	**851**
	KG 363	€ netto	130	262	300	455	715

LB 021 **Preise €**

Nr.	Kurztext / Stichworte Einheit / Kostengruppe		▶	▷	brutto ø netto ø	◁	◀
46	**Aufstockelement, bauseitigen Dachablauf** Aufstockelement, Flachdachablauf; Gusseisen/Polyurethan; DN70/DN100; Freispiegelentwässerung; Höhenausgleichstück, Dichtring, Manschetten, Schraubflansch						
	St	**€ brutto**	**84**	**105**	**120**	**140**	**193**
	KG 363	€ netto	70	88	101	118	162
47	**FD-Dunstrohreinfassung, bis 150mm** Dunstrohreinfassung; bis DN150; wärmegedämmt, Abdeckung; Flachdach; inkl. Eindichten, Klemmring						
	St	**€ brutto**	**77**	**131**	**152**	**169**	**213**
	KG 363	€ netto	65	110	128	142	179
48	**Durchführung andichten, Anschweißflansch** Durchführung andichten; Stab-/Rohrdurchführung; DN50; mit Anschweißflansch						
	St	**€ brutto**	**34**	**58**	**73**	**85**	**107**
	KG 363	€ netto	29	49	61	72	90
49	**Blitzschutzdurchführung, Formteil, D=100** Blitzschutzdurchführung, Formteil; Abdichtung anschließen und eindichten						
	St	**€ brutto**	**40**	**48**	**55**	**71**	**92**
	KG 363	€ netto	34	41	46	60	77
50	**Leitungseinfassung, Flachdach, Klemmanschluss** Rohreinfassung; Edelstahl, Manschette, Dichtring; DN100; inkl. anarbeiten; Anschluss Dampfsperre, Dachdichtbahn						
	St	**€ brutto**	**48**	**99**	**114**	**149**	**228**
	KG 363	€ netto	40	83	96	125	192
51	**Lichtkuppel, zweischalig, rund, Aufsetzkranz, 800mm** Lichtkuppel, rund, Öffnungsmotor; Acrylglas, zweischalig, Metallaufsetzkranz; Durchmesser 800m, Höhe 500mm; Wärmedämmung						
	St	**€ brutto**	**831**	**1.621**	**1.958**	**2.093**	**3.162**
	KG 362	€ netto	698	1.363	1.645	1.759	2.657
52	**Lichtkuppel, zweischalig, rechteckig, Aufsetzkranz, 1.200x1.200, RWA** Lichtkuppel, rechteckig, mit Öffnungsmotor; Acrylglas zweischalig, Metallaufsetzkranz; Größe1.200x1.200mm, Höhe 500mm; zweischalig gedämmt						
	St	**€ brutto**	**1.292**	**2.024**	**2.203**	**2.786**	**3.914**
	KG 362	€ netto	1.086	1.701	1.851	2.341	3.289

Kosten: Stand 3.Quartal 2024, Bundesdurchschnitt

LB 021 **Preise €**

Nr.	Kurztext / Stichworte Einheit / Kostengruppe		►	▷	brutto ø netto ø	◁	◄
53	**Anschluss Flachdachdichtung an Lichtkuppel** Lichtkuppel; mit Klebeflansch; Höhe 500mm; anschließen an Flächenabdichtung, versiegeln mit Dichtmasse						
	St	**€ brutto**	**165**	**242**	**260**	**334**	**476**
	KG 363	€ netto	139	204	219	281	400
54	**Schutzmatte, Gummigranulat, Dachdichtung** Bautenschutzmatte, Wurzelschutz; Polyurethan-Kautschuk; Dicke 10mm; lose verlegen; begrüntes Flachdach						
	m²	**€ brutto**	**12**	**18**	**20**	**27**	**43**
	KG 363	€ netto	9,8	15,0	17,1	22,4	35,9
55	**Kiesschüttung, 16/32, Dach** Kiesschüttung; Rollkies 16/32, gewaschen; Breite 50cm, Schütthöhe 14cm; begrüntes Flachdach						
	m²	**€ brutto**	**8,5**	**16,9**	**19,4**	**31,1**	**59,6**
	KG 363	€ netto	7,2	14,2	16,3	26,1	50,1
56	**Trennlage, PE-Folie, Dach** Trennlage; PE-Folie; Dicke 0,2mm; lose, überlappend verlegen; begrüntes Flachdach						
	m²	**€ brutto**	**2,9**	**5,0**	**6,1**	**7,9**	**11,2**
	KG 363	€ netto	2,4	4,2	5,2	6,6	9,4
57	**Stundensatz, Facharbeiter/-in** Stundenlohnarbeiten, Vorarbeiterin, Vorarbeiter, Facharbeiterin, Facharbeiter und Gleichgestellte; Dachabdichtungsarbeiten						
	h	**€ brutto**	**66**	**84**	**90**	**95**	**106**
		€ netto	56	71	76	80	89
58	**Stundensatz, Helfer/-in** Stundenlohnarbeiten für Werkerin, Werker, Helferin, Helfer und Gleichgestellte; Dachabdichtungsarbeiten						
	h	**€ brutto**	**51**	**68**	**76**	**82**	**92**
		€ netto	43	58	64	69	77

LB 022							Preise €
Nr.	Kurztext / Stichworte Einheit / Kostengruppe		►	▷	brutto ø netto ø	◁	◄
1	**Kleintierschutz, Metall** Kleintierschutz; Metall; bis 150mm; zweifach gekantet, an Holzunterkonstruktion						
	m	**€ brutto**	**9,1**	**15,1**	**17,7**	**20,4**	**23,9**
	KG 363	€ netto	7,6	12,7	14,8	17,2	20,1
2	**Kleintierschutz, Kunststoff** Kleintierschutz; Kunststoff; Kammleiste; inkl. Befestigungsmittel						
	m	**€ brutto**	**5,5**	**7,6**	**9,0**	**11,8**	**15,6**
	KG 363	€ netto	4,6	6,4	7,5	9,9	13,1
3	**Traufblech, Titanzink, Z 333** Traufblech, Rinneneinhang; Titanzink; Zuschnitt 333mm; dreifach gekantet						
	m	**€ brutto**	**20**	**27**	**29**	**35**	**52**
	KG 363	€ netto	17	23	25	30	43
4	**Traufblech, Kupfer, Z 333** Traufblech, Rinneneinhang; Kupfer; Zuschnitt 333mm; dreifach gekantet						
	m	**€ brutto**	**24**	**33**	**36**	**38**	**61**
	KG 363	€ netto	20	27	31	32	51
5	**Traufblech, Aluminium, Z 333** Traufblech, Rinneneinhang; Aluminium; Zuschnitt 333mm; dreifach gekantet						
	m	**€ brutto**	**21**	**29**	**29**	**33**	**40**
	KG 363	€ netto	18	24	24	28	33
6	**Traufblech, Eckausbildung** Traufblech, Eckausbildung; Zuschnitt 333mm; Untergrund Holz, inkl. Haftstreifen						
	St	**€ brutto**	**23**	**28**	**34**	**43**	**46**
	KG 363	€ netto	19	23	28	36	38
7	**Dachrinne, Titanzink, Z 250** Hängedachrinne, halbrund; Titanzink; Zuschnitt 250mm; Wulst und Falz, mit Rinnenhalter						
	m	**€ brutto**	**35**	**43**	**47**	**50**	**58**
	KG 363	€ netto	29	36	39	42	49
8	**Dachrinne, Titanzink, Z 400** Hängedachrinne, halbrund; Titanzink; Zuschnitt 400mm; Wulst und Falz, mit Rinnenhalter						
	m	**€ brutto**	**47**	**54**	**57**	**64**	**75**
	KG 363	€ netto	40	45	48	54	63

Kosten: Stand 3.Quartal 2024, Bundesdurchschnitt

LB 022 **Preise €**

Nr.	Kurztext / Stichworte Einheit / Kostengruppe		►	▷	brutto ø netto ø	◁	◄
9	**Dachrinne, Titanzink, Kastenrinne, bis Z 333** Hängedachrinne, kastenförmig; Titanzink; Zuschnitt bis 333mm; Wulst und Falz, mit Rinnenhalter						
	m	**€ brutto**	**44**	**51**	**53**	**58**	**71**
	KG 363	€ netto	37	43	45	49	60
10	**Dachrinne, Kupfer, bis Z 333** Hängedachrinne, halbrund; Kupfer; Zuschnitt bis 333mm; Wulst und Falz, mit Rinnenhalter						
	m	**€ brutto**	**45**	**54**	**59**	**61**	**69**
	KG 363	€ netto	38	45	50	51	58
11	**Dachrinne, Aluminium, bis Z 333** Hängedachrinne, halbrund; Aluminium; Zuschnitt 333mm; Wulst und Falz, mit Rinnenhalter						
	m	**€ brutto**	**47**	**54**	**57**	**61**	**69**
	KG 363	€ netto	40	46	48	51	58
12	**Rinnenstutzen, Titanzink** Rinnenstutzen, halbrund; Titanzink; in Dachrinne und Fallrohr eingepasst						
	St	**€ brutto**	**22**	**32**	**36**	**42**	**55**
	KG 363	€ netto	18	27	30	35	47
13	**Rinnenstutzen, Kupfer** Rinnenstutzen, halbrund; Kupfer; in Dachrinne und Fallrohr eingepasst						
	St	**€ brutto**	**31**	**47**	**48**	**54**	**69**
	KG 363	€ netto	26	40	40	46	58
14	**Wasserfangkasten, Titanzink** Rinnenkessel, rund/kastenförmig; Titanzink; Ornament ein-/ausgeschwungen						
	St	**€ brutto**	**112**	**157**	**175**	**210**	**283**
	KG 363	€ netto	94	132	147	176	238
15	**Wasserfangkasten, Kupfer** Rinnenkessel, rund/kastenförmig; Kupfer; Ornament ein-/ausgeschwungen						
	St	**€ brutto**	**125**	**235**	**262**	**295**	**462**
	KG 363	€ netto	105	198	220	248	388
16	**Wasserspeier, bis DN100** Wasserspeier; Kupfer/Zink/Edelstahl/Alu; bis DN100; Dachrinne/Attikablech						
	St	**€ brutto**	**100**	**172**	**201**	**247**	**349**
	KG 363	€ netto	84	144	169	207	293

LB 022							Preise €
Nr.	Kurztext / Stichworte Einheit / Kostengruppe		►	▷	brutto ø netto ø	◁	◄
17	**Rinnenendstück, Titanzink** Rinnenendstück, halbrund/kastenförmig; Titanzink; in Rinne eingepasst, eingelötet						
	St KG 363	**€ brutto** € netto	**7,4** 6,2	**11,9** 10,0	**14,1** 11,9	**17,3** 14,5	**23,3** 19,6
18	**Rinnenendstück, Kupfer** Rinnenendstück, halbrund/kastenförmig; Kupfer; in Rinne eingepasst, eingelötet						
	St KG 363	**€ brutto** € netto	**8,1** 6,8	**12,9** 10,8	**14,5** 12,2	**20,9** 17,6	**30,9** 25,9
19	**Eckausbildung Dachrinne** Eckausbildung Dachrinne; Innen- und Außenecke						
	St KG 363	**€ brutto** € netto	**43** 36	**58** 48	**61** 51	**74** 62	**103** 86
20	**Außenecke Dachrinne, Titanzink** Rinnenwinkel, Außenecke; Titanzink; 90°; Halbrundrinne, mit Wulst und Falz						
	St KG 363	**€ brutto** € netto	**32** 27	**43** 36	**49** 41	**58** 48	**74** 62
21	**Rinnenwinkel außen, Dachrinne, Kupfer** Rinnenwinkel, Außenecke; Kupfer; 90°; Halbrundrinne, mit Wulst und Falz						
	St KG 363	**€ brutto** € netto	**37** 31	**52** 44	**60** 50	**77** 64	**103** 86
22	**Rinnenwinkel innen, Dachrinne, Titanzink** Rinnenwinkel, Innenecke; Titanzink; 90°; Halbrundrinne, mit Wulst und Falz						
	St KG 363	**€ brutto** € netto	**37** 31	**45** 38	**48** 40	**50** 42	**54** 46
23	**Rinnenwinkel innen, Dachrinne, Kupfer** Rinnenwinkel, Innenecke; Kupfer; 90°; Halbrundrinne, mit Wulst und Falz						
	St KG 363	**€ brutto** € netto	**37** 31	**57** 48	**66** 55	**80** 67	**103** 86
24	**Fallrohr, Titanzink, DN100** Regenfallrohr, rund; Titanzink; DN100						
	m KG 363	**€ brutto** € netto	**30** 25	**40** 34	**44** 37	**50** 42	**70** 59

Kosten: Stand 3.Quartal 2024, Bundesdurchschnitt

LB 022 **Preise €**

Nr.	Kurztext / Stichworte Einheit / Kostengruppe		►	▷	brutto ø netto ø	◁	◄
25	**Fallrohr, Kupfer, DN100** Regenfallrohr, rund; Kupfer; DN60/DN80/DN100						
	m	**€ brutto**	**37**	**54**	**61**	**70**	**90**
	KG 363	€ netto	31	46	52	59	75
26	**Fallrohr, Aluminium, DN100** Regenfallrohr, rund; Aluminium; DN100						
	m	**€ brutto**	**41**	**51**	**53**	**61**	**80**
	KG 363	€ netto	35	43	45	51	67
27	**Fallrohrabzweig, Titanzink, DN80/DN100** Fallrohrabzweig, rund; Titanzink; DN100/80; gelötet						
	St	**€ brutto**	**38**	**53**	**58**	**61**	**73**
	KG 363	€ netto	32	45	49	51	61
28	**Fallrohrbogen, Titanzink, bis DN100** Fallrohrbogen; Titanzink; DN80/DN100						
	St	**€ brutto**	**14**	**21**	**24**	**29**	**41**
	KG 363	€ netto	12	18	20	24	34
29	**Fallrohrbogen, Kupfer, bis DN100** Fallrohrbogen; Kupfer; DN80/DN100						
	St	**€ brutto**	**21**	**31**	**36**	**43**	**60**
	KG 363	€ netto	17	26	31	36	50
30	**Etagen-/Sockelknie, Regenfallrohr** Sockelknie; Metall; DN80/DN87/DN100,						
	St	**€ brutto**	**29**	**36**	**39**	**43**	**53**
	KG 363	€ netto	24	30	33	36	45
31	**Standrohrkappe, Fallrohr, Titanzink** Standrohrkappe; Titanzink/Kupfer						
	St	**€ brutto**	**5,1**	**9,2**	**11,0**	**13,2**	**17,4**
	KG 363	€ netto	4,3	7,7	9,2	11,1	14,6
32	**Fallrohrklappe, Fallrohr, Titanzink/Kupfer** Fallrohrklappe; Titanzink/Kupferblech						
	St	**€ brutto**	**40**	**59**	**64**	**71**	**87**
	KG 363	€ netto	34	49	54	59	73
33	**Fallrohrschelle, WDVS** Fallrohrschelle, WDVS; DN100; inkl. Schraubstift						
	St	**€ brutto**	**11**	**16**	**18**	**23**	**30**
	KG 363	€ netto	9,1	13,4	15,4	19,3	25,2
34	**Laubfangkorb, Abläufe, Kupfer** Laubfangkorb; Titanzink/Kupfer; Dachrinnenablauf						
	St	**€ brutto**	**7,2**	**9,9**	**11,3**	**15,0**	**21,2**
	KG 363	€ netto	6,0	8,3	9,5	12,6	17,8

LB 022						Preise €
Nr.	Kurztext / Stichworte Einheit / Kostengruppe		►	▷ brutto ø netto ø	◁	◄
35	**Standrohr, Guss/SML** Standrohr; Gusseisen/SML-Rohr; DN60/DN80/DN100; Sockelbereich; inkl. Anschluss an Rohrleitungsnetz.					
	St	**€ brutto**	**80**	**94**	**102**	**111**	**134**
	KG 363	€ netto	67	79	85	93	113
36	**Standrohr, Titanzink** Standrohr, rund/rechteckig; Titanzink/Kupfer 0,8mm; Gebäudesockel; inkl. Revisionsöffnung					
	St	**€ brutto**	**84**	**125**	**133**	**154**	**207**
	KG 363	€ netto	71	105	112	129	174
37	**Notüberlauf, Flachdach** Notüberlauf, Flachdach; Zuschnitt 500mm; halbrund/rechteckig					
	St	**€ brutto**	**141**	**225**	**255**	**337**	**501**
	KG 363	€ netto	119	189	214	283	421
38	**Traufstreifen, Kupfer, Z 333** Traufstreifen; Kupfer; Zuschnitt 333mm; dreifach gekantet					
	m	**€ brutto**	**21**	**32**	**37**	**45**	**66**
	KG 363	€ netto	18	27	31	38	56
39	**Traufstreifen, Titanzink, Z 333** Traufstreifen; Titanzink; Zuschnitt 333mm; dreifach gekantet					
	m	**€ brutto**	**19**	**28**	**32**	**42**	**62**
	KG 363	€ netto	16	24	27	36	52
40	**Traufe, Verbundblech, bis 500mm** Verbundblech; Stahl, folienkaschiert, verzinkt; Zuschnitt 500mm; Dachrinne/Kehlblech					
	m	**€ brutto**	**44**	**68**	**78**	**85**	**124**
	KG 363	€ netto	37	57	66	71	104
41	**Kiesfangleiste, Lochblech** Kiesfangleiste; Stahl/Aluminium/Edelstahl, gelocht; Anschluss, Dachdichtbahn					
	m	**€ brutto**	**23**	**32**	**35**	**39**	**51**
	KG 363	€ netto	19	27	30	33	43
42	**Blechkehle, Titanzink, bis Z 667** Kehlblech; Titanzink; Zuschnitt 400/500/667mm; auf Holzunterkonstruktion					
	m	**€ brutto**	**37**	**51**	**57**	**73**	**115**
	KG 363	€ netto	31	43	48	62	97
43	**Blechkehle, Kupfer, bis Z 667** Kehlblech; Kupfer; Zuschnitt 400/500/667mm; auf Holzunterkonstruktion					
	m	**€ brutto**	**45**	**77**	**85**	**138**	**199**
	KG 363	€ netto	38	64	71	116	167

Kosten: Stand 3.Quartal 2024, Bundesdurchschnitt

LB 022							**Preise €**
Nr.	**Kurztext** / Stichworte **Einheit** / Kostengruppe		▶	▷	**brutto ø** netto ø	◁	◀
44	**Ortgangblech, Titanzink, Z 500** Ortgangblech; Titanzink, 0,7mm; Zuschnitt 500mm; gefalzt/glatt, gekantet; auf Holzunterkonstruktion						
	m	**€ brutto**	**32**	**50**	**58**	**72**	**109**
	KG 363	€ netto	27	42	49	60	92
45	**Ortgangblech, Kupfer, Z 333** Ortgangblech; Kupfer, 0,7mm; Zuschnitt 333mm; gefalzt/glatt, gekantet; auf Holzunterkonstruktion						
	m	**€ brutto**	**33**	**51**	**60**	**82**	**116**
	KG 363	€ netto	28	43	50	69	97
46	**Ortgangblech, Verbundblech, Z 500** Ortgangblech; Verbundblech, folienkaschiert; Zuschnitt 500mm; mehrfach gekantet; auf Holzunterkonstruktion						
	m	**€ brutto**	**27**	**39**	**45**	**65**	**111**
	KG 363	€ netto	22	33	38	55	93
47	**Attika-/Dachrand-UK, Holzbohle, Holzschutz** Unterkonstruktion, Attika-/Mauerabdeckung; Nadelholz, S13, scharfkantig, mit Holzschutz GK 3.2; Dicke 40mm						
	m	**€ brutto**	**13**	**24**	**28**	**34**	**45**
	KG 363	€ netto	11	20	23	29	38
48	**Attika-UK, Mehrschichtplatte** Unterkonstruktion, Attika-/Mauerabdeckung; Furnierholzplatte; Dicke 20/26mm; Außenbereich						
	m	**€ brutto**	**31**	**37**	**40**	**48**	**59**
	KG 363	€ netto	26	31	33	40	50
49	**Attikaabdeckung, Titanzink, bis Z 700** Attika/Mauerabdeckung; Titanzink, 0,7mm; Zuschnitt 700mm; gekantet; Stahlbeton/Mauerwerk						
	m	**€ brutto**	**45**	**76**	**90**	**111**	**177**
	KG 363	€ netto	38	64	75	93	149
50	**Attikaabdeckung, Kupfer, bis Z 700** Attika-/Mauerabdeckung; Kupfer, 0,7mm; Zuschnitt 700mm; gekantet; Stahlbeton/Mauerwerk						
	m	**€ brutto**	**57**	**101**	**127**	**145**	**179**
	KG 363	€ netto	48	85	106	122	150
51	**Attikaabdeckung, Aluminium, bis Z 700** Attika-/Mauerabdeckung; Aluminium, 0,7mm; Zuschnitt 700mm; gekantet; Stahlbeton/Mauerwerk						
	m	**€ brutto**	**53**	**82**	**94**	**116**	**171**
	KG 363	€ netto	44	69	79	98	144

LB 022						Preise €
Nr.	**Kurztext** / Stichworte			**brutto ø**		
	Einheit / Kostengruppe	►	▷	netto ø	◁	◄
52	**Firstanschlussblech, Titanzink, gekantet, Z 500**					
	Firstanschlussblech; Titanzink, 0,7mm; Zuschnitt 500mm; mehrfach gekantet; auf Holzunterkonstruktion					
	m / **€ brutto**	**50**	**66**	**69**	**92**	**127**
	KG 363 / € netto	42	55	58	77	107
53	**Firsthaube, mehrfach gekantet**					
	Firstabdeckung; mehrfach gekantet; auf Holzunterkonstruktion					
	m / **€ brutto**	**43**	**88**	**102**	**114**	**159**
	KG 363 / € netto	36	74	86	96	134
54	**Wandanschlussblech, Titanzink, Z 500**					
	Wandanschluss; Titanzink, 0,7mm; Zuschnitt 500mm; mehrfach gekantet					
	m / **€ brutto**	**30**	**46**	**52**	**64**	**96**
	KG 363 / € netto	25	38	44	54	81
55	**Wandanschlussblech, Kupfer, Z 500**					
	Wandanschluss; Kupfer, 0,7mm; Zuschnitt 500mm; mehrfach gekantet					
	m / **€ brutto**	**34**	**66**	**76**	**99**	**140**
	KG 363 / € netto	28	56	64	83	118
56	**Überhangblech, Titanzink/Kupfer, bis Z 200**					
	Überhangblech; Titanzink/Kupfer, 0,7mm; Zuschnitt 200mm; mit Tropfkante					
	m / **€ brutto**	**16**	**26**	**31**	**37**	**52**
	KG 363 / € netto	14	22	26	31	44
57	**Überhangblech, Titanzink/Kupfer, bis Z 400**					
	Überhangblech; Titanzink/Kupfer, 0,7mm; Zuschnitt 400mm; mehrfach gekantet; Stahlbeton/Mauerwerk					
	m / **€ brutto**	**28**	**35**	**39**	**46**	**65**
	KG 363 / € netto	23	30	33	39	54
58	**Wandanschluss, Verbundblech, Z 500**					
	Wandanschluss; Verbundblech, folienkaschiert, vorbewittert; Zuschnitt 500mm; mehrfach gekantet					
	m / **€ brutto**	**38**	**56**	**63**	**85**	**124**
	KG 363 / € netto	32	47	53	72	104
59	**Fassadenrinne, Stahlblech**					
	Fassadenrinne; Stahlblech, verzinkt, beidseitige Kiesleise; Dränschlitze 3-5mm; begehbar, rollstuhlbefahrbar					
	m / **€ brutto**	**156**	**213**	**238**	**296**	**388**
	KG 363 / € netto	131	179	200	249	326
60	**Wandanschluss, Nocken, Titanzink**					
	Nockenblech, Wandanschluss; Titanzink					
	m / **€ brutto**	**33**	**45**	**51**	**64**	**83**
	KG 363 / € netto	28	38	43	53	70

LB 022 **Preise €**

Nr.	Kurztext / Stichworte Einheit / Kostengruppe		▶	▷	brutto ø netto ø	◁	◀
61	**Schornsteinverwahrung, Kupfer** Schornsteinverwahrung; Kupfer; Anschlusshöhe 150mm; Überhangblech mit elastischer Fugenabdichtung						
	St	**€ brutto**	**176**	**264**	**304**	**326**	**411**
	KG 363	€ netto	148	222	256	274	345
62	**Schornsteinbekleidung, Winkel-/Stehfalzdeckung, Titanzink** Schornsteinbekleidung; Titanzink; Breite 720mm Achsmaß 600/Breite 620mm für Achsmaß 500mm; Winkel-Stehfalzdeckung als hinterlüftete Konstruktion						
	m²	**€ brutto**	**143**	**196**	**215**	**257**	**325**
	KG 363	€ netto	120	165	180	216	273
63	**Dachfenster/-oberlicht einfassen** Dachfenster, Einfassung; Metallblech; Dachneigung 7°; überlappend verlegt, inkl. Befestigungsmittel						
	St	**€ brutto**	**420**	**490**	**520**	**601**	**735**
	KG 362	€ netto	353	412	437	505	618
64	**Walzbleianschluss, Blechstreifen** Walzbleianschluss; Zuschnitt 250/400mm, Anschlusshöhe 150mm; aufgehende Bauteile; inkl. verzinkter Kappleiste						
	m²	**€ brutto**	**53**	**71**	**88**	**96**	**110**
	KG 363	€ netto	44	60	74	81	93
65	**Trennlage, Blechflächen, V13** Trennlage Blechfläche; Bitumen-Dachdichtungsbahn V13, besandet; auf Holzschalung						
	m²	**€ brutto**	**6,0**	**11,8**	**14,2**	**16,5**	**22,9**
	KG 363	€ netto	5,0	9,9	11,9	13,8	19,3
66	**Trennlage, Kunststoffbahn, Gespinstlage** Trennlage, Metall-Stehfalzdeckung; Kunststoff-Faservlies mit Kunststoffgespinst, diffusionsoffen, Klasse E; überlappend, selbstklebend, auf Holzschalung; unter Blechdach						
	m²	**€ brutto**	**12**	**16**	**18**	**19**	**23**
	KG 363	€ netto	10	13	15	16	19
67	**Gaubendeckung, Doppelstehfalz, Titanzink/Kupfer** Doppelstehfalzdecke Gaube/Erker; Titanzink/Kupfer; Untergrund Holzschalung mit Trennlage						
	m²	**€ brutto**	**98**	**153**	**173**	**192**	**237**
	KG 363	€ netto	82	128	145	161	199

LB 022							Preise €
Nr.	**Kurztext** / Stichworte **Einheit** / Kostengruppe		►	▷	**brutto ø** netto ø	◁	◄
68	**Gaubendeckung, Doppelstehfalz, Edelstahl** Doppelstehfalzdecke Gaube/Erker; Edelstahl; Untergrund Holzschalung mit Trennlage						
	m²	**€ brutto**	**147**	**152**	**190**	**208**	**284**
	KG 363	€ netto	123	127	159	175	239
69	**Dachdeckung, Doppelstehfalz, Titanzink** Doppelstehfalzdeckung Dach; Titanzink; Untergrund Holzschalung mit Trennlage						
	m²	**€ brutto**	**89**	**133**	**153**	**175**	**226**
	KG 363	€ netto	74	112	129	147	190
70	**Dachdeckung, Doppelstehfalz, Kupfer** Doppelstehfalzdeckung Dach; Kupfer; Untergrund Holzschalung mit Trennlage						
	m²	**€ brutto**	**105**	**166**	**184**	**200**	**244**
	KG 363	€ netto	88	140	155	168	205
71	**Dachdeckung, Bandblech, Aluminium** Dachdeckung, Bandblechelemente; Aluminium, gefalzt; auf Holzpfetten						
	m²	**€ brutto**	**60**	**93**	**96**	**111**	**137**
	KG 363	€ netto	50	78	81	93	115
72	**Anschluss Blechdach, Titanzink** Anschluss Blechdachdeckung; Titanzink; Untergrund Holzschalung mit Trennlage; aufgehende Bauteile						
	m	**€ brutto**	**56**	**70**	**80**	**87**	**100**
	KG 363	€ netto	47	59	67	73	84
73	**Anschluss Blechdach, Kupfer** Anschluss Blechdachdeckung; Titanzink; Untergrund Holzschalung mit Trennlage; aufgehende Bauteile						
	m	**€ brutto**	**–**	**84**	**95**	**104**	**–**
	KG 363	€ netto	–	71	80	88	–
74	**Traufe, Blechdach, Titanzink** Traufe, Blechdachdeckung; Titanzink; Untergrund Holzschalung mit Trennlage						
	m	**€ brutto**	**27**	**42**	**47**	**60**	**82**
	KG 363	€ netto	22	36	39	51	69
75	**Traufe, Blechdach, Kupfer** Traufe, Blechdachdeckung; Kupfer; Untergrund Holzschalung mit Trennlage						
	m	**€ brutto**	**–**	**53**	**64**	**87**	**–**
	KG 363	€ netto	–	45	54	73	–

Kosten: Stand 3.Quartal 2024, Bundesdurchschnitt

LB 022 **Preise €**

Nr.	Kurztext / Stichworte Einheit / Kostengruppe		►	▷	brutto ø netto ø	◁	◄
76	**Ortgang, Blechdach, Titanzink** Ortgang, Blechdachdeckung; Titanzink; Untergrund Holzschalung mit Trennlage						
	m	**€ brutto**	**34**	**52**	**69**	**77**	**89**
	KG 363	€ netto	29	43	58	65	75
77	**Ortgang, Blechdach, Kupfer** Ortgang, Blechdachdeckung; Kupfer; Untergrund Holzschalung mit Trennlage						
	m	**€ brutto**	**–**	**82**	**92**	**101**	**–**
	KG 363	€ netto	–	69	77	84	–
78	**Fassadenbekleidung, Bandblechscharen, Titanzink** Fassadenbekleidung; Titanzink; Untergrund Holzschalung mit Trennlage						
	m²	**€ brutto**	**93**	**130**	**145**	**153**	**186**
	KG 363	€ netto	78	109	122	129	156
79	**Fassadenbekleidung, Bandblechscharen, Kupfer** Fassadenbekleidung; Kupfer; Untergrund Holzschalung mit Trennlage						
	m²	**€ brutto**	**–**	**189**	**210**	**254**	**–**
	KG 363	€ netto	–	158	177	213	–
80	**Schneefangrohr, Stehfalzdeckung** Schneefangrohr; auf Stehfalzdeckung; inkl. Halteprofilen, geklemmt						
	m	**€ brutto**	**35**	**51**	**60**	**67**	**86**
	KG 369	€ netto	29	43	50	56	72
81	**Schneefangrohr, Rundprofil** Schneefangrohr; Stahlrohr; Befestigungsabstand 80cm						
	m	**€ brutto**	**46**	**64**	**72**	**90**	**136**
	KG 369	€ netto	39	54	61	75	114
82	**Schneefanggitter, Titanzink** Schneefanggitter; Titanzink; Höhe 200mm; Steildach						
	m	**€ brutto**	**38**	**50**	**54**	**64**	**83**
	KG 369	€ netto	32	42	45	54	70
83	**Schneefanggitter, Kupfer** Schneefanggitter; Kupfer; Höhe 200mm; Steildach						
	m	**€ brutto**	**60**	**75**	**82**	**87**	**96**
	KG 369	€ netto	51	63	69	73	81
84	**Sicherheitsdachhaken, verzinkt** Leiterhaken, Dachsicherung; Stahl, verzinkt; 25x6mm						
	St	**€ brutto**	**17**	**24**	**27**	**30**	**38**
	KG 369	€ netto	14	20	23	25	32

LB 022							Preise €
Nr.	**Kurztext** / Stichworte **Einheit** / Kostengruppe		►	▷	**brutto ø** netto ø	◁	◄
85	**Sicherheitstritt, Standgitter** Sicherheitstritt; PVC-Standziegel; Trittlänge 41cm						
	St	**€ brutto**	**88**	**114**	**125**	**133**	**157**
	KG 369	€ netto	74	96	105	112	132
86	**Dachleiter, Aluminium** Dachleiter; Aluminium; Breite 350mm; mit Sicherheitshaken						
	St	**€ brutto**	**141**	**334**	**395**	**431**	**688**
	KG 369	€ netto	119	280	332	363	578
87	**Stundensatz, Facharbeiter/-in** Stundenlohnarbeiten, Vorarbeiterin, Vorarbeiter, Facharbeiterin, Facharbeiter und Gleichgestellte; Klempnerarbeiten						
	h	**€ brutto**	**72**	**82**	**85**	**89**	**102**
		€ netto	61	69	71	74	86
88	**Stundensatz, Helfer/in** Stundenlohnarbeiten für Werkerin, Werker, Helferin, Helfer und Gleichgestellte; Klempnerarbeiten						
	h	**€ brutto**	**51**	**63**	**68**	**74**	**86**
		€ netto	43	53	57	62	73

B

Ausbau

023

Putz- und Stuckarbeiten, Wärmedämmsysteme

LB 023							Preise €
Nr.	**Kurztext** / Stichworte				**brutto ø**		
	Einheit / Kostengruppe		►	▷	netto ø	◁	◄
1	**Schutzabdeckung**						
	Fenster abkleben; vorhalten, nach Beendigung entfernen, entsorgen						
	m²	**€ brutto**	**2,8**	**5,1**	**6,1**	**7,2**	**10,1**
	KG 397	€ netto	2,3	4,3	5,1	6,1	8,5
2	**Untergrund prüfen**						
	Untergrund prüfen; Klopfprobe/Hohlstellensonde; verputzte Wandflächen						
	m²	**€ brutto**	**0,3**	**0,9**	**1,1**	**1,5**	**2,5**
	KG 335	€ netto	0,2	0,7	0,9	1,2	2,1
3	**Haftbrücke, Betonfläche, für Gipsputze**						
	Haftbrücke; organisch gebundenen, quarzgefüllt, wasserverdünnbar; für Gipsputze; Betonflächen						
	m²	**€ brutto**	**2,0**	**4,9**	**5,8**	**8,7**	**15,0**
	KG 336	€ netto	1,7	4,1	4,8	7,4	12,6
4	**Haftbrücke, Betonfläche, für Kalk-/Kalkzementputz**						
	Haftbrücke; mineralisch, kunststoffvergütet; für Kalk- und Kalkzementputze; Betonflächen						
	m²	**€ brutto**	**2,5**	**7,0**	**8,8**	**10,2**	**13,6**
	KG 336	€ netto	2,1	5,9	7,4	8,6	11,4
5	**Installationsschlitz schließen, spachteln**						
	Installationsschlitz schließen; Mineralwolle, verzinkter Putzträger, Grundputz; Spachteln; Wand						
	m	**€ brutto**	**6,7**	**15,9**	**18,6**	**26,7**	**48,0**
	KG 345	€ netto	5,6	13,3	15,6	22,5	40,4
6	**Putzarmierung, Glasfasergewebe, innen, Teilbereich**						
	Putzarmierung, Innenwand; Glasfasergewebe; Breite bis 200mm; in Teilbereichen einbetten						
	m	**€ brutto**	**1,9**	**3,4**	**3,6**	**4,2**	**5,3**
	KG 345	€ netto	1,6	2,9	3,0	3,5	4,4
7	**Putzträger, Metallgittergewebe**						
	Putzträger; Metallgittergewebe; nachträglich verschlossener Schlitze; Beton- und Mauerwerk						
	m²	**€ brutto**	**10**	**17**	**21**	**26**	**38**
	KG 345	€ netto	8,5	14,5	17,5	21,8	32,2
8	**Putzträger verzinkt, Fachwerk**						
	Putzträger; Verzinkt; mit Bitumenbahn; Fachwerk-Holzbalken						
	m	**€ brutto**	**4,5**	**10,9**	**14,2**	**15,3**	**22,1**
	KG 345	€ netto	3,8	9,2	11,9	12,8	18,6
9	**Ausgleichsputz, bis 10mm**						
	Ausgleichsputz; MG P II; Dicke 5-10mm, Höhe bis 3,00m						
	m²	**€ brutto**	**6,8**	**12,7**	**15,5**	**18,9**	**29,1**
	KG 345	€ netto	5,7	10,7	13,1	15,9	24,4

Kosten: Stand 3.Quartal 2024, Bundesdurchschnitt

LB 023 **Preise €**

Nr.	Kurztext / Stichworte Einheit / Kostengruppe		►	▷	brutto ø netto ø	◁	◄
10	**Ausgleichsputz, bis 20mm** Ausgleichsputz; MG P II; Dicke 10-20mm						
	m²	**€ brutto**	**9,7**	**18,5**	**22,1**	**25,7**	**35,3**
	KG 345	€ netto	8,2	15,5	18,5	21,6	29,7
11	**Unterputzprofil, verzinkt, innen** Unterputzprofil; Stahl, verzinkt; Putzdicke bis 15mm; Innenraum						
	m	**€ brutto**	**4,1**	**7,8**	**9,4**	**11,0**	**15,8**
	KG 345	€ netto	3,4	6,5	7,9	9,2	13,3
12	**Unterputzprofil, nichtrostender Stahl, innen** Unterputzprofil; Edelstahl; Putzdicke bis 15mm; Innenraum						
	m	**€ brutto**	**9,2**	**12,4**	**13,3**	**15,3**	**18,4**
	KG 345	€ netto	7,8	10,4	11,2	12,8	15,5
13	**Kantenprofil, verzinkt** Kantenprofil; Stahl, verzinkt						
	m	**€ brutto**	**2,8**	**5,8**	**7,1**	**8,7**	**12,5**
	KG 345	€ netto	2,3	4,9	6,0	7,3	10,5
14	**Kantenprofil, Aluminium** Kantenprofil; Aluminium						
	m	**€ brutto**	**4,4**	**8,0**	**9,7**	**11,0**	**15,0**
	KG 345	€ netto	3,7	6,7	8,2	9,2	12,6
15	**Kantenprofil, nichtrostender Stahl** Kantenprofil; nichtrostender Stahl						
	m	**€ brutto**	**4,3**	**11,0**	**13,6**	**15,4**	**20,6**
	KG 345	€ netto	3,6	9,3	11,4	13,0	17,3
16	**Kantenprofil, Kunststoff** Kantenprofil; Kunststoff; anbringen mit Ansetzmörtel						
	m	**€ brutto**	**3,9**	**8,3**	**10,9**	**12,4**	**17,2**
	KG 345	€ netto	3,3	7,0	9,1	10,4	14,5
17	**Abschlussprofil, innen, verzinkt** Abschlussprofil; Stahl, verzinkt; Dicke bis 15mm; Innenwand						
	m	**€ brutto**	**2,9**	**8,2**	**10,4**	**12,4**	**16,2**
	KG 345	€ netto	2,4	6,9	8,7	10,4	13,6
18	**Abschlussprofil, innen, nichtrostender Stahl** Abschlussprofil; Edelstahl; Dicke bis 15mm; Innenwand						
	m	**€ brutto**	**9,2**	**14,3**	**15,2**	**20,2**	**28,3**
	KG 345	€ netto	7,8	12,0	12,8	17,0	23,8
19	**Kalkzementputz, Innenwand, einlagig, Q3, abgezogen** Innenputz, einlagig; Dicke 10mm; Q3-abgezogen; Innenwand						
	m²	**€ brutto**	**22**	**26**	**28**	**30**	**35**
	KG 345	€ netto	18	22	24	26	30

LB 023							Preise €
Nr.	Kurztext / Stichworte Einheit / Kostengruppe		►	▷	brutto ø netto ø	◁	◄
20	**Gipskalkputz, Innenwand, einlagig, Q3, gefilzt** Innenputz, einlagig; Dicke 10mm; Q3-gefilzt; Innenwand						
	m²	€ brutto	19	24	26	29	34
	KG 345	€ netto	16	20	22	24	29
21	**Mehrdicke, 5mm, Putz** Mehrdicke, Innenputz, einlagig; Dicke bis 5mm; Innenwand						
	m²	€ brutto	3,4	6,3	7,9	9,6	12,5
	KG 345	€ netto	2,9	5,3	6,6	8,1	10,5
22	**Mehrdicke, 10mm, Putz** Mehrdicke, Innenputz, einlagig; Dicke bis 10mm; Innenwand						
	m²	€ brutto	5,1	8,3	10,1	12,9	17,2
	KG 345	€ netto	4,3	7,0	8,5	10,8	14,5
23	**Laibung, innen, bis 150mm** Laibungen verputzen; Innenputz; tiefe bis 150mm; Oberfläche Q2-abgezogen						
	m	€ brutto	5,5	9,3	10,9	13,1	18,4
	KG 336	€ netto	4,6	7,8	9,1	11,0	15,5
24	**Laibung, innen, 250-400mm** Laibungen verputzen; Innenputz; tiefe über 250-400mm; Q2-abgezogen						
	m	€ brutto	10	18	22	26	35
	KG 336	€ netto	8,6	14,8	18,7	21,9	29,6
25	**Ebenheit, Mehrpreis Q3** Mehrpreis, Innenputz; erhöhte Anforderung an Ebenheit, Q3-geglättet/gefilzt						
	m²	€ brutto	4,7	5,7	5,7	6,1	7,1
	KG 345	€ netto	4,0	4,8	4,8	5,1	5,9
26	**Gipsputz, Innenwand, einlagig, Q3** Innenputz, einlagig; Gipsputz; Dicke bis 15mm; Q3-geglättet/gefilzt; Innenwand						
	m²	€ brutto	18	23	25	29	34
	KG 345	€ netto	15	20	21	24	29
27	**Gipsputz, Innenwand, Dünnlage, Q3, geglättet** Innenputz, einlagig; Gips-Dünnputz, C6/20/2; Dicke 3-5mm; Q3-geglättet						
	m²	€ brutto	12	19	24	27	33
	KG 345	€ netto	10	16	20	23	28
28	**Gipsputz B1, innen, Q2, geglättet, längenorientiert** Laibungen verputzen, innen; Gipsmörtel B1; Dicke 15mm; Q2-geglättet						
	m	€ brutto	5,0	11,3	14,0	17,0	25,2
	KG 336	€ netto	4,2	9,5	11,7	14,3	21,2

Kosten: Stand 3.Quartal 2024, Bundesdurchschnitt

LB 023 **Preise €**

Nr.	Kurztext / Stichworte Einheit / Kostengruppe		▶	▷	brutto ø netto ø	◁	◀
29	**Lehmputz, Innenwand, einlagig, gefilzt** Innenputz; Lehmputz bis 1,2mm; Dicke 10mm; Maschinenputz, einlagig; Innenwand/Decke						
	m²	**€ brutto**	**30**	**35**	**37**	**39**	**46**
	KG 345	€ netto	25	30	31	32	38
30	**Lehmputz, Innenwand, zweilagig** Innenputz; Lehmputz 3mm; Dicke 10mm; zweilagig, gerieben; Innenwand						
	m²	**€ brutto**	**52**	**61**	**65**	**69**	**77**
	KG 345	€ netto	44	51	55	58	65
31	**Beiputzen, Tür-/Türzarge** Stahlzarge nachträglich beiputzen; Gipsputz/Gips-Kalkputz; Dicke 15mm						
	m	**€ brutto**	**8,0**	**13,8**	**15,1**	**18,6**	**28,2**
	KG 345	€ netto	6,7	11,6	12,7	15,6	23,7
32	**Stuckprofil, innen** Stuckprofil innen; poliert, mehrfach profiliert; Breite bis 150mm; als Gesims						
	m	**€ brutto**	**53**	**83**	**91**	**135**	**192**
	KG 345	€ netto	45	70	76	113	162
33	**Putzbänder, Faschen, Putzdekor** Putzfaschen herstellen; Breite 100mm; Fensteröffnungen, außen						
	m	**€ brutto**	**10**	**16**	**19**	**25**	**37**
	KG 335	€ netto	8,6	13,4	16,0	20,8	31,2
34	**Trennschnitt, Wand/Deckenübergang** Kellenschnitt; zwischen Wand und Decke						
	m	**€ brutto**	**1,2**	**2,0**	**2,6**	**3,4**	**4,7**
	KG 335	€ netto	1,0	1,7	2,2	2,8	3,9
35	**Kalk-Gipsputz, Decken, einlagig, Q3, geglättet** Innenputz, einlagig; Kalk-Gipsputz; Dicke 15mm; Q3-geglättet; Decke						
	m²	**€ brutto**	**21**	**27**	**29**	**33**	**40**
	KG 354	€ netto	18	23	25	28	34
36	**Gipsputz, Decken, einlagig, Q2, geglättet** Innenputz, einlagig; Gipsputz; Dicke 10mm; Q2-geglättet; Decke						
	m²	**€ brutto**	**20**	**23**	**24**	**26**	**31**
	KG 354	€ netto	17	19	21	22	26
37	**Gipsputz, Decken, einlagig, Q3, geglättet** Innenputz, einlagig; Gipsputz; Dicke 10mm; Q3-geglättet; Decke						
	m²	**€ brutto**	**21**	**25**	**28**	**29**	**33**
	KG 354	€ netto	17	21	23	24	27

LB 023 **Preise €**

Nr.	Kurztext / Stichworte Einheit / Kostengruppe		▶	▷	brutto ø netto ø	◁	◀
38	**WDVS, MW 035, 120mm, Silikat-Reibeputz** Wärmedämm-Verbundsystem; Mineralwolle-Platte, WLG 035, A1, Silikat-Reibeputz, Körnung 3mm; 120mm; Wand						
	m²	**€ brutto**	**111**	**121**	**127**	**132**	**142**
	KG 335	€ netto	94	102	106	111	119
39	**WDVS, MW 035, 180mm, Silikat-Reibeputz** Wärmedämm-Verbundsystem; Mineralwolle-Platte, WLG 035, A1, Silikat-Reibeputz, Körnung 3mm; 180mm; Wand						
	m²	**€ brutto**	**131**	**144**	**155**	**164**	**175**
	KG 335	€ netto	110	121	130	138	147
40	**WDVS, EPS, 120mm, Silikat-Reibeputz** Wärmedämm-Verbundsystem; Polystyrol-Hartschaumplatte, WLG 035, schwer entflammbar, Silikatputz-Reibeputz, Körnung 3mm; bis 120mm, Putz 6-8mm; Wand; inkl. Armierungsgewebe						
	m²	**€ brutto**	**106**	**113**	**116**	**120**	**131**
	KG 335	€ netto	89	95	97	101	110
41	**WDVS, EPS, 180mm, Silikat-Reibeputz** Wärmedämm-Verbundsystem; Polystyrol-Hartschaumplatte, WLG 035, schwer entflammbar, Silikatputz-Reibeputz, Körnung 3mm; 180mm, 6-8mm; Wand; inkl. Armierungsgewebe						
	m²	**€ brutto**	**126**	**135**	**146**	**155**	**166**
	KG 335	€ netto	106	113	123	130	139
42	**WDVS, Wärmedämmung, EPS 035, 100mm** WDVS-Wärmedämmung; Polystyrol-Hartschaumplatte, expandiert, WLG 035; 100mm; WAP; Wand						
	m²	**€ brutto**	**32**	**46**	**54**	**58**	**66**
	KG 335	€ netto	27	39	46	49	56
43	**WDVS, Wärmedämmung, EPS 035, 180mm** WDVS-Wärmedämmung; Polystyrol-Hartschaumplatte, expandiert, WLG 035; 180mm; WAP; Wand						
	m²	**€ brutto**	**72**	**80**	**85**	**90**	**95**
	KG 335	€ netto	61	67	72	76	80
44	**WDVS, Wärmedämmung, EPS 035, 300mm** WDVS-Wärmedämmung; Polystyrol-Hartschaumplatte, expandiert, WLG 035; 300mm; WAP; Wand						
	m²	**€ brutto**	**99**	**120**	**124**	**134**	**146**
	KG 335	€ netto	83	101	104	113	122

LB 023 **Preise €**

Nr.	Kurztext / Stichworte Einheit / Kostengruppe		►	▷	brutto ø netto ø	◁	◄
45	**WDVS, Wärmedämmung, MW 035, 160mm** WDVS-Wärmedämmung; Mineralwolle-Platte, WLG 035, nicht brennbar; 160mm; WAP; Wand						
	m²	**€ brutto**	**77**	**88**	**94**	**100**	**111**
	KG 335	€ netto	65	74	79	84	93
46	**WDVS, Wärmedämmung, MW 035, 200mm** WDVS-Wärmedämmung; Mineralwolle-Platte, WLG 035, nicht brennbar; 200mm; WAP; Wand						
	m²	**€ brutto**	**91**	**104**	**111**	**118**	**131**
	KG 335	€ netto	76	88	93	99	110
47	**WDVS, Brandbarriere, 200mm** WDVS-Brandbarriere; Mineralwolle, WLG 035/040, A1. Flächendämmung EPS; 200mm; Sturzbereich						
	m	**€ brutto**	**8,5**	**13,5**	**16,1**	**18,1**	**23,3**
	KG 335	€ netto	7,1	11,4	13,5	15,2	19,6
48	**WDVS, Montagequader, Druckplatte** WDVS, Montagequader; PUR-Hartschaum; 140mm, 198x198mm						
	St	**€ brutto**	**24**	**67**	**90**	**119**	**195**
	KG 335	€ netto	20	57	76	100	164
49	**WDVS, Dübelung, Wärmedämmung** WDVS-Wärmedämmung, Dübelung; Polystyrol-Hartschaumplatten						
	m²	**€ brutto**	**7,8**	**15,2**	**18,1**	**20,5**	**28,8**
	KG 335	€ netto	6,6	12,7	15,2	17,2	24,2
50	**WDVS, Armierungsputz, Glasfasereinlage** WDVS-Armierungsputz, Glasfasergewebe; Putzdicke 6-8mm						
	m²	**€ brutto**	**22**	**27**	**30**	**32**	**40**
	KG 335	€ netto	18	23	25	27	34
51	**WDVS, Kantenausbildung, Profil** WDVS-Kantenausbildung; Eckprofil, Kunststoff-/Leichtmetallprofil; in Armierungsschicht einbetten						
	m	**€ brutto**	**5,9**	**9,7**	**11,5**	**14,0**	**20,5**
	KG 335	€ netto	5,0	8,2	9,6	11,7	17,3
52	**WDVS, Sockeldämmung, XPS** WDVS, Sockeldämmung; extrudierten Polystyrol-Hartschaumplatten						
	m²	**€ brutto**	**53**	**65**	**69**	**76**	**93**
	KG 335	€ netto	44	55	58	64	78
53	**WDVS, Sockelprofil** WDVS-Sockelabschlussprofil; Kunststoff; Sockeldämmung XPS						
	m	**€ brutto**	**11**	**18**	**20**	**23**	**31**
	KG 335	€ netto	9,3	14,9	16,7	19,5	25,6

LB 023 **Preise €**

Nr.	Kurztext / Stichworte Einheit / Kostengruppe		▶ brutto ø	▷	netto ø	◁	◀
54	**WDVS, Fensteranschluss** WDVS-Fensteranschlussprofil; Kunststoff/Leichtmetall						
	m	**€ brutto**	**5,0**	**8,1**	**9,3**	**10,8**	**14,1**
	KG 334	€ netto	4,2	6,8	7,8	9,1	11,9
55	**WDVS, Laibungsausbildung** WDVS-Laibung; Mineralwolle/Polystyrol expandiert, WLG 035; Fenster						
	m	**€ brutto**	**22**	**28**	**32**	**34**	**38**
	KG 334	€ netto	19	24	27	28	32
56	**WDVS, Kompriband BG1** WDVS, Kompriband; Klasse BG1; Maße 2-6/3-9mm; Anschlussfugen						
	m	**€ brutto**	**3,7**	**5,4**	**6,0**	**7,9**	**11,2**
	KG 335	€ netto	3,1	4,6	5,0	6,6	9,4
57	**Mineralischer Oberputz, WDVS** Oberputz, Wärmedämmverbundsystem; mineralisch, Körnung 3mm; gerieben, auf Armierungsputz; Wand						
	m²	**€ brutto**	**17**	**21**	**23**	**24**	**27**
	KG 335	€ netto	14	18	20	21	23
58	**Oberputz, Dispersions-Silikatputz, WDVS** Oberputz; Dispersions-Silikatputz, Körnung 3mm; gerieben, auf Armierungsputz; Wand						
	m²	**€ brutto**	**25**	**31**	**33**	**37**	**42**
	KG 335	€ netto	21	26	28	31	36
59	**Organischer Oberputz, Silikonharz, WDVS** Oberputz, Wärmedämmverbundsystem; organisch, Körnung 3mm; gerieben, auf Armierungsputz; Wand						
	m²	**€ brutto**	**17**	**24**	**27**	**30**	**35**
	KG 335	€ netto	15	20	23	25	30
60	**Sockelputz, zweilagig, Kalkzementmörtel CS III - wasserhemmend** Sockelputz; Kalkzement-Mörtel; Sockelbereich/Stahlbetonwände						
	m²	**€ brutto**	**29**	**44**	**50**	**54**	**79**
	KG 335	€ netto	25	37	42	46	66
61	**Außenputz, zweilagig, Wand, mineralisch** Außenputz, zweilagig; Normalmörtel GP, CS I, Normalmörtel GP, Körnung 3mm; Unterputz 20mm; gerieben; Ziegelmauerwerk						
	m²	**€ brutto**	**31**	**44**	**50**	**53**	**60**
	KG 335	€ netto	26	37	42	44	50

Kosten: Stand 3.Quartal 2024, Bundesdurchschnitt

LB 023 **Preise €**

Nr.	Kurztext / Stichworte Einheit / Kostengruppe		►	▷	brutto ø netto ø	◁	◄
62	**Außenputz, zweilagig, Wand, organischem Oberputz** Außenputz; Kunstharzputz P Org 1, Körnung 2mm; Kratz-/Rillenputz-struktur						
	m²	**€ brutto**	**22**	**27**	**29**	**35**	**42**
	KG 335	€ netto	19	22	25	29	36
63	**Schlämmputz, außen, einlagig, Kalkzementmörtel** Schlämmputz, Außenwand; Kalk-Zementputz P II; Dicke 20mm, Höhe 4,00m; Ziegelmauerwerk						
	m²	**€ brutto**	**14**	**20**	**23**	**27**	**33**
	KG 335	€ netto	12	17	20	22	27
64	**Außenputz, zweilagig, Laibungen** Außenputz, zweilagig, Laibungen; MG P II, CS II, mineralischer Edelputz 2,5mm; Unterputz 20mm, Breite 300mm						
	m	**€ brutto**	**12**	**21**	**25**	**29**	**39**
	KG 335	€ netto	9,9	17,6	20,8	24,3	32,5
65	**Abschlussprofil, Außenputz 15mm, verzinkter Stahl** Putzabschlussprofil; Stahl verzinkt; Putzdicke 15mm; Außenputz						
	m	**€ brutto**	**9,2**	**11,6**	**12,3**	**13,9**	**16,5**
	KG 335	€ netto	7,8	9,7	10,3	11,7	13,9
66	**Verblendmauerwerk, Klinkerriemchen** Sparverblendung, Klinkerriemchen; VMz/KMz; im Verband, geklebt, inkl. Verfugen						
	m²	**€ brutto**	**176**	**196**	**204**	**222**	**247**
	KG 335	€ netto	148	164	171	187	208
67	**Fensteranschluss, Putzprofil** Fensteranschlussprofil; Kunststoff; Putzdicke 15mm						
	m	**€ brutto**	**4,8**	**8,9**	**9,7**	**11,3**	**14,6**
	KG 335	€ netto	4,1	7,5	8,2	9,5	12,3
68	**Dämmung, Kellerdecke, EPS 040, bis 140mm** Wärmedämmung, Kellerdecke; Polystyrol-Hartschaumplatte, WLG 040; bis 140mm						
	m²	**€ brutto**	**69**	**73**	**79**	**86**	**103**
	KG 354	€ netto	58	61	66	72	86
69	**Dämmung, Kellerdecke, MW 035, bis 140mm** Wärmedämmung, Kellerdecke; Mineralwolle-Platte, WLG 035; bis 140mm						
	m²	**€ brutto**	**87**	**92**	**99**	**109**	**135**
	KG 354	€ netto	73	78	83	92	113

LB 023 **Preise €**

Nr.	Kurztext / Stichworte Einheit / Kostengruppe		▶	▷	brutto ø netto ø	◁	◀
70	**Mehrschichtplatte WW-C, EPS, Decke, 50mm** Wärmedämmung; Holzwolle-Mehrschichtplatte mit PS-Dämmkern, WLG 040, E; 50mm; Stb-Bauteile						
	m²	**€ brutto**	**32**	**48**	**53**	**64**	**83**
	KG 335	€ netto	27	40	44	54	70
71	**Mehrschichtplatte WW-C, EPS, Decke, 75mm** Wärmedämmung; Holzwolle-Mehrschichtplatte mit PS-Dämmkern, WLG 040, E; 75mm; Stb-Bauteile						
	m²	**€ brutto**	**42**	**59**	**67**	**81**	**105**
	KG 335	€ netto	35	49	56	68	88
72	**Gerüstankerlöcher schließen** Gerüstankerlöcher schließen; Oberfläche angleichen						
	St	**€ brutto**	**1,0**	**3,9**	**5,2**	**7,4**	**11,5**
	KG 335	€ netto	0,8	3,3	4,4	6,2	9,6
73	**Stundensatz, Facharbeiter/-in** Stundenlohnarbeiten, Vorarbeiterin, Vorarbeiter, Facharbeiterin, Facharbeiter Gleichgestellte; Putzarbeiten						
	h	**€ brutto**	**64**	**76**	**80**	**84**	**95**
		€ netto	54	64	68	71	80
74	**Stundensatz, Helfer/-in** Stundenlohnarbeiten für Werkerin, Werker, Helferin, Helfer und Gleichgestellte; Putzarbeiten						
	h	**€ brutto**	**52**	**66**	**72**	**75**	**84**
		€ netto	44	56	61	63	70

LB 024						Preise €
Nr.	Kurztext / Stichworte Einheit / Kostengruppe ►		▷	brutto ø netto ø	◁	◄
1	**Feuchtemessung** Feuchtemessung, Fliesenuntergrund; Messung mit CM-Prüfinstrument					
	St	**€ brutto**	**44**	**54**	**57**	**63**	**75**
	KG 353	€ netto	37	45	48	53	63
2	**Untergrund prüfen, Haftzugfestigkeit** Fliesenuntergrund prüfen; Haftzugfestigkeit; inkl. Protokollierung					
	St	**€ brutto**	**30**	**37**	**39**	**44**	**50**
	KG 353	€ netto	25	31	33	37	42
3	**Haftbrücke, Fliesenbelag** Haftbrücke, Fliesenbelag; Wand-/Bodenfläche; für Fliesenbelag					
	m²	**€ brutto**	**1,9**	**4,2**	**4,7**	**6,2**	**10,0**
	KG 353	€ netto	1,6	3,5	4,0	5,2	8,4
4	**Voranstrich, Fliesenbelag** Grundierung, Fliesenbelag; Voranstrich; für Fliesenbelag					
	m²	**€ brutto**	**1,2**	**2,8**	**3,4**	**4,4**	**7,1**
	KG 353	€ netto	1,0	2,4	2,9	3,7	5,9
5	**Verbundabdichtung, Wand** Verbundabdichtung, Wand; Kunstharz, Polymerdispersion; Einwirkungsklasse: W1-I; zweilagig streichen; Inkl. Untergrundvorbereitung					
	m²	**€ brutto**	**14**	**21**	**23**	**28**	**39**
	KG 345	€ netto	12	18	20	24	33
6	**Verbundabdichtung, Boden** Verbundabdichtung, Boden; Kunstharz, Polymerdispersion; Einwirkungsklasse W1-I; zweilagig streichen; Inkl. Untergrundvorbereitung					
	m²	**€ brutto**	**12**	**19**	**23**	**27**	**36**
	KG 353	€ netto	9,7	15,9	19,3	22,6	30,5
7	**Verbundabdichtung, Boden, Reaktionsharz** Abdichtung, Nassräume; Kunstharz inkl. Quarzsand; Einwirkungsklasse W3-I; Wand-/Bodenfläche					
	m²	**€ brutto**	**22**	**41**	**59**	**67**	**82**
	KG 353	€ netto	18	35	50	57	69
8	**Innenecken, Verbundabdichtung, Dichtband** Abdichtung, Übergang Wand/Boden; Dichtband mit Randgewebe; Breite 12cm					
	m	**€ brutto**	**6,0**	**10,7**	**12,4**	**14,1**	**19,3**
	KG 353	€ netto	5,0	9,0	10,4	11,8	16,3
9	**Dichtmanschette, Rohre** Abdichtung, Rohrdurchdringung; Durchmesser bis 42mm; Wand-/Bodenbereich					
	St	**€ brutto**	**5,9**	**10,2**	**11,9**	**14,6**	**20,3**
	KG 353	€ netto	5,0	8,6	10,0	12,2	17,1

Kosten: Stand 3.Quartal 2024, Bundesdurchschnitt

LB 024							Preise €
Nr.	**Kurztext** / Stichworte				**brutto ø**		
	Einheit / Kostengruppe		►	▷	netto ø	◁	◄
10	**Dichtmanschette, Bodenablauf**						
	Abdichtung, Bodenablauf; Dichtmanschetten; Durchmesser bis 100mm						
	St	**€ brutto**	**16**	**26**	**32**	**39**	**52**
	KG 324	€ netto	13	22	27	32	44
11	**Revisionstür, 20x20**						
	Revisionstür; Aluminiumrahmen; 20x20cm; Aussparung herstellen						
	St	**€ brutto**	**26**	**44**	**53**	**71**	**104**
	KG 345	€ netto	22	37	45	60	88
12	**Revisionstür, 30x30**						
	Revisionsöffnung; Aluminiumrahmen; 30x30cm; Aussparung herstellen						
	St	**€ brutto**	**27**	**51**	**63**	**84**	**123**
	KG 345	€ netto	23	43	53	71	104
13	**Trennschiene, Aluminium**						
	Trennschiene; Aluminium; Höhe 6mm; in Fliesenbelag; Abschluss/ Übergang						
	m	**€ brutto**	**13**	**18**	**20**	**24**	**33**
	KG 353	€ netto	11	15	17	21	28
14	**Trennschiene, Messing**						
	Trennschiene; Messing; Höhe 6mm; in Fliesenbelag; Abschluss/ Übergang						
	m	**€ brutto**	**15**	**22**	**26**	**30**	**40**
	KG 353	€ netto	13	19	22	25	34
15	**Trennschiene, nichtrostender Stahl**						
	Trennschiene; Edelstahl; Höhe 6mm; in Fliesenbelag; Abschluss/ Übergang						
	m	**€ brutto**	**17**	**25**	**29**	**38**	**57**
	KG 353	€ netto	14	21	24	32	47
16	**Eckschutzschiene, Aluminium**						
	Eckschutzschiene; Aluminium; Höhe 6mm; in Wandfliesenbelag; Außenecken						
	m	**€ brutto**	**19**	**21**	**21**	**23**	**25**
	KG 345	€ netto	16	18	18	19	21
17	**Eckschutzschiene, nichtrostender Stahl**						
	Eckschutzschiene; Edelstahl; in Wandfliesenbelag; Außenecken						
	m	**€ brutto**	**14**	**24**	**27**	**35**	**53**
	KG 345	€ netto	12	20	23	29	45
18	**Eckschutzschiene, Kunststoff**						
	Fliesenschiene; Kunststoff; in Wandfliesenbelag; Außenecken						
	m	**€ brutto**	**8,5**	**12,7**	**14,1**	**16,0**	**22,1**
	KG 345	€ netto	7,1	10,7	11,9	13,5	18,6

LB 024						Preise €
Nr.	Kurztext / Stichworte Einheit / Kostengruppe	►	▷	brutto ø netto ø	◁	◄
19	**Wandfliesen, 10x10** Wandbelag, Fliesen; Steingut/Steinzeug/Feinsteinzeug; 10x10cm; Dünnbettverfahren, inkl. Verfugung					
	m2 € brutto	69	87	94	100	118
	KG 345 € netto	58	73	79	84	99
20	**Wandfliesen, 20x20** Wandbelag, Fliesen; Steingut/Steinzeug/Feinsteinzeug; 20x20cm; Dünnbettverfahren, inkl. Verfugung					
	m2 € brutto	67	78	83	93	113
	KG 345 € netto	56	65	70	79	95
21	**Wandfliesen, 30x30** Wandbelag, Fliesen; Steingut/Steinzeug/Feinsteinzeug; 30x30cm; Dünnbettverfahren, inkl. Verfugung					
	m2 € brutto	70	96	104	119	146
	KG 345 € netto	59	81	87	100	123
22	**Wandfliesen, 15x15** Wandbelag, Fliesen, Dekor; Steingut/Steinzeug/Feinsteinzeug; 15x15cm; Dünnbettverfahren, inkl. Verfugung					
	m2 € brutto	112	131	140	156	174
	KG 345 € netto	94	110	118	131	146
23	**Wandfliesen, 20x20** Wandbelag, Fliesen, Dekor; Steingut/Steinzeug/Feinsteinzeug; 20x20cm; Dünnbettverfahren, inkl. Verfugung					
	m2 € brutto	101	115	125	143	157
	KG 345 € netto	85	97	105	120	132
24	**Wandfliesen, 30x30** Wandbelag, Fliesen, Dekor; Steingut/Steinzeug/Feinsteinzeug; 30x30cm; Dünnbettverfahren, inkl. Verfugung					
	m2 € brutto	92	107	116	129	145
	KG 345 € netto	77	90	98	108	122
25	**Wandbelag, Glasmosaik** Wandbelag; Glas-Mittelmosaik; 5x5cm, Dicke 3,0mm; Dünnbettmörtel, inkl. Verfugung					
	m2 € brutto	209	239	252	289	319
	KG 345 € netto	175	201	211	243	268
26	**Sockelfliesen, Fliesenbelag** Sockelfliesenbelag; Steingut/Steinzeug/Feinsteinzeug, glasiert/unglasiert; Dünnbettverfahren, inkl. Verfugung					
	m € brutto	14	23	26	29	39
	KG 353 € netto	12	19	21	25	32

Kosten: Stand 3.Quartal 2024, Bundesdurchschnitt

LB 024 **Preise €**

Nr.	Kurztext / Stichworte Einheit / Kostengruppe		►	▷	brutto ø netto ø	◁	◄
27	**Kehlsockel, Fliesenbelag** Hohlkehlsockel, Fliesenbelag; Steingut/Steinzeug/Feinsteinzeug; Dünnbettverfahren, inkl. Verfugung						
	m	**€ brutto**	**22**	**37**	**43**	**47**	**61**
	KG 353	€ netto	19	31	36	40	51
28	**Bordüre, Fliesen** Wandbelag, Bordüre; Steingut/Steinzeug/Feinsteinzeug; Dünnbettverfahren, inkl. Verfugung						
	m	**€ brutto**	**12**	**23**	**28**	**33**	**45**
	KG 345	€ netto	9,9	19,2	23,7	27,9	37,9
29	**Bodenfliesen, 10x10** Bodenbelag, Fliesen; Steingut/Steinzeug/Feinsteinzeug; 10x10cm; Papier-/Kunststoffnetz, Dünnbettverfahren; inkl. Verfugung						
	m²	**€ brutto**	**80**	**113**	**131**	**147**	**182**
	KG 353	€ netto	67	95	110	123	153
30	**Bodenfliesen, 20x20** Bodenbelag, Fliesen; Steingut/Steinzeug/Feinsteinzeug; 20x20cm; Dünnbettverfahren, inkl. Verfugung						
	m²	**€ brutto**	**73**	**92**	**103**	**116**	**144**
	KG 353	€ netto	61	78	86	97	121
31	**Bodenfliesen, 30x30** Bodenbelag, Fliesen; Steingut/Steinzeug/Feinsteinzeug; 30x30cm; Dünnbettverfahren, inkl. Verfugung						
	m²	**€ brutto**	**68**	**89**	**96**	**110**	**138**
	KG 353	€ netto	57	75	81	92	116
32	**Bodenfliesen, 30x60** Bodenbelag, Fliesen; Steingut/Steinzeug/Feinsteinzeug; 30x60cm; Papier-/Kunststoffnetz, Dünnbettverfahren; inkl. Verfugung						
	m²	**€ brutto**	**76**	**92**	**97**	**114**	**123**
	KG 353	€ netto	64	77	82	96	103
33	**Bodenfliesen, 20x20, strukturiert** Bodenbelag, Fliesen; Steingut/Steinzeug/Feinsteinzeug, strukturiert, frostbeständig; 20x20cm; Papier-/Kunststoffnetz, Dünnbettverfahren; inkl. Verfugung						
	m²	**€ brutto**	**90**	**103**	**117**	**136**	**146**
	KG 353	€ netto	76	87	99	114	122

LB 024							Preise €
Nr.	Kurztext / Stichworte Einheit / Kostengruppe		►	▷	brutto ø netto ø	◁	◄
34	**Bodenfliesen, 30x30, strukturiert** Bodenbelag, Fliesen; Steingut/Steinzeug/Feinsteinzeug, strukturiert, frostbeständig; 30x30cm; Papier-/Kunststoffnetz, Dünnbettverfahren; inkl. Verfugung						
	m²	**€ brutto**	**94**	**107**	**119**	**138**	**151**
	KG 353	€ netto	79	90	100	116	127
35	**Bodenfliesen, 30x30, R11** Bodenbelag, Fliesen, Großküche; Feinsteinzeug/Keramik, Ia, unglasiert, profiliert, R12, frostbeständig; 30x30cm; Dünnbettverfahren, inkl. öl- und säurebeständige Verfugung						
	m²	**€ brutto**	**101**	**115**	**123**	**129**	**142**
	KG 353	€ netto	85	97	103	109	119
36	**Bodenfliesen, Großküche, 20x20, R12** Bodenbelag, Fliesen; Feinsteinzeug/Keramik, unglasiert, profiliert, R12, frostbeständig; 20x20cm; Dünnbettverfahren, öl- und säurebeständige Verfugung						
	m²	**€ brutto**	**77**	**93**	**106**	**119**	**131**
	KG 353	€ netto	65	78	89	100	110
37	**Bodenfliesen, Großküche, 30x30, R12** Bodenbelag, Fliesen; Feinsteinzeug/Keramik, unglasiert, profiliert, R12, frostbeständig; 30x30cm; Dünnbettverfahren, öl- und säurebeständige Verfugung						
	m²	**€ brutto**	**105**	**132**	**138**	**154**	**180**
	KG 353	€ netto	88	111	116	129	151
38	**Treppenbelag, Tritt- und Setzstufe** Stufenbelag, Fliesen; Feinsteinzeug/Keramik, BIa, R11, frostbeständig; Dickbett-/Dünnbettmörtel, inkl. Verfugung						
	m	**€ brutto**	**148**	**173**	**178**	**192**	**217**
	KG 353	€ netto	124	145	150	161	183
39	**Sockelfliesenbeläge, Treppen** Sockelfliesen, Treppe; Feinsteinzeug/Keramik, frostbeständig; Dickbett-/Dünnbettmörtel, inkl. Verfugung						
	m	**€ brutto**	**19**	**29**	**34**	**40**	**52**
	KG 353	€ netto	16	25	28	34	44
40	**Bodenfliesen, BIa-Feinsteinzeug, bis 20x20** Wand-/Bodenbelag, Fliesen; Feinsteinzeug, Bias, frostbeständig; 15x15cm/20x20cm; Dünnbettmörtel, inkl. Verfugung; Innen-/Außenbereich						
	m²	**€ brutto**	**74**	**89**	**97**	**116**	**144**
	KG 553	€ netto	62	75	81	98	121

LB 024						**Preise €**
Nr.	**Kurztext** / Stichworte			**brutto ø**		
	Einheit / Kostengruppe	►	▷	netto ø	◁	◄
41	**Bodenfliesen, BIIa/BIIb-Steinzeug, glasiert, bis 20x20** Wand-/Bodenbelag, Fliesen; Steinzeug, frostbeständig; 15x15cm/ 20x20cm; Dünnbettmörtel, inkl. Verfugung; Innen-/Außenbereich					
	m² € brutto	**66**	**85**	**95**	**111**	**147**
	KG 353 € netto	56	72	80	93	124
42	**Bodenfliesen, AI/AII-Spaltplatte, frostsicher, bis 20x20** Boden-/Wandbelag, Spaltplatte; AI/AII, frostbeständig; bis 20x20cm; inkl. Verfugung; Außenbereich					
	m² € brutto	**82**	**110**	**115**	**131**	**170**
	KG 353 € netto	69	92	97	110	143
43	**Bodenfliesen, AI/AII-Klinker, frostsicher, bis 20x20** Bodenbelag, Klinkerplatte; AI/AII, frostbeständig; bis 20x20cm; inkl. Verfugung; Außenbereich					
	m² € brutto	**85**	**97**	**102**	**109**	**123**
	KG 353 € netto	72	81	85	92	104
44	**Begleitstreifen, Kontraststreifen, Steinzeug, innen** Begleitstreifen, kontrastreich; Steinzeug, R11; 300x300mm, Dicke 12mm; zum Leitsystem, im Dünnbett; Innenbereich					
	m € brutto	**–**	**86**	**96**	**122**	**–**
	KG 345 € netto	–	72	81	103	–
45	**Aufmerksamkeitsfeld, Noppenfliesen, Steinzeug, innen** Bodenindikator, Noppenfliese; Steinzeug, R10; 300x300mm, Dicke 14mm, Feldfläche 900x900mm; als taktiles Aufmerksamkeitsfeld, im Dünnbett					
	St € brutto	**–**	**289**	**332**	**415**	**–**
	KG 353 € netto	–	243	279	349	–
46	**Leitsystem, Rippenfliesen, Steinzeug, innen** Bodenindikator, Rippenfliese; Steinzeug, R11; 300x300mm, Dicke 14mm; als taktiles Blindenleitsystem, im Dünnbett in Reihe verlegen; Innenbereich					
	m € brutto	**–**	**106**	**123**	**156**	**–**
	KG 345 € netto	–	89	103	131	–
47	**Wandfliesen, BIII-Steingut, glasiert, bis 20x20** Wandbelag, Fliesen; Steingut, BIII, frostbeständig; bis 20x20cm; Dünnbettmörtel, inkl.Verfugung					
	m² € brutto	**66**	**87**	**97**	**107**	**130**
	KG 345 € netto	55	73	81	90	110

LB 024							Preise €
Nr.	Kurztext / Stichworte Einheit / Kostengruppe		▶	▷	brutto ø netto ø	◁	◀
48	**Wandfliesen, BIIa/BIIb-Steinzeug, glasiert, bis 20x20** Wand-/Bodenbelag, Fliesen; Steinzeug, BIIa/BIIb frostbeständig; bis 20x20cm; Dünnbettmörtel, inkl. Verfugung; Innen-/Außenbereich						
	m²	**€ brutto**	**77**	**96**	**109**	**132**	**162**
	KG 345	€ netto	65	80	92	111	136
49	**Duschwannenträger einfliesen** Duschwannenträger einfliesen; Wandfliesen; inkl. Zuschnitt, Verfugung						
	St	**€ brutto**	**45**	**58**	**68**	**87**	**126**
	KG 345	€ netto	38	49	57	73	106
50	**Badewannenträger einfliesen** Badewannenträger einfliesen; Wandfliesen; inkl. Zuschnitt, Verfugung						
	St	**€ brutto**	**96**	**110**	**119**	**128**	**142**
	KG 345	€ netto	81	92	100	107	119
51	**Gehrungsschnitt, Fliesen** Gehrungsschnitt; Fliesen; alle Winkel						
	m	**€ brutto**	**7,7**	**14,1**	**16,5**	**19,1**	**25,2**
	KG 353	€ netto	6,5	11,8	13,9	16,1	21,2
52	**Untergrund reinigen, Boden** Untergrund reinigen; Staub, Schmutz; abkehren, entsorgen						
	m²	**€ brutto**	**1,1**	**1,7**	**1,9**	**2,4**	**3,4**
	KG 353	€ netto	0,9	1,4	1,6	2,0	2,9
53	**Mattenrahmen, Edelstahl, 150x120cm** Fußabstreifer, Einbaurahmen; Edelstahl; Stegbreite 5mm, 1.500x1.200mm; höhen-/fluchtgenau eingepasst						
	St	**€ brutto**	**4.955**	**5.351**	**6.606**	**7.861**	**9.447**
	KG 353	€ netto	4.164	4.497	5.551	6.606	7.938
54	**Mattenrahmen, Edelstahl, 200x200cm** Fußabstreifer, Einbaurahmen; Edelstahl; Stegbreite 5mm, 2.000x2.000mm; höhen-/fluchtgenau eingepasst						
	St	**€ brutto**	**488**	**769**	**818**	**1.178**	**1.586**
	KG 353	€ netto	410	646	688	990	1.333
55	**Sauberlaufsystem, Rahmen, bis 2,00m²** Fußabstreiferanlage; Rahmen Aluminium/Messing, Reinstreifen Gummiprofil; Anlagengröße bis 2,00m²; Innen-/Außenbereich						
	St	**€ brutto**	**391**	**783**	**942**	**1.174**	**1.641**
	KG 353	€ netto	328	658	792	987	1.379
56	**Sauberlaufsystem, Rahmen, über 2,00m** Fußabstreiferanlage; Rahmen Aluminium/Messing, Reinstreifen Gummiprofil; Anlagengröße über 2,00m²; Innen-/Außenbereich						
	St	**€ brutto**	**1.373**	**2.150**	**2.563**	**2.808**	**3.526**
	KG 353	€ netto	1.154	1.807	2.154	2.360	2.963

Kosten: Stand 3.Quartal 2024, Bundesdurchschnitt

LB 024							**Preise €**
Nr.	**Kurztext** / Stichworte				**brutto ø**		
	Einheit / Kostengruppe		►	▷	netto ø	◁	◄
57	**Elastische Verfugung, Fliesen, Silikon**						
	Fuge, elastisch, Fliesenbelag; Silikon; hinterlegen der Hohlräume						
	m	**€ brutto**	**5,3**	**7,5**	**8,4**	**9,6**	**14,5**
	KG 345	€ netto	4,5	6,3	7,0	8,1	12,2
58	**Elastoplastische Verfugung, Fliesen, Acryl**						
	Fuge, elastoplastisch, Fliesenbelag; Acryl-Dichtstoff; hinterlegen der Hohlräume						
	m	**€ brutto**	**7,7**	**10,5**	**11,2**	**14,6**	**16,2**
	KG 345	€ netto	6,5	8,8	9,4	12,3	13,6
59	**Elastische Verfugung, Fliesen, chemisch beständig**						
	Fuge, elastisch, Fliesenbelag; chemisch beständig; hinterlegen der Hohlräume						
	m	**€ brutto**	**9,9**	**12,2**	**12,8**	**16,8**	**18,2**
	KG 345	€ netto	8,3	10,2	10,8	14,1	15,3
60	**Bewegungsfugen, Fliesenbelag, Profil**						
	Bewegungsfuge, Fliesenbelag; PVC						
	m	**€ brutto**	**27**	**33**	**37**	**42**	**46**
	KG 345	€ netto	23	28	31	35	38
61	**Randstreifen abschneiden**						
	Randdämmstreifen abschneiden; entsorgen; Bodenbelag						
	m	**€ brutto**	**0,5**	**1,3**	**1,6**	**2,3**	**3,7**
	KG 353	€ netto	0,4	1,1	1,4	1,9	3,1
62	**Fliesen anarbeiten, Stützen**						
	Fliesen an Stützen anarbeiten; Bauschutt entsorgen						
	m	**€ brutto**	**30**	**36**	**38**	**44**	**49**
	KG 353	€ netto	26	31	32	37	41
63	**Stundensatz, Facharbeiter/-in**						
	Stundenlohnarbeiten, Vorarbeiterin, Vorarbeiter, Facharbeiterin, Facharbeiter und Gleichgestellte; Fliesenarbeiten						
	h	**€ brutto**	**70**	**81**	**85**	**89**	**98**
		€ netto	59	68	72	75	83
64	**Stundensatz, Helfer/-in**						
	Stundenlohnarbeiten für Werkerin, Werker, Helferin, Helfer und Gleichgestellte; Fliesenarbeiten						
	h	**€ brutto**	**53**	**64**	**70**	**74**	**84**
		€ netto	44	54	59	62	71

LB 025						Preise €

Nr.	Kurztext / Stichworte Einheit / Kostengruppe		▶	▷	brutto ø netto ø	◁	◀
1	**Untergrundreinigung, Estricharbeiten** Untergrund reinigen; Staub, grobe Verschmutzungen, losen Teile; abkehren, aufnehmen, entsorgen						
	m²	**€ brutto**	**0,6**	**1,4**	**1,6**	**2,3**	**3,7**
	KG 353	€ netto	0,5	1,2	1,3	1,9	3,1
2	**Estrich abstellen, bis 70mm** Estrich abstellen; Dicke bis 70mm						
	m	**€ brutto**	**5,9**	**9,7**	**11,2**	**13,9**	**22,0**
	KG 353	€ netto	4,9	8,2	9,4	11,7	18,5
3	**Bodenabdichtung, Bodenfeuchte, Bitumenbahn** Bodenabdichtung, gegen Bodenfeuchte; Bitumenschweißbahn G 200 S4+Al; vollflächig verkleben; Betonbodenplatten						
	m²	**€ brutto**	**12**	**16**	**18**	**20**	**24**
	KG 324	€ netto	10	14	15	17	21
4	**Trockenschüttung, 10mm** Ausgleichsschüttung; gebundene Form; Dicke 10mm; Rohdecke						
	m²	**€ brutto**	**4,7**	**5,3**	**5,6**	**6,3**	**7,0**
	KG 353	€ netto	4,0	4,5	4,7	5,3	5,9
5	**Trockenschüttung, bis 30mm** Ausgleichsschüttung; gebundene Form; bis 30mm; Rohdecke						
	m²	**€ brutto**	**9,7**	**14,8**	**15,5**	**17,2**	**20,9**
	KG 353	€ netto	8,1	12,5	13,0	14,5	17,6
6	**Trittschalldämmung MW 15-5mm DES** Trittschalldämmung, DES; Mineralwolle; Dicke 15-5mm; unter Estrich						
	m²	**€ brutto**	**5,0**	**7,1**	**7,8**	**9,3**	**12,4**
	KG 353	€ netto	4,2	6,0	6,6	7,8	10,4
7	**Trittschalldämmung MW 30-5mm DES** Trittschalldämmung, DES; Mineralwolle; Dicke 30-5mm; unter Estrich						
	m²	**€ brutto**	**7,2**	**11,8**	**13,3**	**16,0**	**21,5**
	KG 353	€ netto	6,0	9,9	11,2	13,4	18,1
8	**Trittschalldämmung EPS 20-2mm 045 DES sm** Trittschalldämmung, DES; EPS-Hartschaumplatte; Dicke 20-2mm; unter Estrich						
	m²	**€ brutto**	**3,8**	**5,6**	**6,4**	**9,7**	**16,4**
	KG 353	€ netto	3,2	4,7	5,4	8,2	13,8
9	**Trittschalldämmung EPS 30-3mm 045 DES sm** Trittschalldämmung, DES; EPS-Hartschaumplatte; Dicke 30-3mm; unter Estrich						
	m²	**€ brutto**	**4,5**	**7,3**	**8,3**	**13,1**	**21,3**
	KG 353	€ netto	3,7	6,1	7,0	11,0	17,9

Kosten: Stand 3.Quartal 2024, Bundesdurchschnitt

LB 025 **Preise €**

Nr.	**Kurztext** / Stichworte **Einheit** / Kostengruppe		►	▷	**brutto ø** netto ø	◁	◄
10	**Wärmedämmung, Estrich EPS 40mm DEO** Wärmedämmung, DEO; EPS-Hartschaumplatte; Dicke 40mm; unter Estrich						
	m²	**€ brutto**	**8,7**	**11,1**	**13,7**	**15,6**	**19,9**
	KG 353	€ netto	7,3	9,4	11,5	13,1	16,7
11	**Wärmedämmung, Estrich EPS 60mm DEO** Wärmedämmung, DEO; EPS-Hartschaumplatte; Dicke 60mm; unter Estrich						
	m²	**€ brutto**	**9,3**	**13,1**	**14,5**	**17,1**	**23,5**
	KG 353	€ netto	7,8	11,0	12,2	14,4	19,7
12	**Wärmedämmung, Estrich EPS 100mm DEO** Wärmedämmung, DEO; EPS-Hartschaumplatte; Dicke 100mm; unter Estrich						
	m²	**€ brutto**	**14**	**17**	**19**	**23**	**28**
	KG 353	€ netto	12	15	16	19	24
13	**Wärmedämmung, Estrich EPS 200mm DEO** Wärmedämmung, DEO; EPS-Hartschaumplatte; Dicke 100mm; zweilagig; unter Estrich						
	m²	**€ brutto**	**33**	**40**	**41**	**42**	**49**
	KG 353	€ netto	28	34	34	35	41
14	**Wärmedämmung, Estrich PUR 20mm DEO** Wärmedämmung, DEO; PUR-Hartschaumplatte, alukaschiert; Dicke 20mm; unter Estrich						
	m²	**€ brutto**	**12**	**14**	**17**	**19**	**24**
	KG 353	€ netto	9,8	12,0	14,1	16,3	19,8
15	**Wärmedämmung, Estrich PUR 60mm DEO** Wärmedämmung, DEO; PUR-Hartschaumplatte, alukaschiert; Dicke 60mm; unter Estrich						
	m²	**€ brutto**	**20**	**25**	**30**	**34**	**43**
	KG 353	€ netto	17	21	25	29	36
16	**Wärmedämmung, Estrich PUR 80mm DEO** Wärmedämmung, DEO; PUR-Hartschaumplatte, alukaschiert; Dicke 80mm; unter Estrich						
	m²	**€ brutto**	**23**	**28**	**35**	**39**	**50**
	KG 353	€ netto	19	24	29	33	42
17	**Wärmedämmung, Estrich EPB bis 40mm DEO** Wärmedämmung; expandierte Perlite; 80mm; zweilagig; unter Estrich						
	m²	**€ brutto**	**19**	**22**	**22**	**24**	**28**
	KG 353	€ netto	16	18	19	20	24

LB 025						Preise €
Nr.	**Kurztext** / Stichworte		**brutto ø**			
	Einheit / Kostengruppe	►	▷	netto ø	◁	◄
18	**Wärmedämmung, Estrich CG bis 70mm DEO**					
	Wärmedämmung, DEO; Schaumglas-Dämmplatte; Dicke 70mm; vollflächig eingebettet in Heißbitumen; unter Estrich					
	m²	**€ brutto**	**37**	**66**	**70**	**75**	**85**
	KG 353	€ netto	31	56	59	63	71
19	**Trennlage, Dämmung, Estrich**					
	Trennlage; PE-Folie 0,8mm; auf Dämmschicht					
	m²	**€ brutto**	**0,9**	**1,5**	**1,7**	**2,6**	**4,4**
	KG 353	€ netto	0,8	1,3	1,5	2,2	3,7
20	**Trennlage, Dämmung, Gussasphalt**					
	Trennlage; Rippen-/Rohfilzpappe; auf Dämmschicht					
	m²	**€ brutto**	**1,1**	**1,9**	**2,3**	**2,7**	**3,8**
	KG 353	€ netto	0,9	1,6	1,9	2,3	3,2
21	**Randdämmstreifen, Polystyrol**					
	Randdämmstreifen; Polystyrol; Höhe 40mm, Tiefe 12mm; an Wänden					
	m	**€ brutto**	**0,8**	**1,5**	**1,9**	**3,0**	**5,2**
	KG 353	€ netto	0,7	1,2	1,6	2,5	4,4
22	**Randdämmstreifen, PE-Schaum**					
	Randdämmstreifen; PE-Schaum; Höhe 40mm, Tiefe 10mm; an Wänden					
	m	**€ brutto**	**0,6**	**1,3**	**1,6**	**2,5**	**4,4**
	KG 353	€ netto	0,5	1,1	1,3	2,1	3,7
23	**Estrich, CT C25 F4 S45**					
	Estrich; Zementestrich C25 F4 S45; Dicke 45mm; schwimmend; auf Dämmschicht					
	m²	**€ brutto**	**21**	**24**	**25**	**27**	**32**
	KG 353	€ netto	17	20	21	23	27
24	**Estrich, CT C25 F4 S70**					
	Estrich; Zementestrich C25 F4 S70; Dicke 45mm; schwimmend; auf Dämmschicht					
	m²	**€ brutto**	**29**	**32**	**34**	**36**	**42**
	KG 353	€ netto	24	27	28	30	35
25	**Heizestrich, CT C25 F4 S65 H45**					
	Heizestrich; Zementestrich C25 F4-S65 H45; Dicke 65mm; schwimmend; auf Dämmschicht					
	m²	**€ brutto**	**23**	**28**	**30**	**32**	**38**
	KG 353	€ netto	19	24	25	27	32
26	**Estrich, CT C40 F7, modifiziert**					
	Estrich, kunststoffmodifiziert; Zementestrich C40 F7 S45; Dicke 45mm; schwimmend; auf Dämmschicht					
	m²	**€ brutto**	**33**	**40**	**41**	**43**	**48**
	KG 353	€ netto	28	33	35	36	40

LB 025							Preise €
Nr.	**Kurztext** / Stichworte				**brutto ø**		
	Einheit / Kostengruppe		►	▷	netto ø	◁	◄
27	**Estrich, CA C25 S45** Estrich; Calciumsulfatestrich C25 F4 S45; Dicke 45mm; schwimmend; auf Dämmschicht						
	m²	**€ brutto**	**21**	**26**	**28**	**30**	**35**
	KG 353	€ netto	18	22	23	25	29
28	**Heizestrich, CA C25 S65 H45** Heizestrich; Calciumsulfatestrich C25 F4 S65 H45; Dicke 65mm; schwimmend; auf Dämmschicht						
	m²	**€ brutto**	**25**	**30**	**31**	**33**	**39**
	KG 353	€ netto	21	25	26	28	33
29	**Estrich, CAF C25 F4 S45** Estrich; Calciumsulfat-Fließestrich C25 F4 S50; Dicke 50mm; schwimmend; auf Dämmschicht						
	m²	**€ brutto**	**21**	**25**	**27**	**30**	**36**
	KG 353	€ netto	17	21	23	25	31
30	**Heizestrich, CAF C25 F4 S65 H45** Heizestrich; Calciumsulfat-Fließestrich C25 F4 S65 H45; Dicke 65mm; schwimmend; auf Dämmschicht; inkl. Auf- und Abheizen						
	m²	**€ brutto**	**23**	**30**	**32**	**33**	**37**
	KG 353	€ netto	20	25	27	28	31
31	**Estrich, AS IC10 S25** Estrich; Gussasphalt IC10 S25; Dicke 25mm; schwimmend; auf Dämmschicht						
	m²	**€ brutto**	**40**	**50**	**54**	**58**	**69**
	KG 353	€ netto	33	42	45	49	58
32	**Estrich, CT C25 F4 V45** Verbundestrich; Zementestrich C25 F4 V45; Dicke 45mm						
	m²	**€ brutto**	**19**	**23**	**25**	**26**	**29**
	KG 353	€ netto	16	20	21	22	24
33	**Estrich glätten, maschinell** Estrichoberfläche, glätten; Abscheiben, Flügelglätten; maschinell						
	m²	**€ brutto**	**1,9**	**4,1**	**5,6**	**7,1**	**9,8**
	KG 324	€ netto	1,6	3,4	4,7	6,0	8,2
34	**Sinterschicht abschleifen, Boden** Estrichoberfläche, schleifen; Calciumsulfatestrich; abschleifen, absaugen, abfahren, entsorgen						
	m²	**€ brutto**	**2,0**	**2,6**	**2,7**	**3,1**	**4,2**
	KG 353	€ netto	1,6	2,2	2,3	2,6	3,5

LB 025						Preise €
Nr.	**Kurztext** / Stichworte **Einheit** / Kostengruppe	►	▷	**brutto ø** netto ø	◁	◄
35	**Scheinfugen schneiden, schließen** Scheinfuge; Kunstharz, 2-Komponenten-Polyurethan-Masse; 1/3 Estrichtiefe, Fugenbreite 5mm					
	m **€ brutto**	**12**	**15**	**16**	**17**	**22**
	KG 353 € netto	9,9	12,6	13,4	14,2	18,5
36	**Bewegungsfuge, elastische Dichtmasse** Bewegungsfuge, Estrich; Dichtstoff, plastoelastisch, öl-, säurebeständig					
	m **€ brutto**	**5,6**	**8,9**	**10,0**	**12,3**	**16,5**
	KG 353 € netto	4,7	7,5	8,4	10,4	13,9
37	**Bewegungsfuge, Metallprofil** Bewegungsfugenprofil, Fliesenbelag; Aluminium, elastische Kunststoffeinlage					
	m **€ brutto**	**44**	**77**	**89**	**96**	**160**
	KG 353 € netto	37	65	75	81	135
38	**Aussparung, Mattenrahmen** Aussparung, Fußmatte; Größe bis 1.000/1.200mm, Höhe 15-20mm					
	St **€ brutto**	**36**	**76**	**112**	**117**	**157**
	KG 353 € netto	30	64	94	98	132
39	**Markierung, Messstellen** Estrich-Messstelle; für Restfeuchtigkeitsprüfung/Höhenkontrolle					
	St **€ brutto**	**4,3**	**7,5**	**8,5**	**10,1**	**13,3**
	KG 353 € netto	3,6	6,3	7,2	8,5	11,2
40	**Messung, Feuchte, Estrich** Restfeuchtemessung, Estrich; Calciumcarbid-Messgerät					
	St **€ brutto**	**39**	**55**	**59**	**71**	**88**
	KG 353 € netto	33	47	49	60	74
41	**Stundensatz, Facharbeiter/-in** Stundenlohnarbeiten Vorarbeiterin, Vorarbeiter, Facharbeiterin, Facharbeiter und Gleichgestellte; Estricharbeiten					
	h **€ brutto**	**69**	**79**	**83**	**89**	**103**
	€ netto	58	67	70	75	87
42	**Stundensatz, Helfer/-in** Stundenlohnarbeiten für Werkerin, Werker, Helferin, Helfer und Gleichgestellte; Estricharbeiten					
	h **€ brutto**	**60**	**66**	**69**	**71**	**78**
	€ netto	50	56	58	60	66

LB 026							Preise €

Nr.	Kurztext / Stichworte Einheit / Kostengruppe		►	▷	brutto ø netto ø	◁	◄
1	**Kunststofffenster, mehrteilig, Dreifach-Isolierglas, über 1,70m²** Kunststofffenster; PVC-U, Dreifach-Isolierglas, Uw=1,3 W/(m²K); Fläche über 1,70m²; mehrflüglig, DK						
	St	**€ brutto**	**1.357**	**1.581**	**1.738**	**1.742**	**1.981**
	KG 334	€ netto	1.140	1.329	1.461	1.464	1.665
2	**Haustürelement, Holz, einflüglig** Holzaußentürelement; Holz, Ud=1,3W(m²K); einflüglig						
	St	**€ brutto**	**2.058**	**3.531**	**3.960**	**4.502**	**5.964**
	KG 334	€ netto	1.730	2.967	3.327	3.783	5.012
3	**Haustürelement, Holz, einflüglig, Seitenteil** Haustürelement, mit Glasfüllung; Holz, Ud=1,3 W/(m²K), zweifach Isolierverglasung; bis 500x2.200mm; einflüglig						
	St	**€ brutto**	**3.228**	**4.841**	**5.479**	**6.224**	**8.096**
	KG 334	€ netto	2.712	4.068	4.604	5.230	6.803
4	**Haustürelement, Holz, mehrteilig** Holzaußentürelement mehrteilig; Nadelholz, Ud=1,3W(m²K); zweiflüglig, Geh- und Stand-Türflügel						
	St	**€ brutto**	**4.624**	**6.336**	**7.121**	**8.598**	**11.402**
	KG 334	€ netto	3.886	5.325	5.984	7.226	9.581
5	**Haustürelement, Kunststoff, einflüglig** Haustürelement; Kunststoff, Ud=1,3W(m²K); einflüglig						
	St	**€ brutto**	**–**	**2.698**	**3.782**	**4.841**	**–**
	KG 334	€ netto	–	2.267	3.178	4.068	–
6	**Haustürelement, Kunststoff, einflüglig, Seitenteil** Haustürelement, mit Glasfüllung; Kunststoff, Ud=1,3W(m²K), Seitenteil Sicherheitsglas; bis 500x2.200mm						
	St	**€ brutto**	**–**	**3.927**	**5.235**	**6.724**	**–**
	KG 334	€ netto	–	3.300	4.399	5.650	–
7	**Haustürelement, Kunststoff, mehrteilig** Haustürelement; Kunststoff, Isolierglas, 2x VSG / 2x ESG, Ud=1,3W(m²K); mit Rahmenelement mit Fest-Verglasung						
	St	**€ brutto**	**3.847**	**5.161**	**5.823**	**6.574**	**8.841**
	KG 334	€ netto	3.232	4.337	4.894	5.525	7.429
8	**Haustürelement, Holz, Passivhaus, einflüglig** Haustürelement, Passivhaus; Holz, Ud=0,8W/(m²K); einflüglig mit Rahmen						
	St	**€ brutto**	**3.960**	**4.646**	**5.045**	**5.292**	**5.872**
	KG 334	€ netto	3.328	3.904	4.240	4.447	4.935

Kosten: Stand 3.Quartal 2024, Bundesdurchschnitt

LB 026 **Preise €**

Nr.	Kurztext / Stichworte Einheit / Kostengruppe		►	▷	brutto ø netto ø	◁	◄
9	**Haustürelement, Passivhaus, zweiflüglig** Haustürelement, Passivhaus; Kunststoff/Holz, Ud=0,8W/(m²K); zweiflüglig, Geh-u. Standtürflügel						
	St	**€ brutto**	**–**	**9.257**	**10.327**	**14.064**	**–**
	KG 334	€ netto	–	7.779	8.678	11.818	–
10	**Seitenteil, Holz, verglast, Haustür** Seitenteil, Haustür; Holz, Isolierverglasung; bis 500x2.200mm; Klimaklasse III, mech. Beanspruchung M						
	St	**€ brutto**	**1.106**	**1.327**	**1.475**	**1.681**	**1.843**
	KG 334	€ netto	929	1.115	1.239	1.413	1.549
11	**Seitenteil, Kunststoff, verglast, Haustür** Seitenteil, Haustür; Kunststoffprofile, Isolierverglasung; bis 500x2.200mm; Klimaklasse III, mech. Beanspruchung M						
	St	**€ brutto**	**894**	**1.085**	**1.193**	**1.312**	**1.467**
	KG 334	€ netto	752	912	1.002	1.102	1.233
12	**Metall-Türelement, einflüglig** Kellereingangstürelement; Metall, Isolierverglasung, ESG; einflüglig						
	St	**€ brutto**	**1.287**	**3.078**	**3.280**	**3.898**	**5.396**
	KG 334	€ netto	1.081	2.587	2.756	3.276	4.535
13	**Holzfenster, einflüglig, Zweifach-Isolierglas, bis 0,70m²** Holzfenster; Zweifach-Isolierglas, Uw bis 1,3W/m²K; Fläche bis 0,70m²; einflüglig, DK						
	St	**€ brutto**	**485**	**525**	**542**	**621**	**712**
	KG 334	€ netto	407	441	456	522	599
14	**Holzfenster, einflüglig, Zweifach-Isolierglas, über 0,70m²** Holzfenster; Zweifach-Isolierglas, Uw=1,3W/m²K; Fläche über 0,70m²; einflüglig, DK						
	St	**€ brutto**	**739**	**803**	**847**	**855**	**907**
	KG 334	€ netto	621	675	712	718	762
15	**Holzfenster, einflüglig, Dreifach-Isolierglas, über 1,0-3,0m²** Holzfenster; Isolierverglasung, Uw bis 1,3W/m²K; Fläche über 0,80m²; einflüglig, DK						
	St	**€ brutto**	**651**	**803**	**861**	**933**	**1.064**
	KG 334	€ netto	547	675	724	784	894
16	**Holzfenster, einflüglig, Dreifach-Isolierglas, Passivhaus** Holzfenster; Dreifach-Isolierglas, Uw=0,8W/m²K; Fläche bis 1,00m²; einflüglig, DK/FV						
	St	**€ brutto**	**942**	**1.101**	**1.175**	**1.212**	**1.413**
	KG 334	€ netto	792	925	987	1.018	1.188

LB 026						Preise €
Nr.	Kurztext / Stichworte Einheit / Kostengruppe	►	▷	brutto ø netto ø	◁	◄
17	**Holzfenster, mehrteilig, Dreifach-Isolierglas, Passivhaus, über 2,50m²** Holzfensterelement; Dreifach-Isolierglas, Uw=0,8W/m²K; Fläche über 2,50m²; mehrteilig					
	St **€ brutto**	**1.866**	**2.700**	**3.107**	**3.403**	**4.449**
	KG 334 € netto	1.568	2.269	2.611	2.859	3.739
18	**Holz-Alu-Fenster, einflüglig, Zweifach-Isolierglas, bis 0,70m²** Holz-Alu-Fenster; Rahmen beschichtet, Holz lasierend/deckend beschichtet, Zweifach-Isolierglas; Fläche bis 0,70m²; einflüglig, DK					
	St **€ brutto**	**688**	**793**	**857**	**907**	**1.034**
	KG 334 € netto	578	666	720	762	869
19	**Holz-Alu-Fenster, einflüglig, Zweifach-Isolierglas, bis 2,00m²** Holz-Alu-Fenster; Rahmen beschichtet, Holz lasierend/deckend beschichtet, Zweifach-Isolierglas; Fläche 0,70-1,70m²; einflüglig, DK					
	St **€ brutto**	**995**	**1.100**	**1.162**	**1.212**	**1.323**
	KG 334 € netto	836	924	977	1.019	1.112
20	**Holz-Alu-Fenster, einflüglig, Dreifach-Isolierglas, bis 0,70m²** Holz-Alu-Fenster; Rahmen beschichtet, Holzprofil lasierend/deckend beschichtet, Dreifach-Isolierglas; Fläche bis 0,70m²; einflüglig, DK					
	St **€ brutto**	**784**	**877**	**893**	**964**	**1.095**
	KG 334 € netto	658	737	751	810	920
21	**Holz-Alu-Fenster, einflüglig, Dreifach-Isolierglas, bis 2,00m²** Holz-Alu-Fenster; Rahmen beschichtet, Holzprofil lasierend/deckend beschichtet, Dreifach-Isolierglas; A bis 2,0m²; einflüglig, DK					
	St **€ brutto**	**864**	**1.097**	**1.217**	**1.290**	**1.399**
	KG 334 € netto	726	922	1.023	1.084	1.176
22	**Holz-Alu-Fenstertür, einflüglig, Zweifach-Isolierglas** Holz-Alu-Fenstertür; Rahmen beschichtet, Holzprofil lasierend/deckend beschichtet; einflüglig, DK					
	St **€ brutto**	**1.253**	**1.673**	**1.839**	**1.911**	**2.461**
	KG 334 € netto	1.053	1.406	1.545	1.606	2.068
23	**Fenstertür, einflüglig, Dreifach-Isolierglas, Passivhaus, bis 2,50m²** Fenstertür, zweiteilig; bis 2,5m²; einflüglig, DK					
	St **€ brutto**	**1.872**	**2.284**	**2.527**	**2.977**	**3.468**
	KG 334 € netto	1.573	1.919	2.124	2.502	2.914
24	**Holz-Alu-Fenster, zweiflüglig, Zweifach-Isolierglas, bis 4,5m²** Holz-Alu-Fenster; Rahmen beschichtet, Holzprofil lasierend/deckend beschichtet; zweiflüglig, DK					
	St **€ brutto**	**1.860**	**2.676**	**3.072**	**3.824**	**5.393**
	KG 334 € netto	1.563	2.249	2.581	3.214	4.532

Kosten: Stand 3.Quartal 2024, Bundesdurchschnitt

LB 026 **Preise €**

Nr.	Kurztext / Stichworte Einheit / Kostengruppe		►	▷	brutto ø netto ø	◁	◄
25	**Kunststofffenster, einflüglig, Zweifach Isolierglas, bis 0,70m²** Kunststofffenster; PVC-U, Zweifach-Isolierglas, Uw=1,3W/(m²K); Fläche bis 0,70m²; einflüglig, DK						
	St	**€ brutto**	**336**	**419**	**444**	**478**	**577**
	KG 334	€ netto	283	352	373	402	485
26	**Kunststofffenster, einflüglig, Zweifach-Isolierglas, bis 1,70m²** Kunststofffenster; PVC-U, Zweifach-Isolierglas, Uw=1,3W/(m²K); Fläche 0,70-1,70m²; einflüglig, DK						
	St	**€ brutto**	**397**	**509**	**554**	**570**	**625**
	KG 334	€ netto	333	428	466	479	525
27	**Kunststofffenster, mehrteilig, Zweifach-Isolierglas, bis 1,70m²** Kunststofffensterelement; PVC-U, Zweifach-Isolierglas, Uw=1,3W/(m²K); Fläche 1,70m²; mehrflüglig						
	St	**€ brutto**	**686**	**842**	**948**	**989**	**1.104**
	KG 334	€ netto	576	708	796	831	928
28	**Kunststofffenster, mehrteilig, Zweifach-Isolierglas, über 1,70m²** Kunststofffenster; PVC-U, Zweifach-Isolierglas, Uw=1,3W/(m²K); Fläche über 1,70m²; mehrflüglig, DK						
	St	**€ brutto**	**794**	**1.194**	**1.400**	**1.629**	**2.076**
	KG 334	€ netto	667	1.004	1.176	1.369	1.745
29	**Kunststofffenster, einflüglig, Dreifach-Isolierglas, Passivhaus** Kunststofffenster; PVC-U, Dreifach-Isolierglas, Uw=0,8W/(m²K); einflüglig, DK						
	St	**€ brutto**	**668**	**738**	**956**	**970**	**1.505**
	KG 334	€ netto	561	620	803	815	1.265
30	**Holzfenster, mehrteilig, über 2,50m²** Holzfensterelement; Isolierverglasung, Uw bis 1,1W/m²K; Fläche über 2,50m²; vierteilig, 2x DK, 2x K						
	St	**€ brutto**	**1.280**	**2.048**	**2.310**	**3.043**	**5.052**
	KG 334	€ netto	1.076	1.721	1.941	2.557	4.246
31	**Holz-Alu-Fenster, einflüglig, Dreifach-Isolierglas, Passivhaus, bis 1,70m²** Holz-Alu-Fenster; Rahmen beschichtet, holzlasierend/deckend beschichtet, Dreifach-Isolierglas; einflüglig, DK						
	St	**€ brutto**	**–**	**1.241**	**1.415**	**1.838**	**–**
	KG 334	€ netto	–	1.043	1.189	1.545	–

LB 026							Preise €
Nr.	Kurztext / Stichworte Einheit / Kostengruppe		▶	▷	brutto ø netto ø	◁	◀
32	**Metall-Glas-Fenster, einflüglig, Zweifach-Isolierglas, bis 2,00m²** Metallfensterelement; Aluminium, Zweifach-Isolierglas, Uw=1,3W/(m²K); Fläche bis 2,0m²; einflüglig, DK						
	St	**€ brutto**	**746**	**1.211**	**1.364**	**1.678**	**2.294**
	KG 334	€ netto	627	1.018	1.147	1.410	1.928
33	**Metall-Glas-Fenster, zweiflüglig, Zweifach-Isolierglas, bis 4,5m²** Metallfenster; Aluminium, Zweifach-Isolierglas, Uw=1,3W/(m²K); Fläche bis 4,5m²; zweiflüglig, 1x DK, 1x Dreh mit Anschlag						
	St	**€ brutto**	**1.549**	**2.663**	**3.075**	**3.811**	**5.259**
	KG 334	€ netto	1.302	2.238	2.584	3.203	4.419
34	**Metall-Glas-Fenster, mehrteilig, Zweifach-Isolierglas, außen, 5,00m²** Metallfenster; Aluminium, Isolierverglasung, Uw=1,3W/(m²K); Fläche 5,00m²; mehrteilig						
	St	**€ brutto**	**2.849**	**4.056**	**4.571**	**6.937**	**11.005**
	KG 334	€ netto	2.394	3.408	3.841	5.829	9.248
35	**Metall-Glas-Fenstertür, einflüglig, Zweifach-Isolierglas** Metallfenstertür; Aluminium, Isolierverglasung, Uw=1,3W/(m²K); einflüglig, DK						
	St	**€ brutto**	**1.499**	**3.302**	**4.127**	**4.920**	**6.305**
	KG 334	€ netto	1.260	2.775	3.468	4.135	5.298
36	**Pfosten-Riegel-Fassade, Holz/Holz-Aluminium** Pfosten-Riegel-Konstruktion mit Glasfüllung; Nadelholz, Isolierverglasung/Wärmeschutzverglasung; selbsttragend, Zweifachverglasung						
	m²	**€ brutto**	**599**	**968**	**1.088**	**1.315**	**1.820**
	KG 334	€ netto	503	814	914	1.105	1.530
37	**Pfosten-Riegel-Fassade, Metall** Pfosten-Riegel-Konstruktion mit Glasfüllung; Isolierverglasung/Wärmeschutzverglasung, Stahl/Aluminium, Nasslackierung/Pulverbeschichtung; Profilbreite 50/60mm; selbsttragend, wärmegedämmt						
	m²	**€ brutto**	**658**	**1.041**	**1.235**	**1.510**	**2.207**
	KG 334	€ netto	553	875	1.038	1.269	1.855
38	**Einsatzelement, Türe, PR-Fassade** Einsatzmetalltürelement mit Glasfüllung; Isolierverglasung/Wärmeschutzverglasung; einflüglig/zweiflüglig; Pfosten-Riegel-Konstruktion						
	St	**€ brutto**	**1.374**	**2.626**	**3.126**	**3.986**	**5.785**
	KG 334	€ netto	1.155	2.207	2.627	3.350	4.861

Kosten: Stand 3.Quartal 2024, Bundesdurchschnitt

LB 026							Preise €
Nr.	**Kurztext** / Stichworte				**brutto ø**		
	Einheit / Kostengruppe		►	▷	netto ø	◁	◄
39	**Einsatzelement, Fenster, PR-Fassade**						
	Einsatzfensterelement; Holz/Metall, Uw=1,3W(m2K); einflüglig, DK; Pfosten-Riegel-Fassade						
	St	**€ brutto**	**482**	**897**	**1.103**	**1.309**	**1.860**
	KG 334	€ netto	405	754	927	1.100	1.563
40	**Einsatzelement, Paneel, PR-Fassade**						
	Paneel, Metall-/Glas-Metall; Aluminium/Stahlblech, Füllung Vakuum/ Mineralwolle/Steinwolle/Polyurethan; Pfosten-Riegel-Fassade						
	m²	**€ brutto**	**122**	**291**	**334**	**353**	**431**
	KG 334	€ netto	103	244	280	296	362
41	**Sicherheitsglas, Mehrpreis, PR-Fassade**						
	Sicherheitsverglasung; ESG/VSG; Pfosten-Riegel-Konstruktion						
	m²	**€ brutto**	**40**	**86**	**101**	**122**	**170**
	KG 334	€ netto	34	72	85	102	143
42	**Fensterbank, außen, Aluminium, beschichtet**						
	Fensterbank, außen; Aluminium-Strangpressprofil, farbig beschichtet/ anodisch oxidiert; Gefälle mind. 8%; entdröhnt						
	m	**€ brutto**	**27**	**49**	**56**	**66**	**90**
	KG 334	€ netto	22	41	47	55	76
43	**Türschwelle, außen, Aluminium, rutschsicher**						
	Türschwellenabdeckung, außen; Aluminium, eloxiert; rutschsicher						
	m	**€ brutto**	**–**	**88**	**103**	**132**	**–**
	KG 334	€ netto	–	74	87	111	–
44	**Abdichtung, Fensteranschluss**						
	Fensteranschluss; dampfdichtes Klebeband; luftdicht und schlagregendicht						
	m	**€ brutto**	**5,8**	**11,6**	**15,4**	**26,9**	**39,9**
	KG 334	€ netto	4,8	9,7	13,0	22,6	33,6
45	**RAL-Anschluss, Fenster**						
	RAL-Anschluss, Fenster; Laibungsmontage, stumpfer Anschluss; Massivwand						
	m	**€ brutto**	**–**	**35**	**43**	**56**	**–**
	KG 334	€ netto	–	29	36	47	–
46	**Stundensatz, Facharbeiter/-in**						
	Stundenlohnarbeiten, Vorarbeiterin, Vorarbeiter, Facharbeiterin, Facharbeiter und Gleichgestellte; Fensterbauarbeiten						
	h	**€ brutto**	**75**	**83**	**86**	**94**	**107**
		€ netto	63	69	73	79	90

LB 026							Preise €
Nr.	**Kurztext** / Stichworte **Einheit** / Kostengruppe		►	▷	**brutto ø** netto ø	◁	◄
47	**Stundensatz, Helfer/-in** Stundenlohnarbeiten für Werkerin, Werker, Helferin, Helfer und Gleichgestellte; Fensterbauarbeiten						
	h	**€ brutto**	**63**	**70**	**73**	**75**	**79**
		€ netto	53	59	61	63	67

LB 027 **Preise €**

Nr.	Kurztext / Stichworte Einheit / Kostengruppe		►	▷	brutto ø netto ø	◁	◄
1	**Innentür, rauchdicht, S200-C5, einflüglig, 875x2.000/2.125** Rauchschutztürelement; Holztüre, Stahlumfassungszarge; 875x2.000/2.125mm; einflüglig; Klimaklasse II						
	St	**€ brutto**	**541**	**792**	**923**	**1.205**	**1.599**
	KG 344	€ netto	454	666	776	1.013	1.344
2	**Innentür, rauchdicht, S200-C5, einflüglig, 1.000x2.000/2.125** Rauchschutztürelement; Holztüre, Stahlumfassungszarge; 1.000x2.000/2.125mm; einflüglig; Klimaklasse II						
	St	**€ brutto**	**1.030**	**1.380**	**1.442**	**1.683**	**2.949**
	KG 344	€ netto	865	1.160	1.212	1.414	2.478
3	**Innentür, EI2 30-SaC5, einflüglig, 750x2.000/2.125** Brandschutztürelement, EI2 30-SaC5; Holztüre, Stahlumfassungszarge; 750x2.000/2.125mm; einflüglig; Klimaklasse II						
	St	**€ brutto**	**1.307**	**1.939**	**2.114**	**2.370**	**4.196**
	KG 344	€ netto	1.098	1.629	1.776	1.991	3.526
4	**Innentür, EI2 30-SaC5, einflüglig, 875x2.000/2.125** Brandschutztürelement, EI2 30-SaC5; Holztüre, Stahlumfassungszarge; 875x2.000/2.125mm; einflüglig; Klimaklasse II						
	St	**€ brutto**	**1.640**	**2.154**	**2.369**	**3.023**	**4.156**
	KG 344	€ netto	1.378	1.810	1.990	2.540	3.492
5	**Innentür, EI2 30-SaC5, einflüglig 1.000x2.000/2.125** Brandschutztürelement, EI2 30-SaC5; Holztüre, Stahlumfassungszarge; 1.000x2.000/2.125mm; einflüglig; Klimaklasse II						
	St	**€ brutto**	**1.796**	**2.781**	**2.881**	**3.322**	**5.042**
	KG 344	€ netto	1.509	2.337	2.421	2.792	4.237
6	**Innentür, Röhrenspan, einflüglig, 750x2.000/2.125** Innentürelement; Röhrenspan; 750x2.000/2.125mm; einflüglig; Klimaklasse I						
	St	**€ brutto**	**425**	**622**	**737**	**899**	**1.259**
	KG 344	€ netto	357	523	619	756	1.058
7	**Innentür, Röhrenspan, einflüglig, 875x2.000/2.125** Innentürelement; Röhrenspan; 875x2.000/2.125mm; einflüglig; Klimaklasse I						
	St	**€ brutto**	**430**	**721**	**843**	**1.036**	**1.448**
	KG 344	€ netto	361	605	708	871	1.217
8	**Innentür, Röhrenspan, einflüglig, 1.000x2.000/2.125** Innentürelement; Röhrenspan; 1.000x2.000/2.125mm; einflüglig; Klimaklasse I						
	St	**€ brutto**	**518**	**842**	**983**	**1.233**	**1.666**
	KG 344	€ netto	436	708	826	1.036	1.400

LB 027 **Preise €**

Nr.	Kurztext / Stichworte Einheit / Kostengruppe		►	▷	brutto ø netto ø	◁	◄
9	**Innentür, zweiflüglig, Röhrenspan** Innentürelement; Röhrenspan; Türblattdicke 40mm; zweiflüglig; Klimaklasse I						
	St	**€ brutto**	**1.855**	**2.595**	**2.883**	**3.461**	**4.456**
	KG 344	€ netto	1.559	2.181	2.423	2.908	3.744
10	**Türblatt, einflüglig, Röhrenspan, HPL, 750x2.000/2.125** Türblatt; Röhrenspan, Schichtpressstoffplatten; 750x2.000/2.125mm, Dicke 42mm; einflüglig; Klimaklasse II						
	St	**€ brutto**	**215**	**285**	**490**	**569**	**723**
	KG 344	€ netto	181	239	412	478	608
11	**Türblatt, einflüglig, Röhrenspan, HPL, 875x2.000/2.125** Türblatt; Röhrenspan, Schichtpressstoffplatten; 875x2.000/2.125mm, Dicke 42mm; einflüglige; Klimaklasse II						
	St	**€ brutto**	**235**	**330**	**528**	**603**	**827**
	KG 344	€ netto	197	277	444	507	695
12	**Türblatt, einflüglig, Röhrenspan, HPL, 1.000x2.000/2.125** Türblatt; Röhrenspan, Schichtpressstoffplatten; 1.000x2.000/2.125mm, Dicke 42mm; einflüglig; Klimaklasse II						
	St	**€ brutto**	**263**	**378**	**589**	**609**	**859**
	KG 344	€ netto	221	318	495	512	722
13	**Türblatt, einflüglig, Vollspan, 750x2.000/2.125** Türblatt; Vollspan, Schichtpressstoffplatten; 750x2.000/2.125mm, Dicke 50mm; einflüglig; Klimaklasse II						
	St	**€ brutto**	**344**	**443**	**492**	**546**	**635**
	KG 344	€ netto	289	372	413	459	533
14	**Türblatt, einflüglig, Vollspan, 875x2.000/2.125** Türblatt; Vollspan, Schichtpressstoffplatten; 875x2.000/2.125mm, Dicke 50mm; einflüglig; Klimaklasse II						
	St	**€ brutto**	**323**	**516**	**613**	**762**	**954**
	KG 344	€ netto	272	433	515	640	802
15	**Türblatt, einflüglig, Vollspan, 1.000x2.000/2.125** Türblatt; Vollspan, Schichtpressstoffplatten; 1.000x2.000/2.125mm, Dicke 50mm; einflüglig; Klimaklasse II						
	St	**€ brutto**	**358**	**552**	**681**	**891**	**1.144**
	KG 344	€ netto	301	464	572	749	962
16	**Türblatt, Vollspan, zweiflüglig** Türblatt; Vollspan, Schichtpressstoffplatten; 1.125x2.000/2.125mm; zweiflüglig; Klimaklasse II						
	St	**€ brutto**	**1.161**	**1.467**	**1.654**	**1.674**	**2.216**
	KG 344	€ netto	976	1.232	1.390	1.407	1.862

LB 027							Preise €
Nr.	Kurztext / Stichworte Einheit / Kostengruppe		▶	▷	brutto ø netto ø	◁	◀
17	**Schiebetürelement, innen, einflüglig, 1.510x2.135** Schiebetürelement; Holztür-/Glastürblatt; Wanddicke 100-150mm, Ständertiefe 75-100mm; einflüglig						
	St	**€ brutto**	**970**	**1.540**	**1.717**	**2.142**	**3.116**
	KG 344	€ netto	815	1.294	1.443	1.800	2.619
18	**Ganzglas-Türblatt, innen** Ganzglastürblatt; ESG; Türblattdicke 8-10mm; Einbau in bauseitige Zarge						
	St	**€ brutto**	**610**	**954**	**1.091**	**1.464**	**2.100**
	KG 344	€ netto	512	802	917	1.231	1.765
19	**Stahleckzarge, innen, 750x2.000/2.125** Stahleckzarge; 750x2.000/2.125mm; einflüglige; Mauerwerkswand						
	St	**€ brutto**	**165**	**200**	**222**	**253**	**284**
	KG 344	€ netto	139	168	187	213	239
20	**Stahleckzarge, innen, 875x2.000/2.125** Stahleckzarge; 875x2.000/2.125mm; einflüglige; Mauerwerkswand						
	St	**€ brutto**	**186**	**218**	**235**	**266**	**306**
	KG 344	€ netto	156	183	197	223	257
21	**Stahleckzarge, innen, 1.000x2.000/2.125** Stahleckzarge; 1.000x2.000/2.125mm; einflüglige; Mauerwerkswand						
	St	**€ brutto**	**186**	**221**	**249**	**284**	**311**
	KG 344	€ netto	156	186	209	238	261
22	**Stahl-Umfassungszarge, innen, 750x2.000/2.125** Stahlumfassungszarge; 750x2.000/2.125mm; einflüglige; KS-Mauerwerkswand						
	St	**€ brutto**	**207**	**286**	**332**	**354**	**393**
	KG 344	€ netto	174	240	279	297	331
23	**Stahl-Umfassungszarge, innen, 1.000x2.000/2.125** Stahlumfassungszarge; 1.000x2.000/2.125mm; einflüglige; KS-Mauerwerkswand						
	St	**€ brutto**	**273**	**387**	**435**	**479**	**588**
	KG 344	€ netto	229	326	366	403	494
24	**Holz-Umfassungszarge, innen, 750x2.000/2.125** Holzumfassungszarge; 750x2.000/2.125mm; einflüglig; Innenwand						
	St	**€ brutto**	**232**	**295**	**322**	**385**	**480**
	KG 344	€ netto	195	248	270	324	403
25	**Holz-Umfassungszarge, innen, 1.000x2.000/2.125** Holzumfassungszarge; 1.000x2.000/2.125mm; einflüglige; Innenwand						
	St	**€ brutto**	**451**	**511**	**560**	**573**	**633**
	KG 344	€ netto	379	429	470	482	532

Kosten: Stand 3.Quartal 2024, Bundesdurchschnitt

LB 027 **Preise €**

Nr.	Kurztext / Stichworte Einheit / Kostengruppe		►	▷	brutto ø netto ø	◁	◄
26	**Anschlussdichtung, Tür** Anschlussdichtung, Tür; komprimiertem Dichtband; Breite bis 10mm						
	St	**€ brutto**	**7,2**	**8,9**	**9,9**	**11,2**	**12,9**
	KG 344	€ netto	6,0	7,5	8,3	9,4	10,8
27	**Anschlagschiene, Aluminium, Tür** Anschlagschiene, Tür; Aluminium; bis 40x40x3mm; inkl. Abstandhalter, Klemmanker und Dichtungsprofil						
	St	**€ brutto**	**33**	**38**	**43**	**47**	**53**
	KG 344	€ netto	28	32	36	40	45
28	**Anschlagschiene, Messing, Tür** Anschlagschiene, Tür; Messing; bis 40x40x3mm; inkl. Abstandhalter, Klemmanker und Dichtungsprofil						
	St	**€ brutto**	**44**	**53**	**58**	**65**	**75**
	KG 344	€ netto	37	45	49	55	63
29	**Fensterbank, innen, Holz; bis 875mm** Fensterbank, innen; Holz; Länge bis 875mm						
	St	**€ brutto**	**79**	**104**	**109**	**123**	**158**
	KG 344	€ netto	66	87	92	104	133
30	**Fensterbank, innen, Holz; über 875 bis 1.500mm** Fensterbank, innen; Holz; Länge über 875 bis 1.500mm						
	St	**€ brutto**	**109**	**141**	**160**	**201**	**256**
	KG 344	€ netto	91	119	134	169	215
31	**Fensterbank, innen, Holz; über 1.500 bis 2.500mm** Fensterbank, innen; Holz; Länge über 1.500 bis 2.500mm						
	St	**€ brutto**	**188**	**273**	**307**	**340**	**399**
	KG 344	€ netto	158	229	258	285	335
32	**Holz-/Abdeckleisten, Fichte** Deckleisten; Fichte, Klasse J2; 20x50mm, Länge 2,80m; unsichtbar befestigen; gehobelt, feingeschliffen, Kanten gefast						
	m	**€ brutto**	**22**	**36**	**40**	**48**	**64**
	KG 344	€ netto	18	30	34	41	53
33	**Verfugung, elastisch** Verfugung, elastisch; Silikon-/Acryldichtmasse; glatt gestrichen						
	m	**€ brutto**	**8,0**	**9,8**	**10,5**	**15,1**	**21,4**
	KG 344	€ netto	6,7	8,3	8,8	12,7	18,0
34	**Bodentreppe, gedämmt** Bodentreppe Holz, gedämmt; Hartholzstufen; einschiebbar						
	St	**€ brutto**	**747**	**983**	**1.092**	**1.444**	**1.949**
	KG 359	€ netto	628	826	918	1.214	1.638

LB 027							Preise €
Nr.	Kurztext / Stichworte				brutto ø		
	Einheit / Kostengruppe		►	▷	netto ø	◁	◄
35	**Bodentreppe, EI30**						
	Einschubtreppe, EI30; Hartholzstufen; von oben und unten zu öffnen; Decke						
	St	**€ brutto**	**1.773**	**2.088**	**2.787**	**3.616**	**5.308**
	KG 359	€ netto	1.490	1.755	2.342	3.038	4.461
36	**Unterkonstruktion, Innenwandbekleidung**						
	Unterkonstruktion Innenwandbekleidung; Nadelholz, S10; 50x30mm; Mauerwerk						
	m²	**€ brutto**	**38**	**47**	**61**	**67**	**93**
	KG 345	€ netto	32	40	51	56	78
37	**Innenwandbekleidung, Sperrholz**						
	Innenwandbekleidung; Sperrholzplatte, Sichtseite A-Qualität; Dicke 15mm; sichtbar verschrauben; auf Holzunterkonstruktion						
	m²	**€ brutto**	**133**	**211**	**238**	**269**	**385**
	KG 345	€ netto	112	177	200	226	323
38	**Innenwandbekleidung, Sperrholzplatten, mit UK**						
	Innenwandbekleidung; Sperrholzplatten, Stahlblechstütze, verzinkt; sichtbar verschrauben; inkl. Holzunterkonstruktion						
	m²	**€ brutto**	**151**	**277**	**354**	**376**	**583**
	KG 345	€ netto	127	233	297	316	490
39	**Innenwandbekleidung, Dekorspanplatte, mit UK**						
	Innenwandbekleidung; Holzspanplatten V 100, E1, Stahlblechstütze, verzinkt; sichtbar verschrauben; inkl. Holzunterkonstruktion						
	m²	**€ brutto**	**181**	**222**	**255**	**280**	**321**
	KG 345	€ netto	152	186	214	236	270
40	**Schalung, Spanplatten**						
	Schalung; Spanplatten, P7; Dicke 22mm; NF-Profil						
	m²	**€ brutto**	**42**	**93**	**116**	**131**	**186**
	KG 344	€ netto	35	78	97	110	156
41	**Unterkonstruktion, Trennwand**						
	Unterkonstruktion Trennwand; Stahlblechstützen, verzinkt; Höhe bis 3,00m, Dicke 100mm; für einlagige/zweilagige Beplankung						
	m²	**€ brutto**	**–**	**110**	**129**	**153**	**–**
	KG 346	€ netto	–	93	108	128	–
42	**Büro-Trennwand, Tragprofile/Paneele**						
	Trennwand mit Glasfüllung, EI30/E30; Dekorspanplatte/beschichtete Stahlblechpaneele; Breite 900/1.200cm						
	m²	**€ brutto**	**181**	**234**	**293**	**396**	**658**
	KG 346	€ netto	152	197	246	333	553

Kosten: Stand 3.Quartal 2024, Bundesdurchschnitt

LB 027							Preise €
Nr.	**Kurztext** / Stichworte **Einheit** / Kostengruppe		▶	▷	**brutto ø** netto ø	◁	◀
43	**Trennwand, Spanplatten/HPL, Rahmen** Sanitärtrennwand; Metallrohr, Holzspanplatten, wasserfest, fäulnissicher; Dicke 40mm						
	m²	**€ brutto**	**–**	**271**	**309**	**344**	**–**
	KG 346	€ netto	–	228	260	289	–
44	**Trennwandanlage, Spanplatten/Melamin** Sanitärtrennwand; Holzspanplatten, melaninharzbeschichtet, Metallrohr						
	m²	**€ brutto**	**–**	**243**	**287**	**305**	**–**
	KG 346	€ netto	–	204	242	256	–
45	**Trennwandanlage, HPL-Kompaktplatten** Sanitärtrennwand; Metallrohr, Verbundplatten; Raumhöhe 2,15m, Dicke 30mm; wasserfest, fäulnissicher						
	m²	**€ brutto**	**209**	**228**	**236**	**241**	**260**
	KG 346	€ netto	176	191	198	203	218
46	**WC-Schamwand Urinale** WC-Schamwand; Ausführung und Oberflächen im System der WC-Trennwandanlagen						
	St	**€ brutto**	**164**	**210**	**242**	**273**	**316**
	KG 346	€ netto	138	176	204	229	266
47	**Prallwand-Unterkonstruktion** Unterkonstruktion, Prallwand; Massivholzriegel, GKL I/II; 40x60mm; an Metallwinkelaufständerung montieren						
	m²	**€ brutto**	**44**	**65**	**73**	**81**	**99**
	KG 346	€ netto	37	55	61	68	83
48	**Prallwandbekleidung, ballwurfsicher** Prallwandbekleidung, ballwurfsicher; Furnierschichtholzplatte; Dicke 20/26/.....mm; sichtbar verschrauben; inkl. Gerüststellung						
	m²	**€ brutto**	**67**	**123**	**151**	**176**	**219**
	KG 345	€ netto	56	104	127	148	184
49	**Akustikvlies-Abdeckung, schwarz** Akustikvlies-Abdeckung; Glasfaser, A2; Gewicht 75-80g/m², Luftdurchlässigkeit 2.300l/m²s						
	m²	**€ brutto**	**6,9**	**10,6**	**12,5**	**15,0**	**20,0**
	KG 345	€ netto	5,8	8,9	10,5	12,6	16,8
50	**Geräteraum-Schwingtor, Metall/Holz** Schwingtor; Stahlrechteckrohr, Fichte; Breite 4,50m, Höhe 2,85m, Dicke 56mm; Holzrahmenkonstruktion						
	St	**€ brutto**	**3.031**	**4.767**	**5.394**	**6.417**	**8.981**
	KG 344	€ netto	2.547	4.006	4.533	5.393	7.547

LB 027 **Preise €**

Nr.	Kurztext / Stichworte Einheit / Kostengruppe		►	▷	brutto ø netto ø	◁	◄
51	**Sporthallentür, zweiflüglig** Sporthallentürelement, zweiflüglig; MDF-Platte, Sperrholzplatte; Breite 2,50m, Höhe 2,35m						
	St	**€ brutto**	**7.170**	**8.769**	**9.040**	**11.854**	**15.825**
	KG 344	€ netto	6.025	7.369	7.596	9.961	13.299
52	**Garderobenleiste** Garderobenleiste; Holz/Stahl, Einzel-/Doppelhaken; Durchmesser 42mm						
	m	**€ brutto**	**78**	**147**	**186**	**207**	**317**
	KG 381	€ netto	65	123	156	174	266
53	**Garderobenschrank** Garderobenschrank-Wertschrank; HPL-Vollkernplatten, Türbänder aus Edelstahl; Tiefe 525mm, Breite 300mm; Sicherheits-Zylinder-Hebel-Schloss/Münzpfandschloss als Hauptschließanlage						
	St	**€ brutto**	**430**	**600**	**705**	**837**	**1.029**
	KG 381	€ netto	361	504	593	704	865
54	**Einbauküche, melaminharzbeschichtet** Einbaumöblierung, Küche; Spanplatte, beschichtet; Höhe 860mm, Tiefe 630mm, Arbeitsplatte 3.000x630mm; Unterschränke, Oberschränke						
	St	**€ brutto**	**2.173**	**4.812**	**5.887**	**6.585**	**9.251**
	KG 381	€ netto	1.826	4.043	4.947	5.534	7.774
55	**Teeküche, melaminharzbeschichtet** Einbaumöblierung, Teeküche; Spanplatte, beschichtet; Höhe 860mm, Tiefe 630mm, Arbeitsplatte 2.400x630mm; Unterschränke, Oberschränke						
	St	**€ brutto**	**1.378**	**4.777**	**6.257**	**8.614**	**13.211**
	KG 381	€ netto	1.158	4.014	5.258	7.239	11.102
56	**Unterschrank, Küche, bis 600mm** Einbaumöblierung, Unterschrank; Spanplatte, beschichtet; 600x600mm, Höhe 860mm; melaminharzbeschichtet; Kochfeld						
	St	**€ brutto**	**285**	**565**	**685**	**866**	**1.218**
	KG 381	€ netto	240	475	576	728	1.024
57	**Oberschrank, Küche, bis 600mm** Einbaumöblierung, Oberschrank; Spanplatte, beschichtet; 600x450mm, Höhe 700mm; melaminharzbeschichtet						
	St	**€ brutto**	**229**	**359**	**385**	**453**	**575**
	KG 381	€ netto	192	302	324	380	483

Kosten: Stand 3.Quartal 2024, Bundesdurchschnitt

LB 027 **Preise €**

Nr.	Kurztext / Stichworte Einheit / Kostengruppe		►	▷	brutto ø netto ø	◁	◄
58	**Treppenstufe, Holz** Treppenstufe/Tritt- und Setzstufe; Eiche massiv, gehobelt, geschliffen; 42mm; schallentkoppelt						
	St	**€ brutto**	**107**	**201**	**248**	**350**	**645**
	KG 353	€ netto	90	169	209	295	542
59	**Handlauf-Profil, Holz** Handlauf; Massivholz, geschliffen, poliert, natur/transparent lackiert; Durchmesser 30/40mm						
	m	**€ brutto**	**45**	**73**	**82**	**101**	**151**
	KG 359	€ netto	38	61	69	85	127
60	**Geländer, gerade, Rundstabholz** Geländer; Hartholz, Rundstab, geschliffen, poliert, lackiert; Durchmesser 42,4mm						
	m	**€ brutto**	**317**	**484**	**535**	**643**	**883**
	KG 359	€ netto	266	407	450	540	742
61	**Stundensatz, Facharbeiter/-in** Stundenlohnarbeiten, Vorarbeiterin, Vorarbeiter, Facharbeiterin, Facharbeiter und Gleichgestellte; Tischlerarbeiten						
	h	**€ brutto**	**71**	**85**	**92**	**96**	**108**
		€ netto	60	71	77	81	91
62	**Stundensatz, Helfer/-in** Stundenlohnarbeiten für Werkerin, Werker, Helferin, Helfer und Gleichgestellte; Tischlerarbeiten						
	h	**€ brutto**	**53**	**63**	**70**	**75**	**85**
		€ netto	45	53	58	63	71

LB 028						Preise €
Nr.	**Kurztext** / Stichworte			**brutto ø**		
	Einheit / Kostengruppe	►	▷	netto ø	◁	◄
1	**Untergrund reinigen** Untergrund, reinigen; Staub, Verschmutzungen, lose Teile; abkehren, entsorgen; inkl. Deponiegebühr					
	m² € brutto	**0,6**	**1,2**	**1,3**	**2,2**	**3,8**
	KG 353 € netto	0,5	1,0	1,1	1,8	3,2
2	**Sinterschicht abschleifen** Sinterschicht abschleifen; Calciumsulfatestrichen; Staub absaugen und entsorgen					
	m² € brutto	**1,2**	**2,3**	**2,7**	**3,6**	**5,6**
	KG 353 € netto	1,0	1,9	2,3	3,0	4,7
3	**Zementestrich anschleifen** Estrich anschleifen; Zementestrich; Schleifgut sammeln, aufnehmen und entsorgen					
	m² € brutto	**1,1**	**2,4**	**2,7**	**3,8**	**6,1**
	KG 353 € netto	1,0	2,0	2,3	3,2	5,2
4	**Untergrund prüfen, Haftzugfestigkeit** Untergrund prüfen; Estrich, Decke; Haftzugfestigkeit; inkl. Protokollierung					
	St € brutto	**31**	**37**	**39**	**44**	**50**
	KG 353 € netto	26	31	33	37	42
5	**Untergrund vorstreichen, Haftgrund** Untergrund vorstreichen; vollflächig; inkl. Reinigung					
	m² € brutto	**1,7**	**3,2**	**3,9**	**4,5**	**6,1**
	KG 353 € netto	1,5	2,7	3,2	3,8	5,2
6	**Trennlage, Baumwollfilz** Trittschallunterlage; Baumwollfilz; 5mm; einlagig					
	m² € brutto	**2,3**	**4,1**	**5,2**	**5,8**	**8,0**
	KG 353 € netto	1,9	3,4	4,3	4,9	6,7
7	**Unterlage, Rippenpappe** Trittschallunterlage; Wellpappe, 5mm; einlagig					
	m² € brutto	**4,2**	**5,6**	**6,1**	**6,9**	**8,9**
	KG 353 € netto	3,6	4,7	5,2	5,8	7,5
8	**Unterlage, Korkschrotpappe** Trenn-/Unterlage; Korkschrotpappe, 3mm; einlagig					
	m² € brutto	**–**	**9,3**	**14,0**	**17,1**	**–**
	KG 353 € netto	–	7,8	11,8	14,3	–
9	**Unterboden, Holzspanplatte P2, 28mm** Unterboden; Holzspanplatte, P2; Dicke 28mm; NF-Profil					
	m² € brutto	**–**	**38**	**48**	**63**	**–**
	KG 353 € netto	–	32	41	53	–

Kosten: Stand 3.Quartal 2024, Bundesdurchschnitt

LB 028 **Preise €**

Nr.	Kurztext / Stichworte Einheit / Kostengruppe		►	▷	brutto ø netto ø	◁	◄
10	**Blindboden, Nadelholz** Blindboden; Nadelholz, S10, einseitig gehobelt; Dicke 24mm; gespundene Schalung; inkl. chemischem Holzschutz						
	m²	**€ brutto**	**33**	**51**	**64**	**65**	**78**
	KG 353	€ netto	28	43	54	55	66
11	**Dielenbodenbelag, Fichte, 24mm** Dielenbodenbelag, Massivholz; Fichte, künstlich getrocknet; Dicke 24mm; gehobelt, geschliffen						
	m²	**€ brutto**	**218**	**242**	**263**	**286**	**307**
	KG 353	€ netto	183	203	221	241	258
12	**Dielenbodenbelag, Lärche, 24mm** Dielenbodenbelag, Massivholz; Lärche, künstlich getrocknet; Dicke 24mm; gehobelt, geschliffen						
	m²	**€ brutto**	**221**	**246**	**270**	**292**	**313**
	KG 353	€ netto	186	206	227	245	263
13	**Dielenbodenbelag, Ahorn, 22mm** Dielenbodenbelag, Massivholz; Ahorn, künstlich getrocknet; Dicke 22mm; gehobelt, geschliffen						
	m²	**€ brutto**	**235**	**255**	**283**	**309**	**332**
	KG 353	€ netto	198	214	238	260	279
14	**Dielenbodenbelag, Esche, 22mm** Dielenbodenbelag, Massivholz; Esche, künstlich getrocknet; Dicke 22mm; gehobelt, geschliffen						
	m²	**€ brutto**	**197**	**214**	**241**	**260**	**282**
	KG 353	€ netto	166	180	202	218	237
15	**Dielenbodenbelag, Eiche, 22mm** Dielenbodenbelag, Massivholz; Eiche, künstlich getrocknet; Dicke 22mm; gehobelt, geschliffen						
	m²	**€ brutto**	**181**	**197**	**221**	**239**	**261**
	KG 353	€ netto	152	165	186	201	219
16	**Stabparkett, Eiche, 22mm** Vollholz, Stabparkett; Eiche, künstlich getrocknet; Dicke 14-22mm; NF-Profil, verkleben, schleifen						
	m²	**€ brutto**	**117**	**137**	**149**	**163**	**188**
	KG 353	€ netto	98	115	125	137	158
17	**Stabparkett, Buche, 22mm** Vollholz, Stabparkett; Buche, künstlich getrocknet; Dicke 14-22mm; NF-Profil, verkleben, schleifen						
	m²	**€ brutto**	**112**	**148**	**155**	**173**	**211**
	KG 353	€ netto	94	124	130	145	177

LB 028 **Preise €**

Nr.	Kurztext / Stichworte Einheit / Kostengruppe		▶	▷	brutto ø netto ø	◁	◀
18	**Fertigparkett, Ahorn, 14mm, versiegelt** Fertigparkett, werksseitig versiegelt; Ahorn; Dicke 14mm; verkleben						
	m^2	**€ brutto**	**86**	**113**	**124**	**128**	**141**
	KG 353	€ netto	72	95	104	107	118
19	**Fertigparkett, Eiche 14mm, versiegelt** Fertigparkett, werksseitig versiegelt; Eiche; Dicke 14mm; verkleben						
	m^2	**€ brutto**	**109**	**121**	**132**	**154**	**167**
	KG 353	€ netto	91	101	111	129	140
20	**Fertigparkett, Esche, 14mm, versiegelt** Fertigparkett, werksseitig versiegelt; Esche; Dicke 14mm; verkleben						
	m^2	**€ brutto**	**107**	**119**	**129**	**149**	**164**
	KG 353	€ netto	90	100	109	125	138
21	**Fertigparkett, Buche, 14mm, versiegelt** Fertigparkett, werksseitig versiegelt; Buche; Dicke 14mm; verkleben						
	m^2	**€ brutto**	**104**	**115**	**127**	**145**	**160**
	KG 353	€ netto	87	97	107	122	134
22	**Vollholzparkett, Hochkantlamellen, Eiche, bis 12mm** Lamellenparkett; Eiche, künstlich getrocknet; Dicke 10-12mm; NF-Profil, verkleben, schleifen						
	m^2	**€ brutto**	**78**	**90**	**95**	**97**	**114**
	KG 353	€ netto	66	75	80	81	95
23	**Lamparkett, Eiche, 10mm** Lamparkett; Eiche, künstlich getrocknet; Dicke 10mm; verkleben, schleifen						
	m^2	**€ brutto**	**80**	**119**	**167**	**194**	**243**
	KG 353	€ netto	67	100	140	163	204
24	**Lamparkett, Ahorn, 10mm** Lamparkett; Ahorn, künstlich getrocknet; Dicke 10mm; verkleben, schleifen						
	m^3	**€ brutto**	**–**	**123**	**176**	**200**	**–**
	KG 353	€ netto	–	104	148	168	–
25	**Lamparkett, Esche, 10mm** Lamparkett; Esche, künstlich getrocknet; Dicke 10mm; verkleben, schleifen						
	m^2	**€ brutto**	**–**	**118**	**169**	**191**	**–**
	KG 353	€ netto	–	99	142	161	–
26	**Mosaikparkett, Eiche, 8mm** Mosaikparkett; Eiche, künstlich getrocknet; Dicke 8mm; verkleben, schleifen						
	m^2	**€ brutto**	**64**	**80**	**90**	**94**	**111**
	KG 353	€ netto	54	67	76	79	93

Kosten: Stand 3.Quartal 2024, Bundesdurchschnitt

LB 028							Preise €
Nr.	**Kurztext** / Stichworte **Einheit** / Kostengruppe		►	▷	**brutto ø** netto ø	◁	◄
27	**Mosaikparkett, Esche, 8mm** Mosaikparkett; Buche, künstlich getrocknet; Dicke 8mm; verkleben, schleifen						
	m²	**€ brutto**	**–**	**102**	**117**	**132**	**–**
	KG 353	€ netto	–	85	99	111	–
28	**Mosaikparkett, Buche, 8mm** Mosaikparkett; Buche, künstlich getrocknet; Dicke 8mm; verkleben, schleifen						
	m²	**€ brutto**	**–**	**100**	**112**	**129**	**–**
	KG 353	€ netto	–	84	94	109	–
29	**Holzpflaster, bis 50mm** Holzpflasterbelag; parallel zu den Längswänden,inkl. schleifen, verlegen; auf Zementestrich						
	m²	**€ brutto**	**112**	**128**	**130**	**137**	**150**
	KG 353	€ netto	94	108	110	115	126
30	**Vollholzparkett schleifen** Oberflächenbearbeitung, schleifen; Vollholzparkett; Schleifkörnung bis 180						
	m²	**€ brutto**	**13**	**19**	**21**	**22**	**28**
	KG 353	€ netto	11	16	18	19	23
31	**Vollholzparkett beschichten** Oberflächenbearbeitung; Öl-Kunstharzsiegel/Wasserlack/PU-Wassersiegel; imprägnieren, antirutschend wachsen, inkl Zwischenschliff						
	m²	**€ brutto**	**16**	**22**	**25**	**29**	**39**
	KG 353	€ netto	13	18	21	24	33
32	**Randstreifen abschneiden** Randstreifen abschneiden; Rippenpappe/Mineralwolle/Polystyrol; aufnehmen, laden, entsorgen; inkl. Deponiegebühr						
	m	**€ brutto**	**0,5**	**0,7**	**0,7**	**1,0**	**1,4**
	KG 353	€ netto	0,4	0,6	0,6	0,8	1,2
33	**Randabschluss, Korkstreifen, Dehnfuge** Randabschluss; Korkstreifen; Breite 10mm; oberflächengleich						
	m	**€ brutto**	**5,0**	**8,9**	**10,4**	**12,9**	**18,9**
	KG 353	€ netto	4,2	7,5	8,8	10,9	15,9
34	**Sockelleiste, Buche** Sockelleiste; Buche, lackiert, Viertelstab-Profil, gerundet; 16x16mm; befestigen mit Nägel						
	m	**€ brutto**	**12**	**15**	**17**	**20**	**25**
	KG 353	€ netto	9,7	12,8	14,0	16,9	21,3

LB 028						Preise €
Nr.	**Kurztext** / Stichworte **Einheit** / Kostengruppe	▶	▷	**brutto ø** netto ø	◁	◀
35	**Sockelleiste, Eiche** Sockelleiste; Eiche, Rechteckprofil, lackiert; Ecken mit Gehrungsschnitt, befestigen mit Senkkopf-Schrauben					
	m **€ brutto**	**12**	**17**	**19**	**22**	**30**
	KG 353 € netto	10	15	16	19	25
36	**Sockelleiste, Ahorn** Sockelleiste; Ahorn, Schmetterlingsprofil, gerundet, lackiert; 25x25mm; befestigen mit Nägel					
	m **€ brutto**	**14**	**17**	**19**	**22**	**27**
	KG 353 € netto	11	15	16	18	23
37	**Eckausbildung, vorgefertigt, Sockelleiste** Sockelleiste, Eckausbildung; mit vorgefertigten Innen- und Außenecken					
	St **€ brutto**	**0,5**	**2,2**	**2,7**	**3,7**	**5,2**
	KG 353 € netto	0,5	1,9	2,3	3,1	4,3
38	**Parkettbelag anarbeiten, gerade** Anschluss Parkettbelag; Stabparkett/Fertigparkett; Randfries, raumhohe Fenster, Treppenaugen					
	m **€ brutto**	**8,1**	**13,7**	**16,8**	**20,9**	**27,1**
	KG 353 € netto	6,8	11,5	14,1	17,6	22,8
39	**Parkettbelag anarbeiten, schräg** Parkett anarbeiten; an nicht parallel zur Verlegerichtung verlaufende, lineare Bauteile					
	m **€ brutto**	**12**	**17**	**18**	**22**	**28**
	KG 353 € netto	10	14	15	18	24
40	**Aussparung, Parkett** Öffnung/Aussparung herstellen; Parkett; rechteckig					
	St **€ brutto**	**24**	**42**	**50**	**58**	**76**
	KG 353 € netto	20	35	42	48	64
41	**Trennschiene, Metall** Trennschiene; Metall; Material-Übergang; in Holz-Bodenbelag					
	m **€ brutto**	**18**	**26**	**29**	**36**	**52**
	KG 353 € netto	15	22	25	30	43
42	**Übergangsprofil/Abdeckschiene, nichtrostender Stahl** Übergangsprofil; Edelstahl; Belagwechsel					
	m **€ brutto**	**24**	**33**	**35**	**39**	**48**
	KG 353 € netto	20	28	29	32	40
43	**Übergangsprofil/Abdeckschiene, Aluminium** Übergangsprofil; Aluminium; Belagwechsel					
	m **€ brutto**	**19**	**31**	**33**	**38**	**45**
	KG 353 € netto	16	26	28	32	38

Kosten: Stand 3.Quartal 2024, Bundesdurchschnitt

LB 028 **Preise €**

Nr.	**Kurztext** / Stichworte **Einheit** / Kostengruppe		►	▷	**brutto ø** netto ø	◁	◄
44	**Übergangsprofil/Abdeckschiene; Messing** Übergangsprofil; Messing; Belagwechsel						
	m	**€ brutto**	**20**	**36**	**38**	**46**	**62**
	KG 353	€ netto	17	30	32	39	52
45	**Verfugung, elastisch, Silikon** Fuge, elastisch; Silikondichtstoff; glatt gestrichen; inkl. Anschlussarbeiten, Hinterstopfmaterial						
	m	**€ brutto**	**6,7**	**9,4**	**10,3**	**12,2**	**15,1**
	KG 353	€ netto	5,6	7,9	8,6	10,2	12,7
46	**Erstpflege, Parkettbelag** Erstpflege, Parkett; Pflegemittel Oberflächeneigenschaft R9/R11						
	m²	**€ brutto**	**2,4**	**4,3**	**5,2**	**5,8**	**7,1**
	KG 353	€ netto	2,0	3,6	4,3	4,9	6,0
47	**Schutzabdeckung, Platten/Folie** Schutzabdeckung; vollflächig abdecken; Bodenfläche; inkl. entfernen und entsorgen						
	m²	**€ brutto**	**3,8**	**5,9**	**6,5**	**7,4**	**8,8**
	KG 353	€ netto	3,2	4,9	5,5	6,2	7,4
48	**Stundensatz, Facharbeiter/-in** Stundenlohnarbeiten, Vorarbeiterin, Vorarbeiter, Facharbeiterin, Facharbeiter und Gleichgestellte; Parkettleger						
	h	**€ brutto**	**72**	**80**	**83**	**87**	**94**
		€ netto	60	67	70	73	79
49	**Stundensatz, Helfer/-in** Stundenlohnarbeiten für Werkerin, Werker, Helferin, Helfer und Gleichgestellte; Parkettleger						
	h	**€ brutto**	**57**	**63**	**67**	**72**	**79**
		€ netto	48	53	57	60	66

LB 029						Preise €
Nr.	**Kurztext** / Stichworte **Einheit** / Kostengruppe	►	▷	**brutto ø** netto ø	◁	◄
1	**Fenstergriff, Aluminium** Fensterolive; Aluminium; Vier-Punkt-Kugelrastung, unsichtbar befestigt; Verschraubung M5					
	St **€ brutto**	**32**	**42**	**48**	**55**	**66**
	KG 334 € netto	27	36	40	46	55
2	**Fenstergriff, Aluminium, abschließbar** Fenstergriff, abschließbar; Aluminium, naturfarbig; Dreh-Kipp-Griff; inkl. Rosette, 3 Schlüssel					
	St **€ brutto**	**34**	**74**	**90**	**96**	**130**
	KG 334 € netto	29	62	76	81	109
3	**Drückergarnitur, Wohnungstür, Metall** Drückergarnitur; Edelstahl/Aluminium; Rosette oval/eckig, mit Hochhaltefeder; Normalgarnitur/Wechselgarnitur					
	St **€ brutto**	**186**	**246**	**267**	**309**	**371**
	KG 344 € netto	156	207	224	260	312
4	**Drückergarnitur, Wohnungstür, Stahl-Nylon** Drückergarnitur; Stahlkern, Oberfläche Nylon; Türdicke 42mm; Rosette oval/eckig mit Hochhaltefeder; Normalgarnitur/Wechselgarnitur					
	St **€ brutto**	**45**	**67**	**81**	**91**	**118**
	KG 344 € netto	38	56	68	76	99
5	**Drückergarnitur, Objekttür, Aluminium** Drückergarnitur; Aluminium; Rosette oval/eckig mit Hochhaltefeder; Feuer-/Rauchschutztür; Normalgarnitur/Wechselgarnitur					
	St **€ brutto**	**58**	**90**	**102**	**117**	**153**
	KG 344 € netto	49	75	85	98	129
6	**Drückergarnitur, niro** Drückergarnitur; Edelstahl, matt, gebürstet/spiegelpoliert; Rosette oval/eckig, mit Hochhaltefeder; für Feuer-/Rauchschutztür					
	St **€ brutto**	**121**	**234**	**270**	**352**	**509**
	KG 344 € netto	102	197	227	296	428
7	**Drückergarnitur, Objekttür, niro, barrierefrei** Drückergarnitur, Wechselgarnitur; Edelstahl, gebürstet/spiegelpoliert; Anordnung unten, für Handbetätigung Rollstuhl, inkl. Langschild,					
	St **€ brutto**	**–**	**472**	**531**	**653**	**–**
	KG 344 € netto	–	397	446	549	–
8	**Drückergarnitur, Objekttür, niro, Ellenbogenbetätigung** Drückergarnitur, Wechselgarnitur; Edelstahl, gebürstet/spiegelpoliert; Hand-und Ellenbogenbetätigung, inkl. Langschild, Kugelrastung					
	St **€ brutto**	**–**	**512**	**588**	**712**	**–**
	KG 344 € netto	–	430	494	598	–

Kosten: Stand 3.Quartal 2024, Bundesdurchschnitt

LB 029 **Preise €**

Nr.	Kurztext / Stichworte Einheit / Kostengruppe		►	▷	brutto ø netto ø	◁	◄
9	**Bad-/WC-Garnitur, Objektbereich, Aluminium** Bad-WC-Garnitur, beidseitiger Drücker; Aluminium, eloxiert/anodisiert; Türdicke 42mm; Rosette oval/eckig; inkl. beidseitiger Drücker						
	St	**€ brutto**	**53**	**87**	**104**	**124**	**163**
	KG 344	€ netto	45	73	87	104	137
10	**Bad-/WC-Garnitur, Objektbereich, Edelstahl** Bad-WC-Garnitur; Edelstahl matt gebürstet/Spiegelpoliert; Türdicke 42mm; Metallrosette mit/ohne Hochhaltefeder; inkl. beidseitiger Drücker						
	St	**€ brutto**	**71**	**176**	**197**	**218**	**276**
	KG 344	€ netto	60	148	165	183	232
11	**Stoßgriff, Tür, Aluminium** Türstange; Aluminium; Durchmesser 200mm; verdeckt verschraubt						
	St	**€ brutto**	**178**	**381**	**504**	**680**	**1.024**
	KG 344	€ netto	149	320	423	571	861
12	**Obentürschließer, einflüglige Tür** Obentürschließer; einflüglige Tür; Schließgröße EN 2-4, Türflügel bis max. 1.100mm, Öffnungswinkel 180°, Feststellbereich 70-150°; Basisschließer, Normalgestänge; für Rauch-/Feuerschutztür						
	St	**€ brutto**	**261**	**391**	**442**	**586**	**949**
	KG 344	€ netto	219	329	371	492	797
13	**Obentürschließer, zweiflüglige Tür** Obentürschließer; zweiflüglige Türanlage; Größe 2-6; für zweiflügliges Türblatt, Normalmontage Türblatt/Bandseite; Schließgeschwindigkeit und Endschlag regulierbar, inkl. Montageplatte						
	St	**€ brutto**	**564**	**778**	**887**	**1.025**	**1.380**
	KG 344	€ netto	474	653	746	862	1.160
14	**Obentürschließer Innentür** Obentürschließer, Innentür; Geschwindigkeit einstellbar, Gleitschiene						
	St	**€ brutto**	**430**	**530**	**615**	**689**	**769**
	KG 344	€ netto	361	445	517	579	646
15	**Bodentürschließer, einflüglige Tür** Bodentürschließer; Edelstahl/Aluminium, eloxiert/Messing, matt; Größe 3, Bauhöhe 42mm; einflüglige Pendel- und Anschlagtür, Schließgeschwindigkeit einstellbar; innen						
	St	**€ brutto**	**625**	**685**	**769**	**853**	**935**
	KG 344	€ netto	526	575	646	717	786
16	**Türantrieb, kraftbetätigte Tür, einflüglig** Türantrieb, automatisch; für einflüglige Tür, barrierefrei, geräuscharm; Innen- und Außentüren						
	St	**€ brutto**	**3.900**	**5.657**	**6.426**	**7.475**	**9.541**
	KG 344	€ netto	3.277	4.754	5.400	6.281	8.017

LB 029 **Preise €**

Nr.	Kurztext / Stichworte Einheit / Kostengruppe		▶	▷	brutto ø netto ø	◁	◀
17	**Türantrieb, kraftbetätigte Tür, zweiflüglig** Türantrieb, automatisch; für zweiflüglige Tür, barrierefrei, geräuscharm; Innen- und Außentüren						
	St	**€ brutto**	**4.050**	**6.291**	**7.527**	**8.025**	**9.977**
	KG 344	€ netto	3.403	5.287	6.325	6.744	8.384
18	**Elektrischer Türantrieb** Türantrieb elektrisch; für einflüglige Tür; mit Bewegungsmeldern						
	St	**€ brutto**	**3.263**	**3.889**	**4.470**	**4.917**	**5.722**
	KG 344	€ netto	2.742	3.268	3.757	4.132	4.808
19	**Sensorleiste, Türblatt** Sensorleiste, Türflügel; Türflügelbreite 1.125mm, je Flügel 2 Sensorleisten; Absicherung des Schwenkbereich						
	St	**€ brutto**	**649**	**802**	**869**	**984**	**1.207**
	KG 344	€ netto	545	674	730	827	1.014
20	**Fingerschutz, Türkante** Fingerschutz Türkante; Aluminium, eloxiert/farbbeschichtet RAL-....., feuerhemmend; Länge bis 2.500mm						
	St	**€ brutto**	**125**	**204**	**258**	**276**	**318**
	KG 344	€ netto	105	171	217	232	267
21	**Türöffner elektrisch** Türöffner elektrisch; mit Riegelschaltkontakt für Antriebsabschaltung						
	St	**€ brutto**	**87**	**116**	**133**	**147**	**182**
	KG 344	€ netto	73	97	112	123	153
22	**Fluchttürsicherung, elektrische Verriegelung** Fluchttürsicherung; Steuerung beleuchteter Nottaste für Betriebszustand Tür, Alarm, Voralarm, Störung						
	St	**€ brutto**	**895**	**1.487**	**1.613**	**1.886**	**2.393**
	KG 344	€ netto	752	1.249	1.355	1.585	2.011
23	**Türstopper, Wandmontage** Türstopper, Wandmontage; Metall, poliert/gebürstet mit Gummipuffer; rund/eckig, geschraubt; Außen-/Innenbereich						
	St	**€ brutto**	**26**	**45**	**52**	**58**	**77**
	KG 344	€ netto	22	38	44	49	64
24	**Türstopper, Bodenmontage** Türstopper, Bodenmontage; Metall, poliert/gebürstet mit Gummipuffer; rund/eckig, geschraubt; Außen-/Innenbereich						
	St	**€ brutto**	**20**	**39**	**44**	**56**	**85**
	KG 344	€ netto	17	33	37	47	71

Kosten: Stand 3.Quartal 2024, Bundesdurchschnitt

LB 029						Preise €
Nr.	**Kurztext** / Stichworte **Einheit** / Kostengruppe		►	▷	**brutto ø** netto ø	◁	◄

Nr.	Kurztext / Einheit		►	▷	ø	◁	◄
25	**Türspion, Aluminium** Türspion; Aluminium; Durchmesser 15mm; inkl. Deckklappe						
	St	**€ brutto**	**18**	**30**	**37**	**41**	**50**
	KG 344	€ netto	15	25	31	34	42
26	**Lüftungsprofil, Fenster** Lüftungsprofil; Aluminium u. Kunststoff, G2; schallgedämmt; Voll-/Hohlprofil-Fensterrahmen						
	St	**€ brutto**	**127**	**227**	**270**	**297**	**464**
	KG 334	€ netto	107	191	227	250	390
27	**Lüftungsgitter, Türblatt** Lüftungsgitter; Aluminium u. Kunststoff; stufenlos regulierbar, verschließbar; Holztürblatt; inkl. beidseitiger Verfugung						
	St	**€ brutto**	**41**	**64**	**70**	**109**	**168**
	KG 344	€ netto	34	54	59	92	141
28	**Halb-Schließzylinder** Profil-Halbzylinder; Messing, matt vernickelt; Länge A 10mm, Länge B 30,5mm; verschieden-/gleichschließend						
	St	**€ brutto**	**34**	**69**	**86**	**111**	**166**
	KG 344	€ netto	28	58	72	93	139
29	**Doppel-Schließzylinder** Profil-Doppelzylinder; Messing, matt vernickelt; Länge A 30,5mm, Länge B 30,5mm; verschieden-/gleichschließend						
	St	**€ brutto**	**40**	**83**	**99**	**135**	**232**
	KG 344	€ netto	34	69	84	113	195
30	**Profilzylinderverlängerung, je 5mm** Profilzylinder, Verlängerung; je Seite und angefangene 5mm						
	St	**€ brutto**	**3,4**	**7,0**	**8,2**	**9,9**	**13,4**
	KG 344	€ netto	2,8	5,8	6,9	8,3	11,3
31	**Profilzylinderverlängerung, je 10mm** Profil-Zylinder, Verlängerung; je angefangene 10mm						
	St	**€ brutto**	**3,8**	**6,8**	**8,3**	**11,1**	**16,8**
	KG 344	€ netto	3,2	5,7	7,0	9,4	14,1
32	**Profilblindzylinder** Profil-Blindzylinder; Messing, matt vernickelt; Länge 30,5mm, Breite 30,5mm; inkl. Stulpschraube M5 vernickelt						
	St	**€ brutto**	**15**	**24**	**28**	**42**	**67**
	KG 344	€ netto	13	20	24	35	56
33	**Generalhaupt-, Generalschlüssel** Generalhauptschlüssel; Profilzylinder; Schließanlage						
	St	**€ brutto**	**9,9**	**16,8**	**19,7**	**26,4**	**42,4**
	KG 344	€ netto	8,3	14,1	16,5	22,2	35,6

LB 029						Preise €
Nr.	Kurztext / Stichworte Einheit / Kostengruppe		►	▷	brutto ø netto ø	◁	◄

Nr.	Kurztext / Stichworte		►	▷	ø	◁	◄
34	**Schlüssel, Buntbart** Schlüssel, Buntbart; Messing, verchromt, poliert; gleichschließend						
	St	**€ brutto**	**9,5**	**15,1**	**17,0**	**20,3**	**30,9**
	KG 344	€ netto	8,0	12,7	14,3	17,0	25,9
35	**Gruppen-, Hauptschlüssel** Gruppen-, Hauptschlüssel; Profilzylinder; für Schließanlage						
	St	**€ brutto**	**6,0**	**11,4**	**13,7**	**18,7**	**27,4**
	KG 344	€ netto	5,1	9,6	11,5	15,7	23,0
36	**Schlüsselschrank, wandhängend** Schlüsselschrank, wandhängend; Aluminium/Kunststoff; Türöffnung über 90°; inkl. zwei Schlüssel						
	St	**€ brutto**	**134**	**349**	**424**	**660**	**970**
	KG 344	€ netto	112	294	356	555	815
37	**Riegelschloss** Riegelschloss; vorgerichtet für Profil-Halbzylinder; inkl. Bohr- und Fräsarbeiten						
	St	**€ brutto**	**92**	**180**	**230**	**244**	**302**
	KG 344	€ netto	77	151	193	205	254
38	**Absenkdichtung, Tür** Bodendichtung; Druckplatte, PVC-Dichtprofil, Befestigungswinkel						
	St	**€ brutto**	**89**	**145**	**162**	**184**	**237**
	KG 344	€ netto	75	121	136	155	199
39	**Hausbriefkasten, Aufputz** Briefkasten mit/ohne Zeitungsfach; Edelstahl; inkl. 2 Schlüssel						
	St	**€ brutto**	**1.776**	**1.951**	**2.087**	**2.121**	**2.202**
	KG 610	€ netto	1.492	1.639	1.754	1.783	1.851
40	**WC-Schild, taktil, Kunststoff** WC-Schild, taktil; Polyamid; 200x100mm, Dicke 3mm; Brailleschrift						
	St	**€ brutto**	**–**	**59**	**68**	**85**	**–**
	KG 344	€ netto	–	49	57	71	–
41	**WC-Schild, taktil, Aluminium** WC-Schild, taktil; Aluminium, eloxiert; 150x150mm; Brailleschrift						
	St	**€ brutto**	**–**	**80**	**90**	**113**	**–**
	KG 344	€ netto	–	67	76	95	–
42	**Handlaufbeschriftung, taktil, Alu, 36,5/43, Blinden-/Profilschrift** Handlaufbeschriftung taktil; Aluminium, eloxiert; HxL 36,5x43mm, bis 5 Zeichen; mit Braille, Profilschrift, geklebt; Innen-/Außenbereich						
	St	**€ brutto**	**–**	**64**	**75**	**93**	**–**
	KG 359	€ netto	–	54	63	78	–

Kosten: Stand 3.Quartal 2024, Bundesdurchschnitt

LB 029						**Preise €**
Nr.	**Kurztext** / Stichworte			**brutto ø**		
	Einheit / Kostengruppe	►	▷	netto ø	◁	◄
43	**Handlaufbeschriftung, taktil, Alu, 36,5/173, Blinden-/Profilschrift** Handlaufbeschriftung taktil; Aluminium, eloxiert; HxL 36,5x173mm, bis 12 Zeichen; mit Braille, Profilschrift, geklebt; Innen-/Außenbereich					
	St **€ brutto**	**–**	**112**	**129**	**162**	**–**
	KG 359 € netto	–	94	108	136	–

LB 030						Preise €
Nr.	**Kurztext** / Stichworte **Einheit** / Kostengruppe	►	▷	**brutto ø** netto ø	◁	◄
1	**Rollladen-/Raffstorekasten** Rollladenkasten; Leichtbeton/PS-Kunststoff, PUR, WLG025; gurtbetrieben; außen					
	m € brutto	**83**	**100**	**107**	**110**	**135**
	KG 338 € netto	70	84	90	93	113
2	**Deckel, Rollladenkasten** Rollladenkastendeckel; PVC-U, PUR, WLG025; als sichtbare, revisionierbare Abdeckung					
	m € brutto	**31**	**40**	**43**	**49**	**58**
	KG 338 € netto	26	34	36	41	49
3	**Vorbaurollladen, Führungsschiene, Gurtwickler** Vorbau-Rollladen; Aluminiumkasten, Ecken gerundet/scharfkantig, Aluminiumschiene; Profil hxb=50x35-50mm, WK 1/2					
	St € brutto	**259**	**476**	**534**	**676**	**1.006**
	KG 338 € netto	218	400	449	568	846
4	**Rollladen, Führungsschiene, Gurtwickler** Rollladen; Kunststoff/Aluminiumschiene, Abdeckplatte Kunststoff/ Aluminium; WK 1/2; Arbeitshöhe bis 3,50m					
	St € brutto	**179**	**312**	**362**	**431**	**626**
	KG 338 € netto	150	262	304	362	526
5	**Elektromotor, Rollladen** Elektromotor, Rollladen; Arbeitshöhe bis 3,50m; Entfall von Gurt und Gurtwickler einrechnen					
	St € brutto	**198**	**261**	**279**	**335**	**441**
	KG 338 € netto	166	219	235	281	371
6	**Jalousie/Raffstore/Lamellen, außen, elektrisch** Außenjalousie; Aluminiumlamellen, Aluminium-/Edelstahlschiene; Lamellen 35mm, Dicke 0,22-0,30mm; elektrisch betrieben					
	St € brutto	**471**	**724**	**817**	**915**	**1.221**
	KG 338 € netto	396	609	687	769	1.026
7	**Fallarmmarkise, Acrylgarngewebe, 3,0m²** Fallarmmarkise; Acrylgarngewebe, Aluminium; BxH 1.200x2.500mm, Länge 100-125cm; Kurbelantrieb, Windklasse 1/2					
	St € brutto	**730**	**820**	**894**	**958**	**1.045**
	KG 338 € netto	614	689	751	805	878
8	**Gelenkarmmarkise, Terrassenmarkise, bis 15m²** Gelenkarmmarkise; korrosionsgeschützte Konsolen, Gelenkarme Aluminium, Behang aus Acrylfaser/Polyester; Einbauhöhe bis 3,00m					
	St € brutto	**3.354**	**4.159**	**4.467**	**4.721**	**5.261**
	KG 338 € netto	2.818	3.495	3.754	3.968	4.421

Kosten: Stand 3.Quartal 2024, Bundesdurchschnitt

LB 030 **Preise €**

Nr.	Kurztext / Stichworte Einheit / Kostengruppe		►	▷	brutto ø netto ø	◁	◄
9	**Verdunkelung, innen, bis 3,50m²** Verdunkelungsanlage; Abdeckplatte Kunststoff/Aluminium, Welle Stahlrohr, Einfallschiene Stahl/Aluminium						
	St	**€ brutto**	**218**	**300**	**339**	**400**	**514**
	KG 338	€ netto	183	252	285	336	432
10	**Schiebeladen, 2-teilig, Metall/Holz, manuell, bis 4 m²** Schiebeladen; Rohrprofil Aluminium/Stahl, Füllung Stahlblech/Lamellen aus Nadelholz; Breite 45mm, Dicke 20-25mm; Trag-/Führungsschiene						
	St	**€ brutto**	**1.160**	**1.647**	**1.787**	**2.032**	**2.642**
	KG 338	€ netto	975	1.384	1.501	1.707	2.221
11	**Fensterladen, Holz, zweiteilig** Klappladen; Nadelholz/Eiche, S10, Aluminium-/Edelstahlschiene; Lamellen 45mm, Dicke 20-25mm						
	St	**€ brutto**	**441**	**946**	**1.118**	**1.435**	**2.189**
	KG 338	€ netto	371	795	939	1.206	1.839
12	**Windwächter-Anlage, Sonnenschutz** Windwarnanlage; pulverbeschichtet/einbrennlackiert; Außenwand; inkl. Steuerung						
	St	**€ brutto**	**686**	**1.178**	**1.389**	**1.576**	**2.199**
	KG 338	€ netto	576	990	1.168	1.325	1.848
13	**Sonnenschutz-Wetterstation** Sonnenschutz-Wetterstation; Kunststoff, witterungsbeständig, UV beständig						
	St	**€ brutto**	**1.017**	**1.707**	**2.112**	**2.400**	**2.838**
	KG 338	€ netto	855	1.435	1.774	2.017	2.385
14	**Rollgitteranlage, elektrisch** Rollgitteranlage; Flachstahl/Aluminium, Führungsschiene Aluminium; WK 1						
	St	**€ brutto**	**7.114**	**8.725**	**9.828**	**10.669**	**12.047**
	KG 334	€ netto	5.978	7.332	8.259	8.966	10.123
15	**Rolltoranlage, elektrisch** Rolltor, elektrisch; Aluminiumpanzer, Rolltorkasten Aluminium/Stahlblech; Dicke 14/18mm, WK 1; mehrfach gekantet						
	St	**€ brutto**	**5.340**	**13.065**	**14.027**	**15.517**	**20.365**
	KG 334	€ netto	4.487	10.979	11.787	13.039	17.114
16	**Stundensatz, Facharbeiter/-in** Stundenlohnarbeiten, Vorarbeiterin, Vorarbeiter, Facharbeiterin, Facharbeiter und Gleichgestellte; Rollladenarbeiten						
	h	**€ brutto**	**82**	**89**	**90**	**92**	**98**
		€ netto	69	75	75	77	82

LB 030							Preise €
Nr.	Kurztext / Stichworte				brutto ø		
	Einheit / Kostengruppe		►	▷	netto ø	◁	◄
17	**Stundensatz, Helfer/-in**						
	Stundenlohnarbeiten für Werkerin, Werker, Helferin, Helfer und Gleichgestellte; Rollladenarbeiten						
	h	**€ brutto**	**52**	**62**	**67**	**72**	**80**
		€ netto	44	52	57	60	67

LB 031							Preise €
Nr.	**Kurztext** / Stichworte				**brutto ø**		
	Einheit / Kostengruppe		►	▷	netto ø	◁	◄
1	**Handlauf, Stahl, außen, verzinkt, Rundrohr: 33,7**						
	Handlauf; Stahl S 235 JR+AR 2,0mm; Durchmesser 33,7mm; Wandmontage; Außenbereich						
	m	**€ brutto**	**51**	**67**	**71**	**79**	**94**
	KG 359	€ netto	43	56	60	66	79
2	**Handlauf, Stahl, außen, verzinkt, Rundrohr: 42,4**						
	Handlauf; Stahl S 235 JR+AR 2,0mm; Durchmesser 42,4mm; Wandmontage; Außenbereich						
	m	**€ brutto**	**67**	**92**	**100**	**114**	**138**
	KG 359	€ netto	56	78	84	96	116
3	**Handlauf, nichtrostend, Rundrohr 33,7**						
	Handlauf; Edelstahl 2,0mm; Durchmesser 33,7mm; Wandmontage; Außenbereich						
	m	**€ brutto**	**57**	**109**	**155**	**169**	**230**
	KG 359	€ netto	48	92	130	142	193
4	**Handlauf, nichtrostend, Rundrohr 42,4**						
	Handlauf; Edelstahl 2,0mm; Durchmesser 42,4mm; Wandmontage; Außenbereich						
	m	**€ brutto**	**63**	**127**	**156**	**173**	**226**
	KG 359	€ netto	53	106	131	145	190
5	**Handlauf, nichtrostend, Rundrohr 48,3**						
	Handlauf; Edelstahl 2,0mm; Durchmesser 48,3mm; Wandmontage; Außenbereich						
	m	**€ brutto**	**105**	**152**	**190**	**246**	**314**
	KG 359	€ netto	88	127	159	207	264
6	**Handlauf, Stahl, gebogen**						
	Handlauf gebogen, komplett; Stahl S235JR+AR, verzinkt; Durchmesser 25/33,7/42,4/60mm; Außen-/Innenbereich						
	m	**€ brutto**	**160**	**196**	**217**	**248**	**281**
	KG 359	€ netto	135	165	182	209	236
7	**Handlaufhalter, Stahl, Wand**						
	Handlaufhalter, Flachstahl; Stahl S235JR, beschichtet/feuerverzinkt; Durchmesser 12/16mm; Wandmontage						
	St	**€ brutto**	**52**	**82**	**98**	**122**	**158**
	KG 359	€ netto	43	69	82	103	133
8	**Handlauf, Enden**						
	Handlauf-Endstück; Stahl/Edelstahl; Durchmesser 25/33,7/42,4/60mm; flache Kappe/gewölbte Kappe/gekröpfte 90°						
	St	**€ brutto**	**20**	**33**	**37**	**39**	**55**
	KG 359	€ netto	17	28	31	32	47

LB 031						**Preise €**
Nr.	**Kurztext** / Stichworte			**brutto ø**		
	Einheit / Kostengruppe	►	▷	netto ø	◁	◄
9	**Handlauf, Bogenstück** Handlaufbogen, Eck-/Übergangswinkel; Stahl/Edelstahl/Holz; 30°/45°/90°					
	St **€ brutto**	**32**	**60**	**78**	**89**	**107**
	KG 359 € netto	27	50	65	75	90
10	**Handlauf, Ecken/Gehrungen** Handlauf-Eckstück; Stahl/Edelstahl/Holz; 30°/45°/90°					
	St **€ brutto**	**34**	**56**	**66**	**69**	**81**
	KG 359 € netto	28	47	55	58	68
11	**Brüstungsgeländer, Fenstertür** Brüstungsgeländer; Flachstahl/Breitflachstahl; in Fensterlaibung/ auf vorgerichtetem Fensterprofil; Fenstertür					
	St **€ brutto**	**446**	**680**	**763**	**861**	**1.064**
	KG 359 € netto	375	572	641	723	894
12	**Schutzgitter, Fenster** Fenstergitter; Rundstahl/Flachstahl, S 235 JR AR; als Einbruchsschutz					
	St **€ brutto**	**364**	**440**	**470**	**533**	**639**
	KG 334 € netto	306	370	395	448	537
13	**Brüstungs-/Treppengeländer, Flachstahlfüllung** Treppengeländer; Stahlkonstruktion, Handlauf Rundrohr, Flachstabstahl; Gesamthöhe 1,10m, Handlauf 42,4mm; Innenbereich					
	m **€ brutto**	**382**	**524**	**601**	**686**	**907**
	KG 359 € netto	321	440	505	576	762
14	**Brüstungs-/Treppengeländer, Lochblechfüllung** Treppengeländer; Stahlkonstruktion, Rundrohr, Flachstabstahl; Gesamthöhe 1,10m, Handlauf 33,7mm; Normalraum/Nassraum					
	m **€ brutto**	**355**	**440**	**487**	**537**	**639**
	KG 359 € netto	299	370	410	452	537
15	**Geländerausfachung, Stahlseil, nichtrostend** Geländerausfachung; Edelstahlseil; Durchmesser 4mm; Spiralseil/ Litzenseil; inkl. Spannschloss und Seilfixierung					
	m **€ brutto**	**18**	**26**	**33**	**35**	**40**
	KG 359 € netto	15	22	27	30	34
16	**Brüstung, VSG-Ganzglas/Edelstahl** Brüstung; VSG, Edelstahlhandlauf gebürstet, Edelstahlklemmen; Höhe 1.200mm					
	m **€ brutto**	**1.375**	**1.654**	**1.834**	**1.837**	**2.112**
	KG 359 € netto	1.156	1.390	1.541	1.544	1.775

LB 031							Preise €
Nr.	**Kurztext** / Stichworte **Einheit** / Kostengruppe		►	▷	**brutto ø** netto ø	◁	◄
17	**Stahl-Umfassungszarge, 750x2.000/2.125** Stahlumfassungszarge; brandverzinkt/grundiert; 750x2.000/2.125mm, MW 145mm, Tiefe 115mm						
	St KG 344	**€ brutto** € netto	**192** 162	**307** 258	**360** 303	**409** 343	**523** 440
18	**Stahl-Umfassungszarge, 875x2.000/2.125** Stahlumfassungszarge; brandverzinkt/grundiert; 875x2.000/2.125mm, MW 145mm, Tiefe 115mm						
	St KG 344	**€ brutto** € netto	**254** 213	**339** 285	**368** 309	**428** 360	**559** 470
19	**Stahl-Umfassungszarge, 1.000x2.000/2.125** Stahlumfassungszarge; brandverzinkt/grundiert; 1.000x2.000/2.125mm, MW 145mm, Tiefe 115mm						
	St KG 344	**€ brutto** € netto	**288** 242	**454** 381	**516** 434	**592** 498	**745** 626
20	**Stahltür, einflüglig, 1.000x2.130** Metalltürelement; Stahl; 1.000x2.130mm, Dicke 50mm; einflüglig, gefalzt/flächenbündig; Normalraum/Nassraum						
	St KG 344	**€ brutto** € netto	**763** 642	**1.434** 1.205	**1.712** 1.439	**2.420** 2.034	**3.673** 3.087
21	**Stahltür, zweiflüglig** Metalltürelement; Stahl; Dicke 50mm; zweiflüglig, gefalzt/flächenbündig; Normalraum/Nassraum						
	St KG 344	**€ brutto** € netto	**2.061** 1.732	**3.108** 2.612	**3.904** 3.281	**5.024** 4.222	**7.217** 6.065
22	**Stahltür, Rauchschutz, 875x2.000/2.125** Rauchschutztürelement; Stahl; 875x2.000/2.125mm, MW 230mm, Türblattdicke 50mm; einflüglig						
	St KG 344	**€ brutto** € netto	**1.605** 1.349	**1.941** 1.631	**2.608** 2.191	**3.236** 2.720	**3.526** 2.963
23	**Stahltür, Rauchschutz, 1.000x2.000/2.125** Rauchschutztürelement; Stahl; 1.000x2.000/2.125mm, MW 230mm, Türblattdicke 50mm; einflüglig						
	St KG 344	**€ brutto** € netto	**1.865** 1.567	**2.387** 2.006	**3.166** 2.660	**3.273** 2.750	**3.718** 3.124
24	**Stahltür, Rauchschutz, 1.250x2.000/2.125** Rauchschutztürelement; Stahl; 1.250x2.000/2.125mm, MW 230mm, Türblattdicke 50mm; einflüglig						
	St KG 344	**€ brutto** € netto	**2.583** 2.171	**3.367** 2.830	**4.011** 3.371	**4.585** 3.853	**5.370** 4.512

Kosten: Stand 3.Quartal 2024, Bundesdurchschnitt

LB 031							**Preise €**
Nr.	**Kurztext** / Stichworte **Einheit** / Kostengruppe		▶	▷	**brutto ø** netto ø	◁	◀
25	**Stahltür, Rauchschutz, zweiflüglig** Rauchschutztürelement; Stahl; 2.100x2.130mm, Türblattdicke 50mm, MW 230mm; zweiflüglig, gefalzt/flächenbündig						
	St	**€ brutto**	**6.491**	**8.642**	**9.675**	**11.002**	**14.674**
	KG 344	€ netto	5.455	7.262	8.130	9.245	12.331
26	**Stahltür, Brandschutz, EI2 30, 875x2.125** Rauchschutztürelement, EI2 30; Stahl; 875x2.000/2.125mm, MW 230mm, Türdicke 50mm; einflüglig						
	St	**€ brutto**	**1.002**	**1.368**	**1.535**	**1.924**	**2.511**
	KG 344	€ netto	842	1.149	1.290	1.617	2.110
27	**Stahltür, Brandschutz, EI2 30, 1.000x2.125** Brandschutztürelement, EI2 30; Stahl; 1.000x2.000/2.125mm, MW 230mm, Türdicke 50mm; einflüglig						
	St	**€ brutto**	**1.214**	**1.551**	**1.704**	**1.997**	**2.586**
	KG 344	€ netto	1.020	1.303	1.432	1.678	2.174
28	**Stahltür, Brandschutz, EI2 30, 1.250x2.125** Brandschutztürelement, EI2 30; Stahl; 1.250x2.000/2.125mm, MW 230mm, Türdicke 50mm; einflüglig						
	St	**€ brutto**	**1.712**	**2.369**	**2.574**	**3.310**	**4.747**
	KG 344	€ netto	1.439	1.991	2.163	2.781	3.989
29	**Stahltür, Brandschutz, EI2 90, 1.000x2.125** Brandschutztürelement, EI2 90; Stahl; 1.000x2.000/2.125mm, MW 230mm, Türdicke 50mm; einflüglig						
	St	**€ brutto**	**2.215**	**2.972**	**3.884**	**4.333**	**4.731**
	KG 344	€ netto	1.861	2.498	3.263	3.641	3.976
30	**Stahltür, Brandschutz, EI2 90, zweiflüglig** Brandschutztürelement, EI2 90; Stahl, verzinkt; 2.100x2.013mm, Türblattdicke 50mm, MW 230mm; Zweiflüglig						
	St	**€ brutto**	**5.083**	**6.274**	**6.758**	**7.102**	**7.972**
	KG 344	€ netto	4.272	5.273	5.679	5.968	6.700
31	**Stahltür, Brandschutz, EI2 30, zweiflüglig** Brandschutztürelement, EI2 30; Stahl; 2.100x2.130mm, Türblattdicke 50mm, MW 230mm; Zweiflüglig						
	St	**€ brutto**	**2.695**	**4.597**	**5.130**	**7.500**	**12.059**
	KG 344	€ netto	2.265	3.863	4.311	6.303	10.133
32	**Rohrrahmentür, Glasfüllung, EI2 30-S200C5, zweiflüglig, mehrteilig** Brandschutztür EI2 30, mit Glasfüllung; Stahl, Verglasung T30 RS; 2.100x2.130mm; zweiflüglig; Innenraum						
	St	**€ brutto**	**8.232**	**12.808**	**14.461**	**16.403**	**20.191**
	KG 344	€ netto	6.918	10.763	12.152	13.784	16.968

LB 031 **Preise €**

Nr.	Kurztext / Stichworte Einheit / Kostengruppe		▶	▷	brutto ø netto ø	◁	◀
33	**Stahlrahmen, Rolltor, grundiert** Stahlrahmen, Rolltor; Rostschutz, grundiert; einteilig						
	St	**€ brutto**	**3.115**	**3.691**	**3.950**	**4.426**	**5.002**
	KG 334	€ netto	2.618	3.102	3.319	3.719	4.203
34	**Rolltor, Leichtmetall, außen** Rolltor, außen; Leichtmetall, wärmegedämmt; elektromechanischer Antrieb; inkl. Verkabelungen						
	St	**€ brutto**	**5.441**	**11.722**	**14.416**	**15.818**	**20.365**
	KG 334	€ netto	4.573	9.850	12.115	13.293	17.114
35	**Rollgitteranlage, elektrisch** Rollgitteranlage; Flachstahl/Aluminium, Führungsschiene Aluminium; WK 1; elektromechanischer Antrieb						
	St	**€ brutto**	**7.114**	**8.962**	**10.141**	**10.714**	**13.089**
	KG 334	€ netto	5.978	7.531	8.522	9.004	10.999
36	**Sektional-/Falttor, Leichtmetall, Hallentor, gedämmt** Sektionaltor, außen; Leichtmetall, PUR-Schaum; elektromechanischer Antrieb; Hallentor; inkl. Verkabelungen						
	St	**€ brutto**	**2.345**	**5.543**	**6.330**	**8.240**	**12.535**
	KG 334	€ netto	1.971	4.658	5.320	6.924	10.533
37	**Garagen-Schwingtor, hand-/kraftbetätigt** Schwingtor, Garage; Beplankung Fichte, gehobelt, geschliffen; handbetätigt/kraftbetätigt						
	St	**€ brutto**	**2.587**	**4.007**	**4.555**	**6.618**	**8.867**
	KG 334	€ netto	2.174	3.367	3.828	5.562	7.451
38	**Außenwandbekleidung, Wellblech, MW, UK** Fassadenbekleidung; Wellblech, Mineralfaserdämmung WLG 035, Aluminium-Unterkonstruktion; Außenwand bis 7,00m						
	m²	**€ brutto**	**116**	**174**	**204**	**270**	**352**
	KG 335	€ netto	98	146	171	227	296
39	**Außenwandbekleidung, Glattblech, beschichtet** Fassadenbekleidung; Stahl-Glattblech, verzinkt; 1.250x2.500mm, 3mm; vertikal/horizontal; Außenwand bis 5,00m						
	m²	**€ brutto**	**139**	**297**	**337**	**400**	**519**
	KG 335	€ netto	117	249	283	336	437
40	**Vordach, Trägerprofile/VSG** Vordachkonstruktion, für ESG-Verglasung; zwei Konsolen, zwei Hohlprofil-Querträger, vier Neoprenlager, punktförmige Halterung; mit Edelstahlschrauben; Mauerwerk/Stahlbeton						
	St	**€ brutto**	**1.970**	**3.953**	**5.163**	**6.173**	**7.823**
	KG 339	€ netto	1.655	3.322	4.339	5.187	6.574

Kosten: Stand 3.Quartal 2024, Bundesdurchschnitt

LB 031 **Preise €**

Nr.	Kurztext / Stichworte Einheit / Kostengruppe		►	▷	brutto ø netto ø	◁	◄
41	**Deckenabschluss, Flachstahl** Deckenabschluss; Flachstahl; verschraubt; schützend grundiert/verzinkt						
	m	**€ brutto**	**70**	**132**	**156**	**179**	**234**
	KG 353	€ netto	59	111	131	150	197
42	**Estrichabschluss, Winkelstahl** Randabschlusswinkel; Flachstahl; verschraubt; Stahlbetondeckenrand; schützend beschichtet						
	m	**€ brutto**	**79**	**136**	**155**	**179**	**225**
	KG 353	€ netto	66	114	130	150	189
43	**Aluminiumprofile, Stahlkonstruktion** Winkelprofil; Aluminium, natur/eloxiert; 40/60mm; L-/T-Profil; auf Stahlkonstruktion						
	m	**€ brutto**	**29**	**46**	**53**	**64**	**83**
	KG 335	€ netto	24	39	44	53	69
44	**Auflagerwinkel, Gitterroste, Stahl, außen** Auflagerwinkel Gitterrost; Stahl, feuerverzinkt, Schrauben M8; Lichtschacht						
	m	**€ brutto**	**26**	**42**	**53**	**57**	**68**
	KG 353	€ netto	22	36	45	48	57
45	**Gitterroste, Stahl, verzinkt** Gitterrost; Stahl, feuerverzinkt, R9/R10/R11; Maschenteilung 33,3x11,1mm						
	m²	**€ brutto**	**117**	**245**	**291**	**344**	**454**
	KG 353	€ netto	98	206	244	289	381
46	**Trittstufe, Gitterrost, Außenbereich** Trittstufe; Stahlrahmen, Gitterroststufe, feuerverzinkt; Länge 1,00m, Breite 280mm						
	St	**€ brutto**	**70**	**105**	**128**	**160**	**232**
	KG 351	€ netto	58	89	107	135	195
47	**Stahltreppe, gerade, einläufig, innen, Trittbleche** Stahltreppe, einläufig; S235JR, verzinkt; 17,2x28cm, 16 Stg; freitragend						
	St	**€ brutto**	**2.377**	**5.247**	**6.617**	**8.303**	**11.978**
	KG 351	€ netto	1.998	4.409	5.561	6.978	10.065
48	**Stahltreppe, gerade, mehrläufig, innen, Trittbleche** Stahltreppe, mehrläufig; S235JR+AR; 16 Stg, 17,2x28cm; freitragend; 1 Geschoss						
	St	**€ brutto**	**5.312**	**10.198**	**11.639**	**12.408**	**16.971**
	KG 351	€ netto	4.464	8.570	9.781	10.427	14.261

LB 031							Preise €
Nr.	Kurztext / Stichworte Einheit / Kostengruppe		►	▷	brutto ø netto ø	◁	◄
49	**Spindeltreppe, Stahl, 100cm, innen, Trittroste** Spindeltreppe; Stahlrohr, feuerverzinkt; inkl. Bohrungen, verzinkte Verbindungsmittel; 1 Geschoss						
	St	**€ brutto**	**5.447**	**6.727**	**7.271**	**7.720**	**9.590**
	KG 351	€ netto	4.577	5.653	6.110	6.488	8.059
50	**Steigleiter, Stahl, verzinkt, bis 5,00m** Steigleiter inkl. Seitenholm; Stahl, verzinkt; Breite 500mm, Holm D 48,3mm, Sprossen 25x25x1,5mm; Außenbereich						
	St	**€ brutto**	**264**	**670**	**811**	**1.245**	**1.965**
	KG 339	€ netto	222	563	682	1.046	1.651
51	**Steigleiter, Seitenholm, Rückenschutz** Steigleiter mit Rückenschutz; Stahl, feuerverzinkt; Breite 500mm, Durchmesser 48,3mm, Sprossen 25x25x1,5mm; Außenbereich						
	St	**€ brutto**	**1.377**	**2.670**	**3.398**	**4.592**	**6.551**
	KG 339	€ netto	1.157	2.243	2.856	3.858	5.505
52	**Kellertrennwandsystem, verzinkte Metalllamellen** Kellertrennwandsystem; Stahlprofile, verzinkt; 50cm Bodenabstand; Raumhöhe bis 2,70m						
	m^2	**€ brutto**	**43**	**83**	**99**	**137**	**217**
	KG 346	€ netto	36	70	84	115	183
53	**Briefkastenanlage, freistehend, bis 8 WE** Briefkastenanlage; Stahlblech, verzinkt; bis acht Wohneinheiten; beleuchtete Klingeltaster mit Namensschild, Sprechstelle						
	St	**€ brutto**	**2.022**	**3.247**	**3.895**	**4.720**	**6.046**
	KG 561	€ netto	1.699	2.729	3.273	3.966	5.081
54	**Briefkasten, Stahlblech, Wand** Briefkasten; Stahlblech, verzinkt; Klappe LxT 230-280x30-35m; Wandeinbau; inkl. Klingel, Beleuchtung, Rufstelle						
	St	**€ brutto**	**753**	**799**	**908**	**1.017**	**1.292**
	KG 561	€ netto	633	672	763	855	1.086
55	**Stundensatz, Facharbeiter/-in** Stundenlohnarbeiten, Vorarbeiterin, Vorarbeiter, Facharbeiterin, Facharbeiter und Gleichgestellte; Schlosserarbeiten						
	h	**€ brutto**	**77**	**84**	**87**	**91**	**99**
		€ netto	65	71	73	77	83
56	**Stundensatz, Helfer/-in** Stundenlohnarbeiten, Werkerin, Werker, Helferin, Helfer und Gleichgestellte; Schlosserarbeiten						
	h	**€ brutto**	**57**	**66**	**71**	**73**	**84**
		€ netto	48	55	60	62	71

LB 032						Preise €
Nr.	**Kurztext** / Stichworte **Einheit** / Kostengruppe ►		▷	**brutto ø** netto ø	◁	◄
1	**Verglasung, Floatglas, 6mm** Einscheiben-Verglasung; Floatglas; Dicke 6mm; beidseitig versiegeln					
	m²	**€ brutto**	**93**	**98**	**101**	**107**	**117**
	KG 334	€ netto	78	82	85	90	98
2	**Verglasung, Floatglas, 8mm** Einscheiben-Verglasung; Floatglas; Dicke 8mm; beidseitig versiegeln					
	m²	**€ brutto**	**110**	**123**	**127**	**137**	**164**
	KG 334	€ netto	92	103	107	115	137
3	**Verglasung, ESG-Glas, 4mm** Sicherheitsverglasung; Einscheiben-Verglasung; Dicke 4mm; inkl. Glasabdichtung, Glashalteleisten; Innenbereich					
	m²	**€ brutto**	**118**	**143**	**150**	**182**	**216**
	KG 334	€ netto	99	120	126	153	182
4	**Verglasung, ESG-Glas, 6mm** Sicherheitsverglasung; Einscheiben-Verglasung; Dicke 6mm; inkl. Glasabdichtung, Glashalteleisten; Innenbereich					
	m²	**€ brutto**	**138**	**150**	**158**	**168**	**180**
	KG 334	€ netto	116	126	132	142	151
5	**Verglasung, ESG-Glas, 8mm** Sicherheitsverglasung; Einscheiben-Verglasung; Dicke 8mm; inkl. Glasabdichtung, Glashalteleisten; Innenbereich					
	m²	**€ brutto**	**137**	**174**	**191**	**196**	**212**
	KG 334	€ netto	115	146	161	165	178
6	**Verglasung, ESG-Glas, 10mm** Sicherheitsverglasung; Einscheiben-Verglasung; Dicke 10mm; inkl. Glasabdichtung, Glashalteleisten; Innenbereich					
	m²	**€ brutto**	**205**	**235**	**258**	**265**	**295**
	KG 334	€ netto	172	197	217	223	248
7	**Verglasung, VSG-Glas, 8mm** Verbundsicherheitsverglasung; Widerstandsklasse A 1; Größe 1,0-2,0m², Dicke 8mm; zweiseitige Befestigung; inkl. Glashalteleisten, Dichtstoff					
	m²	**€ brutto**	**117**	**166**	**197**	**231**	**283**
	KG 334	€ netto	98	140	165	194	237
8	**Verglasung, VSG-Glas, 10mm** Verbundsicherheitsverglasung; Widerstandsklasse A 1; Größe 1,0-2,0m², Dicke 10mm; zweiseitige Befestigung; inkl. Glashalteleisten, Dichtstoff					
	m²	**€ brutto**	**191**	**212**	**239**	**272**	**305**
	KG 334	€ netto	160	178	201	229	257

Kosten: Stand 3.Quartal 2024, Bundesdurchschnitt

LB 032 **Preise €**

Nr.	Kurztext / Stichworte Einheit / Kostengruppe		►	▷	brutto ø netto ø	◁	◄
9	**Isolierverglasung, Pfosten-Riegel-Fassade** Isolierverglasung; Floatglas, Ug=0,5/0,6/0,7/1,1; Dicke 4/6mm; zweifach/dreifach Verglasung; Pfosten-Riegelverglasung; SKL 2 30-34dB						
	m²	**€ brutto**	**302**	**434**	**488**	**525**	**616**
	KG 337	€ netto	254	365	410	441	517
10	**Zweifach-Isolierverglasung, 0,9W/m²K, Einzelfenster** Zweifachisolierverglasung; Ug-Wert 0,9W/(m²K); inkl. Befestigung, beidseitige Versiegelung; Außenfenster						
	m²	**€ brutto**	**–**	**235**	**250**	**293**	**–**
	KG 334	€ netto	–	198	210	246	–
11	**Zweifach-Isolierverglasung, 1,1W/m²K, Einzelfenster** Zweifachisolierverglasung; Ug-Wert 1,1W/(m²K); inkl. Befestigung, beidseitige Versiegelung; Außenfenster						
	m²	**€ brutto**	**157**	**183**	**187**	**198**	**224**
	KG 334	€ netto	132	154	157	167	189
12	**Zweifach-Isolierverglasung, 1,1W/m²K, Türen** Zweifachisolierverglasung; Ug-Wert: 1,1W/(m²K), Schallschutz 30-34dB; inkl. Befestigung und beidseitige Versiegelung; Außentür						
	m²	**€ brutto**	**–**	**209**	**222**	**271**	**–**
	KG 334	€ netto	–	176	187	228	–
13	**Zweifach-Isolierverglasung, 0,9W/m²K, Türen** Zweifachisolierverglasung; Ug-Wert: 0,9W/(m²K), Schallschutz 30-34dB; inkl. Befestigung und beidseitige Versiegelung; Türen						
	m²	**€ brutto**	**–**	**238**	**256**	**307**	**–**
	KG 334	€ netto	–	200	215	258	–
14	**Dreifach-Isolierverglasungen, 0,7W/(m²K), 4/12/4/12/4** Isolierverglasung; dreifach,Innen-/Außenscheibe Floatglas, Ug-Wert 0,7W(m²K); 4x14x4x14x4mm						
	m²	**€ brutto**	**190**	**228**	**251**	**296**	**313**
	KG 334	€ netto	160	192	211	248	263
15	**Dreifach-Isolierverglasungen, 0,6W/(m²K), 4/14/4/14/4** Isolierverglasung; dreifach Innen-/Außenscheibe Floatglas, Ug-Wert 0,7W(m²K); 4x12x4x12x4mm						
	m²	**€ brutto**	**–**	**280**	**314**	**371**	**–**
	KG 334	€ netto	–	235	264	312	–
16	**Duschabtrennung, Glas** Duschwand; ESG; bis 12mm; Seitenteil und Drehtür; in Aluprofil						
	St	**€ brutto**	**1.716**	**2.158**	**2.358**	**2.614**	**3.080**
	KG 412	€ netto	1.442	1.814	1.982	2.196	2.588

LB 032 **Preise €**

Nr.	Kurztext / Stichworte Einheit / Kostengruppe		▶	▷	brutto ø netto ø	◁	◀
17	**Ganzglastürblatt, bis 2,2m²** Ganzglastür; ESG, Klarglas/satiniert; Dicke 10/12mm; in bauseitige Spezialzarge/ohne Zarge						
	St	**€ brutto**	**741**	**1.061**	**1.215**	**1.315**	**1.505**
	KG 344	€ netto	623	892	1.021	1.105	1.265
18	**Brandschutzverglasung, Innenwände** Brandschutzverglasung, EI30/EI60/EI90; Verbundglas; innen						
	m²	**€ brutto**	**261**	**569**	**613**	**670**	**871**
	KG 346	€ netto	219	478	515	563	732
19	**Brandschutzglas, EI30 Fenster** Brandschutzglas, EI30 Fenster; Verbundglas, mehrschichtig; Dicke 16mm; innen/außen; inkl. Glashalteleiste, Glasdichtung						
	m²	**€ brutto**	**586**	**597**	**674**	**754**	**933**
	KG 344	€ netto	492	502	566	634	784
20	**Profilbauverglasung, einschalig** Profilbauverglasung; U-förmig, Klar-/Ornamentglas; Dicke 6/7mm; einschalig; Innenbereich						
	m²	**€ brutto**	**108**	**119**	**127**	**135**	**154**
	KG 332	€ netto	91	100	106	114	129
21	**Profilbauverglasung, zweischalig** Profilbauverglasung; U-förmig, Klar-/Wärmeschutz- und Sonnenschutzglas, Ug 1,8W/m²K; Dicke 7mm; Isolierverglasung zweischalig; Außenwand						
	m²	**€ brutto**	**200**	**283**	**305**	**328**	**429**
	KG 332	€ netto	168	238	256	276	361
22	**Vordachverglasung, Sicherheitsglas** Vordachverglasung; TVG/ESG, Alu-/Stahlrahmen; gem. Zulassung und statischen Erfordernissen; Scheiben vorgebohrt, punktförmige Halterung						
	St	**€ brutto**	**134**	**283**	**316**	**370**	**465**
	KG 362	€ netto	113	238	265	311	390
23	**Sicherheitsverglasung, ESG-Glas** Sicherheitsverglasung; ESG; Dicke 6/8mm; Va3/Vf3; Innenbereich; inkl. Heat-Soak-Prüfung						
	m²	**€ brutto**	**205**	**222**	**223**	**234**	**258**
	KG 344	€ netto	172	187	187	197	217

Kosten: Stand 3.Quartal 2024, Bundesdurchschnitt

LB 032 **Preise €**

Nr.	Kurztext / Stichworte Einheit / Kostengruppe		►	▷	brutto ø netto ø	◁	◄
24	**Geländerverglasung, VSG-Glas** Sicherheitsverglasung; VSG, Rahmen: Aluminium/Stahl; nach TRAV oder Zulassung; zweiseitige Befestigung; inkl. Befestigung mit Glashalteleisten, Dichtstoff						
	m²	**€ brutto**	**196**	**308**	**353**	**393**	**521**
	KG 359	€ netto	165	259	296	330	438
25	**Sichtschutzfolie, geklebt** Sichtschutzfolie; PVC, matt, UV- und kratzbeständig; Dicke 80nm; innen aufkleben						
	m²	**€ brutto**	**58**	**134**	**153**	**211**	**317**
	KG 334	€ netto	48	113	129	178	266
26	**Stundensatz, Facharbeiter/-in** Stundenlohnarbeiten, Vorarbeiterin, Vorarbeiter, Facharbeiterin, Facharbeiter und Gleichgestellte; Verglasungsarbeiten						
	h	**€ brutto**	**68**	**83**	**88**	**92**	**101**
		€ netto	57	69	74	77	85

LB 033							Preise €
Nr.	**Kurztext** / Stichworte				**brutto ø**		
	Einheit / Kostengruppe		►	▷	netto ø	◁	◄
1	**Baureinigung, während Bauzeit** Bauzwischenreinigung; entfernen, grober Bauverschmutzung; inkl. Entsorgung						
	m²	**€ brutto**	**1,1**	**2,4**	**2,9**	**3,6**	**4,8**
	KG 397	€ netto	0,9	2,0	2,5	3,0	4,1
2	**Treppen/Podeste reinigen** Treppen reinigen; Beton-/Malerrückstände; mit Spatel, abkehren, saugen, mit Reinigungsmittel abschrubben; inkl. nachwischen Treppengeländer, Brüstung, Handläufe						
	m²	**€ brutto**	**0,7**	**1,6**	**2,0**	**2,4**	**3,8**
	KG 397	€ netto	0,6	1,3	1,7	2,0	3,2
3	**Bodenbelag reinigen, Hartbeläge** Bodenbelag reinigen; Hartbelag; mit Reinigungs- und Pflegemitteln; inkl. Sockelleisten						
	m²	**€ brutto**	**0,8**	**1,5**	**1,8**	**2,7**	**4,1**
	KG 397	€ netto	0,7	1,2	1,5	2,3	3,5
4	**Bodenbelag reinigen, Betonflächen** Bodenbelag reinigen; Betonbelag beschichtet; mit Reinigungs- und Pflegemitteln; inkl. Sockelleisten						
	m²	**€ brutto**	**0,7**	**1,5**	**1,9**	**2,9**	**4,8**
	KG 397	€ netto	0,6	1,3	1,6	2,4	4,1
5	**Bodenbelag reinigen, Parkett, Holzdielen** Bodenbelag reinigen; Parkett beschichtet; mit Reinigungs- und Pflegemitteln; inkl. Sockelleisten						
	m²	**€ brutto**	**0,6**	**1,8**	**2,2**	**3,4**	**6,4**
	KG 397	€ netto	0,5	1,5	1,8	2,8	5,4
6	**Bodenbelag reinigen, Fliesen/Platten** Bodenbelag reinigen; Fliesen/Platten; mit Reinigungsmittel wischen; inkl. Sockelleisten						
	m²	**€ brutto**	**0,9**	**1,8**	**2,2**	**3,9**	**6,8**
	KG 397	€ netto	0,8	1,5	1,8	3,2	5,7
7	**Bodenbelag reinigen, Teppich** Bodenbelag reinigen; Teppich; mit Vakuum-/Bürstsaugen; inkl. Sockel						
	m²	**€ brutto**	**0,4**	**1,3**	**1,4**	**2,4**	**4,1**
	KG 397	€ netto	0,3	1,1	1,2	2,0	3,4
8	**Fassade reinigen, Hochdruckreiniger** Wandbelag hochdruckreinigen; Fassade; inkl. erf. Schutz und Abdeckarbeiten, Passantenschutz ja/nein						
	m²	**€ brutto**	**13**	**23**	**29**	**32**	**42**
	KG 397	€ netto	11	19	24	27	36

LB 033						**Preise €**
Nr.	**Kurztext** / Stichworte			**brutto ø**		
	Einheit / Kostengruppe	▶	▷	netto ø	◁	◀
9	**Decke reinigen, Metalldecke** Decke reinigen; Metall; mit/ohne Akustiklochung; Innenbereich; inkl. Einbauleuchten, Rauchmelder					
	m² € brutto	**0,8**	**2,0**	**2,7**	**3,2**	**4,8**
	KG 397 € netto	0,7	1,7	2,3	2,7	4,0
10	**Decke reinigen, Gipsplatten, beschichtet** Decke reinigen; Gipsplatten; beschichtet; inkl. Einbauleuchten, Rauchmelder					
	m² € brutto	**1,4**	**2,9**	**3,3**	**3,7**	**5,2**
	KG 397 € netto	1,2	2,4	2,8	3,1	4,4
11	**Glasflächen reinigen, Fassadenelemente** Glasflächen reinigen; Fassadenelement; nass wischen, trocken ledern, polieren; außen/innen; inkl. Schutz- und Abdeckblechen					
	m² € brutto	**2,5**	**4,7**	**5,8**	**9,4**	**14,0**
	KG 397 € netto	2,1	4,0	4,9	7,9	11,8
12	**Wandflächen reinigen, beschichtet** Wandbelag reinigen; Gipskarton; gestrichen; Innenbereich					
	m² € brutto	**1,2**	**2,6**	**3,0**	**3,5**	**4,8**
	KG 397 € netto	1,0	2,2	2,5	3,0	4,0
13	**Wandbelag reinigen, Fliesen** Wandbelag reinigen; Fliesen/Platten; mit Reinigungsmitteln; entfernen von Zementschleier, Aufklebern					
	m² € brutto	**0,6**	**1,4**	**1,6**	**3,1**	**6,4**
	KG 397 € netto	0,5	1,1	1,3	2,6	5,4
14	**Wandbelag reinigen, Hartbeläge; Holz, Schichtstoff** Wandbelag reinigen; Hartbelag/Holz/Schichtstoff; mit Reinigungs- und Pflegemitteln; entfernen von Verunreinigungen und Aufklebern					
	m² € brutto	**0,6**	**1,5**	**1,7**	**2,5**	**3,8**
	KG 397 € netto	0,5	1,3	1,4	2,1	3,2
15	**Türen reinigen** Türen reinigen; Metall/Holz/Schichtstoff; mit Reinigungs- und Pflegemitteln; entfernen von Verunreinigungen und Aufklebern					
	St € brutto	**1,4**	**4,6**	**5,5**	**7,8**	**12,9**
	KG 397 € netto	1,2	3,8	4,6	6,6	10,8
16	**Heizkörper reinigen** Einrichtung reinigen; Heizkörper; mit Reinigungs- und Pflegemitteln; inkl. Armaturen, Zuleitungen					
	m² € brutto	**1,1**	**2,1**	**2,6**	**3,1**	**4,0**
	KG 397 € netto	0,9	1,8	2,2	2,6	3,4

LB 033							Preise €
Nr.	Kurztext / Stichworte Einheit / Kostengruppe		►	▷	brutto ø netto ø	◁	◄
17	**Waschtisch/Duschwanne reinigen** Einrichtung reinigen; Waschtisch/Duschwanne; mit Reinigungs- und Pflegemitteln; inkl. Armaturen, Zu- und Abläufen						
	St	**€ brutto**	**1,0**	**4,0**	**4,8**	**7,1**	**10,8**
	KG 397	€ netto	0,9	3,4	4,0	6,0	9,1
18	**WC-Schüssel/Urinal reinigen** Einrichtung reinigen; WC-Schüssel/Urinal, Keramik; mit Reinigungs- und Pflegemitteln; inkl. Armaturen, Zu- und Abläufen						
	St	**€ brutto**	**2,0**	**4,5**	**4,9**	**6,6**	**10,3**
	KG 397	€ netto	1,7	3,8	4,2	5,6	8,6
19	**Handläufe reinigen** Einrichtung reinigen; Rohrleitungen/Handläufe; mit Reinigungs- und Pflegemitteln						
	m	**€ brutto**	**0,4**	**0,9**	**1,1**	**1,5**	**2,2**
	KG 397	€ netto	0,3	0,8	0,9	1,3	1,9
20	**Geländer reinigen** Einrichtung reinigen; Geländer, Stahl/Holz; mit Reinigungs- und Pflegemitteln						
	m	**€ brutto**	**0,6**	**1,7**	**2,2**	**2,7**	**4,1**
	KG 397	€ netto	0,5	1,4	1,8	2,3	3,4
21	**Teeküche reinigen** Einbaumöblierung reinigen; Teeküche; innen und außen; inkl. Elektrogeräten, Belägen, Griffen						
	St	**€ brutto**	**34**	**44**	**46**	**54**	**66**
	KG 397	€ netto	29	37	39	45	56
22	**Einbauschrank reinigen** Einbaumöblierung reinigen; Einbauschränke; innen und außen						
	St	**€ brutto**	**12**	**14**	**18**	**23**	**28**
	KG 397	€ netto	9,7	11,6	15,4	19,1	23,3
23	**Einzelfenster reinigen** Fenster reinigen; nass wischen mit Reinigungsmitteln, trocken ledern; Innen-/Außenflächen; inkl. Entfernen aller Aufkleber						
	St	**€ brutto**	**1,4**	**5,4**	**6,9**	**8,6**	**13,1**
	KG 397	€ netto	1,1	4,5	5,8	7,2	11,0
24	**Sonnenschutz reinigen** Sonnenschutz reinigen; Raffstore/Markisen; mit Reinigungs- und Pflegemitteln; außenliegend						
	m²	**€ brutto**	**–**	**4,5**	**4,6**	**5,3**	**–**
	KG 397	€ netto	–	3,8	3,8	4,4	–

Kosten: Stand 3.Quartal 2024, Bundesdurchschnitt

LB 033 **Preise €**

Nr.	Kurztext / Stichworte				brutto ø		
	Einheit / Kostengruppe		►	▷	netto ø	◁	◄
25	**Aufzugsanlage reinigen** Aufzugsanlage einigen; Reinigungsmittel; bis zur vollständigen schmutzfreie Oberfläche; inkl. Haltestellen						
	St	**€ brutto**	**40**	**64**	**66**	**81**	**101**
	KG 397	€ netto	34	54	55	68	85
26	**Technikraum reinigen** Technikraum reinigen; Reinigungsmittel; Böden, Wände und Decken inkl. Ausstattung, Beschläge; Feinreinigung/Unterhaltsreinigung						
	m²	**€ brutto**	**0,9**	**2,5**	**3,2**	**4,0**	**5,7**
	KG 397	€ netto	0,8	2,1	2,7	3,4	4,8
27	**Baureinigung, Außenbereich** Außenanlagen reinigen; Isolierungen, Belagsreste, Müll; aufsammeln, in bauseitigen Container deponieren						
	m²	**€ brutto**	**0,3**	**0,8**	**1,1**	**1,3**	**2,0**
	KG 397	€ netto	0,2	0,7	0,9	1,1	1,7
28	**Stundensatz, Facharbeiter/-in** Stundenlohnarbeiten, Vorarbeiterin, Vorarbeiter, Facharbeiterin, Facharbeiter und Gleichgestellte; Baureinigungsarbeiten						
	h	**€ brutto**	**44**	**50**	**52**	**61**	**74**
		€ netto	37	42	44	51	62
29	**Stundensatz. Helfer/-in** Stundenlohnarbeiten, Werkerin, Werker, Helferin, Helfer und Gleichgestellte; Baureinigungsarbeiten						
	h	**€ brutto**	**34**	**41**	**44**	**49**	**57**
		€ netto	28	35	37	41	48

LB 034						Preise €
Nr.	**Kurztext** / Stichworte **Einheit** / Kostengruppe	►	▷	**brutto ø** netto ø	◁	◄
1	**Bauteile abkleben** Bauteile abkleben, Beschichtungsarbeiten; Fenster/Sockel/Holzprofil					
	St **€ brutto**	**1,0**	**2,5**	**3,3**	**3,8**	**6,1**
	KG 397 € netto	0,9	2,1	2,8	3,2	5,2
2	**Boden abdecken, Vlies** Abdeckarbeiten; Vlies; vollflächig abdecken und abkleben; Boden					
	m² **€ brutto**	**0,5**	**1,9**	**2,5**	**3,3**	**5,7**
	KG 397 € netto	0,4	1,6	2,1	2,8	4,8
3	**Boden abdecken, Platten** Abdeckarbeiten; Hartfaserplatte; vollflächig abdecken; Boden					
	m² **€ brutto**	**1,9**	**3,4**	**3,9**	**6,0**	**9,6**
	KG 397 € netto	1,6	2,9	3,3	5,0	8,1
4	**Untergrund reinigen** Untergrund reinigen; Staub, Schmutz, lose Teile; abkehren, entsorgen; Wand-, Deckenfläche					
	m² **€ brutto**	**0,5**	**1,6**	**2,1**	**2,5**	**3,8**
	KG 345 € netto	0,4	1,3	1,8	2,1	3,2
5	**Stoßfuge schließen, Fertigteildecke** Stoßfuge schließen; Zementmörtel kunststoffmodifiziert; auffüllen, beispachteln; Betonfertigteildecke					
	m **€ brutto**	**5,1**	**7,3**	**8,7**	**10,2**	**13,2**
	KG 354 € netto	4,3	6,2	7,3	8,6	11,1
6	**Spachtelung, Gipsplatten** Spachtelung; Fugen füllen, spachteln, schleifen; Gipsfaser-/Gipskarton-flächen					
	m² **€ brutto**	**4,7**	**8,0**	**9,7**	**10,7**	**13,5**
	KG 345 € netto	4,0	6,7	8,2	9,0	11,3
7	**Spachtelung, Betonflächen** Spachtelung; vollflächig; Decken-/Wandflächen; Q3					
	m² **€ brutto**	**5,1**	**10,4**	**12,8**	**15,6**	**22,2**
	KG 345 € netto	4,3	8,7	10,7	13,1	18,7
8	**Grundierung, Gipsplatten** Grundierung; Gipsfaser-/Gipskarton-/Wand-/Deckenflächen					
	m² **€ brutto**	**1,2**	**2,1**	**2,4**	**3,1**	**4,3**
	KG 345 € netto	1,0	1,7	2,1	2,6	3,6
9	**Grundierung, Betonflächen, innen** Grundierung; Grundbeschichtungsstoff, wasserverdünnbar; Beton-flächen innen					
	m² **€ brutto**	**0,8**	**2,6**	**3,4**	**4,1**	**6,7**
	KG 345 € netto	0,6	2,2	2,8	3,4	5,6

Kosten: Stand 3.Quartal 2024, Bundesdurchschnitt

LB 034							**Preise €**
Nr.	**Kurztext** / Stichworte				**brutto ø**		
	Einheit / Kostengruppe		▶	▷	netto ø	◁	◀
10	**Erstbeschichtung, innen, Dispersion, sb** Erstbeschichtung; Dispersionsfarbe, lösemittel-/weichmacherfrei; auf mineralischer Untergrund; Decken-/Wandflächen, innen; weiß						
	m²	**€ brutto**	**3,8**	**6,7**	**7,6**	**9,1**	**12,9**
	KG 345	€ netto	3,2	5,6	6,4	7,6	10,9
11	**Erstbeschichtung, innen, Putz rau, Dispersion sb** Erstbeschichtung; Dispersionsfarbe, lösemittel-/weichmacherfrei; Putzuntergrund; Decken-/Wandflächen, innen; weiß						
	m²	**€ brutto**	**5,4**	**8,1**	**9,0**	**11,1**	**15,3**
	KG 345	€ netto	4,5	6,8	7,6	9,3	12,8
12	**Erstbeschichtung, innen, Dispersion, wb** Erstbeschichtung; Dispersionsfarbe, lösemittel-/weichmacherfrei; auf Beton/Putz/Tapete; Decken-/Wandflächen, innen; Nassabriebklasse 3, weiß						
	m²	**€ brutto**	**4,9**	**7,3**	**8,0**	**9,7**	**13,3**
	KG 345	€ netto	4,1	6,1	6,8	8,2	11,2
13	**Erstbeschichtung, innen, Putz rau, Dispersion wb** Erstbeschichtung; Dispersionsfarbe, lösemittel-/weichmacherfrei; auf Beton/Putz/Tapete; Decken-/Wandflächen, innen; weiß						
	m²	**€ brutto**	**6,0**	**8,6**	**9,6**	**11,7**	**16,3**
	KG 345	€ netto	5,1	7,3	8,1	9,8	13,7
14	**Erstbeschichtung, Raufasertapete, Dispersion wb** Erstbeschichtung; Dispersionsfarbe, lösemittel-/weichmacherfrei, Nassabriebbeständigkeit Klasse 2/3; weiß; streichen, rollen; Wand-/Deckenfläche						
	m²	**€ brutto**	**4,3**	**5,6**	**6,4**	**7,4**	**8,9**
	KG 345	€ netto	3,7	4,7	5,4	6,2	7,5
15	**Erstbeschichtung, Glasgewebe, Dispersion** Erstbeschichtung; Dispersionsfarbe, lösemittel-/weichmacherfrei, Nassabriebbeständigkeit Klasse 2/3; Wand-/Deckenfläche						
	m²	**€ brutto**	**6,3**	**8,0**	**8,9**	**9,2**	**11,9**
	KG 345	€ netto	5,3	6,8	7,5	7,7	10,0
16	**Erstbeschichtung, Dispersions-Silikatfarbe, innen, weiß** Erstbeschichtung; Dispersions-Silikatfarbe, lösemittel-/weichmacherfrei; Grund-, Zwischen-, Schlussbeschichtung; Wandfläche; weiß						
	m²	**€ brutto**	**4,6**	**7,6**	**8,5**	**10,4**	**14,8**
	KG 345	€ netto	3,9	6,4	7,2	8,7	12,5

LB 034 **Preise €**

Nr.	Kurztext / Stichworte Einheit / Kostengruppe	►	▷	brutto ø netto ø	◁	◄
17	**Erstbeschichtung, Silikatfarbe, Putzflächen, innen** Erstbeschichtung; Silikatfarbe, pigmentiert, mineralisch; Grund-, Zwischen-, Schlussbeschichtung; Wand-/Deckenfläche; Nassabriebbeständigkeit 3					
	m² € brutto	**6,2**	**8,6**	**10,0**	**12,8**	**17,9**
	KG 345 € netto	5,2	7,2	8,4	10,8	15,1
18	**Erstbeschichtung, Silikatfarbe, innen, linear** Erstbeschichtung; Silikatfarbe, pigmentiert, mineralisch, Körnung fein; Grund-, Zwischen-, Schlussbeschichtung; weiß/farbig					
	m € brutto	**1,9**	**2,9**	**3,3**	**3,5**	**4,6**
	KG 345 € netto	1,6	2,4	2,8	3,0	3,9
19	**Erstbeschichtung, Dispersions-Silikatfarbe, Sichtbeton innen, linear** Erstbeschichtung; Dispersion-Silikatfarbe, lösemittel-/weichmacherfrei; Breite bis 15/30/60cm; Grund-, Zwischen-, Schlussbeschichtung; Laibungen, Pfeiler, Stützen					
	m € brutto	**2,4**	**3,0**	**3,3**	**3,4**	**3,9**
	KG 345 € netto	2,0	2,6	2,8	2,9	3,3
20	**Erstbeschichtung, Dispersion, Sichtmauerwerk, innen** Erstbeschichtung; Dispersionsfarbe, lösemittel-/weichmacherfrei; weiß/farbig; Grund-, Zwischen-, Schlussbeschichtung; KS-/Ziegel-Sichtmauerwerk					
	m² € brutto	**4,6**	**7,2**	**7,8**	**8,8**	**11,2**
	KG 345 € netto	3,9	6,1	6,5	7,4	9,4
21	**Erstbeschichtung, Kalkfarbe, innen** Erstbeschichtung; Kalkfarbe; Grund-, Zwischen-, Schlussbeschichtung; Wand-/Deckenflächen					
	m² € brutto	**6,4**	**12,4**	**12,6**	**15,5**	**20,5**
	KG 345 € netto	5,4	10,4	10,5	13,0	17,3
22	**Streichputz, innen** Streichputz, innen; feinkörnig/grobkörnig; Zwischen- und Schlussbeschichtung					
	m² € brutto	**7,0**	**14,3**	**16,8**	**18,5**	**22,2**
	KG 345 € netto	5,9	12,0	14,1	15,5	18,6
23	**Erstbeschichtung, Silikatfarbe, Außenputz** Erstbeschichtung; Dispersions-Silikatfarbe; Grund-, Zwischen-, Schlussbeschichtung; Außenfassade					
	m² € brutto	**11**	**16**	**19**	**21**	**28**
	KG 335 € netto	9,3	13,1	15,6	18,0	23,6

LB 034 **Preise €**

Nr.	Kurztext / Stichworte Einheit / Kostengruppe		►	▷	brutto ø netto ø	◁	◄
24	**Erstbeschichtung, Silikonharz, Außenbauteil** Erstbeschichtung; Silikonharz, W3, V1, G3-matt; Grund-, Zwischen-, Schlussbeschichtung; Außenwand						
	m²	**€ brutto**	**–**	**21**	**25**	**30**	**–**
	KG 335	€ netto	–	18	21	25	–
25	**Imprägnierung, Sichtbetonwand, außen** Imprägnierung; Beton-Hydrophobierung, farblos; Flutverfahren; Betonwandflächen						
	m²	**€ brutto**	**4,9**	**8,6**	**11,9**	**13,5**	**15,9**
	KG 335	€ netto	4,2	7,2	10,0	11,3	13,4
26	**Graffiti-Schutz, Wand** Graffiti-Schutz, Wand; Wandflächen; inkl. Reinigung der Flächen						
	m²	**€ brutto**	**21**	**37**	**45**	**75**	**129**
	KG 335	€ netto	18	31	38	63	108
27	**Bodenbeschichtung, innen, Beton, Acryl** Bodenbeschichtung; Acryllack, Grundierung; inkl. Versiegelung						
	m²	**€ brutto**	**15**	**20**	**22**	**25**	**32**
	KG 324	€ netto	12	17	19	21	27
28	**Bodenbeschichtung, innen, Beton, Epoxid** Bodenbeschichtung; Zweikomponenten Epoxidharz; inkl. Versiegelung						
	m²	**€ brutto**	**16**	**23**	**26**	**29**	**41**
	KG 324	€ netto	13	19	22	25	35
29	**Erstbeschichtung, Holzleisten** Erstbeschichtung, Holzleisten; Acrylharzlack						
	m	**€ brutto**	**5,5**	**8,3**	**9,7**	**12,4**	**16,3**
	KG 364	€ netto	4,6	7,0	8,2	10,4	13,7
30	**Erstbeschichtung, Stützen/Balken** Erstbeschichtung, Holzstützen/Balken; Acrylharzlack						
	m	**€ brutto**	**12**	**17**	**17**	**17**	**20**
	KG 364	€ netto	10	14	14	15	17
31	**Erstbeschichtung, Laibung/Bretter** Erstbeschichtung, Laibung/Bretter; Acrylharzlack; Firstbrett/Ortgangbrett						
	m	**€ brutto**	**12**	**15**	**15**	**16**	**19**
	KG 364	€ netto	10	12	12	14	16
32	**Erstbeschichtung, Geländer** Erstbeschichtung, Holzgeländer; Acrylharzlack; Holzleisten						
	m	**€ brutto**	**8,7**	**14,5**	**17,3**	**20,4**	**25,5**
	KG 364	€ netto	7,3	12,2	14,5	17,1	21,4

LB 034						Preise €
Nr.	Kurztext / Stichworte Einheit / Kostengruppe		►	▷ brutto ø netto ø	◁	◄
33	**Erstbeschichtung, Holzfenster, deckend** Beschichtung; Acrylharzlackfarbe; Zwischen-, Schlussbeschichtung, allseitig; Holzfenster/-türen; Inkl. Untergrundvorbereitung					
	m²	**€ brutto**	**31**	**39**	**43**	**49**	**60**
	KG 334	€ netto	26	33	36	41	51
34	**Schlussbeschichtung, Holzfenster/Tür** Schlussbeschichtung; Acrylharzlackfarbe; Schlussbeschichtung innen und außen; Holzfenster/Tür					
	m²	**€ brutto**	**12**	**17**	**20**	**23**	**27**
	KG 334	€ netto	11	14	17	19	22
35	**Holzimprägnierung, holzverfärbende Pilze** Imprägnierung; Holzimprägniermittel, bläueschützend; allseitig aufbringen; Holzbauteile im Außenbereich					
	m²	**€ brutto**	**2,4**	**4,7**	**5,7**	**7,6**	**9,7**
	KG 335	€ netto	2,0	4,0	4,8	6,4	8,2
36	**Erstbeschichtung, Lasur, Holzbauteil außen** Erstbeschichtung, Lasur; Acrylfarbe; Zwischen-, Schlussbeschichtung allseitig/einseitig aufbringen; Holzbauteil im Außenbereich					
	m²	**€ brutto**	**14**	**22**	**26**	**29**	**36**
	KG 364	€ netto	12	19	22	24	30
37	**Erstbeschichtung, Lasur, Holzbauteil maßhaltig, innen** Erstbeschichtung; Alkydharzlasur, Holzbauteil maßhaltig; an Betonstützen, d=20cm					
	m²	**€ brutto**	**13**	**19**	**22**	**26**	**34**
	KG 345	€ netto	11	16	18	22	28
38	**Erstbeschichtung, Holzbauteil, außen, deckend** Erstbeschichtung; Dispersions-Lackfarbe; deckend; Außenbereich; inkl. Untergrundvorbereitung					
	m²	**€ brutto**	**23**	**32**	**36**	**41**	**56**
	KG 335	€ netto	20	27	30	34	47
39	**Erstbeschichtung, Stahlflächen, außen** Erstbeschichtung Stahlflächen; Alkydharzlack; Grund-, Zwischen- und Schlussbeschichtung; außen					
	m²	**€ brutto**	**18**	**30**	**40**	**50**	**63**
	KG 359	€ netto	15	25	33	42	53
40	**Erstbeschichtung, Stahlprofil verzinkt, innen** Erstbeschichtung; Grundbeschichtungsstoff, Alkydharzlack; Grund- und Schlussbeschichtung; Geländerprofile im Innenbereich					
	m²	**€ brutto**	**17**	**28**	**31**	**47**	**51**
	KG 359	€ netto	14	23	26	40	43

Kosten: Stand 3.Quartal 2024, Bundesdurchschnitt

LB 034 **Preise €**

Nr.	**Kurztext** / Stichworte **Einheit** / Kostengruppe		►	▷	**brutto ø** netto ø	◁	◄
41	**Erstbeschichtung, Stahlprofil, außen** Erstbeschichtung; Grundbeschichtungsstoff, Alkydharzlack; Grund- und Schlussbeschichtung; Geländerprofile im Innenbereich						
	m	**€ brutto**	**8,9**	**14,2**	**14,8**	**17,0**	**21,3**
	KG 359	€ netto	7,5	12,0	12,4	14,3	17,9
42	**Erstbeschichtung, Metallgeländer, innen** Erstbeschichtung, Stahlgeländer; Alkydharzlack; Grund-, Zwischen- und Schlussbeschichtung; innen						
	m	**€ brutto**	**21**	**38**	**44**	**51**	**70**
	KG 359	€ netto	18	32	37	42	59
43	**Erstbeschichtung, Metallgeländer, außen** Erstbeschichtung, Stahlgeländer; Alkydharzlack; Grund-, Zwischen- und Schlussbeschichtung; außen						
	m	**€ brutto**	**29**	**46**	**52**	**68**	**99**
	KG 359	€ netto	24	38	43	57	83
44	**Schlussbeschichtung, grundierter Röhrenheizkörper** Schlussbeschichtung, Heizkörper; Alkydharzlack; inkl. Halterungen, Anschlussleitungen						
	m²	**€ brutto**	**14**	**21**	**21**	**23**	**29**
	KG 423	€ netto	12	17	18	20	24
45	**Erstbeschichtung, Heizungsrohrleitung** Erstbeschichtung, Metallrohre/Heizungsrohre; Grundbeschichtungsstoff, Heizkörperlack; deckend beschichten						
	m	**€ brutto**	**2,8**	**5,9**	**6,8**	**9,6**	**18,7**
	KG 422	€ netto	2,4	5,0	5,7	8,0	15,7
46	**Erstbeschichtung, Stahlblech, längenorientiert** Erstbeschichtung, Profilstahl; Alkydharzlack; Abwicklung bis 500mm; Grund-, Zwischen- und Schlussbeschichtung; Innenbereich						
	m	**€ brutto**	**9,5**	**13,3**	**15,0**	**17,0**	**21,7**
	KG 461	€ netto	7,9	11,2	12,6	14,3	18,3
47	**Erstbeschichtung, Stahlblech, flächig** Beschichtung, Stahlflächen; Alkydharzlack; Grund-, Zwischen- und Schlussbeschichtung; Innenbereich						
	m²	**€ brutto**	**22**	**33**	**38**	**50**	**68**
	KG 345	€ netto	19	28	32	42	57
48	**Erstbeschichtung, Lüftungsrohr, Stahl** Erstbeschichtung, Lüftungsrohr; Alkydharzlack; Grund-, Zwischen- und Schlussbeschichtung an						
	m²	**€ brutto**	**21**	**27**	**34**	**42**	**58**
	KG 431	€ netto	17	23	28	35	49

LB 034						Preise €
Nr.	**Kurztext** / Stichworte **Einheit** / Kostengruppe	►	▷	**brutto ø** netto ø	◁	◄
49	**Erstbeschichtung, Stahlzarge** Erstbeschichtung, Stahlzargen; Alkydharzlack; Grund-, Zwischen- und Schlussbeschichtung; Innenbereich					
	m **€ brutto**	**7,9**	**14,6**	**17,0**	**22,1**	**31,4**
	KG 344 € netto	6,7	12,3	14,3	18,6	26,4
50	**Brandschutzbeschichtung, R30, Stahlbauteile** Brandschutzbeschichtung EI30; Grundbeschichtung, Decklack; Grund-, Zwischen- und Schlussbeschichtung; Stahlkonstruktionen, innen					
	m² **€ brutto**	**34**	**77**	**93**	**109**	**153**
	KG 361 € netto	29	65	78	92	128
51	**Decklack, Brandschutzbeschichtungen, Stahlteile** Brandschutzbeschichtung; Decklack; Stahlträger/Fachwerkbinder/Stützen					
	m² **€ brutto**	**14**	**17**	**19**	**24**	**31**
	KG 333 € netto	12	15	16	20	26
52	**Brandschutzbeschichtung Rund-/Profilstahl** Brandschutzbeschichtung; Grundbeschichtung, Schutzlack; Grund-, Zwischen- und Schlussbeschichtung; Stahlbauteile					
	m **€ brutto**	**33**	**59**	**64**	**68**	**94**
	KG 345 € netto	28	49	54	57	79
53	**Fugenabdichtung, Acryl** Verfugung, plastoelastisch; Einkomponenten Acryldichtstoff; Fugenbreite bis 8/12mm; Hinterfüllen					
	m **€ brutto**	**1,8**	**3,8**	**4,3**	**6,3**	**12,1**
	KG 345 € netto	1,5	3,2	3,6	5,3	10,2
54	**Fugenabdichtung elastisch, Silikon** Verfugung, elastisch; Einkomponenten Silikondichtstoff; Fugenbreite bis 8/12mm; Hinterfüllen					
	m **€ brutto**	**3,1**	**5,5**	**7,0**	**7,9**	**9,9**
	KG 345 € netto	2,6	4,6	5,9	6,7	8,3
55	**Beschriftung, geklebt** Beschriftung; geklebt; Holztürblatt/Wandfläche mit Farbbeschichtung					
	St **€ brutto**	**2,6**	**8,4**	**13,1**	**15,4**	**20,2**
	KG 345 € netto	2,2	7,0	11,0	13,0	17,0
56	**Markierung, Kunststofffolie** Markierung; Kunststofffolie, rutschhemmend, UV-beständig; Innenbereich					
	m **€ brutto**	**5,3**	**8,5**	**9,9**	**15,0**	**23,0**
	KG 353 € netto	4,4	7,2	8,3	12,6	19,3

Kosten: Stand 3.Quartal 2024, Bundesdurchschnitt

LB 034 **Preise €**

Nr.	**Kurztext** / Stichworte **Einheit** / Kostengruppe		►	▷	**brutto ø** netto ø	◁	◄
57	**PKW-Stellplatzmarkierung, Farbe** Stellplatzmarkierung; Zwei-Komponenten-Markierungsfarbe; Breite 120mm; Beton-/Gussasphaltbelag						
	m	**€ brutto**	**4,9**	**10,5**	**15,6**	**21,0**	**29,6**
	KG 324	€ netto	4,1	8,8	13,1	17,6	24,9
58	**Stundensatz, Facharbeiter/-in** Stundenlohnarbeiten, Vorarbeiterin, Vorarbeiter, Facharbeiterin, Facharbeiter und Gleichgestellte; Maler- und Lackierarbeiten						
	h	**€ brutto**	**66**	**77**	**83**	**87**	**95**
		€ netto	55	65	69	73	80
59	**Stundensatz, Helfer/-in** Stundenlohnarbeiten für Werkerin, Werker, Helferin, Helfer und Gleichgestellte; Maler- und Lackierarbeiten						
	h	**€ brutto**	**42**	**58**	**62**	**69**	**82**
		€ netto	35	48	52	58	69

LB 036							Preise €
Nr.	**Kurztext** / Stichworte **Einheit** / Kostengruppe		►	▷	**brutto ø** netto ø	◁	◄
1	**Randstreifen abschneiden** Randstreifen abschneiden; Rippenpappe/Mineralwolle/Polystyrol; aufnehmen, laden, entsorgen						
	m KG 353	**€ brutto** € netto	**0,4** 0,3	**0,7** 0,6	**0,8** 0,7	**1,1** 1,0	**1,9** 1,6
2	**Untergrund prüfen, Oberflächenzugfestigkeit** Fliesenuntergrund prüfen; Haftzugfestigkeit; inkl. Protokollierung						
	St KG 353	**€ brutto** € netto	**29** 25	**35** 30	**38** 32	**43** 36	**47** 40
3	**Sinterschicht abschleifen, Calciumsulfatestrich** Sinterschicht abschleifen; Calciumsulfatestrich; schleifen, absaugen, entsorgen						
	m² KG 353	**€ brutto** € netto	**1,0** 0,8	**2,2** 1,8	**2,7** 2,3	**3,6** 3,0	**5,6** 4,7
4	**Untergrund reinigen** Untergrund reinigen; Staub, Verschmutzungen, lose Teile; reinigen, Schutt aufnehmen, entsorgen						
	m² KG 353	**€ brutto** € netto	**0,4** 0,3	**1,0** 0,8	**1,2** 1,0	**2,0** 1,6	**3,5** 3,0
5	**Boden kugelstrahlen** Boden kugelstrahlen; Zementestrich; inkl. Absaugen						
	m² KG 353	**€ brutto** € netto	**3,3** 2,7	**5,2** 4,4	**6,3** 5,3	**8,4** 7,0	**12,1** 10,2
6	**Voranstrich, Bodenbelag** Voranstrich; Haftgrund; vollflächig aufbringen für Bodenbelag						
	m² KG 353	**€ brutto** € netto	**1,0** 0,8	**2,6** 2,2	**3,0** 2,5	**4,1** 3,5	**6,8** 5,7
7	**Sportboden, Doppelschwinger, Holz** Sportboden, Zwischenschicht; Gesamtaufbau 38mm; flächenelastisch						
	m² KG 324	**€ brutto** € netto	**42** 36	**63** 53	**73** 62	**84** 71	**106** 89
8	**Sportboden, Nutzschicht, Linoleum** Sportboden, Nutzschicht; Linoleum, geklebt; Linoleum 3mm, Nutzschicht 2,4mm; Sporthalle						
	m² KG 324	**€ brutto** € netto	**33** 27	**42** 35	**47** 40	**52** 43	**58** 48
9	**Gerätehülsenabdeckung, mit Rahmen/Deckel** Gerätehülsenabdeckung; Alu-/Rotguss-Rahmen, Sicherheitsdeckel; mit Deckelbelag, bündig in Boden						
	St KG 324	**€ brutto** € netto	**56** 47	**88** 74	**105** 88	**134** 112	**188** 158

Kosten: Stand 3.Quartal 2024, Bundesdurchschnitt

LB 036 **Preise €**

Nr.	Kurztext / Stichworte				brutto ø		
	Einheit / Kostengruppe		►	▷	netto ø	◁	◄
10	**Spielfeldmarkierung**						
	Spielfeldmarkierung; PUR-Spielfeldfarbe						
	m	**€ brutto**	**4,7**	**5,4**	**5,8**	**6,6**	**8,5**
	KG 324	€ netto	4,0	4,6	4,9	5,6	7,1
11	**Textiler Belag, Nadelvlies**						
	Textilbelag; Nadelvlies, feinfasrig meliert, B1; Dicke 6mm; geklebt; Calciumsulfatestrich						
	m²	**€ brutto**	**37**	**44**	**47**	**57**	**73**
	KG 353	€ netto	31	37	39	48	62
12	**Textiler Belag, Kugelgarn**						
	Textilbelag; Kugelgarn - Struktur 21; Dicke 5,5mm; vollflächig geklebt; Anwendungsbereich gewerblich						
	m²	**€ brutto**	**47**	**62**	**67**	**88**	**123**
	KG 353	€ netto	40	52	56	74	104
13	**Textiler Belag, Naturhaar-Polyamidgemisch**						
	Textilbelag; Natur-Kunstfasergemisch; Dicke 5mm; vollflächig geklebt; Anwendungsbereich privat						
	m²	**€ brutto**	**50**	**67**	**70**	**76**	**94**
	KG 353	€ netto	42	56	58	64	79
14	**Textiler Belag, Tuftingteppich**						
	Textilbelag; Velour, vollsynthetisch, B1; Dicke 4mm; geklebt; Calciumsulfatestrich						
	m²	**€ brutto**	**60**	**67**	**70**	**77**	**94**
	KG 353	€ netto	50	56	59	65	79
15	**Textiler Belag, Kunstfaser/Web-Teppich**						
	Textilbelag; Tuftingteppich, vollsynthetisch, feinfasrig meliert; Dicke 8mm; geklebt; Calciumsulfatestrich						
	m²	**€ brutto**	**48**	**57**	**59**	**63**	**76**
	KG 353	€ netto	40	47	49	53	64
16	**Textiler Belag, Naturfaser/Wolle/Sisal**						
	Textilbelag; Wolle, E; geklebt; Calciumsulfatestrich						
	m²	**€ brutto**	**87**	**98**	**103**	**109**	**126**
	KG 353	€ netto	73	82	86	92	105
17	**Korkunterlage, Linoleum**						
	Dämmunterlage; Kork; Dicke 2mm; verkleben; auf Zementestrich						
	m²	**€ brutto**	**20**	**25**	**26**	**28**	**34**
	KG 353	€ netto	17	21	22	23	29

LB 036							Preise €
Nr.	Kurztext / Stichworte Einheit / Kostengruppe		►	▷	brutto ø netto ø	◁	◄
18	**Linoleumbelag, 2,5mm** Bodenbelag; Linoleum, Cfl-s1; Dicke 2,5mm; verklebt; auf Calciumsulfatestrich						
	m2	€ brutto	32	47	51	59	78
	KG 353	€ netto	27	39	43	49	65
19	**Linoleumbelag, über 2,5mm** Bodenbelag; Linoleum, Cfl-s1; Dicke 3,2/4,0mm; verklebt						
	m2	€ brutto	41	52	56	63	79
	KG 353	€ netto	34	44	47	53	66
20	**Linoleumbahnen verschweißen** Linoleumbelag verschweißen; Schweißschnur; Dicke 4mm; fräsen, thermisch verschweißen						
	m2	€ brutto	1,0	2,7	3,3	4,5	6,9
	KG 353	€ netto	0,8	2,3	2,8	3,8	5,8
21	**Bodenbelag, PVC, 2,0mm** Bodenbelag; PVC-Bahnen, gewerblich geeignet, Bfl-s1; Dicke 2,0mm; mit Dispersionskleber verlegen; auf Zementestrich						
	m2	€ brutto	29	37	41	48	66
	KG 353	€ netto	24	31	34	40	55
22	**Bodenbelag, PVC, 2,5mm** Bodenbelag; PVC-Bahnen, gewerblich geeignet, Bfl-s1; Dicke 2,5mm; mit Dispersionskleber verlegen; auf Zementestrich						
	m2	€ brutto	36	52	55	63	83
	KG 353	€ netto	30	44	46	53	70
23	**Bodenbelag, PVC, 3,0mm** Bodenbelag; PVC-Bahnen, gewerblich geeignet, Bfl-s1; Dicke 3mm; mit Dispersionskleber; auf Zementestrich						
	m2	€ brutto	39	56	61	68	88
	KG 353	€ netto	33	47	51	58	74
24	**Bodenbelag, PVC, Schaumstoff, 4,5mm** Bodenbelag; PVC-Bahnen, Stuhlrolleneignung Typ W; Dicke 4 bis 4,5mm; Fußbodenheizung geeignet						
	m2	€ brutto	42	58	67	76	94
	KG 353	€ netto	35	48	56	64	79
25	**PVC-Bahnen verschweißen** PVC-Belag verschweißen; Schweißschnur; Dicke 4,0mm; fräsen, thermisch verschweißen						
	m2	€ brutto	2,2	2,9	3,2	4,2	6,0
	KG 353	€ netto	1,8	2,5	2,7	3,6	5,0

Kosten: Stand 3.Quartal 2024, Bundesdurchschnitt

LB 036 **Preise €**

Nr.	Kurztext / Stichworte Einheit / Kostengruppe		▶	▷	brutto ø netto ø	◁	◀
26	**Bodenbelag, Kautschuk, 2,0mm** Bodenbelag; Kautschuk, gewerblich geeignet, Bfl-s1; Dicke 2,0mm; mit Dispersionskleber; Stuhlrollen geeignet, Fußbodenheizung geeignet						
	m²	**€ brutto**	**51**	**67**	**74**	**80**	**98**
	KG 353	€ netto	43	56	62	67	82
27	**Bodenbelag, Kautschukplatten, bis 3,2mm** Bodenbelag; Kautschukplatten, gewerblich geeignet, Bfl-s1; Dicke 2,7-3,2mm; mit Dispersionskleber; Zementestrich						
	m²	**€ brutto**	**71**	**88**	**95**	**111**	**143**
	KG 353	€ netto	60	74	80	93	120
28	**Bodenbelag, Naturkorkparkett, 12mm** Bodenbelag; Naturkork, Wohnraum geeignet, E; Dicke über 4-10mm; mit Dispersionskleber; auf Zementestrich						
	m²	**€ brutto**	**50**	**66**	**75**	**84**	**99**
	KG 353	€ netto	42	55	63	71	83
29	**Bodenbelag, Laminat, schwimmend, 7,2mm** Bodenbelag; Laminat; Dicke 7,2mm; schwimmend, kleben, Stuhlrollen-geeignet, Zigarettenglutbeständig; auf Zementestrich						
	m²	**€ brutto**	**44**	**58**	**60**	**63**	**74**
	KG 353	€ netto	37	48	50	53	62
30	**Bodenbelag, Laminat, schwimmend 8,3mm** Bodenbelag; Laminat; Dicke 8,3mm; schwimmend, kleben, Stuhlrollen-geeignet, Zigarettenglutbeständig; auf Zementestrich						
	m²	**€ brutto**	**44**	**59**	**60**	**66**	**80**
	KG 353	€ netto	37	49	50	56	67
31	**Bodenbeläge verlegen** Bodenbelag verlegen, bauseitig gestellt; verkleben; auf Zementestrich						
	m²	**€ brutto**	**16**	**21**	**22**	**29**	**37**
	KG 353	€ netto	13	17	18	24	31
32	**Treppenstufe, elastischer Bodenbelag** Treppenstufenbelag, elastisch; Stg 17,5x28,0cm; verkleben, inkl. Kantenschutzprofil; auf Stahlbeton						
	St	**€ brutto**	**32**	**65**	**72**	**80**	**127**
	KG 353	€ netto	27	54	61	67	107
33	**Treppenstufe, textiler Belag** Treppenstufenbelag; Textil; Stg 17,5x28,0cm; verkleben, inkl. Kantenschutzprofil; auf Stahlbeton						
	St	**€ brutto**	**35**	**55**	**62**	**70**	**93**
	KG 353	€ netto	30	46	52	58	78

LB 036							Preise €
Nr.	**Kurztext** / Stichworte **Einheit** / Kostengruppe		►	▷	**brutto ø** netto ø	◁	◄
34	**Treppenstufe, Laminat** Treppenstufenbelag; Laminat; Stufe 17,5cm; verkleben, inkl. Kantenschutzprofil; auf Stahlbeton						
	St	**€ brutto**	**–**	**39**	**45**	**53**	**–**
	KG 353	€ netto	–	32	38	45	–
35	**Treppenkante, Kunststoffprofil** Treppenkantenprofil; Kunststoff; Schenkellänge bis 45mm; verkleben						
	m	**€ brutto**	**19**	**27**	**30**	**34**	**44**
	KG 353	€ netto	16	23	25	29	37
36	**Treppenkante, Aluminiumprofil** Treppenkantenprofil; Aluminium; Schenkellänge bis 45mm; verkleben						
	m	**€ brutto**	**–**	**29**	**37**	**46**	**–**
	KG 353	€ netto	–	24	31	39	–
37	**Treppenkante, Messingprofil** Treppenkantenprofil; Messing; Schenkellänge bis 45mm; verkleben						
	m	**€ brutto**	**37**	**52**	**59**	**74**	**84**
	KG 353	€ netto	31	44	50	62	71
38	**Fußabstreifer, Reinstreifen** Fußabstreiferanlage; Reinstreifen Gummiprofil, Aluminiumrahmen; dämmend; aufrollbar						
	St	**€ brutto**	**808**	**1.450**	**1.772**	**1.960**	**2.765**
	KG 324	€ netto	679	1.218	1.489	1.647	2.324
39	**Fußabstreifer, Kokosfasermatte** Fußabstreifer; Kokosmatte, PVC-kaschiert; in Aussparung						
	m²	**€ brutto**	**163**	**266**	**274**	**294**	**371**
	KG 324	€ netto	137	223	230	247	312
40	**Rohrdurchführung anarbeiten, Bodenbelag** Rohrdurchführung, anarbeiten; Rohrdimension DN42						
	St	**€ brutto**	**3,0**	**5,8**	**7,2**	**8,6**	**13,0**
	KG 353	€ netto	2,5	4,9	6,0	7,2	10,9
41	**Bodenbelag anarbeiten, Stützen** Bodenbelag anarbeiten, Stützen						
	St	**€ brutto**	**–**	**9,6**	**15,2**	**19,7**	**–**
	KG 353	€ netto	–	8,0	12,8	16,5	–
42	**Trennschiene, Aluminium** Trennschiene Bodenbelag; Aluminium; Material-Übergang						
	m	**€ brutto**	**16**	**19**	**20**	**21**	**24**
	KG 353	€ netto	13	16	17	18	20

Kosten: Stand 3.Quartal 2024, Bundesdurchschnitt

LB 036 **Preise €**

Nr.	**Kurztext** / Stichworte **Einheit** / Kostengruppe		►	▷	**brutto ø** netto ø	◁	◄
43	**Trennschiene, nichtrostender Stahl** Trennschiene Bodenbelag; Edelstahl; Material-Übergang						
	m	**€ brutto**	**19**	**25**	**27**	**29**	**35**
	KG 353	€ netto	16	21	22	24	29
44	**Übergangsprofil, Aluminium** Übergangsprofil; Metall; Belagwechsel unter Türe						
	m	**€ brutto**	**14**	**20**	**22**	**24**	**29**
	KG 353	€ netto	12	16	19	20	24
45	**Dehnfugenprofil, Aluminium** Bewegungsfugenprofil; Aluminium; bündig anarbeiten						
	m	**€ brutto**	**25**	**40**	**47**	**59**	**85**
	KG 353	€ netto	21	34	40	50	72
46	**Verfugung, elastisch, Silikon** Fuge, elastisch; Silikon-Dichtstoff; hinterlegen der Hohlräume						
	m	**€ brutto**	**3,4**	**5,7**	**6,4**	**8,3**	**13,3**
	KG 353	€ netto	2,9	4,8	5,4	7,0	11,2
47	**Sockelausbildung, Holzleiste** Sockelleiste; Holzprofil, stoßfest farblos lackiert; 60x16mm; Senkkopf-schraube						
	m	**€ brutto**	**9,3**	**14,7**	**16,7**	**20,1**	**32,2**
	KG 353	€ netto	7,8	12,4	14,0	16,9	27,1
48	**Sockelausbildung, textiler Belag** Sockelleiste, textiler Belag; PVC-Profil, Nadelvlies/Velour/Bouclé; Höhe 60mm; Senkkopfschraube						
	m	**€ brutto**	**5,4**	**8,1**	**9,1**	**12,7**	**19,5**
	KG 353	€ netto	4,5	6,8	7,7	10,7	16,4
49	**Sockelausbildung, Sporthalle** Sockelleiste, Sportbodenbelag; Eiche, transparent beschichtet; 70x30mm; Senkkopfschraube						
	m	**€ brutto**	**–**	**71**	**84**	**108**	**–**
	KG 353	€ netto	–	59	71	90	–
50	**Sockelausbildung, PVC** Sockelleiste; PVC, weich; Höhe 60mm; Senkkopfschraube						
	m	**€ brutto**	**4,1**	**7,8**	**8,9**	**13,1**	**22,6**
	KG 353	€ netto	3,4	6,5	7,5	11,0	19,0
51	**Sockelausbildung, Lino/Kautschuk** Sockelleiste; Linoleum; Höhe 60mm; Senkkopfschraube						
	m	**€ brutto**	**7,2**	**13,1**	**15,5**	**23,2**	**38,1**
	KG 353	€ netto	6,1	11,0	13,1	19,5	32,0

LB 036						Preise €
Nr.	**Kurztext** / Stichworte **Einheit** / Kostengruppe	►	▷	**brutto ø** netto ø	◁	◄
52	**Sockelausbildung, Aluminiumprofil** Sockelleiste; Aluminium; Höhe 70mm; Senkkopfschraube					
	m **€ brutto**	**18**	**23**	**25**	**31**	**38**
	KG 324 € netto	15	19	21	26	32
53	**Erstpflege, Bodenbelag** Erstpflege Bodenbelag; Pflegemittel					
	m² **€ brutto**	**1,2**	**2,9**	**3,8**	**7,0**	**14,3**
	KG 324 € netto	1,0	2,4	3,2	5,9	12,0
54	**Schutzabdeckung, Bodenbelag, Hartfaserplatte** Schutzabdeckung Bodenbelag; Hartfaserplatte; vollflächig abdecken, abkleben; inkl. Entfernen, Entsorgen					
	m² **€ brutto**	**6,9**	**8,3**	**9,1**	**9,9**	**11,7**
	KG 397 € netto	5,8	7,0	7,6	8,3	9,9
55	**Schutzabdeckung, Kunststofffolie** Schutzabdeckung Bodenbelag; PE-Folie, 0,5mm; vollflächig abdecken; inkl. Entfernen, Entsorgen					
	m² **€ brutto**	**3,2**	**4,0**	**4,3**	**4,7**	**5,7**
	KG 397 € netto	2,7	3,4	3,6	4,0	4,8
56	**Stundensatz, Facharbeiter/-in** Stundenlohnarbeiten, Vorarbeiterin, Vorarbeiter, Facharbeiterin, Facharbeiter und Gleichgestellte; Bodenlegerarbeiten					
	h **€ brutto**	**69**	**81**	**85**	**88**	**97**
	€ netto	58	68	71	74	82
57	**Stundensatz, Helfer/-in** Stundenlohnarbeiten für Werkerin, Werker, Helferin, Helfer und Gleichgestellte; Bodenlegerarbeiten					
	h **€ brutto**	**56**	**65**	**67**	**70**	**78**
	€ netto	47	54	57	59	65

LB 037 **Preise €**

Nr.	Kurztext / Stichworte Einheit / Kostengruppe		►	▷	brutto ø netto ø	◁	◀
1	**Schutzabdeckung, Inneneinrichtung** Abdeckarbeiten; Textil/Folie; überlappt, staubdicht abkleben; Inneneinrichtung						
	m2	**€ brutto**	**2,1**	**3,0**	**3,4**	**4,5**	**5,8**
	KG 397	€ netto	1,8	2,5	2,8	3,8	4,9
2	**Schutzabdeckung, Boden, Hartfaserplatte** Schutzabdeckung; Hartfaserplatte; überlappt, staubdicht abkleben; Boden						
	m2	**€ brutto**	**2,4**	**5,3**	**7,6**	**8,3**	**10,1**
	KG 397	€ netto	2,0	4,5	6,4	7,0	8,5
3	**Schutzabdeckung, Boden, Folie** Bodenflächen abdecken; Folie; überlappt, staubdicht abkleben						
	m2	**€ brutto**	**1,9**	**2,6**	**2,7**	**3,0**	**3,6**
	KG 397	€ netto	1,6	2,2	2,3	2,5	3,0
4	**Schutzabdeckung, Boden, Vlies** Bodenflächen abdecken; Vlies; überlappt, staubdicht abkleben						
	m2	**€ brutto**	**2,2**	**2,9**	**3,4**	**3,8**	**4,5**
	KG 397	€ netto	1,9	2,5	2,8	3,2	3,8
5	**Schutzabdeckung, Boden, Pappe** Bodenflächen abdecken; Pappe/Karton; überlappt, staubdicht abkleben						
	m2	**€ brutto**	**2,3**	**3,1**	**3,5**	**4,0**	**5,0**
	KG 397	€ netto	1,9	2,6	3,0	3,4	4,2
6	**Gipsplattenflächen vorbehandeln, spachteln/grundieren** Wand-/Deckenfläche vorbehandeln, Tapezierung; GK-Platten; spachteln, schleifen						
	m2	**€ brutto**	**0,9**	**1,7**	**1,9**	**2,2**	**3,1**
	KG 345	€ netto	0,8	1,5	1,6	1,9	2,6
7	**Vorbehandlung Untergrund, Fluat** Untergrundvorbehandlung; Fluat; für Wandbespannung; Putzflächen						
	m2	**€ brutto**	**1,1**	**3,0**	**3,7**	**4,4**	**7,2**
	KG 345	€ netto	0,9	2,5	3,1	3,7	6,1
8	**Grundbeschichtung, Gipsplattenflächen** Grundbeschichtung; vorbereiten, grundieren; Decke, Wand aus Gipsbau						
	m2	**€ brutto**	**0,7**	**1,7**	**1,8**	**2,4**	**3,3**
	KG 345	€ netto	0,6	1,5	1,5	2,1	2,8
9	**Raufasertapete, fein/weiß, Decke** Tapezieren; Raufasertapete, Körnung fein, weiß; Decke						
	m2	**€ brutto**	**5,3**	**7,2**	**8,3**	**9,8**	**14,1**
	KG 345	€ netto	4,4	6,1	7,0	8,2	11,8

Kosten: Stand 3.Quartal 2024, Bundesdurchschnitt

LB 037 **Preise €**

Nr.	**Kurztext** / Stichworte **Einheit** / Kostengruppe	►	▷	**brutto ø** netto ø	◁	◄
10	**Raufasertapete, grob/weiß, Decke** Tapezieren; Raufasertapete, Körnung grob, weiß; Decke					
	m² € brutto	**6,6**	**9,2**	**10,4**	**13,4**	**17,0**
	KG 345 € netto	5,6	7,7	8,7	11,3	14,3
11	**Raufasertapete, fein/weiß, Wand** Tapezieren; Raufasertapete, Körnung fein, weiß; Wand					
	m² € brutto	**5,4**	**8,8**	**10,2**	**13,6**	**19,7**
	KG 345 € netto	4,5	7,4	8,6	11,4	16,5
12	**Raufasertapete, grob/weiß, Wand** Tapezieren; Raufasertapete, Körnung grob, weiß; Wand					
	m² € brutto	**5,0**	**7,7**	**9,1**	**12,2**	**19,0**
	KG 345 € netto	4,2	6,5	7,6	10,3	15,9
13	**Raufasertapete, lineare Bauteile** Tapezieren, lineare Bauteile; Raufasertapete; Breite bis 15/30/60cm; Laibungen/Pfeiler/Stützen/Lisenen					
	m € brutto	**1,4**	**2,5**	**2,8**	**3,5**	**5,5**
	KG 345 € netto	1,1	2,1	2,4	2,9	4,6
14	**Raufasertapete, Dispersion** Tapezieren, Beschichtung; Raufasertapete, Dispersionsfarbe; Körnung fein/mittel/grob; Wand/Decke bis 2,75m					
	m² € brutto	**8,9**	**12,0**	**13,0**	**15,4**	**20,0**
	KG 345 € netto	7,5	10,1	11,0	12,9	16,8
15	**Glasgewebe, fein, Wand** Tapezieren; Glasgewebe, fein; Wand					
	m² € brutto	**7,6**	**11,7**	**13,6**	**14,5**	**17,1**
	KG 345 € netto	6,3	9,9	11,4	12,2	14,4
16	**Glasgewebe, grob, Wand** Tapezieren; Glasgewebe, grob; Wand					
	m² € brutto	**8,9**	**13,1**	**15,1**	**16,6**	**19,3**
	KG 345 € netto	7,5	11,0	12,7	13,9	16,3
17	**Glasgewebe, fein, Decke** Tapezieren; Glasgewebe, fein; Decke					
	m² € brutto	**9,3**	**13,4**	**15,8**	**16,6**	**20,0**
	KG 354 € netto	7,8	11,3	13,3	14,0	16,8
18	**Glasgewebe, grob, Decke** Tapezieren; Glasgewebe, grob; Decke					
	m² € brutto	**10,0**	**13,3**	**17,0**	**17,7**	**19,9**
	KG 354 € netto	8,4	11,2	14,3	14,9	16,8

LB 037						Preise €
Nr.	Kurztext / Stichworte Einheit / Kostengruppe	►	▷	brutto ø netto ø	◁	◄
19	**Glasgewebe, lineare Bauteile** Tapezieren, Kleinflächen; Glasgewebe, fein/mittel/grob; Laibungen/Pfeiler/Stützen/Lisenen					
	m € brutto	**3,3**	**5,4**	**6,4**	**6,9**	**8,3**
	KG 345 € netto	2,8	4,5	5,4	5,8	6,9
20	**Glasgewebe, Dispersion** Tapezieren, Beschichtung; Glasgewebe fein/mittel/grob, Dispersionsfarbe; inkl. Grundierung; Wand/Decke					
	m² € brutto	**16**	**21**	**23**	**27**	**33**
	KG 345 € netto	13	18	19	22	28
21	**Prägetapete, Wand** Tapezieren; Prägetapete; Wand					
	m² € brutto	**17**	**24**	**29**	**37**	**48**
	KG 345 € netto	14	20	24	31	40
22	**Fugenabdichtung, Acryl, anstrichverträglich** Dehnungsfuge; Acryldispersionsdichtstoff; inkl. Flankenvorbehandlung, Hinterfüllung					
	m € brutto	**2,0**	**3,6**	**4,1**	**6,5**	**9,9**
	KG 345 € netto	1,7	3,0	3,5	5,4	8,3

LB 038							Preise €
Nr.	Kurztext / Stichworte Einheit / Kostengruppe		►	▷	brutto ø netto ø	◁	◄
1	**Unterkonstruktion, Holzlattung** Unterkonstruktion, Traglattung; Nadelholz, S10; 30x50/40x60mm; Außenwandbekleidung						
	m²	**€ brutto**	**5,3**	**10,3**	**13,1**	**15,4**	**20,6**
	KG 335	€ netto	4,4	8,6	11,0	13,0	17,3
2	**Unterkonstruktion, Holz, 2x30/50mm** Unterkonstruktion, Traglattung; Nadelholz, S10; 2x50x30mm; senkrecht, waagrecht; Außenwandbekleidung						
	m²	**€ brutto**	**13**	**21**	**23**	**31**	**43**
	KG 335	€ netto	11	18	19	26	36
3	**Unterkonstruktion, Holz, 2x80/40mm** Unterkonstruktion, Traglattung; Nadelholz, S10; 2x80x40mm; senkrecht, waagrecht; Außenwandbekleidung						
	m²	**€ brutto**	**43**	**50**	**50**	**57**	**68**
	KG 335	€ netto	36	42	42	48	57
4	**Unterkonstruktion, Rauspund** Unterkonstruktion Schalung; Nadelholz; Dicke 24mm; Rauspund, senkrecht, waagrecht; Außenwandbekleidung						
	m²	**€ brutto**	**32**	**40**	**44**	**48**	**72**
	KG 335	€ netto	27	34	37	40	60
5	**Unterkonstruktion, Aluminium, VHF** Unterkonstruktion; Aluminium; Wandwinkel, Tragprofile						
	m²	**€ brutto**	**69**	**91**	**101**	**136**	**179**
	KG 335	€ netto	58	77	85	114	151
6	**Fassadendämmung, MW 035, 120mm, kaschiert** Fassadendämmung, VHF; Mineralwolle, A1; 120mm; einlagig; zwischen Kanthölzern/Aluminium UK						
	m²	**€ brutto**	**27**	**35**	**38**	**44**	**59**
	KG 335	€ netto	23	30	32	37	49
7	**Fassadendämmung, MW 035, 160mm, kaschiert** Fassadendämmung, VHF; Mineralwolle, A1/A2; 160mm; einlagig; zwischen Kanthölzern/Aluminium UK						
	m²	**€ brutto**	**32**	**47**	**55**	**65**	**82**
	KG 335	€ netto	27	40	46	55	69
8	**Fassadendämmung, Brandbarriere** Brandbarriere; Mineralwolle, WLG 038, Klasse A1; Außenwand						
	m²	**€ brutto**	**33**	**37**	**39**	**46**	**53**
	KG 335	€ netto	27	31	33	39	45

Kosten: Stand 3.Quartal 2024, Bundesdurchschnitt

LB 038						**Preise €**
Nr.	**Kurztext** / Stichworte			**brutto ø**		
	Einheit / Kostengruppe	►	▷	netto ø	◁	◄
9	**Winddichtung, Polyestervlies** Abdichtung, Fassade; Polyestervlies, UV-beständig, diffusionsoffen; winddicht; Außenwandbekleidung					
	m2 € brutto	**11**	**15**	**16**	**18**	**20**
	KG 335 € netto	9,0	12,2	13,8	14,9	17,1
10	**Fassadenbekleidung, Holz, Fasenbretter, Feder** Fassadenbekleidung; Fasenbretter, Nadelholz, gehobelt; Dicke 24mm; waagerechte Bekleidung					
	m2 € brutto	**113**	**130**	**140**	**158**	**194**
	KG 335 € netto	95	109	117	133	163
11	**Fassadenbekleidung, Holz, Boden-Deckelschalung** Fassadenbekleidung; Nadelholz, sägerau/gehobelt; befestigt sichtbar mit Nägeln/Schrauben					
	m2 € brutto	**122**	**141**	**150**	**164**	**191**
	KG 335 € netto	102	118	126	138	161
12	**Fassadenbekleidung, Holz, Stülpschalung** Fassadenbekleidung; Nadelholz, dreiseitig gehobelt/sägerau natur; als Stülpschalung, befestigt mit Nägeln/Schrauben sichtbar					
	m2 € brutto	**109**	**121**	**126**	**142**	**166**
	KG 335 € netto	92	102	105	119	140
13	**Fassadenbekleidung, HPL-Platte** Fassadenbekleidung; HPL-Platten; Dicke 8mm; mit Klammern/Schrauben					
	m2 € brutto	**206**	**227**	**236**	**247**	**266**
	KG 335 € netto	173	190	198	208	223
14	**Fassadenbekleidung, Harzkompositplatten** Fassadenbekleidung; Harzkompositplatten; mit Klammern/Schrauben					
	m2 € brutto	**261**	**273**	**308**	**348**	**445**
	KG 335 € netto	219	229	259	293	374
15	**Fassadenbekleidung, Holzzementplatten** Fassadenbekleidung; Holzzementplatten; mit Klammern/Schrauben					
	m2 € brutto	**175**	**192**	**214**	**246**	**284**
	KG 335 € netto	147	162	180	207	239
16	**Fassadenbekleidung, Faserzementplatten** Fassadenbekleidung; Faserzementplatten, A1; kleinformatig; geschraubt, kopfbeschichtet					
	m2 € brutto	**82**	**90**	**98**	**114**	**132**
	KG 335 € netto	69	75	83	96	111

LB 038							Preise €
Nr.	Kurztext / Stichworte Einheit / Kostengruppe		►	▷	brutto ø netto ø	◁	◄
17	**Fassadenbekleidung, Faserzement-Tafeln** Fassadenbekleidung; Faserzementtafeln, A1; 3.100x1.500/1.250mm; geschraubt, kopfbeschichtet						
	m²	**€ brutto**	**184**	**207**	**215**	**227**	**258**
	KG 335	€ netto	154	174	180	191	217
18	**Fassadenbekleidung, Faserzement-Stülpdeckung** Fassadenbekleidung; Faserzementtafeln, A1; Dicke 10mm; genagelt/geklammert/geschraubt/Hinterschnittdübel						
	m²	**€ brutto**	**166**	**190**	**200**	**208**	**227**
	KG 335	€ netto	139	160	168	175	191
19	**Fassadenbekleidung, Metall, Bandblech** Fassadenbekleidung; Titanzink walzblank/vorbewittert; unsichtbar befestigt; inkl. Schneide- und Bohrarbeiten						
	m²	**€ brutto**	**93**	**132**	**146**	**154**	**186**
	KG 335	€ netto	78	111	122	129	156
20	**Fassadenbekleidung, Metall, Wellblech** Fassadenbekleidung; Wellblech, feuerverzinkt, Sichtseite Kunststoff-farbbeschichtet; vertikal verlegen, befestigt sichtbar mit Schrauben; inkl. Schneide- und Bohrarbeiten						
	m²	**€ brutto**	**75**	**90**	**95**	**99**	**109**
	KG 335	€ netto	63	75	80	83	92
21	**Fassadenbekleidung, Aluminiumverbundplatten** Fassadenbekleidung; Aluminiumverbundplatten; hinterlüftete Fassade, inkl. zweilagige Unterkonstruktion, Befestigung						
	m²	**€ brutto**	**207**	**292**	**313**	**397**	**525**
	KG 335	€ netto	174	245	263	334	441
22	**Fassadenbekleidung, Schindeln** Fassadenbekleidung; Schindeln, Schiefer/gespaltene Holzschindeln; Segmentbogen/rechteckig, Einfach-/Doppel-/Dreifachdeckung; inkl. nichtrostenden Befestigungsmitteln						
	m²	**€ brutto**	**119**	**162**	**198**	**210**	**235**
	KG 335	€ netto	100	136	167	176	197
23	**Fassadenbekleidung, Ziegelplatten** Fassadenbekleidung; Ziegelplatten, Aluminium-Federprofil; waagrecht, verdeckt montieren						
	m²	**€ brutto**	**152**	**231**	**261**	**277**	**315**
	KG 335	€ netto	128	194	219	233	265

Kosten: Stand 3.Quartal 2024, Bundesdurchschnitt

LB 038 **Preise €**

Nr.	Kurztext / Stichworte Einheit / Kostengruppe		►	▷	brutto ø netto ø	◁	◄
24	**Fensterbank, Aluminium, außen** Gesims/Fensterbank; Aluminiumprofil; im Gefälle mind. 8%; mit Bewegungsausgleich, entdröhnt; außen; inkl. Abhebeschutz						
	St	**€ brutto**	**41**	**64**	**73**	**81**	**102**
	KG 334	€ netto	35	54	62	68	86
25	**Laibungsbekleidung, Fenster/Tür** Laibungsbekleidung; hinterlüfteten Fassade, inkl. Aluminium-UK; Fenster-/Türlaibung						
	m	**€ brutto**	**41**	**62**	**68**	**76**	**102**
	KG 334	€ netto	34	52	57	64	86
26	**Außeneck, Aluprofil** Außeneckausbildung; Aluminiumformteil; sichtbar bleibend						
	m	**€ brutto**	**17**	**42**	**56**	**70**	**93**
	KG 335	€ netto	14	35	47	59	78
27	**Attikaabdeckung, Aluminiumblech** Attikaabdeckung; Aluminiumblech; inkl. erf. Soßverbinder und Unterkonstruktionen						
	m	**€ brutto**	**52**	**114**	**148**	**170**	**253**
	KG 335	€ netto	44	96	124	143	213
28	**Dauergerüstanker, Fassade** Dauergerüstanker; nicht rostend, Lasche/Ringschraube abnehmbar; nicht sichtbar; mehrschalige Fassade; inkl. Anker-Protokoll						
	St	**€ brutto**	**35**	**59**	**62**	**66**	**99**
	KG 392	€ netto	30	49	52	56	83
29	**Stundensatz, Facharbeiter/-in** Stundenlohnarbeiten, Vorarbeiterin, Vorarbeiter, Facharbeiterin, Facharbeiter und Gleichgestellte; vorgehängte Fassaden						
	h	**€ brutto**	**83**	**93**	**97**	**104**	**117**
		€ netto	70	78	82	87	98
30	**Stundensatz, Helfer/in** Stundenlohnarbeiten für Werkerin, Werker, Helferin, Helfer und Gleichgestellte; vorgehängte Fassaden						
	h	**€ brutto**	**57**	**74**	**86**	**92**	**105**
		€ netto	48	63	72	77	88

LB 039							Preise €
Nr.	Kurztext / Stichworte Einheit / Kostengruppe		►	▷	brutto ø netto ø	◁	◄
1	**Unterdecke, abgehängt, Mineralfaserplatte 15mm** Rasterdecke, abgehängt; Mineralfaserplatten, glatt/gelocht; Dicke 15mm, 62,5x62,5cm; verschrauben						
	m²	**€ brutto**	**33**	**46**	**52**	**59**	**79**
	KG 354	€ netto	28	39	44	49	66
2	**Wandanschluss, Decke, Mineralplatte** Randanschluss, Rasterdecke; Wandwinkel, L-förmig, beschichtet; 25x20mm; sichtbar; Stahlbeton/Mauerwerk						
	m	**€ brutto**	**5,8**	**7,0**	**7,5**	**8,5**	**9,8**
	KG 354	€ netto	4,9	5,9	6,3	7,1	8,3
3	**Anschnitt, schräg, Mineralplatte** Randausbildung, Zuschnitt, Mineralwolledecke; Mineralwolleplatte; gerade/schräge						
	m	**€ brutto**	**9,2**	**13,5**	**15,4**	**21,2**	**29,5**
	KG 354	€ netto	7,7	11,4	12,9	17,8	24,8
4	**Metall-Kassettendecke, abgehängt** Metallkassettendecke, abgehängt; Metall, einbrennlackiert; 312,5x312,5mm/600x600mm/625x625mm, Blechdicke 0,6mm, MW 40mm; abklappbar/abnehmbar; Abhanghöhe bis 1,00m						
	m²	**€ brutto**	**84**	**95**	**101**	**108**	**122**
	KG 354	€ netto	71	80	85	91	103
5	**Metall-Paneeldecke, abgehängt** Metallpaneeldecke, abgehängt; Metall, einbrennlackiert, Mineralwolle, A1; Modulbreite 200mm, Blech 0,6mm, MW 40mm; abklappbar/abnehmbar; Abhanghöhe bis 1,00m						
	m²	**€ brutto**	**79**	**96**	**102**	**108**	**124**
	KG 354	€ netto	67	81	86	91	104
6	**Deckenbekleidung Gipsplatte, einlagig, Federschiene** Decke abgehängt; Gipsplatte Typ A, UK Federschiene, Stahlprofile, ohne Dämmung/akustische Mineralwolle; Platte 12,5mm; Oberfläche Q2; Stahlbetondecke						
	m²	**€ brutto**	**62**	**65**	**66**	**71**	**77**
	KG 354	€ netto	52	55	56	60	65
7	**Unterdecke, abgehängt, Gipsplatten, einlagig** Decke abgehängt; Gipsplatte Typ A, Metallunterkonstruktion, ohne Dämmung/Mineralwolle; Platte 12,5mm; Oberfläche Q2; Stahlbetondecke; Abhanghöhe bis 0,50m						
	m²	**€ brutto**	**49**	**62**	**67**	**73**	**95**
	KG 354	€ netto	41	52	56	61	80

LB 039 **Preise €**

Nr.	Kurztext / Stichworte Einheit / Kostengruppe		►	▷	brutto ø netto ø	◁	◄
8	**Unterdecke, abgehängt, Gips-Lochplatten** Akustikdecke, abgehängt; Gipsplatte Typ A gelocht, Metallunterkonstruktion; Platte 12,5mm; Oberfläche Q2; Stahlbetondecke; Abhanghöhe bis 0,50m						
	m²	**€ brutto**	**81**	**97**	**104**	**109**	**122**
	KG 354	€ netto	68	82	87	92	102
9	**Unterdecke, abgehängt, GK/GF, zweilagig** Decke, abgehängt; Gipsplatte, Trägerrost; 12,5mm, Mineralwolle 40mm; zweilagig, Oberfläche Q2; Stahlbetondecke; Abhanghöhe bis 0,50m						
	m²	**€ brutto**	**70**	**92**	**99**	**116**	**145**
	KG 354	€ netto	59	77	83	98	122
10	**Unterdecke, abgehängt, F90A/EI90, selbsttragend** Unterdecke F90A/EI90; Brandschutz-Bauplatten; selbsttragende abgehängte Decke, Oberfläche Q2; innen						
	m²	**€ brutto**	**126**	**178**	**203**	**244**	**333**
	KG 354	€ netto	106	149	171	205	280
11	**Verstärkung, Unterkonstruktion, Unterdecke** Verstärkung, Unterkonstruktion; OSB-Holzplattenstreifen						
	m²	**€ brutto**	**9,2**	**12,2**	**13,2**	**14,3**	**18,1**
	KG 354	€ netto	7,8	10,2	11,1	12,0	15,2
12	**Unterkonstruktion, Federschiene, Unterdecke** Unterkonstruktion, Federschiene; Stahlblechprofil, verzinkt, Hutprofil 98x15mm						
	m²	**€ brutto**	**12**	**18**	**26**	**31**	**41**
	KG 354	€ netto	10	15	22	26	34
13	**Weitspannträger, Unterdecke** Decke, Weitspannträger; Unterkonstruktion, freitragende Decke						
	m²	**€ brutto**	**23**	**29**	**32**	**32**	**37**
	KG 354	€ netto	19	24	27	27	31
14	**Wandanschluss, Schattennutprofil, Unterdecke** Randanschluss; Schattennut-Profil; Breite 15mm, Tiefe 12,5mm; anspachteln, feinschleifen; Abgehängte Decke						
	m	**€ brutto**	**7,7**	**15,2**	**17,7**	**21,1**	**29,2**
	KG 354	€ netto	6,5	12,8	14,9	17,8	24,5
15	**Verblendung, Deckensprung, Unterdecke** Deckensprung-Verblendung; GK-Platten; Höhe 400-800mm, Dicke 12,5mm; Oberfläche Q2						
	m	**€ brutto**	**31**	**48**	**58**	**71**	**96**
	KG 354	€ netto	26	41	49	59	81

LB 039							Preise €
Nr.	**Kurztext** / Stichworte				**brutto ø**		
	Einheit / Kostengruppe		►	▷	netto ø	◁	◄
16	**Öffnungen/Ausschnitte, bis DN200, Unterdecke** Aussparung, Einbauleuchten; GP-/GF-/Mineralfaser-Decke; DN200; Abgehängte Decke						
	St	**€ brutto**	**7,8**	**15,4**	**18,4**	**21,6**	**26,6**
	KG 354	€ netto	6,5	13,0	15,5	18,1	22,3
17	**Aussparung, Langfeldleuchte, Unterdecke** Aussparung, Langfeldleuchte; Breite 150mm, Länge 2.000mm; abgehängte Decke						
	m	**€ brutto**	**11**	**23**	**27**	**34**	**51**
	KG 354	€ netto	9,1	19,0	23,0	28,5	43,3
18	**Bekleidung, Dachgeschoss, Gipsplatten, einlagig, Holz-UK** Bekleidung, Dachgeschoss; Gipsplatten; Platte 12,5mm; Oberfläche Q2						
	m²	**€ brutto**	**56**	**61**	**69**	**84**	**91**
	KG 354	€ netto	47	51	58	70	76
19	**Bekleidung, Dachgeschoss, Gipsplatten, zweilagig, Holz-UK** Bekleidung, Dachgeschoss; Gipsplatten; 2x12,5mm; Oberfläche Q2						
	m²	**€ brutto**	**69**	**75**	**86**	**104**	**112**
	KG 354	€ netto	58	63	72	87	94
20	**Bekleidung Dachschräge, Gipsplatte, MW-Dämmung** Bekleidung, Dachgeschoss; Gipsplatten; Platte 12,5mm, Mineralwolle bis 180mm; Oberfläche Q2						
	m²	**€ brutto**	**81**	**90**	**101**	**123**	**132**
	KG 354	€ netto	68	76	85	103	111
21	**Bekleidung DG, Zementplatte, Feuchtraum, Holz-UK** Bekleidung, Dachgeschoss; Zementplatte; Platte 12,5mm; Oberfläche Q2; Feuchtraum						
	m²	**€ brutto**	**108**	**119**	**134**	**160**	**171**
	KG 354	€ netto	91	100	112	135	144
22	**Montagewand, Holz-UK, 100mm, Gipsplatten, zweilagig, MW 40mm, EI30** Montagewand, EI30; Holz, Gipsplatten, Mineralwolle; Dicke 100mm, Plattendicke 12,5mm, MW 40mm; beidseitig beplankt, Oberfläche Q2						
	m²	**€ brutto**	**106**	**114**	**118**	**136**	**155**
	KG 342	€ netto	89	95	99	115	130
23	**Montagewand, Metall-UK, 100mm, Gipsplatten, einlagig, MW 40mm** Montagewand, EI 0; Stahl, Gipsplatten; Dicke 100mm, Plattendicke 12,5mm, Mineralwolle 40mm; beidseitig, einlagig beplankt, Oberfläche Q2						
	m²	**€ brutto**	**72**	**88**	**95**	**110**	**145**
	KG 342	€ netto	60	74	79	93	122

Kosten: Stand 3.Quartal 2024, Bundesdurchschnitt

LB 039							Preise €
Nr.	**Kurztext** / Stichworte **Einheit** / Kostengruppe		►	▷	**brutto ø** netto ø	◁	◄
24	**Montagewand, Metall-UK, 150mm, Gipsplatten zweilagig, MW 40mm, EI30** Montagewand, EI 30; Stahl, Gipsplatten; Dicke 150mm, Plattendicke 12,5mm, Mineralwolle 40mm; beidseitig, doppelt beplankt, Oberfläche Q2						
	m²	**€ brutto**	**80**	**104**	**111**	**128**	**166**
	KG 342	€ netto	67	88	94	108	139
25	**Montagewand, Metall-UK, 100mm, Gipsplatten DF zweilagig, MW 50mm, EI90** Montagewand, EI 90; Stahl, Gipsplatten; Dicke 100mm, Plattendicke 12,5mm, Mineralwolle 50mm; beidseitig, doppelt beplankt, Oberfläche Q2						
	m²	**€ brutto**	**86**	**111**	**123**	**142**	**186**
	KG 342	€ netto	73	93	104	119	156
26	**Montagewand, Gipsplatten, Brandwand, 100mm** Montagewand, Brandwand, tragend; Gipsplatte, Stahlblech, F90A/EI 90-M; Wanddicke 166mm, Platte 20+12,5mm, Mineralwolle 80mm; beidseitig, doppelt beplankt, Oberfläche Q2						
	m²	**€ brutto**	**–**	**230**	**274**	**314**	**–**
	KG 342	€ netto	–	193	230	264	–
27	**Montagewand, Metall-UK, 200mm, Gips doppellagig, doppeltes Ständerwerk** Montagewand, EI 90; Stahl, Gipsplatten, Mineralwolle; Dicke 200mm, Plattendicke 12,50, MW 40; doppeltes Ständerwerk, beidseitig, Oberfläche Q2; verschrauben, verfugen						
	m²	**€ brutto**	**110**	**132**	**139**	**154**	**187**
	KG 342	€ netto	93	111	117	130	157
28	**Montagewand, Metall-UK, 125mm, Gips einlagig, doppeltes Ständerwerk, MW 80mm** Montagewand, EI 30; Stahl, Gipsplatten, Mineralwolle; Dicke 125mm, Plattendicke 12,5mm, MW 80mm; beidseitig, einlagig beplankt, Oberfläche Q2						
	m²	**€ brutto**	**107**	**116**	**121**	**123**	**134**
	KG 342	€ netto	90	98	102	103	112
29	**Innenwand, Gipswandbauplatte, Mauerwerk** Innenwandmauerwerk, nichttragend; GK-Platten, A1; Dicke 80/100mm						
	m²	**€ brutto**	**81**	**93**	**97**	**101**	**114**
	KG 342	€ netto	68	78	81	85	96

LB 039							Preise €
Nr.	**Kurztext** / Stichworte				**brutto ø**		
	Einheit / Kostengruppe		►	▷	netto ø	◁	◄
30	**Anschluss, Montagewand, Dachschräge**						
	Randanschluss, Montagewand; GK-Platten; GK-Platte 12,5mm						
	m	**€ brutto**	**11**	**13**	**15**	**16**	**19**
	KG 342	€ netto	9,2	11,1	12,6	13,8	15,7
31	**Anschluss, gleitend, Montagewand**						
	Wandanschluss, gleitend; Montagewand; bis 20mm; inkl. Profilschienen						
	m	**€ brutto**	**11**	**21**	**24**	**28**	**39**
	KG 342	€ netto	9,4	17,5	19,9	23,3	32,5
32	**Ecken, Kantenprofil, Montagewand**						
	Eckausbildung; Eck-/Kantenprofil; rechtwinklig; Montagewand						
	m	**€ brutto**	**7,7**	**10,9**	**12,1**	**15,8**	**23,7**
	KG 342	€ netto	6,5	9,2	10,2	13,3	19,9
33	**Montagewand, freies Wandende**						
	Montagewand freie Wandenden; Oberfläche Q2; Leichtbauwand; inkl. der Eck-/Kantenprofile						
	m	**€ brutto**	**11**	**20**	**24**	**29**	**41**
	KG 342	€ netto	9,1	16,9	20,1	24,7	34,5
34	**Montagewand, T-Anschluss**						
	T-Anschluss, Montagewand; mit starrer Verbindung und Beplankung						
	m	**€ brutto**	**7,5**	**15,2**	**15,7**	**20,4**	**28,6**
	KG 342	€ netto	6,3	12,8	13,2	17,1	24,1
35	**Montagewand, Sockelunterschnitt**						
	Sockelunterschnitt zweilagig beplankte Montagewand; Sockelprofil Höhe OK FFB 80mm, Tiefe 12,5mm						
	m	**€ brutto**	**5,0**	**9,9**	**11,0**	**14,5**	**22,1**
	KG 342	€ netto	4,2	8,3	9,3	12,2	18,5
36	**Türöffnung, Montagewand**						
	Öffnungen herstellen; Ständerwand, GK-Platten; BxH 750x2.000mm/ 1.000x2.125mm, Dicke 75-150mm; Montagewand; als Türöffnung						
	St	**€ brutto**	**45**	**75**	**89**	**109**	**162**
	KG 344	€ netto	38	63	75	92	136
37	**Fensteröffnung, Montagewand**						
	Öffnung herstellen; GK-Platten; BxH 750x2.000mm/1.000x2.125mm, Dicke 75-150mm; Montagewand; Als Fensteröffnung						
	St	**€ brutto**	**41**	**78**	**97**	**108**	**134**
	KG 344	€ netto	35	66	81	91	113
38	**Türzargen, Aluminium beschichtet**						
	Umfassungszarge; Aluminium, E6/C00/PUR-beschichtet; Breite 625-1.000mm, Höhe 2.130mm; ein-/dreiteilig, nachträglich einbauen						
	St	**€ brutto**	**164**	**237**	**258**	**294**	**390**
	KG 344	€ netto	138	200	217	247	327

LB 039 **Preise €**

Nr.	Kurztext / Stichworte Einheit / Kostengruppe		►	▷	brutto ø netto ø	◁	◄
39	**Türzargen, Umfassungszarge, einbauen** Umfassungszarge; Stahl/Aluminium; Breite 625-1.000mm, Höhe 2.130mm; ein-/dreiteilig, nachträglich einbauen						
	St	**€ brutto**	**46**	**74**	**86**	**103**	**138**
	KG 344	€ netto	39	62	72	87	116
40	**Revisionsklappe 20x20** Revisionsöffnung; Einbau- und Klapprahmen aus Aluminium, F0; 20x20cm; einlagig/zweilagig beplankt, GK/GF						
	St	**€ brutto**	**75**	**95**	**103**	**114**	**135**
	KG 345	€ netto	63	80	87	96	114
41	**Revisionsklappe 40x60** Revisionsöffnung; Einbau- und Klapprahmen aus Aluminium, F0; 40x60cm; einlagig/zweilagig beplankt, GK/GF						
	St	**€ brutto**	**73**	**94**	**104**	**118**	**148**
	KG 345	€ netto	61	79	87	99	124
42	**Revisionsöffnung/-klappe, eckig, Brandschutz EI90** Revisionsklappe, EI 90; Aluminium; HxB 500x500mm; Beplankung und Verspachtelung; Wand; EI 90						
	St	**€ brutto**	**349**	**499**	**552**	**642**	**847**
	KG 345	€ netto	293	420	464	540	712
43	**Montagewand, Verstärkung UK, Mehrschichtholz-Plattenstreifen** Unterkonstruktion, Verstärkung; OSB-Holzplattenstreifen; Breite 250mm; Oberschrankhöhe						
	m	**€ brutto**	**12**	**22**	**25**	**31**	**44**
	KG 342	€ netto	10,0	18,6	21,0	25,9	37,2
44	**Montagewand, Verstärkung UK, CW-Profile** Unterkonstruktion, Verstärkung; CW-Profilen; Dicke 0,6mm; Ständerwand						
	m	**€ brutto**	**5,8**	**14,8**	**17,9**	**21,1**	**28,5**
	KG 342	€ netto	4,9	12,4	15,1	17,7	23,9
45	**Tragständer/Traverse, wandhängende Lasten** Tragständer/Traverse; Stahl, verzinkt; Lasten bis 1,5kN/m; befestigen mit Gewindestangen, U-Scheibe, Stahlmutter M12 selbstschneidende Schrauben; Wandhohlraum						
	St	**€ brutto**	**16**	**34**	**39**	**46**	**65**
	KG 342	€ netto	13	28	33	39	55

LB 039							Preise €
Nr.	Kurztext / Stichworte Einheit / Kostengruppe		►	▷	brutto ø netto ø	◁	◄
46	**Vorsatzschale, GK/GF** Vorsatzschale; GK-/GF-Platten; Platten d=12,5mm; ein-/zweilagig beplankt, Oberfläche Q2						
	m²	**€ brutto**	**55**	**64**	**68**	**73**	**84**
	KG 345	€ netto	47	54	57	61	70
47	**Vorsatzschale, Feuchträume** Vorsatzschale; Stahlblechprofile, Mineralfaser, WLG 040, GK-Platten; Höhe 2,75m, d=62,5/75/87,5/112,5mm, Platte d=12,5m, Dämmung 40mm; freistehend, einseitig, ein-/zweilagig beplankt, Oberfläche Q2; Nassbereich						
	m²	**€ brutto**	**66**	**78**	**82**	**96**	**129**
	KG 345	€ netto	55	66	69	81	108
48	**Vorsatzschale, GK/GF, Schallschutz, R>50dB** Vorsatzschale; GK-/GF-Platten, Schall-und Dämmplatten, WLG 040; ein-/zweilagig beplankt, Oberfläche Q2; frei gespannt						
	m²	**€ brutto**	**50**	**69**	**77**	**95**	**125**
	KG 345	€ netto	42	58	65	80	105
49	**Schachtwand, Gipsplatten, EI 90** Schachtwand, nicht tragend; Stahlprofilen, GK-Brandschutzplatten; Oberfläche Q2; verschraubt, verspachteln, schleifen						
	m²	**€ brutto**	**73**	**87**	**97**	**111**	**131**
	KG 342	€ netto	61	73	81	93	110
50	**Verkofferung/Bekleidung, Rohrleitungen, Abw. 800mm** Rohrbekleidung; Metall-/Holzunterkonstruktion, GK/GF Platten, Mineralfaser; Platte 12,5mm; Oberfläche Q2						
	m	**€ brutto**	**68**	**86**	**94**	**111**	**148**
	KG 345	€ netto	57	72	79	93	125
51	**Trockenputz, Gipsverbundplatte** Innenwandbekleidung; GK-Verbundplatte mit Wärmedämmung, Mineralwolle/Polystyrol; Plattendicke 12,5mm, Dämmung 40/60/80mm; Oberfläche Q2						
	m²	**€ brutto**	**47**	**62**	**69**	**80**	**104**
	KG 345	€ netto	39	52	58	68	88
52	**Trockenputz, Gipsbauplatte A/H2** Trockenputz; Gipsplatte; Plattendicke 12,5mm, Einbauhöhe bis 3,50m; Oberfläche Q2; Mauerwerk/Stahlbeton						
	m²	**€ brutto**	**30**	**43**	**48**	**55**	**73**
	KG 345	€ netto	25	36	40	46	61

Kosten: Stand 3.Quartal 2024, Bundesdurchschnitt

LB 039 **Preise €**

Nr.	Kurztext / Stichworte Einheit / Kostengruppe		►	▷	brutto ø netto ø	◁	◄
53	**Gipsplatten-/Gipsfaser-Bekleidung, einlagig, auf UK** Bekleidung einlagig; Dicke 12,5mm; Oberfläche Q2; sichtbar befestigen						
	m²	**€ brutto**	**25**	**35**	**38**	**41**	**51**
	KG 364	€ netto	21	30	32	35	43
54	**Gipsplatten-/Gipsfaser-Bekleidung, doppelt, auf UK** Bekleidung zweilagig; GF-Platten/GK-Platten; Dicke 2x 12,5mm, Einbauhöhe bis 3,00m; Oberfläche Q2; sichtbare Befestigungsmittel						
	m²	**€ brutto**	**58**	**68**	**72**	**74**	**86**
	KG 364	€ netto	49	57	60	62	72
55	**Gipsplatten-Bekleidung, EI90, einseitig, auf UK** Bekleidung; GF-Platten/GK-Platten; Dicke 12,5mm; Oberfläche Q2; sichtbar befestigen, F90-B						
	m²	**€ brutto**	**102**	**134**	**144**	**165**	**205**
	KG 364	€ netto	86	113	121	139	172
56	**Gipsplatten-/Gipsfaser-Bekleidung, Lüftungskanal** Bekleidung; GK-/GF-Platten; Einbauhöhe 3,50m, Abhanghöhe 0,25m; einfach/doppelt je Seite, Oberfläche Q2; Lüftungskanal						
	m²	**€ brutto**	**56**	**90**	**111**	**116**	**141**
	KG 354	€ netto	47	76	93	98	119
57	**Laibung, Fenster, Gipsfaserplatte** Laibungen Fenster; GF-Platten; Dicke 12,5mm; Oberfläche Q2						
	m	**€ brutto**	**23**	**27**	**28**	**34**	**41**
	KG 336	€ netto	20	22	24	29	34
58	**Laibung, Fenster, Gipsplatte Typ A** Laibungen Fenster; GK-Platten, Typ A; Dicke 12,5mm; Oberfläche Q2						
	m	**€ brutto**	**16**	**25**	**27**	**31**	**39**
	KG 336	€ netto	13	21	23	26	33
59	**Laibung, Dachfenster, Gipsverbundplatte, 20mm** Laibungsbekleidung; Verbundplatte, Gips/Polystyrol-Hartschaum; Dicke 20cm; Oberfläche Q2; Dachfenster						
	m	**€ brutto**	**37**	**56**	**67**	**92**	**122**
	KG 364	€ netto	31	47	56	77	103
60	**Imprägnierung, Gipsplatte** Gipsbauplatte imprägniert; Typ H2; 12,5mm; imprägniert; Nassräume						
	m²	**€ brutto**	**2,5**	**4,6**	**5,4**	**6,8**	**10,9**
	KG 342	€ netto	2,1	3,9	4,5	5,8	9,2
61	**Dampfsperre, Trockenbau** Dampfbremse; Dampfbremsbahn; sd bis 2,30m; verlegen, wind-/und luftdicht mit Klebeband abdichten						
	m²	**€ brutto**	**3,9**	**8,6**	**9,9**	**11,8**	**17,9**
	KG 364	€ netto	3,3	7,2	8,3	9,9	15,0

LB 039							Preise €
Nr.	**Kurztext** / Stichworte **Einheit** / Kostengruppe		►	▷	**brutto ø** netto ø	◁	◄
62	**Mineralwolledämmung, zwischen Sparren** Wärmedämmung; Mineralfaser, WLG 035, A1; einlagig, stumpf gestoßen; zwischen Sparren						
	m2	**€ brutto**	**20**	**29**	**33**	**38**	**52**
	KG 364	€ netto	17	24	28	32	44
63	**Wärmedämmung, bis 60mm, zwischen UK** Wärmedämmung; Mineralwolle/Zellulosedämmplatte, WLG 035; bis 60mm; einlagig; zwischen Holzkonstruktion						
	m2	**€ brutto**	**8,3**	**12,8**	**14,1**	**17,7**	**22,6**
	KG 342	€ netto	7,0	10,8	11,9	14,9	19,0
64	**Doppelboden, Plattenbelag/Unterkonstruktion** Doppelboden; Mineralfaserplatten/Stahlwanne, Füllung aus Leichtbeton/Stahlprofilen; LxB 600x600mm; mit nivellierbaren Stahlstützen						
	m2	**€ brutto**	**138**	**221**	**246**	**308**	**478**
	KG 353	€ netto	116	186	206	259	402
65	**Revisionsöffnung, Doppelboden** Revisionsöffnungen; 600x600mm; fußbodeneben einbauen; für Doppelboden-System						
	St	**€ brutto**	**64**	**89**	**95**	**99**	**124**
	KG 353	€ netto	54	75	80	83	104
66	**Trockenestrich, Spanplatten, 25mm, einlagig** Trockenestrich; Spanplatten, zementgebunden; Dicke 25mm; einlagig; unter Belag						
	m2	**€ brutto**	**40**	**53**	**56**	**65**	**81**
	KG 353	€ netto	34	44	47	54	68
67	**Trockenestrich, GF-Platten, 18mm, einlagig** Trockenestrich; GF-Platten, Klasse A1; Dicke 18mm; einlagig einbauen; Beton/Holzbalkendecke/Fußbodenheizung						
	m2	**€ brutto**	**33**	**44**	**46**	**50**	**59**
	KG 353	€ netto	28	37	39	42	49
68	**Trockenestrich, GF-Platten, 12,5mm, zweilagig** Trockenestrich; GF-Platten, Klasse A1; Dicke 18mm; einlagig einbauen; Beton/Holzbalkendecke/Fußbodenheizung						
	m2	**€ brutto**	**–**	**50**	**60**	**76**	**–**
	KG 353	€ netto	–	42	50	64	–
69	**Ausgleichschicht, Mineralstoff, Trockenestrich** Ausgleichsschüttung; Mineralstoff 0/2, gebrochen; Dicke bis 30cm; einbauen, verdichten; unter Trockenestrich						
	m2	**€ brutto**	**17**	**26**	**27**	**32**	**41**
	KG 353	€ netto	15	22	23	27	35

Kosten: Stand 3.Quartal 2024, Bundesdurchschnitt

LB 039							**Preise €**
Nr.	**Kurztext** / Stichworte				**brutto ø**		
	Einheit / Kostengruppe		►	▷	netto ø	◁	◄
70	**WC-Trennwandanlage, HPL-Kompaktplatten**						
	WC-Trennwand; HPL-Kompaktplatten, wasserfest, Aluminium-Profile; Platte 13mm, 15cm Bodenabstand; integrierten Türanschlagstegen, geräuschdämpfendem Gummikeder						
	m²	**€ brutto**	**244**	**282**	**292**	**306**	**333**
	KG 346	€ netto	205	237	245	257	280
71	**Urinaltrennwand, Schichtstoff-Verbundelemente**						
	Urinaltrennwand, wandhängend; HPL-Vollkernplatten/ESG-Sicherheitsglas mit Siebdruck-Oberfläche; 900x450mm; beidseitig beplankt						
	St	**€ brutto**	**212**	**303**	**356**	**371**	**531**
	KG 342	€ netto	178	255	299	312	446
72	**Verfugung, Acryl-Dichtstoff überstreichbar**						
	Fugenabdichtung, überstreichbar; Acryldispersionsdichtstoff; inkl. Flankenvorbehandlung; Gipsplatten/Gipsfaserplatten						
	m	**€ brutto**	**1,9**	**4,3**	**5,3**	**6,2**	**8,9**
	KG 342	€ netto	1,6	3,6	4,5	5,2	7,5
73	**Spachtelung, Gipsplatten, erhöhte Qualität Q3**						
	Spachtelung Q3; GK-Platten; Wand						
	m²	**€ brutto**	**6,1**	**10,5**	**12,6**	**14,6**	**21,5**
	KG 345	€ netto	5,1	8,8	10,6	12,3	18,0
74	**Gipsplatten-Bekleidung anarbeiten, Installationsdurchführung**						
	Anarbeiten, Bekleidung; GK-Platten; bis 0,10/0,50m²; rechteckig/rund						
	St	**€ brutto**	**8,8**	**19,0**	**23,9**	**32,9**	**53,4**
	KG 342	€ netto	7,4	16,0	20,1	27,6	44,9
75	**Stundensatz, Facharbeiter/-in**						
	Stundenlohnarbeiten Vorarbeiterin, Vorarbeiter, Facharbeiterin, Facharbeiter und Gleichgestellte; Trockenbau						
	h	**€ brutto**	**63**	**79**	**85**	**90**	**101**
		€ netto	53	66	72	76	85
76	**Stundensatz, Helfer/-in**						
	Stundenlohnarbeiten für Werkerin, Werker, Helferin, Helfer und Gleichgestellte; Trockenbau						
	h	**€ brutto**	**57**	**68**	**73**	**78**	**88**
		€ netto	48	57	62	65	74

C

Gebäudetechnik

Titel des Leistungsbereichs	LB-Nr.
Wärmeversorgungsanlagen - Betriebseinrichtungen	040
Wärmeversorgungsanlagen - Leitungen ...	041
Gas- und Wasseranlagen - Leitungen, Armaturen	042
Abwasseranlagen - Leitungen, Abläufe, Armaturen	044
Gas-, Wasser-, und Entwässerungsanlagen - ...	045
Dämm- und Brandschutzarbeiten an techn. Anlagen	047
Niederspannungsanlagen - Kabel/Leitungen ...	053
Niederspannungsanlagen - Verteilersysteme ...	054
Leuchten und Lampen	058
Kommunikations- und Übertragungsnetze	061
Gefahrenmeldeanlagen	063
Aufzüge	069
Raumlufttechnische Anlagen	075

LB 040							Preise €
Nr.	**Kurztext** / Stichworte **Einheit** / Kostengruppe		►	▷	**brutto ø** netto ø	◁	◄
1	**Gas-Brennwerttherme, Wand, bis 15kW** Gas-Brennwerttherme; Edelstahl/Aluminium; bis 15kW; Wandmontage						
	St	**€ brutto**	**5.370**	**6.633**	**7.328**	**8.476**	**10.125**
	KG 421	€ netto	4.512	5.574	6.158	7.123	8.509
2	**Gas-Brennwerttherme, Wand, 15 bis 25kW** Gas-Brennwerttherme; Edelstahl/Aluminium; 15-25kW; Wandmontage						
	St	**€ brutto**	**6.340**	**7.766**	**8.912**	**9.485**	**11.163**
	KG 421	€ netto	5.328	6.526	7.489	7.970	9.380
3	**Gas-Brennwerttherme, Wand, 25 bis 50kW** Gas-Brennwerttherme; Edelstahl/Aluminium; 25-50kW; Wandmontage						
	St	**€ brutto**	**6.490**	**9.444**	**10.500**	**12.367**	**15.015**
	KG 421	€ netto	5.454	7.936	8.824	10.392	12.617
4	**Gas-Brennwertkessel, bis 25kW** Gas-Brennwertkessel; bis 25kW; Kessel wärmegedämmt						
	St	**€ brutto**	**5.888**	**7.382**	**8.199**	**8.949**	**11.036**
	KG 421	€ netto	4.948	6.203	6.890	7.520	9.274
5	**Gas-Brennwertkessel, 25 bis 50kW** Gas-Brennwertkessel; 25-50kW; Kessel wärmegedämmt						
	St	**€ brutto**	**6.632**	**8.362**	**9.183**	**10.050**	**11.804**
	KG 421	€ netto	5.573	7.027	7.716	8.446	9.919
6	**Gas-Brennwertkessel, 50 bis 70kW** Gas-Brennwertkessel; 50-70kW; Kessel wärmegedämmt						
	St	**€ brutto**	**9.526**	**11.403**	**12.768**	**15.659**	**16.763**
	KG 421	€ netto	8.005	9.582	10.730	13.159	14.087
7	**Gas-Brennwertkessel, 70 bis 150kW** Gas-Brennwertkessel; 70-150kW; Kessel wärmegedämmt						
	St	**€ brutto**	**10.339**	**12.924**	**14.059**	**15.997**	**19.620**
	KG 421	€ netto	8.688	10.860	11.814	13.443	16.487
8	**Gas-Brennwertkessel, 150 bis 225kW** Gas-Brennwertkessel; 150-225kW; Kessel wärmegedämmt						
	St	**€ brutto**	**16.173**	**19.600**	**20.153**	**24.274**	**29.127**
	KG 421	€ netto	13.591	16.471	16.935	20.398	24.476
9	**Gas-Brennwertkessel, 225 bis 400kW** Gas-Brennwertkessel; 225-400kW; Kessel wärmegedämmt						
	St	**€ brutto**	**28.685**	**36.452**	**36.605**	**40.798**	**48.565**
	KG 421	€ netto	24.105	30.632	30.760	34.284	40.811
10	**Gas-Brennwertkessel, 400 bis 600kW** Gas-Brennwertkessel; 400-600kW; Kessel wärmegedämmt						
	St	**€ brutto**	**28.990**	**38.712**	**42.368**	**45.617**	**52.694**
	KG 421	€ netto	24.362	32.531	35.604	38.334	44.280

LB 040 **Preise €**

Nr.	Kurztext / Stichworte Einheit / Kostengruppe		►	▷	brutto ø netto ø	◁	◄
11	**Öl-Brennwerttherme, Wand, bis 15kW** Öl-Brennwerttherme; Edelstahl/Aluminium/Gusseisen; bis 15kW; wärmegedämmt; Wandmontage						
	St	**€ brutto**	**6.026**	**7.114**	**8.370**	**10.043**	**10.880**
	KG 421	€ netto	5.064	5.978	7.033	8.440	9.143
12	**Öl-Brennwerttherme, Wand, 15 bis 25kW** Öl-Brennwerttherme; Edelstahl/Aluminium/Gusseisen; 15-25kW; wärmegedämmt; Wandmontage						
	St	**€ brutto**	**7.527**	**8.886**	**10.454**	**12.545**	**13.068**
	KG 421	€ netto	6.325	7.467	8.785	10.542	10.981
13	**Öl-Brennwertkessel, bis 25kW** Öl-Brennwertkessel; bis 25kW; Kessel wärmegedämmt; geschlossene Heizungsanlagen						
	St	**€ brutto**	**9.954**	**10.774**	**11.711**	**12.882**	**15.224**
	KG 421	€ netto	8.365	9.054	9.841	10.825	12.793
14	**Öl-Brennwertkessel, 25 bis 50kW** Öl-Brennwertkessel; 25-50kW; Kessel wärmegedämmt; geschlossene Heizungsanlagen						
	St	**€ brutto**	**11.369**	**12.306**	**13.376**	**14.713**	**16.720**
	KG 421	€ netto	9.554	10.341	11.240	12.364	14.050
15	**Öl-Brennwertkessel, 50 bis 70kW** Öl-Brennwertkessel; 50-70kW; Kessel wärmegedämmt; geschlossene Heizungsanlagen						
	St	**€ brutto**	**14.138**	**16.240**	**19.106**	**22.927**	**26.748**
	KG 421	€ netto	11.881	13.647	16.055	19.266	22.477
16	**Öl-Brennwertkessel, 70 bis 100kW** Öl-Brennwertkessel; 70-100kW; Kessel wärmegedämmt; geschlossene Heizungsanlagen						
	St	**€ brutto**	**19.069**	**21.904**	**25.769**	**30.923**	**35.047**
	KG 421	€ netto	16.025	18.407	21.655	25.986	29.451
17	**Heizöltank, stehend, 5.000 Liter** Heizöllagerbehälter; Stahl/GKF; 5.000l; stehende Ausführung, oberirdische Lagerung						
	St	**€ brutto**	**3.522**	**3.891**	**5.537**	**5.680**	**8.449**
	KG 421	€ netto	2.959	3.270	4.653	4.773	7.100
18	**Abgasanlage, Edelstahl** Abgasanlage; Edelstahl; doppelwandig, wärmegedämmt; Außenwandmontage/im Schacht						
	St	**€ brutto**	**4.961**	**8.211**	**9.512**	**12.476**	**15.776**
	KG 429	€ netto	4.169	6.900	7.993	10.484	13.257

LB 040 **Preise €**

Nr.	Kurztext / Stichworte Einheit / Kostengruppe		►	▷	brutto ø netto ø	◁	◄
19	**Neutralisationsanlage, Brennwertgeräte** Neutralisationsanlage, Brennwertgeräte; Kunststoffgehäuse; inkl. Neutralisationsgranulat						
	St	**€ brutto**	**368**	**603**	**685**	**902**	**1.333**
	KG 421	€ netto	309	506	576	758	1.120
20	**Neutralisationsgranulat 5kg** Neutralisationsgranulat; als Nachfüllpack/Erstbefüllung; 5kg						
	St	**€ brutto**	**80**	**128**	**134**	**154**	**189**
	KG 421	€ netto	68	107	112	129	159
21	**Heizungsverteiler, Vorlaufverteiler/Rücklaufsammler** Heizungsverteiler; Stahlblech; Doppelkammer 150x150mm²; als Vor-und Rücklaufsammler; Wand/Bodenmontage						
	St	**€ brutto**	**2.066**	**3.843**	**3.966**	**4.844**	**6.621**
	KG 421	€ netto	1.736	3.230	3.332	4.071	5.564
22	**Holz/Pellet-Heizkessel, bis 25kW** Holz/Pellet-Heizkessel; Stahl/Guss; bis 25kW; stehende Montage						
	St	**€ brutto**	**14.772**	**16.834**	**17.594**	**19.351**	**21.928**
	KG 421	€ netto	12.413	14.146	14.785	16.262	18.427
23	**Holz/Pellet-Heizkessel, 25 bis 50kW** Holz/Pellet-Heizkessel; Stahl/Guss; 25-50kW; stehende Montage						
	St	**€ brutto**	**15.639**	**17.225**	**19.765**	**24.472**	**28.066**
	KG 421	€ netto	13.142	14.475	16.609	20.565	23.585
24	**Holz/Pellet-Heizkessel, 50 bis 120kW** Holz/Pellet-Heizkessel; Stahl/Guss; 50-120kW; stehende Montage						
	St	**€ brutto**	**29.290**	**49.430**	**54.541**	**76.383**	**103.893**
	KG 421	€ netto	24.614	41.538	45.833	64.187	87.305
25	**Pellet-Fördersystem, Förderschnecke** Pellet-Fördersystem, Förderschnecke; Stahl; Durchmesser 120mm, 5/10kg/h; Stirnradgetriebemotor						
	St	**€ brutto**	**3.183**	**4.129**	**4.456**	**5.301**	**6.463**
	KG 421	€ netto	2.675	3.470	3.744	4.455	5.431
26	**Pellet-Fördersystem, Saugleitung** Pellet-Fördersystem, Saugleitung; Metallgehäuse; 5/10kg/h, Länge bis 30m						
	St	**€ brutto**	**2.176**	**3.503**	**4.481**	**5.802**	**6.962**
	KG 421	€ netto	1.829	2.944	3.765	4.876	5.851

Kosten: Stand 3.Quartal 2024, Bundesdurchschnitt

LB 040 **Preise €**

Nr.	Kurztext / Stichworte Einheit / Kostengruppe		▶	▷	brutto ø netto ø	◁	◀
27	**Brennstofflagerbehälter für Holzpellets** Brennstofflagerbehälter Holzpellets; aus Stahlgestell und flexiblen Gewebe; inkl. Anschluss; innerhalb des Gebäudes/außerhalb des Gebäudes/unterirdisch; luftdurchlässig/luftundurchlässig, staubdicht, antistatisch, wasserdicht und frostsicher						
	St	**€ brutto**	**3.458**	**4.741**	**5.332**	**5.407**	**6.971**
	KG 421	€ netto	2.906	3.984	4.481	4.544	5.858
28	**Erdgas-BHKW-Anlage, 1,0kW$_{el}$, 2,5kW$_{th}$** Erdgas-Blockheizkraftwerkanlage; als Kompaktmodul in Gehäuse, schallgedämmt, Viertakt-Otto-Motor; bis 2,5kW$_{th}$, 1,0kW$_{el}$						
	St	**€ brutto**	**27.254**	**28.242**	**32.586**	**37.129**	**37.919**
	KG 421	€ netto	22.903	23.732	27.384	31.201	31.865
29	**Erdgas-BHKW-Anlage, 1,5-3,0kW$_{el}$, 4-10kW$_{th}$** Erdgas-Blockheizkraftwerkanlage; als Kompaktmodul in Gehäuse, schallgedämmt, Viertakt-Otto-Motor; 4-10kW$_{th}$, 1,5-3,0kW$_{el}$						
	St	**€ brutto**	**40.842**	**41.671**	**46.411**	**51.348**	**53.304**
	KG 421	€ netto	34.321	35.018	39.001	43.150	44.793
30	**Erdgas-BHKW-Anlage, 5-20kW$_{el}$, 10-45kW$_{th}$** Erdgas-Blockheizkraftwerkanlage; als Kompaktmodul in Gehäuse, schallgedämmt, Viertakt-Otto-Motor; 10-45kW$_{th}$, 5-20kW$_{el}$						
	St	**€ brutto**	**77.862**	**80.972**	**92.822**	**106.647**	**109.325**
	KG 421	€ netto	65.430	68.044	78.002	89.619	91.869
31	**Flach-Solarkollektoranlage, thermisch, bis 10m²** Flach-Solarkollektoranlage, thermisch; für Heizung und Trinkwassererwärmung; Druck max.10bar, Aperturfläche bis 10m²; Aufdachmontage mit Verankerung, systembedingten Befestigungsmitteln; mit Solarpumpenregelgruppe						
	St	**€ brutto**	**7.790**	**10.498**	**12.458**	**13.821**	**16.978**
	KG 421	€ netto	6.546	8.821	10.469	11.615	14.267
32	**Flach-Solarkollektoranlage, thermisch, 10-20m²** Flach-Solarkollektoranlage, thermisch; für Heizung und Trinkwassererwärmung; Druck max.10bar, Aperturfläche 10-20m²; Aufdachmontage mit Verankerung, systembedingten Befestigungsmitteln; mit Solarpumpenregelgruppe						
	St	**€ brutto**	**13.628**	**17.122**	**18.797**	**20.385**	**25.025**
	KG 421	€ netto	11.452	14.388	15.796	17.130	21.030

LB 040 **Preise €**

Nr.	Kurztext / Stichworte Einheit / Kostengruppe		►	▷	brutto ø netto ø	◁	◄
33	**Flach-Solarkollektoranlage, thermisch, 20-30m²** Flach-Solarkollektoranlage, thermisch; für Heizung und Trinkwassererwärmung; Druck max.10bar, Aperturfläche 20-30m²; Aufdachmontage mit Verankerung, systembedingten Befestigungsmitteln; mit Solarpumpenregelgruppe						
	St	**€ brutto**	**19.364**	**25.313**	**28.688**	**30.224**	**35.399**
	KG 421	€ netto	16.272	21.272	24.107	25.399	29.747
34	**Pufferspeicher bis 500 Liter, Heizung** Pufferspeicher, Heizung; Stahl außen beschichtet; bis 500l, Druck 6bar						
	St	**€ brutto**	**1.110**	**1.841**	**2.142**	**2.824**	**4.088**
	KG 421	€ netto	933	1.547	1.800	2.373	3.435
35	**Pufferspeicher bis 1.000 Liter, Heizung** Pufferspeicher, Heizung; Stahl außen beschichtet; 500l-1.000l, Druck 6bar						
	St	**€ brutto**	**1.731**	**3.373**	**3.869**	**4.810**	**7.736**
	KG 421	€ netto	1.455	2.835	3.251	4.042	6.501
36	**Pufferspeicher bis 2.000 Liter, Heizung** Pufferspeicher, Heizung; Stahl außen beschichtet; 1.000l-2.000l, Druck 6bar						
	St	**€ brutto**	**2.192**	**3.537**	**4.138**	**5.377**	**7.634**
	KG 421	€ netto	1.842	2.972	3.477	4.519	6.415
37	**Trinkwarmwasserbereiter, Durchflussprinzip, 1-15l/min** Trinkwarmwasserbereiter, Brauchwasser; Heizung Druck 3bar, Trinkwasser Druck 6bar, 1-15l/min						
	St	**€ brutto**	**–**	**4.790**	**5.322**	**6.121**	**–**
	KG 421	€ netto	–	4.025	4.473	5.144	–
38	**Trinkwarmwasserbereiter, Durchflussprinzip, 1-30l/min** Trinkwarmwasserbereiter, Brauchwasser; Heizung Druck 3bar, Trinkwasser Druck 6bar, 1-30l/min						
	St	**€ brutto**	**–**	**5.457**	**6.063**	**6.973**	**–**
	KG 421	€ netto	–	4.586	5.095	5.859	–
39	**Wärmepumpe, bis 15kW, Wasser** Wärmepumpe, elektrisch; Wasser/Wasser; Nennwärmeleistung bis 15kW; für Raumheizung, Trinkwassererwärmung; Innenaufstellung						
	St	**€ brutto**	**20.922**	**22.000**	**22.091**	**22.550**	**24.156**
	KG 421	€ netto	17.581	18.488	18.563	18.950	20.299
40	**Wärmepumpe, 15-25kW, Wasser** Wärmepumpe, elektrisch; Wasser/Wasser; Nennwärmeleistung 15-25kW; für Raumheizung, Trinkwassererwärmung; Innenaufstellung						
	St	**€ brutto**	**21.217**	**24.520**	**24.956**	**25.758**	**29.061**
	KG 421	€ netto	17.829	20.605	20.972	21.645	24.421

Kosten: Stand 3.Quartal 2024, Bundesdurchschnitt

LB 040 **Preise €**

Nr.	Kurztext / Stichworte				brutto ø		
	Einheit / Kostengruppe		►	▷	netto ø	◁	◄
41	**Wärmepumpe, 25-35kW, Wasser** Wärmepumpe, elektrisch; Wasser/Wasser; Nennwärmeleistung 25-35kW; für Raumheizung, Trinkwassererwärmung; Innenaufstellung						
	St	**€ brutto**	**23.292**	**25.566**	**28.941**	**32.902**	**37.315**
	KG 421	€ netto	19.573	21.484	24.320	27.649	31.357
42	**Wärmepumpe, 35-50kW, Wasser** Wärmepumpe, elektrisch; Wasser/Wasser; Nennwärmeleistung 35-50kW; für Raumheizung, Trinkwassererwärmung; Innenaufstellung						
	St	**€ brutto**	**26.384**	**37.327**	**39.556**	**43.494**	**54.437**
	KG 421	€ netto	22.171	31.367	33.240	36.550	45.746
43	**Wärmepumpe, bis 15kW, Sole** Wärmepumpe, elektrisch; Sole/Wasser; Nennwärmeleistung bis 15kW; für Raumheizung, Trinkwassererwärmung; Innenaufstellung; über Erdsonden/Erdkollektoren						
	St	**€ brutto**	**13.504**	**16.641**	**17.829**	**20.245**	**25.452**
	KG 421	€ netto	11.348	13.984	14.983	17.012	21.388
44	**Wärmepumpe, 15-25kW, Sole** Wärmepumpe, elektrisch; Sole/Wasser; Nennwärmeleistung 15-25kW; für Raumheizung, Trinkwassererwärmung; Innenaufstellung; über Erdsonden/Erdkollektoren						
	St	**€ brutto**	**20.619**	**24.485**	**27.368**	**28.934**	**31.758**
	KG 421	€ netto	17.327	20.576	22.998	24.314	26.687
45	**Wärmepumpe, 25-35kW, Sole** Wärmepumpe, elektrisch; Sole/Wasser; Nennwärmeleistung 25-35kW; für Raumheizung, Trinkwassererwärmung; Innenaufstellung; über Erdsonden/Erdkollektoren						
	St	**€ brutto**	**26.758**	**31.936**	**33.294**	**35.866**	**41.044**
	KG 421	€ netto	22.485	26.837	27.978	30.139	34.491
46	**Wärmepumpe, 35-50kW, Sole** Wärmepumpe, elektrisch; Sole/Wasser; Nennwärmeleistung 35-50kW; für Raumheizung, Trinkwassererwärmung; Innenaufstellung; über Erdsonden/Erdkollektoren						
	St	**€ brutto**	**35.624**	**42.861**	**46.007**	**53.857**	**66.633**
	KG 421	€ netto	29.936	36.018	38.661	45.258	55.994
47	**Wärmepumpe, bis 15kW, Luft** Wärmepumpe, elektrisch; Luft/Wasser; Nennwärmeleistung bis 15kW; für Raumheizung, Trinkwassererwärmung; Innen-/Außenaufstellung						
	St	**€ brutto**	**11.798**	**16.490**	**18.064**	**19.762**	**23.399**
	KG 421	€ netto	9.914	13.858	15.179	16.607	19.663

LB 040 **Preise €**

Nr.	Kurztext / Stichworte Einheit / Kostengruppe		▶	▷	brutto ø netto ø	◁	◀
48	**Wärmepumpe, 15-25kW, Luft** Wärmepumpe, elektrisch; Luft/Wasser; Nennwärmeleistung 15-25kW; für Raumheizung, Trinkwassererwärmung; Innen-/Außenaufstellung						
	St	**€ brutto**	**24.956**	**28.577**	**29.899**	**30.833**	**33.325**
	KG 421	€ netto	20.972	24.015	25.125	25.910	28.004
49	**Wärmepumpe, 25-35kW, Luft** Wärmepumpe, elektrisch; Luft/Wasser; Nennwärmeleistung 25-35kW; für Raumheizung, Trinkwassererwärmung; Innen-/Außenaufstellung						
	St	**€ brutto**	**34.842**	**38.422**	**39.108**	**39.515**	**43.095**
	KG 421	€ netto	29.279	32.287	32.864	33.206	36.215
50	**Brunnenanlage, WP bis 15kW** Brunnenanlage, Wärmepumpe; Filterrohren, Filterkies, Fertigteilschacht inkl. Steigrohren; Bohrtiefe bis 15m, Leistung bis 15kW, Förderung bis 3,5m³/h, DN1.500, Schachttiefe 1,5-2,0m						
	St	**€ brutto**	**14.980**	**15.799**	**19.749**	**24.094**	**26.237**
	KG 421	€ netto	12.588	13.277	16.596	20.247	22.048
51	**Brunnenanlage, WP 15-25kW** Brunnenanlage, Wärmepumpe; Filterrohren, Filterkies, Fertigteilschacht inkl. Steigrohren; Bohrtiefe bis 15m, Leistung 15-25kW, Förderung bis 5,5m³/h, DN1.500, Schachttiefe 1,5-2,0m						
	St	**€ brutto**	**17.468**	**18.169**	**22.712**	**27.708**	**30.088**
	KG 421	€ netto	14.679	15.268	19.086	23.284	25.284
52	**Brunnenanlage, WP 25-35kW** Brunnenanlage, Wärmepumpe; Filterrohren, Filterkies, Fertigteilschacht inkl. Steigrohren; Bohrtiefe bis 15m, Leistung 25-35kW, Förderung bis 7,5m³/h, DN1.500, Schachttiefe 1,5-2,0m						
	St	**€ brutto**	**20.510**	**21.724**	**27.155**	**33.130**	**34.492**
	KG 421	€ netto	17.235	18.256	22.820	27.840	28.985
53	**Brunnenanlage, WP 35-50kW** Brunnenanlage, Wärmepumpe; Filterrohren, Filterkies, Fertigteilschacht inkl. Steigrohren; Bohrtiefe bis 15m, Leistung 35-50kW, Förderung bis 11,0m³/h, DN1.500, Schachttiefe 1,5-2,0m						
	St	**€ brutto**	**36.671**	**39.499**	**49.373**	**60.236**	**62.910**
	KG 421	€ netto	30.816	33.192	41.490	50.618	52.865
54	**Erdsondenanlage, Wärmepumpe** Erdsondenanlage, Doppel U-Sonden; Befüllung Wasser/Wasser-Glykol; Bohrloch 160mm, Sonden 32mm inkl. Fußstück						
	m	**€ brutto**	**87**	**105**	**112**	**119**	**137**
	KG 421	€ netto	73	88	94	100	115

LB 040 **Preise €**

Nr.	Kurztext / Stichworte Einheit / Kostengruppe		▶	▷	brutto ø netto ø	◁	◀
55	**Inbetriebnahme Wärmepumpe** Inbetriebnahme Wärmepumpe; gem. der Vorgaben des Wärmepumpen-Herstellers; sowie den gesetzlichen Bestimmungen; unter Berücksichtigung der Garantie und Gewährleistung; inkl. Übergabe und Inbetriebnahmeprotokoll						
	psch	**€ brutto**	**714**	**1.774**	**1.980**	**3.401**	**6.642**
	KG 421	€ netto	600	1.491	1.663	2.858	5.582
56	**Wartung, Wärmepumpe** Wartung einer Luft/Wasser/Sole Wärmepumpe; gem. der Vorgaben des Wärmepumpen-Herstellers; sowie den gesetzlichen Bestimmungen; unter Berücksichtigung der Garantie und Gewährleistung						
	psch	**€ brutto**	**355**	**371**	**374**	**386**	**403**
	KG 421	€ netto	298	312	314	325	339
57	**Membran-Druckausdehnungsgefäß, bis 50 Liter** Membran-Druckausdehnungsgefäß; Stahl; bis 50l; stehende Montage						
	St	**€ brutto**	**98**	**156**	**177**	**215**	**300**
	KG 421	€ netto	83	131	149	181	252
58	**Membran-Druckausdehnungsgefäß, bis 100 Liter** Membran-Druckausdehnungsgefäß; Stahl; 50-100l; stehende Montage						
	St	**€ brutto**	**173**	**235**	**235**	**249**	**292**
	KG 421	€ netto	145	197	197	210	245
59	**Membran-Druckausdehnungsgefäß, bis 500 Liter** Membran-Druckausdehnungsgefäß; Stahl; 100-500l; stehende Montage						
	St	**€ brutto**	**360**	**548**	**607**	**836**	**1.284**
	KG 421	€ netto	303	460	510	703	1.079
60	**Membran-Druckausdehnungsgefäß, über 500 Liter** Membran-Druckausdehnungsgefäß; Stahl; über 500l; stehende Montage						
	St	**€ brutto**	**1.524**	**2.307**	**2.623**	**3.128**	**5.230**
	KG 421	€ netto	1.280	1.939	2.204	2.629	4.395
61	**Trinkwarmwasserspeicher** Trinkwarmwasserspeicher; Stahl/Edelstahl; stehende/liegende Montage						
	St	**€ brutto**	**1.706**	**3.582**	**4.108**	**5.409**	**7.410**
	KG 421	€ netto	1.433	3.010	3.452	4.545	6.227
62	**Speicher-Wassererwärmer mit Solar, bis 400 Liter** Speicher-Wassererwärmer, Trinkwasser; nichtrostendem Stahl/Stahl emailliert; bis 400l, Leistungszahl mind. NL 2,5; stehend, zwei innenliegenden Heizflächen						
	St	**€ brutto**	**1.031**	**1.870**	**2.240**	**2.817**	**3.657**
	KG 421	€ netto	866	1.572	1.883	2.367	3.073

LB 040 **Preise €**

Nr.	Kurztext / Stichworte Einheit / Kostengruppe	►	▷	brutto ø netto ø	◁	◄
63	**Elektro Heizeinsatz, Heizungsanlage** Elektro Heizeinsatz als Heizstab; 2,4 oder 6kW; Einsetzbar bei weichem bis mittelhartem Trinkwasser bis 2,5mol/m³; 14° dH, Härtebereich mittel; Mit Sicherheitstemperaturbegrenzer und Temperaturregler					
	St **€ brutto**	**382**	**487**	**539**	**594**	**721**
	KG 422 € netto	321	409	453	500	606
64	**Umwälzpumpen, bis 2,50m³/h** Umwälzpumpe, Nassläufer; Bronze/Gusseisen/Stahl; bis 2,50m³/h; inkl. Wärmedämmschalen					
	St **€ brutto**	**426**	**616**	**694**	**751**	**993**
	KG 421 € netto	358	518	583	631	835
65	**Umwälzpumpen, bis 5,00m³/h** Umwälzpumpe, Nassläufer; Bronze/Gusseisen/Stahl; bis 5,00m³/h; inkl. Wärmedämmschalen					
	St **€ brutto**	**722**	**853**	**915**	**980**	**1.087**
	KG 422 € netto	607	716	769	823	913
66	**Umwälzpumpen, ab 5,00m³/h** Umwälzpumpe, Nassläufer; Bronze/Gusseisen/Stahl; ab 5,00m³/h; inkl. Wärmedämmschalen					
	St **€ brutto**	**1.195**	**1.435**	**1.522**	**1.805**	**2.809**
	KG 422 € netto	1.004	1.206	1.279	1.517	2.360
67	**Absperrklappen, bis DN25** Absperrklappe; Guss/Bronze; bis DN25, PN6/10/16; Handbetätigung					
	St **€ brutto**	**120**	**165**	**199**	**201**	**219**
	KG 422 € netto	101	138	167	169	184
68	**Absperrklappen, DN32** Absperrklappe; Guss/Bronze; DN32, PN6/10/16; Flanschanschluss; Handbetätigung					
	St **€ brutto**	**131**	**168**	**193**	**224**	**261**
	KG 422 € netto	110	142	162	188	219
69	**Absperrklappen, DN65** Absperrklappe; Guss/Bronze; DN65, PN6/10/16; Flanschanschluss; Handbetätigung					
	St **€ brutto**	**187**	**229**	**287**	**323**	**375**
	KG 422 € netto	157	192	241	272	315
70	**Absperrklappen, DN80** Absperrklappe; Guss/Bronze; DN80, PN6/10/16; Flanschanschluss; Handbetätigung					
	St **€ brutto**	**244**	**291**	**313**	**352**	**417**
	KG 422 € netto	205	245	263	295	350

Kosten: Stand 3.Quartal 2024, Bundesdurchschnitt

LB 040							Preise €
Nr.	**Kurztext** / Stichworte **Einheit** / Kostengruppe		▶	▷	**brutto ø** netto ø	◁	◀
71	**Rückschlagventil, DN65** Rückschlagventil; DN65, PN6; Flanschanschluss						
	St	**€ brutto**	**158**	**221**	**245**	**364**	**531**
	KG 422	€ netto	133	186	206	306	446
72	**Dreiwegeventil, DN40** Dreiwegeventil; Grauguss; DN40, PN16; mit Verschraubungen und Dichtungen; inkl. elektr. Stellantrieb						
	St	**€ brutto**	**359**	**526**	**682**	**744**	**853**
	KG 421	€ netto	302	442	574	625	717
73	**Heizungsverteiler, Wandmontage, 3 Heizkreise** Heizungsverteiler; Stahl; drei Heizkreise; kombinierter Vor- und Rücklaufverteiler; Wandmontage						
	St	**€ brutto**	**299**	**315**	**371**	**389**	**819**
	KG 421	€ netto	251	265	312	327	688
74	**Heizungsverteiler, Wandmontage, 5 Heizkreise** Heizungsverteiler; Stahl; fünf Heizkreise; kombinierter Vor- und Rücklaufverteiler; Wandmontage						
	St	**€ brutto**	**458**	**486**	**540**	**640**	**875**
	KG 421	€ netto	385	408	454	538	736
75	**Füllset, Heizung** Füllset Heizung; Messing; 1/2"; flexible Schlauchanbindung; Wandbefestigung						
	St	**€ brutto**	**29**	**37**	**42**	**45**	**57**
	KG 421	€ netto	25	31	35	38	48
76	**Stundensatz, Obermonteur/-in Heizung** Stundensatz Obermonteur/-in Heizung; Verrechnungssatz für die Arbeitskraft inkl. aller Aufwendungen; Nachweis und Anmeldung gem. VOB/B.						
	h	**€ brutto**	**72**	**75**	**78**	**81**	**86**
		€ netto	60	63	65	68	72
77	**Stundensatz, Helfer/-in Heizung** Stundenlohnarbeiten für Helfer/-in Heizung; Verrechnungssatz für die Arbeitskraft inkl. aller Aufwendungen; Nachweis und Anmeldung gem. VOB/B.						
	h	**€ brutto**	**47**	**54**	**59**	**64**	**73**
		€ netto	39	46	49	54	61

LB 041						Preise €
Nr.	**Kurztext** / Stichworte			**brutto ø**		
	Einheit / Kostengruppe	►	▷	netto ø	◁	◄
1	**Strangregulierventil, DN15**					
	Strangregulierungsventil; Rotguss/Grauguss; PN 6/10/16, DN15					
	St € **brutto**	**81**	**101**	**112**	**119**	**143**
	KG 421 € netto	68	85	94	100	120
2	**Überströmventil, DN15**					
	Überströmventil; Messing/Rotguss/Grauguss; PN 3/6/10, DN15; Eck-/gerade Ausführung					
	St € **brutto**	**64**	**108**	**132**	**145**	**189**
	KG 421 € netto	54	90	111	122	159
3	**Schmutzfänger, DN40**					
	Schmutzfänger; Grauguss; DN40					
	St € **brutto**	**103**	**142**	**156**	**223**	**299**
	KG 421 € netto	87	119	131	188	251
4	**Schnellentlüfter, DN10**					
	Schnellentlüfter/Schwimmerentlüfter; Messing/Grauguss; DN10					
	St € **brutto**	**16**	**42**	**49**	**68**	**135**
	KG 421 € netto	14	35	41	57	114
5	**Zeigerthermometer, Bimetall**					
	Zeigerthermometer, Bimetall; Aluminium/Edelstahl; Durchmesser 63/80/100/160, Länge 63-160mm					
	St € **brutto**	**19**	**28**	**34**	**61**	**92**
	KG 421 € netto	16	24	28	51	77
6	**Manometer, Rohrfeder**					
	Manometer, Rohrfeder; Messing, Stahlrohrfeder; Durchmesser 63/80/100/160mm					
	St € **brutto**	**48**	**74**	**93**	**101**	**142**
	KG 421 € netto	40	62	78	85	119
7	**Absperrventil, Guss, DN15**					
	Absperrventil; Rotguss/Grauguss; DN15, PN 6/10/16					
	St € **brutto**	**36**	**56**	**63**	**84**	**117**
	KG 422 € netto	30	47	53	71	98
8	**Absperrventil, Guss, DN20**					
	Absperrventil; Rotguss/Grauguss; DN20, PN 6/10/16					
	St € **brutto**	**64**	**82**	**85**	**98**	**128**
	KG 422 € netto	54	69	71	82	107
9	**Absperrventil, Guss, DN25**					
	Absperrventil; Rotguss/Grauguss; DN25, PN 6/10/16					
	St € **brutto**	**67**	**122**	**138**	**149**	**183**
	KG 422 € netto	56	103	116	125	154

Kosten: Stand 3.Quartal 2024, Bundesdurchschnitt

LB 041 **Preise €**

Nr.	Kurztext / Stichworte Einheit / Kostengruppe		▶	▷	brutto ø netto ø	◁	◀
10	**Absperrventil, Guss, DN32** Absperrventil; Rotguss/Grauguss; DN32, PN 6/10/16						
	St	**€ brutto**	**87**	**140**	**156**	**208**	**303**
	KG 422	€ netto	74	118	131	174	255
11	**Absperrventil, Guss, DN40** Absperrventil; Rotguss/Grauguss; DN40, PN 6/10/16						
	St	**€ brutto**	**155**	**202**	**214**	**237**	**283**
	KG 422	€ netto	131	170	180	199	238
12	**Absperrventil, Guss, DN50** Absperrventil; Rotguss/Grauguss; DN50, PN 6/10/16						
	St	**€ brutto**	**216**	**255**	**272**	**323**	**378**
	KG 422	€ netto	181	214	229	272	317
13	**Absperrventil, Guss, DN65** Absperrventil; Rotguss/Grauguss; DN65, PN 6/10/16						
	St	**€ brutto**	**227**	**312**	**313**	**344**	**408**
	KG 422	€ netto	191	262	263	289	343
14	**Badheizkörper/Handtuchheizkörper, beschichtet** Badheizkörper/Handtuchheizkörper; Stahl; 1.800x600x40mm						
	St	**€ brutto**	**518**	**872**	**974**	**1.139**	**1.931**
	KG 423	€ netto	435	732	819	957	1.623
15	**Rohrleitung, Kupfer, DN15** Rohrleitung; Kupfer; DN15, Rohrstärke 1mm; inkl. Befestigung						
	m	**€ brutto**	**15**	**22**	**24**	**28**	**36**
	KG 422	€ netto	12	18	20	23	30
16	**Rohrleitung, Kupfer, DN20** Rohrleitung; Kupfer; DN20, Rohrstärke 1mm; inkl. Befestigung						
	m	**€ brutto**	**19**	**27**	**30**	**33**	**43**
	KG 422	€ netto	16	22	26	27	36
17	**Rohrleitung, Kupfer, DN25** Rohrleitung; Kupfer; DN25, Rohrstärke 1mm; inkl. Befestigung						
	m	**€ brutto**	**31**	**36**	**38**	**43**	**50**
	KG 422	€ netto	26	30	32	36	42
18	**Rohrleitung, C-Stahlrohr, DN10** Rohrleitung; C-Stahlrohr; DN10; in Stangen; inkl. Fittings						
	m	**€ brutto**	**16**	**19**	**22**	**24**	**28**
	KG 422	€ netto	13	16	18	21	23
19	**Rohrleitung, C-Stahlrohr, DN12** Rohrleitung; C-Stahlrohr; DN12; in Stangen; inkl. Fittings						
	m	**€ brutto**	**16**	**20**	**24**	**25**	**28**
	KG 422	€ netto	13	17	20	21	24

LB 041 **Preise €**

Nr.	Kurztext / Stichworte Einheit / Kostengruppe		►	▷	brutto ø netto ø	◁	◄
20	**Rohrleitung, C-Stahlrohr, DN15** Rohrleitung; C-Stahlrohr; DN15; in Stangen; inkl. Fittings						
	m	**€ brutto**	**18**	**23**	**25**	**27**	**31**
	KG 422	€ netto	15	19	21	23	26
21	**Rohrleitung, C-Stahlrohr, DN20** Rohrleitung; C-Stahlrohr; DN20; in Stangen; inkl. Fittings						
	m	**€ brutto**	**24**	**24**	**30**	**39**	**42**
	KG 422	€ netto	20	20	25	33	35
22	**Rohrleitung, C-Stahlrohr, DN25** Rohrleitung; C-Stahlrohr; DN25; in Stangen; inkl. Fittings						
	m	**€ brutto**	**30**	**35**	**36**	**39**	**44**
	KG 422	€ netto	25	29	31	33	37
23	**Rohrleitung, C-Stahlrohr, DN32** Rohrleitung; C-Stahlrohr; DN32; in Stangen; inkl. Fittings						
	m	**€ brutto**	**37**	**44**	**45**	**47**	**54**
	KG 422	€ netto	31	37	38	39	45
24	**Rohrleitung, C-Stahlrohr, DN40** Rohrleitung; C-Stahlrohr; DN40; in Stangen; inkl. Fittings						
	m	**€ brutto**	**35**	**48**	**62**	**66**	**78**
	KG 422	€ netto	29	40	52	56	66
25	**Rohrleitung, C-Stahlrohr, DN50** Rohrleitung; C-Stahlrohr; DN50; in Stangen; inkl. Fittings						
	m	**€ brutto**	**40**	**66**	**72**	**80**	**98**
	KG 422	€ netto	33	55	61	67	83
26	**Rohrleitung, C-Stahlrohr, Bogen, DN50** Formstück Bogen; C-Stahlrohr; DN50, 90°; geschweißt						
	St	**€ brutto**	**15**	**31**	**38**	**46**	**61**
	KG 422	€ netto	13	26	32	39	51
27	**Rohrleitung, Stahlrohr, DN65** Rohrleitung; Stahlrohr; DN65; inkl. Befestigung						
	m	**€ brutto**	**43**	**52**	**55**	**62**	**81**
	KG 422	€ netto	36	43	47	52	68
28	**Rohrleitung, Stahlrohr, DN80** Rohrleitung; Stahlrohr; DN80; inkl. Befestigung						
	m	**€ brutto**	**52**	**57**	**64**	**69**	**84**
	KG 422	€ netto	44	48	54	58	71
29	**Rohrleitung, Stahlrohr, DN100** Rohrleitung; Stahlrohr; DN100; inkl. Befestigung						
	m	**€ brutto**	**68**	**72**	**88**	**103**	**106**
	KG 422	€ netto	57	61	74	87	89

LB 041 | **Preise €**

Nr.	Kurztext / Stichworte Einheit / Kostengruppe		►	▷	brutto ø netto ø	◁	◄
30	**Rohrleitung, Stahlrohr, DN150** Rohrleitung; Stahlrohr; DN150; inkl. Befestigung						
	m	**€ brutto**	**86**	**96**	**106**	**116**	**118**
	KG 422	€ netto	73	81	89	98	100
31	**Rohrleitung, PE-X 17mm, Fußbodenheizung** Rohrleitung, Fußbodenheizung; Polyethylen PE-X, sauerstoffdicht; Außendurchmesser 17mm; Verlegesystem Typ A						
	m	**€ brutto**	**10**	**13**	**14**	**15**	**18**
	KG 422	€ netto	8,4	10,9	11,6	12,9	14,9
32	**Rohrleitung, PE-X 20mm, Fußbodenheizung** Rohrleitung, Fußbodenheizung; Polyethylen PE-X, sauerstoffdicht; Außendurchmesser 20mm; Verlegesystem Typ A						
	m	**€ brutto**	**13**	**15**	**16**	**17**	**21**
	KG 422	€ netto	11	13	14	14	18
33	**Rohrleitung, PE-X 25mm, Fußbodenheizung** Rohrleitung, Fußbodenheizung; Polyethylen PE-X, sauerstoffdicht; Außendurchmesser 25mm; Verlegesystem Typ A						
	m	**€ brutto**	**19**	**22**	**23**	**24**	**27**
	KG 422	€ netto	16	18	19	20	23
34	**Rohrleitung, Verbundrohr, 16mm, Fußbodenheizung** Rohrleitung, Fußbodenheizung; Mehrschichtverbundwerkstoff (PE, AL, PE); Außendurchmesser 16mm; Verlegeabstand 100mm; Verlegesystem Typ A						
	m	**€ brutto**	**26**	**28**	**29**	**30**	**31**
	KG 422	€ netto	22	24	25	25	26
35	**Rohrleitung, Verbundrohr, 20mm, Fußbodenheizung** Rohrleitung, Fußbodenheizung; Mehrschichtverbundwerkstoff (PE, AL, PE); Außendurchmesser 20mm; Verlegeabstand 100mm; Verlegesystem Typ A						
	m	**€ brutto**	**28**	**33**	**37**	**39**	**42**
	KG 422	€ netto	23	28	31	33	35
36	**Rohrleitung, Verbundrohr, 26mm, Fußbodenheizung** Rohrleitung, Fußbodenheizung; Mehrschichtverbundwerkstoff (PE, AL, PE); Außendurchmesser 26mm; Verlegeabstand 100mm; Verlegesystem Typ A						
	m	**€ brutto**	**31**	**35**	**42**	**46**	**49**
	KG 422	€ netto	26	29	35	38	41

LB 041 **Preise €**

Nr.	Kurztext / Stichworte Einheit / Kostengruppe	►	▷	brutto ø netto ø	◁	◄
37	**Röhrenheizkörper, Stahl, h=500** Röhrenheizkörper, 1 Glied; Stahlrohr; Höhe 500mm; inkl. Anschlussarbeiten					
	St **€ brutto**	**10**	**11**	**17**	**20**	**22**
	KG 423 € netto	8,7	9,5	14,4	16,7	18,8
38	**Röhrenheizkörper, Stahl, h=600** Röhrenheizkörper, 1 Glied; Stahlrohr; Höhe 600mm; inkl. Anschlussarbeiten					
	St **€ brutto**	**17**	**18**	**22**	**26**	**30**
	KG 423 € netto	14	15	19	22	25
39	**Röhrenheizkörper, Stahl, h=900** Röhrenheizkörper, 1 Glied; Stahlrohr; Höhe 900mm; inkl. Anschlussarbeiten					
	St **€ brutto**	**18**	**19**	**28**	**35**	**37**
	KG 423 € netto	15	16	23	29	31
40	**Kompaktheizkörper, Stahl, H=500, L=bis 700, Typ 11** Kompaktheizkörper; Stahl; Höhe 500mm, Länge bis 700mm; inkl. Montageset, Anschlussarbeiten					
	St **€ brutto**	**185**	**212**	**231**	**259**	**300**
	KG 423 € netto	155	178	194	217	252
41	**Kompaktheizkörper, Stahl, H=500, L=bis 700, Typ 22** Kompaktheizkörper; Stahl; Höhe 500mm, Länge bis 700mm; inkl. Montageset, Anschlussarbeiten					
	St **€ brutto**	**205**	**235**	**256**	**287**	**333**
	KG 423 € netto	172	198	215	241	280
42	**Kompaktheizkörper, Stahl, H=500, L=bis 700, Typ 33** Kompaktheizkörper; Stahl; Höhe 500mm, Länge bis 700mm; inkl. Montageset, Anschlussarbeiten					
	St **€ brutto**	**291**	**334**	**363**	**407**	**472**
	KG 423 € netto	244	281	305	342	397
43	**Kompaktheizkörper, Stahl, H=500, L=700-1.400, Typ 11** Kompaktheizkörper; Stahl; Höhe 500mm, Länge 700-1.400mm; inkl. Montageset, Anschlussarbeiten					
	St **€ brutto**	**345**	**397**	**432**	**475**	**527**
	KG 423 € netto	290	334	363	399	443
44	**Kompaktheizkörper, Stahl, H=500, L=700-1.400, Typ 22** Kompaktheizkörper; Stahl; Höhe 500mm, Länge 700-1.400mm; inkl. Montageset, Anschlussarbeiten					
	St **€ brutto**	**369**	**425**	**462**	**517**	**600**
	KG 423 € netto	310	357	388	435	504

Kosten: Stand 3.Quartal 2024, Bundesdurchschnitt

LB 041 **Preise €**

Nr.	Kurztext / Stichworte Einheit / Kostengruppe		►	▷	brutto ø netto ø	◁	◄
45	**Kompaktheizkörper, Stahl, H=500, L=700-1.400, Typ 33** Kompaktheizkörper; Stahl; Höhe 500mm, Länge 700-1.400mm; inkl. Montageset, Anschlussarbeiten						
	St	**€ brutto**	**509**	**585**	**636**	**713**	**827**
	KG 423	€ netto	428	492	535	599	695
46	**Kompaktheizkörper, Stahl, H=500, L=1.400-2.100, Typ 11** Kompaktheizkörper; Stahl; Höhe 500mm, Länge 1.400-2.100mm; inkl. Montageset, Anschlussarbeiten						
	St	**€ brutto**	**474**	**545**	**592**	**663**	**770**
	KG 423	€ netto	398	458	498	557	647
47	**Kompaktheizkörper, Stahl, H=500, L=1.400-2.100, Typ 22** Kompaktheizkörper; Stahl; Höhe 500mm, Länge 1.400-2.100mm; inkl. Montageset, Anschlussarbeiten						
	St	**€ brutto**	**535**	**615**	**669**	**749**	**869**
	KG 423	€ netto	449	517	562	629	730
48	**Kompaktheizkörper, Stahl, H=500, L=1.400-2.100, Typ 33** Kompaktheizkörper; Stahl; Höhe 500mm, Länge 1.400-2.100mm; inkl. Montageset, Anschlussarbeiten						
	St	**€ brutto**	**691**	**794**	**863**	**932**	**1.036**
	KG 423	€ netto	580	667	725	783	871
49	**Kompaktheizkörper, Stahl, H=600, L=bis 700, Typ 11** Kompaktheizkörper; Stahl; Höhe 600mm, Länge bis 700mm; inkl. Montageset, Anschlussarbeiten						
	St	**€ brutto**	**212**	**244**	**265**	**297**	**345**
	KG 423	€ netto	178	205	223	249	289
50	**Kompaktheizkörper, Stahl, H=600, L=bis 700, Typ 22** Kompaktheizkörper; Stahl; Höhe 600mm, Länge bis 700mm; inkl. Montageset, Anschlussarbeiten						
	St	**€ brutto**	**238**	**273**	**297**	**333**	**386**
	KG 423	€ netto	200	230	250	280	325
51	**Kompaktheizkörper, Stahl, H=600, L=bis 700, Typ 33** Kompaktheizkörper; Stahl; Höhe 600mm, Länge bis 700mm; inkl. Montageset, Anschlussarbeiten						
	St	**€ brutto**	**318**	**366**	**398**	**445**	**517**
	KG 423	€ netto	267	307	334	374	434
52	**Kompaktheizkörper, Stahl, H=600, L=700-1.400, Typ 11** Kompaktheizkörper; Stahl; Höhe 600mm, Länge 700-1.400mm; inkl. Montageset, Anschlussarbeiten						
	St	**€ brutto**	**377**	**434**	**472**	**519**	**576**
	KG 423	€ netto	317	365	396	436	484

LB 041 **Preise €**

Nr.	Kurztext / Stichworte Einheit / Kostengruppe	►	▷	brutto ø netto ø	◁	◄
53	**Kompaktheizkörper, Stahl, H=600, L=700-1.400, Typ 22** Kompaktheizkörper; Stahl; Höhe 600mm, Länge 700-1.400mm; inkl. Montageset, Anschlussarbeiten					
	St **€ brutto**	**434**	**499**	**542**	**607**	**705**
	KG 423 € netto	364	419	456	510	592
54	**Kompaktheizkörper, Stahl, H=600, L=700-1.400, Typ 33** Kompaktheizkörper; Stahl; Höhe 600mm, Länge 700-1.400mm; inkl. Montageset, Anschlussarbeiten					
	St **€ brutto**	**541**	**622**	**677**	**758**	**880**
	KG 423 € netto	455	523	569	637	739
55	**Kompaktheizkörper, Stahl, H=600, L=1.400-2.100, Typ 11** Kompaktheizkörper; Stahl; Höhe 600mm, Länge 1.400-2.100mm; inkl. Montageset, Anschlussarbeiten					
	St **€ brutto**	**490**	**563**	**612**	**686**	**796**
	KG 423 € netto	412	473	515	576	669
56	**Kompaktheizkörper, Stahl, H=600, L=1.400-2.100, Typ 22** Kompaktheizkörper; Stahl; Höhe 600mm, Länge 1.400-2.100mm; inkl. Montageset, Anschlussarbeiten					
	St **€ brutto**	**549**	**632**	**687**	**769**	**893**
	KG 423 € netto	462	531	577	646	750
57	**Kompaktheizkörper, Stahl, H=600, L=1.400-2.100, Typ 33** Kompaktheizkörper; Stahl; Höhe 600mm, Länge 1.400-2.100mm; inkl. Montageset, Anschlussarbeiten					
	St **€ brutto**	**715**	**822**	**893**	**965**	**1.072**
	KG 423 € netto	601	691	751	811	901
58	**Kompaktheizkörper, Stahl, H=900, L=bis 700, Typ 11** Kompaktheizkörper; Stahl; Höhe 900mm, Länge bis 700mm; inkl. Montageset, Anschlussarbeiten					
	St **€ brutto**	**279**	**321**	**349**	**391**	**454**
	KG 423 € netto	235	270	294	329	382
59	**Kompaktheizkörper, Stahl, H=900, L=bis 700, Typ 22** Kompaktheizkörper; Stahl; Höhe 900mm, Länge bis 700mm; inkl. Montageset, Anschlussarbeiten					
	St **€ brutto**	**312**	**358**	**389**	**436**	**506**
	KG 423 € netto	262	301	327	367	425
60	**Kompaktheizkörper, Stahl, H=900, L=bis 700, Typ 33** Kompaktheizkörper; Stahl; Höhe 900mm, Länge bis 700mm; inkl. Montageset, Anschlussarbeiten					
	St **€ brutto**	**427**	**491**	**534**	**598**	**694**
	KG 423 € netto	359	413	449	503	583

LB 041 **Preise €**

Nr.	Kurztext / Stichworte Einheit / Kostengruppe		►	▷	brutto ø netto ø	◁	◄
61	**Kompaktheizkörper, Stahl, H=900, L=1.400-2.100, Typ 11** Kompaktheizkörper; Stahl; Höhe 900mm, Länge 1.400-2.100mm; inkl. Montageset, Anschlussarbeiten						
	St	**€ brutto**	**660**	**759**	**825**	**924**	**1.073**
	KG 423	€ netto	555	638	693	777	901
62	**Kompaktheizkörper, Stahl, H=900, L=1.400-2.100, Typ 22** Kompaktheizkörper; Stahl; Höhe 900mm, Länge 1.400-2.100mm; inkl. Montageset, Anschlussarbeiten						
	St	**€ brutto**	**715**	**822**	**893**	**1.001**	**1.161**
	KG 423	€ netto	601	691	751	841	976
63	**Kompaktheizkörper, Stahl, H=900, L=1.400-2.100, Typ 33** Kompaktheizkörper; Stahl; Höhe 900mm, Länge 1.400-2.100mm; inkl. Montageset, Anschlussarbeiten						
	St	**€ brutto**	**899**	**1.034**	**1.124**	**1.214**	**1.315**
	KG 423	€ netto	756	869	945	1.020	1.105
64	**Radiavektoren, Profilrohre, H=140, L=bis 700** Radiavektor; Pulvereinbrennlackierung; Höhe 140mm, Länge bis 700mm; inkl. Anschlussarbeiten						
	St	**€ brutto**	**536**	**759**	**823**	**974**	**1.074**
	KG 423	€ netto	450	638	692	818	903
65	**Radiavektoren, Profilrohre, H=140, L=1.400-2.100** Radiavektor; Pulvereinbrennlackierung; Höhe 140mm, Länge 1.400-2.100mm; inkl. Anschlussarbeiten						
	St	**€ brutto**	**867**	**1.307**	**1.356**	**1.708**	**2.109**
	KG 423	€ netto	729	1.098	1.140	1.435	1.772
66	**Radiavektoren, Profilrohre, H=210, L=bis 700** Radiavektor; Pulvereinbrennlackierung; Höhe 210mm, Länge bis 700mm; inkl. Anschlussarbeiten						
	St	**€ brutto**	**548**	**755**	**897**	**1.083**	**1.332**
	KG 423	€ netto	460	635	754	910	1.119
67	**Radiavektoren, Profilrohre, H=210, L=1.400-2.100** Radiavektor; Pulvereinbrennlackierung; Höhe 210mm, Länge 1.400-2.100mm; inkl. Anschlussarbeiten						
	St	**€ brutto**	**1.106**	**1.666**	**1.827**	**2.048**	**2.594**
	KG 423	€ netto	930	1.400	1.535	1.721	2.180
68	**Radiavektoren, Profilrohre, H=280, L=bis 700** Radiavektor; Pulvereinbrennlackierung; Höhe 280mm, Länge bis 700mm; inkl. Anschlussarbeiten						
	St	**€ brutto**	**555**	**913**	**998**	**1.249**	**1.607**
	KG 423	€ netto	466	767	839	1.049	1.351

LB 041 **Preise €**

Nr.	Kurztext / Stichworte Einheit / Kostengruppe	►	▷	brutto ø netto ø	◁	◄
69	**Radiavektoren, Profilrohre, H=280, L=700-1.400** Radiavektor; Pulvereinbrennlackierung; Höhe 280mm, Länge 700-1.400mm; inkl. Anschlussarbeiten					
	St € brutto	**722**	**1.243**	**1.448**	**1.782**	**2.292**
	KG 423 € netto	607	1.045	1.217	1.498	1.926
70	**Thermostatventil, DN15** Thermostatventil; Rotguss; DN15, PN 6/10					
	St € brutto	**16**	**24**	**30**	**36**	**44**
	KG 423 € netto	14	20	25	30	37
71	**Heizkörperverschraubung, DN15** Heizkörperverschraubung; Anschlussmontageeinheit; DN15; Unterputz-Anschluss; inkl. Kugelhahnblock					
	St € brutto	**19**	**24**	**27**	**29**	**36**
	KG 423 € netto	16	20	23	24	30
72	**Heizkörper ausbauen/wieder einbauen** Heizkörper ausbauen/wieder einbauen					
	St € brutto	**38**	**59**	**73**	**96**	**189**
	KG 423 € netto	32	50	62	81	159
73	**Kappenventil, Ausdehnungsgefäß, DN20** Kappenventil; Messing; DN20; in Ausdehnungsleitung einbauen					
	St € brutto	**33**	**37**	**45**	**57**	**60**
	KG 422 € netto	28	31	38	48	51
74	**Muffenkugelhahn, DN15** Muffenkugelhahn; Rotguss; DN15; inkl. Wärmedämmhalbschalen					
	St € brutto	**10**	**26**	**33**	**42**	**61**
	KG 422 € netto	8,6	21,6	27,3	35,4	51,6
75	**Membran-Sicherheitsventil** Membran-Sicherheitsventil; Rotguss; Eintritt DN20, Austritt DN25					
	St € brutto	**13**	**22**	**29**	**38**	**44**
	KG 422 € netto	11	19	24	32	37
76	**Verteiler Heizungswasser** Heizkreisverteiler; Stahl; 4/6/10/16bar; Boden-/Wandmontage; für Pumpenwarmwasserheizungen					
	St € brutto	**295**	**440**	**507**	**597**	**771**
	KG 422 € netto	248	370	426	502	648
77	**Deckenstrahlplatte, Stahlblech beschichtet/Stahlrohre** Deckenstrahlplatte; Stahl; Wasser/Klimakaltwasser; mit Wärmedämmung; Decke; inkl. Aufhängekonstruktion					
	St € brutto	**3.166**	**4.266**	**4.521**	**5.025**	**7.554**
	KG 423 € netto	2.661	3.585	3.799	4.222	6.348

Kosten: Stand 3.Quartal 2024, Bundesdurchschnitt

LB 041 **Preise €**

Nr.	**Kurztext** / Stichworte **Einheit** / Kostengruppe		►	▷	**brutto ø** netto ø	◁	◄
78	**Heizkreisverteiler, Fußbodenheizung, 5 Heizkreise** Heizkreisverteiler, Fußboden; Edelstahl/Messing; DN25, PN6/PN10						
	St	**€ brutto**	**244**	**350**	**389**	**422**	**485**
	KG 422	€ netto	205	294	327	355	407
79	**Verteilerschrank, Fußbodenheizung, Unterputz** Verteilerschrank Fußbodenheizung; Stahl, lackiert; Höhe 700-850mm, Tiefe 110-160mm; Unterputz						
	St	**€ brutto**	**652**	**663**	**741**	**793**	**853**
	KG 422	€ netto	548	557	623	666	717
80	**Verteilerschrank, Fußbodenheizung, Aufputz** Verteilerschrank Fußbodenheizung; Stahl, lackiert; Höhe 750mm, Breite 150mm; Aufputz						
	St	**€ brutto**	**634**	**640**	**681**	**723**	**727**
	KG 422	€ netto	533	538	572	607	611
81	**Umlenkungsbogen, Heizleitung** Umlenkungsbogen, Heizkreisrohre; Kunststoff; 90° Umlenkung zur Rohreinführung Verteilerkasten						
	St	**€ brutto**	**3,0**	**4,4**	**5,0**	**5,5**	**6,6**
	KG 422	€ netto	2,5	3,7	4,2	4,6	5,6
82	**Tacker/EPS-Systemträger, Fußbodenheizung** Wärmedämmung, Fußbodenheizung; Systemplatte, Polystyrol-Hartschaum, WLG 040, B1; Rohdecke						
	m²	**€ brutto**	**9,7**	**10,8**	**12,6**	**14,4**	**17,2**
	KG 422	€ netto	8,1	9,1	10,6	12,1	14,4
83	**Noppen/EPS-Systemträger, Fußbodenheizung** Wärmedämmung, Fußbodenheizung; Systemplatte, Polystyrol-Hartschaum, WLG 040, B1; Rohdecke						
	m²	**€ brutto**	**11**	**14**	**15**	**16**	**18**
	KG 422	€ netto	9,5	11,5	12,2	13,3	15,3
84	**Noppen-Systemträger, Dämmung, Fußbodenheizung** Rohrträgerplatte, Fußbodenheizung; Polystyrol Hartschaum, WLG 040, Klasse E; Unterlage für schwimmenden Estrich; inkl. Wärme- und Trittschalldämmung						
	m²	**€ brutto**	**18**	**25**	**25**	**30**	**36**
	KG 422	€ netto	15	21	21	25	31
85	**Noppen-Systemträger, Fußbodenheizung** Rohrträgerplatte, Fußbodenheizung; Kunststoff; Dicke bis 1,0mm; unter schwimmenden Estrich; ohne Dämmung						
	m²	**€ brutto**	**13**	**17**	**19**	**22**	**27**
	KG 422	€ netto	11	14	16	19	23

LB 041 **Preise €**

Nr.	Kurztext / Stichworte Einheit / Kostengruppe	►	▷	brutto ø netto ø	◁	◄
86	**Fußbodenheizung, Typ A, Träger/PE-X Rohr, 100** Fußbodenheizung, Verlegesystem Typ A; Rohrmaterial PE-X, sauerstoffdicht; Außendurchmesser 17mm, Stärke 2mm; Verlegeabstand 100mm, inkl. Trägersystem					
	m² **€ brutto**	**37**	**40**	**41**	**44**	**48**
	KG 423 € netto	31	33	35	37	41
87	**Fußbodenheizung, Typ A, Träger/PE-X Rohr, 200** Fußbodenheizung, Verlegesystem Typ A; Rohrmaterial PE-X, sauerstoffdicht; Außendurchmesser 17mm, Stärke 2mm; Verlegeabstand 200mm, inkl. Trägersystem					
	m² **€ brutto**	**28**	**30**	**32**	**35**	**37**
	KG 423 € netto	24	25	27	29	31
88	**Anbindeleitung, PE-X 17mm, Fußbodenheizung** Anbindeleitung Fußbodenheizung; Polyethylen PE-X, sauerstoffdicht; Außendurchmesser 17mm; Verlegesystem Typ A					
	m **€ brutto**	**3,9**	**5,8**	**6,0**	**6,8**	**8,2**
	KG 423 € netto	3,3	4,8	5,1	5,7	6,9
89	**Schutzummantelung, Fußbodenheizrohr** Fußbodenheizrohr, Schutzummantelung; flexibel; Bereich von Dehn-/Bewegungsfugen					
	St **€ brutto**	**1,9**	**4,0**	**4,2**	**4,5**	**6,5**
	KG 423 € netto	1,6	3,3	3,5	3,8	5,5
90	**Ummantelung, Anbindeleitung** Ummantelung, Anbindeleitung; flexibel; als Überschub, zur Reduzierung Heizleistung					
	m **€ brutto**	**1,9**	**3,4**	**4,0**	**5,3**	**7,2**
	KG 423 € netto	1,6	2,9	3,3	4,5	6,0
91	**Funktionsheizen, Fußbodenheizung** Fußbodenheizung Auf- und Abheizen; gem. Aufheizprotokoll Estrichhersteller; inkl. Protokoll					
	m² **€ brutto**	**1,6**	**1,9**	**2,7**	**3,9**	**5,6**
	KG 423 € netto	1,3	1,6	2,2	3,3	4,7
92	**Belegreifheizen, Fußbodenheizung** Belegreifeheizen, Fußbodenheizung; nach abgeschlossenem Funktionsheizen, vor dem belegen des Estrichs					
	m² **€ brutto**	**0,3**	**0,5**	**0,6**	**0,9**	**4,0**
	KG 423 € netto	0,3	0,4	0,5	0,7	3,4

Kosten: Stand 3.Quartal 2024, Bundesdurchschnitt

LB 041 **Preise €**

Nr.	Kurztext / Stichworte Einheit / Kostengruppe		►	▷	brutto ø netto ø	◁	◄
93	**Einregulierung/Inbetriebnahme, Fußbodenheizung** Fußbodenheizung, Einregulierung; Einstellung der erf. Wassermenge für die einzelnen Heizkreise; Inbetriebnahme und Erstellen eines Einstellprotokolls						
	psch	**€ brutto**	**349**	**444**	**1.216**	**3.233**	**5.549**
	KG 423	€ netto	293	373	1.022	2.717	4.663
94	**Messung, Feuchte, Fußbodenheizung** Restfeuchtemessung, Estrich; Calciumcarbid-Messgerät						
	St	**€ brutto**	**60**	**62**	**78**	**96**	**107**
	KG 353	€ netto	51	52	66	81	90
95	**Abgleichventil, hydraulisch DN15** Abgleichventil hydraulisch; Messing/Rotguss; DN15						
	St	**€ brutto**	**135**	**141**	**190**	**228**	**279**
	KG 422	€ netto	114	119	159	191	235
96	**Abgleichventil, hydraulisch DN20** Abgleichventil hydraulisch; Messing/Rotguss; DN20						
	St	**€ brutto**	**140**	**203**	**220**	**249**	**310**
	KG 422	€ netto	117	171	185	209	260
97	**Abgleichventil, hydraulisch DN32** Abgleichventil hydraulisch; Messing/Rotguss; DN32						
	St	**€ brutto**	**216**	**249**	**279**	**299**	**351**
	KG 422	€ netto	181	209	234	251	295
98	**Abgleichventil, hydraulisch DN50** Abgleichventil hydraulisch; Messing/Rotguss; DN50						
	St	**€ brutto**	**302**	**320**	**359**	**375**	**431**
	KG 422	€ netto	254	269	301	315	362
99	**Abgleichventil, hydraulisch DN80** Abgleichventil hydraulisch; Messing/Rotguss; DN80						
	St	**€ brutto**	**902**	**979**	**1.046**	**1.093**	**1.131**
	KG 422	€ netto	758	823	879	918	950
100	**Schlamm und Magnetitabscheider 1 1/4"** Schlamm und Magnetitabscheider; Wasser/Klimakaltwasser/Wasser-/Glykolgemisch; 1 1/4"; für Heiz und Kühlwassersysteme						
	St	**€ brutto**	**250**	**266**	**272**	**290**	**311**
	KG 422	€ netto	210	224	228	243	262
101	**Schlamm und Magnetitabscheider 1 1/2"** Schlamm und Magnetitabscheider; Wasser/Klimakaltwasser/Wasser-/Glykolgemisch; 1 1/2"; für Heiz und Kühlwassersysteme						
	St	**€ brutto**	**317**	**416**	**443**	**478**	**524**
	KG 422	€ netto	267	350	372	402	440

LB 041 **Preise €**

Nr.	Kurztext / Stichworte Einheit / Kostengruppe		►	▷	brutto ø netto ø	◁	◄
102	**Hydraulischer Abgleich** Hydraulischer Abgleich; Einstellen aller Ventile und Armaturen; Erstellung eines Protokolls						
	St	**€ brutto**	**500**	**614**	**649**	**794**	**973**
	KG 421	€ netto	420	516	545	667	818

LB 042 | **Preise €**

Nr.	Kurztext / Stichworte Einheit / Kostengruppe		►	▷	brutto ø netto ø	◁	◄
1	**Hauseinführung, DN25** Hauseinführung; Gusseisen/Kunststoff/Stahl; DN25, Dicke 17,50-24,00cm; Beton/Mauerwerk						
	St	**€ brutto**	**143**	**198**	**226**	**249**	**361**
	KG 412	€ netto	120	167	190	209	303
2	**Hauswasserstation, Druckminderer/Wasserfilter, DN40** Hauswasserstation; Druckminderer, Feinfilter; PN16, DN40; inkl. Vor-/ Hinterdruckmanometer						
	St	**€ brutto**	**489**	**758**	**803**	**1.050**	**1.400**
	KG 412	€ netto	411	637	675	882	1.177
3	**Leitung, Metallverbundrohr, DN12** Leitung, Metallverbundrohr; Mehrschichtverbundwerkstoff; DN12, Dicke 2,25mm; Trinkwasser; inkl. Dichtungs-/Befestigungsmittel, Fittings						
	m	**€ brutto**	**8,8**	**16,1**	**19,1**	**21,2**	**26,4**
	KG 412	€ netto	7,4	13,5	16,1	17,8	22,2
4	**Leitung, Metallverbundrohr, DN15** Leitung, Metallverbundrohr; Mehrschichtverbundwerkstoff; DN15, Dicke 2,5mm; Trinkwasser; inkl. Dichtungs-/Befestigungsmittel, Fittings						
	m	**€ brutto**	**10**	**19**	**22**	**26**	**36**
	KG 412	€ netto	8,7	16,1	18,4	21,4	30,5
5	**Leitung, Metallverbundrohr, DN20** Leitung, Metallverbundrohr; Mehrschichtverbundwerkstoff; DN20, Dicke 3mm; Trinkwasser; inkl. Dichtungs-/Befestigungsmittel, Fittings						
	m	**€ brutto**	**15**	**23**	**27**	**31**	**40**
	KG 412	€ netto	12	20	23	26	34
6	**Leitung, Metallverbundrohr, DN25** Leitung, Metallverbundrohr; Mehrschichtverbundwerkstoff; DN25, Dicke 3mm; Trinkwasser; inkl. Dichtungs-/Befestigungsmittel, Fittings						
	m	**€ brutto**	**20**	**33**	**38**	**43**	**53**
	KG 412	€ netto	17	27	32	36	44
7	**Leitung, Metallverbundrohr, DN32** Leitung, Metallverbundrohr; Mehrschichtverbundwerkstoff; DN32, Dicke 3,5mm; Trinkwasser; inkl. Dichtungs-/Befestigungsmittel, Fittings						
	m	**€ brutto**	**29**	**43**	**49**	**55**	**70**
	KG 412	€ netto	24	36	41	46	59
8	**Leitung, Metallverbundrohr, DN40** Leitung, Metallverbundrohr; Mehrschichtverbundwerkstoff; DN40, Dicke 4mm; Trinkwasser; inkl. Dichtungs-/Befestigungsmittel, Fittings						
	m	**€ brutto**	**45**	**61**	**68**	**73**	**84**
	KG 412	€ netto	38	51	57	62	70

LB 042						**Preise €**
Nr.	**Kurztext** / Stichworte			**brutto ø**		
	Einheit / Kostengruppe	►	▷	netto ø	◁	◄
9	**Leitung, Metallverbundrohr, DN50** Leitung, Metallverbundrohr; Mehrschichtverbundwerkstoff; DN50, Dicke 4mm; Trinkwasser; inkl. Dichtungs-/Befestigungsmittel, Fittings					
	m €brutto	**58**	**71**	**78**	**84**	**98**
	KG 412 € netto	49	59	66	71	83
10	**Leitung, Kupferrohr, 15mm** Leitung, Kupferrohr; Stangen; 15x1,0mm; inkl. löten/pressen; inkl. Aufhängung					
	m €brutto	**20**	**27**	**31**	**34**	**39**
	KG 412 € netto	17	23	26	28	33
11	**Leitung, Kupferrohr, 18mm** Leitung, Kupferrohr; Stangen; 18x1,0mm; inkl. löten/pressen; inkl. Aufhängung					
	m €brutto	**24**	**30**	**33**	**37**	**43**
	KG 412 € netto	20	25	27	31	36
12	**Leitung, Kupferrohr, 22mm** Leitung, Kupferrohr; Stangen; 22x1,0mm; inkl. löten/pressen; inkl. Aufhängung					
	m €brutto	**26**	**31**	**34**	**42**	**51**
	KG 412 € netto	22	26	29	35	43
13	**Leitung, Kupferrohr, 28mm** Leitung, Kupferrohr; Stangen; 28x1,0mm; inkl. löten/pressen; inkl. Aufhängung					
	m €brutto	**30**	**39**	**43**	**51**	**63**
	KG 412 € netto	25	33	37	43	53
14	**Leitung, Kupferrohr, 35mm** Leitung, Kupferrohr; Stangen; 35x1,2mm; inkl. löten/pressen; inkl. Aufhängung					
	m €brutto	**41**	**51**	**56**	**57**	**77**
	KG 412 € netto	35	43	47	48	65
15	**Leitung, Kupferrohr, 42mm** Leitung, Kupferrohr; Stangen; 42x1,2mm; inkl. löten/pressen; inkl. Aufhängung					
	m €brutto	**49**	**60**	**65**	**70**	**86**
	KG 412 € netto	41	51	55	59	73
16	**Leitung, Kupferrohr, 54mm** Leitung, Kupferrohr; Stangen; 54x1,5mm; inkl. löten/pressen; inkl. Aufhängung					
	m €brutto	**61**	**83**	**88**	**97**	**112**
	KG 412 € netto	51	70	74	81	94

LB 042							Preise €
Nr.	**Kurztext** / Stichworte				**brutto ø**		
	Einheit / Kostengruppe		►	▷	netto ø	◁	◄
17	**Leitung, Edelstahlrohr, 15mm**						
	Leitung, Edelstahlrohr, körperschallgedämmt; Stangen; 15x1,0mm; Trinkwasser; inkl. Verbindung und Befestigung						
	m	**€ brutto**	**12**	**23**	**27**	**31**	**36**
	KG 412	€ netto	10	20	23	26	31
18	**Leitung, Edelstahlrohr, 18mm**						
	Leitung, Edelstahlrohr, körperschallgedämmt; Stangen; 18x1,0mm; Trinkwasser; inkl. Verbindung und Befestigung						
	m	**€ brutto**	**16**	**26**	**30**	**30**	**42**
	KG 412	€ netto	14	22	25	25	36
19	**Leitung, Edelstahlrohr, 22mm**						
	Leitung, Edelstahlrohr, körperschallgedämmt; Stangen; 22x1,2mm; Trinkwasser; inkl. Verbindung und Befestigung						
	m	**€ brutto**	**19**	**34**	**34**	**40**	**53**
	KG 412	€ netto	16	29	29	34	44
20	**Leitung, Edelstahlrohr, 28mm**						
	Leitung, Edelstahlrohr, körperschallgedämmt; Stangen; 28x1,2mm; Trinkwasser; inkl. Verbindung und Befestigung						
	m	**€ brutto**	**21**	**36**	**38**	**45**	**59**
	KG 412	€ netto	18	30	32	37	49
21	**Leitung, Edelstahlrohr, 35mm**						
	Leitung, Edelstahlrohr, körperschallgedämmt; Stangen; 35x1,5mm; Trinkwasser; inkl. Verbindung und Befestigung						
	m	**€ brutto**	**32**	**48**	**52**	**60**	**77**
	KG 412	€ netto	27	41	43	51	64
22	**Leitung, Edelstahlrohr, 42mm**						
	Leitung, Edelstahlrohr, körperschallgedämmt; Stangen; 42x1,5mm; Trinkwasser; inkl. Verbindung und Befestigung						
	m	**€ brutto**	**40**	**58**	**61**	**75**	**93**
	KG 412	€ netto	34	49	51	63	78
23	**Leitung, Edelstahlrohr, 54mm**						
	Leitung, Edelstahlrohr, körperschallgedämmt; Stangen; 54x1,5mm; Trinkwasser; inkl. Verbindung und Befestigung						
	m	**€ brutto**	**47**	**63**	**68**	**84**	**112**
	KG 412	€ netto	39	53	57	70	94
24	**Löschwasserleitung, verzinktes Rohr, DN50**						
	Löschwasserleitung; Gewinderohr verzinkt; DN50, Dicke 2,9mm; inkl. Befestigungen, Verbindungsstücke						
	m	**€ brutto**	**69**	**74**	**77**	**80**	**84**
	KG 474	€ netto	58	62	64	67	71

LB 042 **Preise €**

Nr.	Kurztext / Stichworte Einheit / Kostengruppe		►	▷	brutto ø netto ø	◁	◄
25	**Löschwasserleitung, verzinktes Rohr, DN100** Löschwasserleitung; Gewinderohr verzinkt; DN100, Dicke 3,6mm; inkl. Befestigungen, Verbindungsstücke						
	m	**€ brutto**	**108**	**114**	**128**	**138**	**140**
	KG 474	€ netto	91	95	108	116	118
26	**Kugelhahn, DN15** Kugelhahn; Rotguss/Messing; DN15; Trinkwasseranschluss						
	St	**€ brutto**	**20**	**31**	**33**	**53**	**87**
	KG 412	€ netto	17	26	28	44	73
27	**Kugelhahn, DN25** Kugelhahn; Rotguss/Messing; DN25; Trinkwasseranschluss						
	St	**€ brutto**	**24**	**52**	**61**	**86**	**124**
	KG 412	€ netto	20	43	51	72	104
28	**Kugelhahn, DN50** Kugelhahn; Rotguss/Messing; DN50; Trinkwasseranschluss						
	St	**€ brutto**	**80**	**118**	**127**	**184**	**260**
	KG 412	€ netto	67	99	107	155	219
29	**Eckventil, DN15** Eckventil; Messing, verchromt; DN15; Geräuschverhalten Gruppe I/II						
	St	**€ brutto**	**9,5**	**33,9**	**40,7**	**56,0**	**86,4**
	KG 412	€ netto	8,0	28,5	34,2	47,1	72,6
30	**Absperr-Schrägsitzventil DN15** Freistrom-Schrägsitzventil; Messing/Rotguss; DN15, 10/16bar						
	St	**€ brutto**	**74**	**98**	**111**	**127**	**160**
	KG 412	€ netto	62	82	94	107	134
31	**Absperr-Schrägsitzventil, DN25** Freistrom-Schrägsitzventil; Messing/Rotguss; DN25, 10/16bar						
	St	**€ brutto**	**85**	**138**	**160**	**203**	**286**
	KG 412	€ netto	71	116	134	171	241
32	**Absperr-Schrägsitzventil, DN50** Freistrom-Schrägsitzventil; Messing/Rotguss; DN50, 10/16bar						
	St	**€ brutto**	**157**	**292**	**356**	**414**	**519**
	KG 412	€ netto	132	245	299	348	436
33	**Absperr-Schrägsitzventil, DN65** Freistrom-Schrägsitzventil; Messing/Rotguss; DN65, 10/16bar						
	St	**€ brutto**	**538**	**550**	**612**	**681**	**693**
	KG 412	€ netto	452	462	515	572	582
34	**Zirkulations-Regulierventil, DN20** Zirkulations-Regulierventil; Rotguss/Messing; DN20						
	St	**€ brutto**	**115**	**136**	**150**	**159**	**180**
	KG 412	€ netto	97	114	126	133	151

LB 042 **Preise €**

Nr.	Kurztext / Stichworte Einheit / Kostengruppe		▶	▷	brutto ø netto ø	◁	◀
35	**Zirkulations-Regulierventil, DN32** Zirkulations-Regulierventil; Rotguss/Messing; DN32						
	St	**€ brutto**	**243**	**273**	**284**	**310**	**341**
	KG 412	€ netto	204	230	239	261	287
36	**Warmwasser-Zirkulationspumpe, DN20** Zirkulationspumpe, Warmwasser; Rotguss; Anschluss DN20; inkl. Zeitschaltuhr und Gangreserve						
	St	**€ brutto**	**255**	**383**	**441**	**536**	**746**
	KG 412	€ netto	215	322	371	450	627
37	**Füll- und Entleerventil, DN15** Füll-und Entleerventil; Rotguss; DN15; mit Stopfbuchse, Kette und Kappe						
	St	**€ brutto**	**11**	**18**	**21**	**26**	**36**
	KG 412	€ netto	9,7	15,4	18,0	22,0	30,6
38	**Membran-Sicherheitsventil, Warmwasserbereiter** Membran Sicherheitsventil; Messing/Rotguss; Eintritt DN25, Austritt DN32, 5.000l						
	St	**€ brutto**	**54**	**76**	**94**	**118**	**195**
	KG 412	€ netto	45	64	79	100	164
39	**Enthärtungsanlage, vollautomatisch, Ionenaustauschverfahren** Enthärtungsanlage, vollautomatisch, Ionenaustauschverfahren; 2-7bar; für Trinkwasser; Resthärte einstellbar, inkl. Desinfektionseinrichtung						
	St	**€ brutto**	**2.388**	**2.989**	**3.028**	**3.037**	**3.638**
	KG 412	€ netto	2.007	2.511	2.544	2.552	3.057
40	**Leitung, Kupferrohr ummantelt, DN10** Kupferrohr, ummantelt; Kunststoff, B2; DN10						
	m	**€ brutto**	**4,2**	**5,2**	**5,8**	**6,4**	**7,2**
	KG 412	€ netto	3,5	4,4	4,9	5,4	6,1
41	**Leitung, Kupferrohr ummantelt, DN20** Kupferrohr, ummantelt; Kunststoff, B2; DN20						
	m	**€ brutto**	**10**	**12**	**12**	**13**	**15**
	KG 412	€ netto	8,8	9,9	10,3	10,8	12,3

LB 044 | **Preise €**

Nr.	Kurztext / Stichworte Einheit / Kostengruppe	►	▷	brutto ø netto ø	◁	◄
1	**Bodenablauf, DN/OD110** Bodenablauf; Gusseisen; DN/OD110, lxb=150x150mm; inkl. Rost, zwei Isolierflanschen					
	St **€ brutto**	**610**	**696**	**743**	**821**	**1.029**
	KG 411 € netto	512	585	624	690	865
2	**Abwasserhebeanlage, DN100** Abwasserhebeanlage, Schmutzwasser; Leistung 5,00m³/h, Förderhöhe bis 13,00m					
	St **€ brutto**	**2.939**	**4.440**	**5.089**	**6.029**	**7.551**
	KG 411 € netto	2.469	3.731	4.276	5.066	6.346
3	**Dachentwässerung DN70** Dachablauf; Kunststoff; DN70; inkl. Laubfangkorb					
	St **€ brutto**	**173**	**202**	**212**	**240**	**282**
	KG 411 € netto	145	170	178	202	237
4	**Rohrbelüfter DN50** Rohrbelüfter; DN50; Sieb mit Lippendichtung					
	St **€ brutto**	**62**	**96**	**115**	**124**	**151**
	KG 411 € netto	52	80	97	104	127
5	**Rohrbelüfter DN70** Rohrbelüfter; DN70; Sieb mit Lippendichtung					
	St **€ brutto**	**90**	**124**	**141**	**153**	**193**
	KG 411 € netto	75	104	118	129	162
6	**Rohrbelüfter DN100** Rohrbelüfter; DN100; Sieb mit Lippendichtung					
	St **€ brutto**	**104**	**131**	**143**	**153**	**203**
	KG 411 € netto	87	110	120	129	170
7	**Grundleitung, PVC-U, DN100** Grundleitung; PVC-U; DN100; Schmutz-/Regenwasser; Verlegung in vorhandenem Graben					
	m **€ brutto**	**31**	**34**	**37**	**39**	**42**
	KG 411 € netto	26	29	31	33	35
8	**Abwasserleitung, Guss, DN80** Abwasserleitung; Guss; DN80; inkl. Verbindung und Befestigung					
	m **€ brutto**	**49**	**55**	**59**	**59**	**65**
	KG 411 € netto	41	46	50	50	55
9	**Formstück, Bogen, Guss, DN80** Formstück, Bogen; Guss; DN80, aller Winkelgrade					
	St **€ brutto**	**20**	**33**	**38**	**45**	**74**
	KG 411 € netto	17	28	32	38	62

LB 044 **Preise €**

Nr.	Kurztext / Stichworte Einheit / Kostengruppe		►	▷	brutto ø netto ø	◁	◄
10	**Formstück, Abzweig, Guss, DN80** Formstück, Abzweig; Guss; DN80, aller Winkelgrade						
	St	**€ brutto**	**35**	**38**	**40**	**42**	**48**
	KG 411	€ netto	29	32	34	35	40
11	**Putzstück, Guss, DN80** Formstück, Putzstück; Guss; DN80						
	St	**€ brutto**	**29**	**44**	**51**	**63**	**78**
	KG 411	€ netto	25	37	43	53	65
12	**Abwasserleitung, Guss, DN100** Abwasserleitung; Guss; DN100; inkl. Verbindung und Befestigung						
	m	**€ brutto**	**63**	**73**	**79**	**83**	**91**
	KG 411	€ netto	53	61	67	70	76
13	**Formstück, Bogen, Guss, DN100** Formstück, Bogen; Guss; DN100, aller Winkelgrade						
	St	**€ brutto**	**29**	**39**	**40**	**47**	**62**
	KG 411	€ netto	24	33	33	40	52
14	**Formstück, Abzweig, Guss, DN100** Formstück, Abzweig; Guss; DN100, aller Winkelgrade						
	St	**€ brutto**	**23**	**38**	**50**	**52**	**63**
	KG 411	€ netto	19	32	42	44	53
15	**Putzstück, Guss, DN100** Formstück, Putzstück; Guss; DN100						
	St	**€ brutto**	**54**	**68**	**77**	**78**	**92**
	KG 411	€ netto	45	57	64	66	77
16	**Abwasserleitung, Guss, DN125** Abwasserleitung; Guss; DN125; inkl. Verbindung und Befestigung						
	m	**€ brutto**	**74**	**94**	**120**	**135**	**137**
	KG 411	€ netto	62	79	101	113	115
17	**Formstück, Bogen, Guss, DN125** Formstück, Bogen; Guss; DN125, aller Winkelgrade						
	St	**€ brutto**	**38**	**46**	**54**	**64**	**79**
	KG 411	€ netto	32	38	45	54	67
18	**Formstück, Abzweig, Guss, DN125** Formstück, Abzweig; Guss; DN125, alle Winkelgrade						
	St	**€ brutto**	**26**	**54**	**65**	**82**	**105**
	KG 411	€ netto	22	45	55	69	88
19	**Abwasserleitung, Guss, DN150** Abwasserleitung; Guss; DN150; inkl. Verbindung und Befestigung						
	m	**€ brutto**	**102**	**120**	**143**	**146**	**153**
	KG 411	€ netto	86	101	120	122	128

LB 044 **Preise €**

Nr.	Kurztext / Stichworte Einheit / Kostengruppe		►	▷	brutto ø netto ø	◁	◄
20	**Formstück, Bogen, Guss, DN150** Formstück, Bogen; Guss; DN150, alle Winkelgrade						
	St	**€ brutto**	**44**	**63**	**76**	**86**	**98**
	KG 411	€ netto	37	53	64	73	83
21	**Formstück, Abzweig, Guss, DN150** Formstück, Abzweig; Guss; DN150, alle Winkelgrade						
	St	**€ brutto**	**63**	**104**	**130**	**147**	**163**
	KG 411	€ netto	53	88	110	123	137
22	**Putzstück, Guss, DN150** Formstück, Putzstück; Guss; DN150						
	St	**€ brutto**	**130**	**157**	**187**	**205**	**241**
	KG 411	€ netto	110	132	157	172	202
23	**Abwasserleitung, HT-Rohr, DN/OD63** Abwasserleitung; PP-Rohr; DN/OD63, Dicke 1,8mm						
	m	**€ brutto**	**17**	**21**	**22**	**23**	**26**
	KG 411	€ netto	15	18	18	20	22
24	**Formstück, HT-Bogen, DN/OD63** Formstück, Bogen; PP-Rohr; DN/OD63, alle Winkelgrade. Dicke 1,8mm						
	St	**€ brutto**	**8,2**	**9,1**	**9,2**	**9,5**	**10,4**
	KG 411	€ netto	6,9	7,7	7,7	7,9	8,7
25	**Formstück, HT-Abzweig, DN/OD63** Formstück, Abzweig; PP-Rohr; DN/OD63, alle Winkelgrade, Dicke 1,8mm						
	St	**€ brutto**	**7,0**	**12,5**	**14,7**	**19,7**	**28,3**
	KG 411	€ netto	5,9	10,5	12,4	16,6	23,8
26	**Abwasserleitung, HT-Rohr, DN/OD75** Abwasserleitung; PP-Rohr; DN/OD75, Dicke 1,9mm						
	m	**€ brutto**	**27**	**32**	**35**	**44**	**58**
	KG 411	€ netto	23	27	29	37	48
27	**Formstück, HT-Bogen, DN/OD75** Formstück, Bogen; PP-Rohr; DN/OD75, alle Winkelgrade, Dicke 1,9mm						
	St	**€ brutto**	**5,3**	**9,1**	**9,9**	**17,5**	**25,3**
	KG 411	€ netto	4,4	7,6	8,3	14,7	21,3
28	**Formstück, HT-Abzweig, DN/OD75** Formstück, Abzweig; PP-Rohr; DN/OD75, alle Winkelgrade, Dicke 1,9mm						
	St	**€ brutto**	**6,2**	**11,3**	**13,1**	**15,3**	**20,0**
	KG 411	€ netto	5,2	9,5	11,0	12,9	16,8
29	**Abwasserleitung, HT-Rohr, DN/OD110** Abwasserleitung; PP-Rohr; DN/OD110, Dicke 2,7mm						
	m	**€ brutto**	**33**	**38**	**40**	**42**	**50**
	KG 411	€ netto	28	32	34	35	42

LB 044 **Preise €**

Nr.	Kurztext / Stichworte Einheit / Kostengruppe		►	▷	brutto ø netto ø	◁	◄
30	**Formstück, HT-Bogen, DN/OD110** Formstück, Bogen; PP-Rohr; DN/OD110, alle Winkelgrade						
	St	**€ brutto**	**6,6**	**10,7**	**13,2**	**15,9**	**22,3**
	KG 411	€ netto	5,5	9,0	11,1	13,3	18,8
31	**Formstück, HT-Abzweig, DN/OD110** Formstück, Abzweig; PP-Rohr; DN/OD110, alle Winkelgrade, Dicke 2,7mm						
	St	**€ brutto**	**7,8**	**27,4**	**31,8**	**71,9**	**132,0**
	KG 411	€ netto	6,6	23,0	26,7	60,4	110,9
32	**Formstück, HT Doppelabzweig, DN/OD110** Formstück, Eck-Doppelabzweig; PP-Rohr; DN/OD110, 45°						
	St	**€ brutto**	**28**	**40**	**54**	**76**	**85**
	KG 411	€ netto	23	33	46	64	72
33	**Formstück, HT Übergangsrohr, DN/OD110** Formstück, Übergangsstück; PP-Rohr; DN/OD110/75 / DN/OD110/63						
	St	**€ brutto**	**1,3**	**5,2**	**6,9**	**11,4**	**17,1**
	KG 411	€ netto	1,1	4,4	5,8	9,6	14,3
34	**Abwasserleitung, PE-Rohr, DN/OD75** Abwasserrohrleitung; PE-Rohr; DN/OD75; schallgedämmt; inkl. Rohrbefestigungen						
	m	**€ brutto**	**24**	**33**	**39**	**41**	**49**
	KG 411	€ netto	20	27	33	34	41
35	**Formstück, PE-Bogen, DN/OD75** Formstück, Bogen; PE-Rohr; DN/OD75, alle Winkelgrade						
	St	**€ brutto**	**8,0**	**10,5**	**12,2**	**14,0**	**17,4**
	KG 411	€ netto	6,7	8,8	10,3	11,8	14,6
36	**Formstück, PE-Abzweig, DN/OD75** Formstück, Abzweig; PE-Rohr; DN/OD75, alle Winkelgrade						
	St	**€ brutto**	**13**	**14**	**16**	**19**	**20**
	KG 411	€ netto	11	12	14	16	17
37	**Abwasserleitung, PE-Rohr, DN/OD110** Abwasserleitung; PE-Rohr; DN/OD110; schallgedämmt; inkl. Rohrbefestigungen						
	m	**€ brutto**	**50**	**53**	**59**	**81**	**119**
	KG 411	€ netto	42	44	50	68	100
38	**Formstück, PE-Bogen, DN/OD110** Formstück, Bogen; PE-Rohr; DN/OD110, alle Winkelgrade						
	St	**€ brutto**	**21**	**24**	**32**	**41**	**42**
	KG 411	€ netto	18	20	27	34	35

LB 044 **Preise €**

Nr.	Kurztext / Stichworte Einheit / Kostengruppe		►	▷	brutto ø netto ø	◁	◄
39	**Formstück, PE-Abzweig, DN/OD110** Formstück, Abzweig; PE-Rohr; DN/OD110, alle Winkelgrade						
	St	**€ brutto**	**24**	**27**	**38**	**43**	**48**
	KG 411	€ netto	20	23	32	36	40
40	**Formstück, PE-Putzstück, DN/OD110** Formstück, Putzstück; PE-Rohr; DN/OD110, alle Winkelgrade						
	St	**€ brutto**	**42**	**48**	**61**	**73**	**76**
	KG 411	€ netto	35	41	51	61	64
41	**Abwasserleitung, PE-Rohr, DN/OD160** Abwasserleitung; PE-Rohr; DN/OD160; schallgedämmt; inkl. Rohrbefestigungen						
	m	**€ brutto**	**82**	**94**	**112**	**130**	**137**
	KG 411	€ netto	69	79	94	110	115
42	**Formstück, PE-Abzweig, DN/OD160** Formstück, Abzweig; PE-Rohr; DN/OD160, alle Winkelgrade						
	St	**€ brutto**	**115**	**128**	**147**	**159**	**178**
	KG 411	€ netto	96	108	123	133	149
43	**Druckleitung, Schmutzwasserhebeanlage DN/OD50** Druckleitung, Schmutzwasserhebeanlage; DN/OD50, PN 4/6; unter/in Bodenplatte						
	m	**€ brutto**	**30**	**35**	**46**	**51**	**54**
	KG 411	€ netto	25	29	38	43	46
44	**Doppelabzweig, Guss DN100** Formstück, Eck-Doppelabzweig; Gussrohr; DN100/87/70, 45°						
	St	**€ brutto**	**72**	**77**	**82**	**88**	**92**
	KG 411	€ netto	61	64	69	74	78
45	**Abflussleitung, PP-Rohre, DN/OD63, schallgedämmt** Abflussleitung, schallgedämmt; PP-Rohr; DN/OD63; Länge 1,00m						
	m	**€ brutto**	**26**	**32**	**37**	**41**	**50**
	KG 411	€ netto	22	27	31	35	42
46	**Abflussleitung, PP-Rohre, DN/OD75, schallgedämmt** Abflussleitung, schallgedämmt; PP-Rohr; DN/OD75; Länge 1,00m						
	m	**€ brutto**	**26**	**32**	**37**	**41**	**50**
	KG 411	€ netto	22	27	31	35	42
47	**Abflussleitung, PP-Rohre, DN/OD90, schallgedämmt** Abflussleitung, schallgedämmt; PP-Rohr; DN/OD90; Länge 1,00m						
	m	**€ brutto**	**37**	**44**	**53**	**59**	**71**
	KG 411	€ netto	31	37	44	50	60

LB 044 | **Preise €**

Nr.	Kurztext / Stichworte Einheit / Kostengruppe		►	▷	brutto ø netto ø	◁	◄
48	**Abflussleitung, PP-Rohre, DN/OD110 schallgedämmt** Abflussleitung, schallgedämmt; PP-Rohr; DN/OD110; Länge 1,00m						
	m	**€ brutto**	**39**	**47**	**54**	**60**	**72**
	KG 411	€ netto	32	39	45	50	61
49	**Abwasser-Rohrbogen, PP, DN/OD63, schallgedämmt** Formstück, Bogen, schallgedämmt; PP-Rohr; DN/OD63, alle Winkelgrade, Länge 1,00m						
	St	**€ brutto**	**8,7**	**12,6**	**14,5**	**17,4**	**21,8**
	KG 411	€ netto	7,3	10,6	12,2	14,6	18,3
50	**Abwasser-Rohrbogen, PP, DN/OD75, schallgedämmt** Formstück, Bogen, schallgedämmt; PP-Rohr; DN/OD75, alle Winkelgrade, Länge 1,00m						
	St	**€ brutto**	**11**	**16**	**18**	**22**	**28**
	KG 411	€ netto	9,3	13,5	15,5	18,6	23,3
51	**Abwasser-Rohrbogen, PP, DN/OD90, schallgedämmt** Formstück, Bogen, schallgedämmt; PP-Rohr; DN/OD90, alle Winkelgrade, Länge 1,00m						
	St	**€ brutto**	**15**	**22**	**26**	**31**	**39**
	KG 411	€ netto	13	19	22	26	32
52	**Abwasser-Rohrbogen, PP, DN/OD110, schallgedämmt** Formstück, Bogen, schallgedämmt; PP-Rohr; DN/OD110, alle Winkelgrade, Länge 1,00m						
	St	**€ brutto**	**34**	**49**	**57**	**68**	**85**
	KG 411	€ netto	29	41	48	57	71
53	**Abwasser-Abzweig, PP, DN/OD63, schallgedämmt** Formstück, Abzweig, schallgedämmt; PP-Rohr; DN/OD63-63, alle Winkelgrade, Länge 1,00m						
	St	**€ brutto**	**15**	**21**	**24**	**29**	**37**
	KG 411	€ netto	12	18	20	25	31
54	**Abwasser-Abzweig, PP, DN/OD75, schallgedämmt** Formstück, Abzweig, schallgedämmt; PP-Rohr; DN/OD75-75, alle Winkelgrade, Länge 1,00m						
	St	**€ brutto**	**18**	**27**	**31**	**37**	**46**
	KG 411	€ netto	15	22	26	31	39
55	**Abwasser-Abzweig, PP, DN/OD90, schallgedämmt** Formstück, Abzweig, schallgedämmt; PP-Rohr; DN/OD90-90, alle Winkelgrade, Länge 1,00m						
	St	**€ brutto**	**26**	**38**	**44**	**53**	**66**
	KG 411	€ netto	22	32	37	44	55

LB 044 **Preise €**

Nr.	Kurztext / Stichworte Einheit / Kostengruppe		►	▷	brutto ø netto ø	◁	◄
56	**Abwasser-Abzweig, PP, DN/OD110, schallgedämmt** Formstück, Abzweig, schallgedämmt; PP-Rohr; DN/OD110-110, alle Winkelgrade, Länge 1,00m						
	St	**€ brutto**	**28**	**41**	**47**	**56**	**70**
	KG 411	€ netto	23	34	39	47	59
57	**Bodenablauf, bodengleiche Dusche** Bodenablauf, bodengleiche Dusche; Guss, Gitterrost Stahl, rutschhemmend, L15; DN70-100, BxL 150x150mm; höhenverstellbar, mit Glockengeruchsverschluss, rückstausicher						
	St	**€ brutto**	**821**	**901**	**1.002**	**1.202**	**1.382**
	KG 411	€ netto	690	757	842	1.010	1.161
58	**Bodenablauf, Rinne, bodengleiche Dusche** Bodenablauf, Rinne, bodengleiche Dusche; Stahl, nichtrostend, K3; DN50-70, Länge über 600-1.000; höhenverstellbar, mit Geruchsverschluss, Reinigungsöffnung						
	St	**€ brutto**	**1.054**	**1.125**	**1.406**	**1.687**	**1.940**
	KG 411	€ netto	886	945	1.181	1.418	1.630
59	**Duschrinne, Edelstahl, 900mm** Duschrinne; Edelstahl, K3; DN50, 0,6l/s, Länge 900mm						
	St	**€ brutto**	**406**	**636**	**685**	**799**	**980**
	KG 411	€ netto	341	534	575	671	824

LB 045						Preise €
Nr.	**Kurztext** / Stichworte **Einheit** / Kostengruppe	►	▷	**brutto ø** netto ø	◁	◄
1	**Handwaschbecken, Keramik** Handwaschbecken; Sanitärporzellan; inkl. Befestigung, Schallschutzset					
	St € brutto	**129**	**211**	**220**	**250**	**352**
	KG 412 € netto	108	177	185	210	296
2	**Waschtisch, Keramik 550x450** Waschtisch; Sanitärporzellan; 550x450mm; inkl. Befestigung, Schallschutzset					
	St € brutto	**178**	**290**	**312**	**378**	**483**
	KG 412 € netto	149	244	262	318	406
3	**Waschtisch, Keramik 600x500** Waschtisch; Sanitärporzellan; 600x500mm; inkl. Befestigung, Schallschutzset					
	St € brutto	**184**	**297**	**371**	**470**	**668**
	KG 412 € netto	155	250	311	395	561
4	**Waschbecken, barrierefrei** Waschbecken, barrierefrei; Sanitärporzellan, wasserabweisender Beschichtung; Breite über 500 bis 550mm, Ausladung über 450mm bis 500mm; unterfahrbar					
	St € brutto	**347**	**393**	**462**	**624**	**855**
	KG 412 € netto	291	330	388	524	719
5	**Raumsparsiphon, Waschtisch, unterfahrbar** Raumsparsiphon, Waschtisch; Messing, verchromt; 1 1/4" x DN32; Geruchsverschluss, Kasten, Abdeckung; Wandanschluss					
	St € brutto	**83**	**92**	**106**	**128**	**159**
	KG 412 € netto	70	78	89	107	134
6	**UP-Siphon, Waschtisch** UP-Siphon; Kunststoff; 1 1/4"; verstellbar; Wandeinbau					
	St € brutto	**20**	**44**	**53**	**64**	**98**
	KG 412 € netto	17	37	44	54	83
7	**Einhebel-Mischbatterie, Standmontage** Einhand-Waschtischbatterie; inkl. Schnellmontagesystem					
	St € brutto	**184**	**281**	**330**	**425**	**630**
	KG 412 € netto	155	236	278	357	530
8	**Spiegel, Kristallglas** Spiegel; Kristallglas; 600x400mm; inkl. Befestigungsmaterial					
	St € brutto	**46**	**64**	**77**	**102**	**135**
	KG 610 € netto	39	54	65	86	113

Kosten: Stand 3.Quartal 2024, Bundesdurchschnitt

LB 045 **Preise €**

Nr.	Kurztext / Stichworte Einheit / Kostengruppe		►	▷	brutto ø netto ø	◁	◄
9	**Spiegel, hochkant, für Waschtisch** Spiegel; Kristallglas; Höhe 1.000mm, Breite 500 bis 600mm; rahmenlos, poliert, versiegelt; Magnetaufhängung						
	St	**€ brutto**	**105**	**120**	**141**	**183**	**225**
	KG 412	€ netto	89	100	118	154	189
10	**Badewanne, Stahl** Badewanne; Stahl; 170x80cm						
	St	**€ brutto**	**437**	**666**	**721**	**838**	**1.281**
	KG 412	€ netto	367	559	606	704	1.077
11	**Einhandmischer, Badewanne** Einhandmischbatterie, Badewanne; Metall, verchromt; Auf-/Unterputz, Kugelmischsystem; Wandmontage						
	St	**€ brutto**	**89**	**280**	**393**	**598**	**816**
	KG 412	€ netto	75	236	330	502	686
12	**Thermostatarmatur, Badewanne** Thermostatarmatur; Messing; Wandeinbaubatterie/Wandbatterie						
	St	**€ brutto**	**468**	**624**	**780**	**1.053**	**1.521**
	KG 412	€ netto	393	524	655	885	1.278
13	**WC, wandhängend** Tiefspül-WC; Sanitärporzellan; Wandmontage						
	St	**€ brutto**	**299**	**431**	**436**	**513**	**712**
	KG 412	€ netto	252	363	366	431	599
14	**WC, barrierefrei** WC, barrierefrei; Sanitärporzellan, wasserabweisender Beschichtung; Wasserbedarf 6l; spülrandlos, wandhängend barrierefreie Ausführung, inkl. WC-Sitz						
	St	**€ brutto**	**525**	**687**	**765**	**847**	**1.250**
	KG 412	€ netto	441	578	643	712	1.050
15	**WC-Spülkasten, mit Betätigungsplatte** WC-Spülkasten; Kunststoff; 3/6l; Unterputz, Wandmontage; inkl. Betätigungsplatte						
	St	**€ brutto**	**261**	**291**	**331**	**387**	**474**
	KG 412	€ netto	219	245	278	326	398
16	**Notruf, barrierefreies WC** Notruf, barrierefreies WC; Kompaktset, Signalleuchte, Zugtaster, Abstelltaster, Meldeeinheit						
	St	**€ brutto**	**616**	**865**	**1.039**	**1.216**	**1.456**
	KG 452	€ netto	518	727	873	1.022	1.223

LB 045 **Preise €**

Nr.	Kurztext / Stichworte Einheit / Kostengruppe		►	▷	brutto ø netto ø	◁	◄
17	**WC-Sitz** WC-Sitz; inkl. Deckel und Scharniere						
	St	**€ brutto**	**70**	**131**	**147**	**178**	**251**
	KG 412	€ netto	59	110	124	149	211
18	**WC-Bürste** WC-Bürstengarnitur; inkl. Befestigungsmaterial						
	St	**€ brutto**	**8,1**	**49,5**	**86,8**	**91,4**	**113,6**
	KG 610	€ netto	6,8	41,6	73,0	76,8	95,5
19	**WC-Toilettenpapierhalter** Toilettenpapierhalter; Nylon; Wandmontage						
	St	**€ brutto**	**37**	**67**	**83**	**99**	**139**
	KG 610	€ netto	31	57	70	83	117
20	**Duschwanne, Stahl 80x80** Duschwanne; Stahl; 80x80x6cm						
	St	**€ brutto**	**213**	**303**	**342**	**386**	**476**
	KG 412	€ netto	179	255	287	324	400
21	**Duschwanne, Stahl 90x90** Duschwanne; Stahl; 90x90x6cm						
	St	**€ brutto**	**290**	**449**	**515**	**557**	**740**
	KG 412	€ netto	244	377	432	468	622
22	**Duschwanne, Stahl 100x100** Duschwanne; Stahl; 100x100x6cm						
	St	**€ brutto**	**320**	**464**	**554**	**637**	**835**
	KG 412	€ netto	269	390	465	535	702
23	**Duschwanne, Stahl 100x80** Duschwanne; Stahl; 100x80x6cm						
	St	**€ brutto**	**328**	**591**	**700**	**798**	**950**
	KG 412	€ netto	275	497	588	671	799
24	**Einhebelmischarmatur, Dusche** Einhandmischarmatur, Dusche; Metall, verchromt; DN15; Wandmontage						
	St	**€ brutto**	**283**	**541**	**644**	**715**	**906**
	KG 412	€ netto	238	454	541	601	762
25	**Duschabtrennung, Kunststoff** Duschabtrennung; Kunststoff; 80x80x200cm; Drehtür/Schiebetür; inkl. Wandanschlussprofil						
	St	**€ brutto**	**1.081**	**1.192**	**1.256**	**1.313**	**1.449**
	KG 610	€ netto	909	1.002	1.055	1.104	1.217
26	**Urinal, Keramik** Urinal; Sanitärporzellan; unsichtbar befestigen						
	St	**€ brutto**	**266**	**338**	**390**	**416**	**493**
	KG 412	€ netto	224	284	328	350	414

Kosten: Stand 3.Quartal 2024, Bundesdurchschnitt

LB 045							**Preise €**
Nr.	**Kurztext** / Stichworte				**brutto ø**		
	Einheit / Kostengruppe		▶	▷	netto ø	◁	◀
27	**Installationselement, Urinal**						
	Urinal Montageelement; selbsttragender Montagerahmen; inkl. Anschlussgarnitur, Befestigungsmaterial						
	St	**€ brutto**	**296**	**340**	**364**	**415**	**481**
	KG 419	€ netto	249	286	306	349	404
28	**Bidet, Keramik**						
	Bidet; Sanitärporzellan; Wandmontage						
	St	**€ brutto**	**279**	**572**	**737**	**893**	**1.889**
	KG 412	€ netto	234	481	619	751	1.588
29	**Einhandmischer, Bidet**						
	Einhandmischarmatur, Bidet						
	St	**€ brutto**	**245**	**315**	**369**	**444**	**610**
	KG 412	€ netto	206	265	310	373	513
30	**Ausgussbecken, Stahl**						
	Ausgussbecken; Stahl; 500x350mm; Wandmontage; inkl. Klapprost						
	St	**€ brutto**	**115**	**140**	**154**	**204**	**265**
	KG 412	€ netto	97	118	130	171	223
31	**Seifenspender, Wandmontage**						
	Seifenspender; 0,5/0,75l; Wandmontage						
	St	**€ brutto**	**72**	**137**	**164**	**234**	**344**
	KG 610	€ netto	61	115	138	197	289
32	**Papierhandtuchspender, Wandmontage**						
	Papierhandtuchspender; 300St; Wandmontage						
	St	**€ brutto**	**38**	**80**	**99**	**140**	**221**
	KG 610	€ netto	32	68	83	117	186
33	**Einhandmischer, Spültisch**						
	Einhandmischbatterie, Spültisch; verchromt; DN15						
	St	**€ brutto**	**54**	**272**	**362**	**502**	**770**
	KG 412	€ netto	45	229	304	422	647
34	**Installationselement, WC**						
	Installationselement, WC; Stahlrahmen; Unterputz, Wandmontage; inkl. Betätigungsplatte						
	St	**€ brutto**	**301**	**359**	**400**	**433**	**486**
	KG 419	€ netto	253	302	336	364	408
35	**Installationselement, barrierefreies WC, mit Stützgriffen**						
	Installationselement, barrierefreies WC; höhenverstellbar bis 200mm, Einbauhöhe über 1.000 bis 1.200mm, Breite 850 bis 1.000mm; für Metallständerwand, Vorwandmontage, mit Stützgriffe, inkl. Einbauspülkasten						
	St	**€ brutto**	**681**	**838**	**1.047**	**1.257**	**1.466**
	KG 419	€ netto	572	704	880	1.056	1.232

LB 045 **Preise €**

Nr.	Kurztext / Stichworte Einheit / Kostengruppe		►	▷	brutto ø netto ø	◁	◄
36	**Installationselement, Hygiene-Spül-WC, mit Stützgriffen** Installationselement, Hygiene-Spül-WC, barrierefrei; höhenverstellbar bis 200mm, Einbauhöhe über 1.000 bis 1.200mm, Breite 850 bis 1.000mm; für Metallständerwand, Vorwandmontage, mit Stützgriffe, inkl. Einbauspülkasten; Wandmontage						
	St	**€ brutto**	**955**	**1.176**	**1.470**	**1.763**	**2.057**
	KG 419	€ netto	803	988	1.235	1.482	1.729
37	**Installationselement, Hygiene-Spül-WC** Installationselement, Hygiene-Spül-WC, barrierefrei; höhenverstellbar bis 200mm, Einbauhöhe über 1.000 bis 1.200mm, Breite 850 bis 1.000mm; für Metallständerwand, Vorwandmontage, inkl. Einbauspülkasten; Wandmontage						
	St	**€ brutto**	**377**	**458**	**539**	**647**	**744**
	KG 419	€ netto	317	385	453	544	625
38	**Installationselement, Waschtisch** Installationselement, Waschtisch; Stahlrahmen; Ablauf DN40/50; Wandmontage						
	St	**€ brutto**	**70**	**136**	**180**	**214**	**286**
	KG 419	€ netto	59	114	152	179	240
39	**Installationselement, barrierefreier Waschtisch, mit Stützgriffen** Installationselement, barrierefreier Waschtisch; höhenverstellbar bis 200mm, Einbauhöhe über 1.000 bis 1.200mm, Breite 850 bis 1.000mm; für Metallständerwand, Vorwandmontage, mit Stützgriffe, inkl. Einbauspülkasten						
	St	**€ brutto**	**485**	**603**	**693**	**832**	**950**
	KG 419	€ netto	408	507	583	699	798
40	**Installationselement, barrierefreier Waschtisch, höhenverstellbar** Barrierefreier Waschtisch, nachträglicher Einbau; Verstellbereich 200mm, Einbauhöhe über 1.000 bis 1.200mm, Breite 400 bis 600mm; höhenverstellbar, wandhängend, für Metallständerwand, Vorwandmontage, mit Stützgriffe, inkl. Einbauspülkasten						
	St	**€ brutto**	**332**	**377**	**443**	**523**	**598**
	KG 419	€ netto	279	316	372	439	503
41	**Installationselement, Stützgriff** Installationselement, Stützgriff; höhenverstellbar bis 200mm, Einbauhöhe über 1.000 bis 1.200mm, Breite 850 bis 1.000mm; für Metallständerwand, Vorwandmontage						
	St	**€ brutto**	**225**	**295**	**347**	**416**	**475**
	KG 419	€ netto	189	248	291	350	399

LB 045 **Preise €**

Nr.	Kurztext / Stichworte Einheit / Kostengruppe		►	▷	brutto ø netto ø	◁	◄
42	**Unterkonstruktion Stützgriff/Sitz** Unterkonstruktion Stützgriff/Sitz; wandhängend, für Metallständerwand, Vorwandmontage, inkl. Befestigungsmaterial						
	St	**€ brutto**	**100**	**131**	**154**	**185**	**211**
	KG 419	€ netto	84	110	129	155	177
43	**Haltegriff, Edelstahl, 600mm** Haltegriff; Edelstahl, gebürstet; Länge 600mm, Durchmesser 32mm, Wandabstand 50mm; inkl. Befestigung						
	St	**€ brutto**	**106**	**152**	**164**	**210**	**270**
	KG 412	€ netto	89	128	138	176	227
44	**Haltegriff, Kunststoff, 300mm** Haltegriff; Kunststoff; Länge 300mm; rund, mit Rosette und Schrauben verdeckt befestigen						
	St	**€ brutto**	**110**	**158**	**193**	**229**	**318**
	KG 412	€ netto	92	133	162	193	267
45	**Duschhandlauf, Edelstahl, 600mm** Duschhandlauf; Messing, verchromt; Durchmesser 32mm, 90°-Winkel						
	St	**€ brutto**	**394**	**566**	**638**	**724**	**941**
	KG 412	€ netto	331	475	536	608	790
46	**Duschsitz, klappbar** Duschsitz; Kunststoffrahmen mit Stahlkern; klappbar, Arretierung und Fallbremse, inkl. Befestigungsmaterial						
	St	**€ brutto**	**432**	**522**	**561**	**563**	**653**
	KG 412	€ netto	363	439	472	473	549
47	**WC-Rückenstütze** WC-Rückenstütze; Kunststoff, weiß; Ausladung 650 bis 700mm						
	St	**€ brutto**	**343**	**443**	**501**	**523**	**603**
	KG 412	€ netto	289	372	421	439	506
48	**Stützgriff, fest, WC** Stützgriff, WC; Kunststoff, weiß; Ausladung 850mm, belastbar bis 100kg; fest, mit Flansch und Schrauben befestigen						
	St	**€ brutto**	**471**	**555**	**693**	**832**	**936**
	KG 412	€ netto	396	466	583	699	787
49	**Stützgriff, fest, WC mit Spülauslösung** Stützgriff, WC; Kunststoff, weiß; Ausladung 850mm, belastbar bis 100kg; fest, mit Spülauslösung manuell, inkl. Befestigung mit Flansch, Schrauben						
	St	**€ brutto**	**711**	**797**	**867**	**953**	**1.083**
	KG 412	€ netto	597	670	728	801	910

LB 045 **Preise €**

Nr.	Kurztext / Stichworte Einheit / Kostengruppe		►	▷	brutto ø netto ø	◁	◄
50	**Stützgriff, klappbar, WC** Stützgriff, WC; Kunststoff, weiß; Ausladung 850mm, belastbar bis 100kg; klappbar, Arretierung und Fallbremse, inkl. Befestigungsmaterial						
	St	**€ brutto**	**542**	**667**	**834**	**1.001**	**1.143**
	KG 412	€ netto	456	561	701	841	960
51	**Stützgriff, fest, Waschtisch** Stützgriff, Waschtisch; Kunststoff, weiß; Ausladung 600mm, belastbar bis 100kg; fest, inkl. Befestigung mit Flansch, Schrauben						
	St	**€ brutto**	**382**	**470**	**587**	**705**	**805**
	KG 412	€ netto	321	395	494	592	676
52	**Stützgriff, klappbar, Waschtisch** Stützgriff, Waschtisch; Kunststoff, weiß; Ausladung 600mm, belastbar bis 100kg; klappbar, Arretierung und Fallbremse, inkl. Befestigungsmaterial						
	St	**€ brutto**	**544**	**619**	**680**	**741**	**816**
	KG 412	€ netto	457	520	571	623	686
53	**Stundensatz, Obermonteur/-in Sanitär** Stundenlohnarbeiten Obermonteur/-in Sanitär; Verrechnungssatz für die Arbeitskraft inkl. aller Aufwendungen; Nachweis und Anmeldung gem. VOB/B.						
	h	**€ brutto**	**62**	**71**	**73**	**79**	**86**
		€ netto	52	60	62	66	72
54	**Stundensatz, Helfer/-in Sanitär** Stundenlohnarbeiten für Helfer/-in Sanitär; Verrechnungssatz für die Arbeitskraft inkl. aller Aufwendungen; Nachweis und Anmeldung gem. VOB/B.						
	h	**€ brutto**	**55**	**61**	**64**	**64**	**72**
		€ netto	46	51	53	54	60

LB 047 **Preise €**

Nr.	Kurztext / Stichworte Einheit / Kostengruppe		►	▷	brutto ø netto ø	◁	◄
1	**Kompaktdämmhülse, Rohrleitung DN15** Kompaktdämmhülse, Rohrleitung; Polyethylen, Gittergewebe, WLG 040, B2; DN15, Dicke 13mm; Rohfußboden						
	m	**€ brutto**	**9,1**	**10,7**	**11,8**	**12,8**	**14,4**
	KG 422	€ netto	7,7	9,0	9,9	10,8	12,1
2	**Kompaktdämmhülse, Rohrleitung DN25** Kompaktdämmhülse, Rohrleitung; Polyethylen, Gittergewebe, WLG 040, B2; DN25, Dicke 20mm; Rohfußboden						
	m	**€ brutto**	**12**	**15**	**20**	**22**	**28**
	KG 422	€ netto	10	13	17	19	24
3	**Wärmedämmung, Rohrleitung, DN15** Rohrdämmung; Mineralfaserschalen, alukaschiert; DN15, Dicke 20mm						
	m	**€ brutto**	**15**	**24**	**28**	**29**	**38**
	KG 422	€ netto	12	20	23	24	32
4	**Rohrdämmung, MW-alukaschiert, DN15** Rohrdämmung; Mineralwolle, alukaschiert; DN15, Dicke 20mm; Heizungsrohre						
	m	**€ brutto**	**7,9**	**17,9**	**22,1**	**27,9**	**38,1**
	KG 422	€ netto	6,7	15,0	18,6	23,4	32,1
5	**Rohrdämmung, MW-alukaschiert, DN25** Rohrdämmung; Mineralwolle, alukaschiert; DN25, Dicke 30mm; Heizungsrohre						
	m	**€ brutto**	**15**	**27**	**33**	**43**	**55**
	KG 422	€ netto	13	23	28	36	47
6	**Rohrdämmung, MW-alukaschiert, DN40** Rohrdämmung; Mineralwolle, alukaschiert; DN40, Dicke 20mm; Heizungsrohre						
	m	**€ brutto**	**35**	**39**	**46**	**54**	**56**
	KG 422	€ netto	29	32	39	45	47
7	**Rohrdämmung, MW-alukaschiert, DN65** Rohrdämmung; Mineralwolle, alukaschiert; DN65, Dicke 70mm; Heizungsrohre						
	m	**€ brutto**	**36**	**46**	**58**	**74**	**94**
	KG 422	€ netto	30	39	49	63	79
8	**Rohrdämmung, MW/Blech DN20** Rohrdämmung; Mineralwolle, alukaschiert, Blech/Stahl/Aluminium; DN20, Dicke 20mm						
	m	**€ brutto**	**32**	**38**	**43**	**45**	**49**
	KG 422	€ netto	27	32	37	38	41

Kosten: Stand 3.Quartal 2024, Bundesdurchschnitt

LB 047 **Preise €**

Nr.	Kurztext / Stichworte Einheit / Kostengruppe		▶	▷	brutto ø netto ø	◁	◀
9	**Rohrdämmung, MW/Blech DN40** Rohrdämmung; Mineralwolle, alukaschiert, Blech/Stahl/Aluminium; DN40, Dicke 40mm						
	m	**€ brutto**	**40**	**48**	**59**	**71**	**74**
	KG 422	€ netto	34	40	50	60	62
10	**Lüftungskanal Mineral alukaschiert** Wärmedämmung Lüftungskanal; Mineralwolle, alukaschiert; Dicke 30/50mm						
	m	**€ brutto**	**24**	**35**	**41**	**45**	**54**
	KG 431	€ netto	20	29	34	37	46
11	**Brandschutzabschottung, R90, DN15** Brandschutzabschottung, Rohrleitung, R90; Mineralfaser, nicht brennbar/brennbar; DN15, Länge 1,00m; Wanddurchbruch						
	St	**€ brutto**	**19**	**27**	**30**	**37**	**52**
	KG 422	€ netto	16	22	25	31	44
12	**Brandschutzabschottung, R90, DN20** Brandschutzabschottung, Rohrleitung, R90; Mineralfaser, nicht brennbar/brennbar; DN20, Länge 1,00m; Wanddurchbruch						
	St	**€ brutto**	**57**	**64**	**65**	**68**	**76**
	KG 422	€ netto	48	53	55	57	64
13	**Brandschutzabschottung, R90, DN25** Brandschutzabschottung, Rohrleitung, R90; Mineralfaser, nicht brennbar/brennbar; DN25, Länge 1,00m; Wanddurchbruch						
	St	**€ brutto**	**58**	**66**	**70**	**72**	**80**
	KG 422	€ netto	49	56	59	60	67
14	**Brandschutzabschottung, R90, DN32** Brandschutzabschottung, Rohrleitung, R90; Mineralfaser, nicht brennbar/brennbar; DN32, Länge 1,00m; Wanddurchbruch						
	St	**€ brutto**	**72**	**75**	**84**	**98**	**98**
	KG 422	€ netto	61	63	71	82	83
15	**Brandschutzabschottung, R90, DN40** Brandschutzabschottung, Rohrleitung, R90; Mineralfaser, nicht brennbar/brennbar; DN40, Länge 1,00m; Wanddurchbruch						
	St	**€ brutto**	**86**	**94**	**102**	**108**	**130**
	KG 422	€ netto	73	79	86	91	110
16	**Brandschutzabschottung, R90, DN50** Brandschutzabschottung, Rohrleitung, R90; Mineralfaser, nicht brennbar/brennbar; DN50, Länge 1,00m; Wanddurchbruch						
	St	**€ brutto**	**147**	**155**	**163**	**169**	**187**
	KG 422	€ netto	123	130	137	142	157

LB 047 **Preise €**

Nr.	Kurztext / Stichworte Einheit / Kostengruppe		►	▷	brutto ø netto ø	◁	◄
17	**Brandschutzabschottung, R90, DN65** Brandschutzabschottung, Rohrleitung, R90; Mineralfaser, nicht brennbar/brennbar; DN65, Länge 1,00m; Wanddurchbruch						
	St	**€ brutto**	**157**	**169**	**181**	**189**	**207**
	KG 422	€ netto	132	142	152	159	174
18	**Körperschalldämmung, Abwasserrohre** Körperschalldämmung, Abwasserrohre, Weichpropylen; PE, hochflexibel, geschlossenzellig, B2; DN50-150, Dicke 4mm; Abwasserrohre; diffusionsdichte Außenhaut						
	m	**€ brutto**	**12**	**15**	**16**	**19**	**23**
	KG 422	€ netto	10	12	14	16	19
19	**Wärmedämmschalen für Armaturen und Pumpen, DN15** Wärmedämmschalen für Armaturen und Pumpen; Polyethylen, WLS 034, B1; DN15, LxBxH 130x70x112mm						
	St	**€ brutto**	**20**	**22**	**26**	**27**	**32**
	KG 422	€ netto	17	19	22	23	27
20	**Wärmedämmschalen für Armaturen und Pumpen, DN20** Wärmedämmschalen für Armaturen und Pumpen; Polyethylen, WLS 034, B1; DN20, LxBxH 130x70x112mm						
	St	**€ brutto**	**22**	**27**	**32**	**38**	**39**
	KG 422	€ netto	18	23	27	32	32
21	**Wärmedämmschalen für Armaturen und Pumpen, DN25** Wärmedämmschalen für Armaturen und Pumpen; Polyethylen, WLS 034, B1; DN25, LxBxH 145x80x130mm						
	St	**€ brutto**	**28**	**35**	**38**	**41**	**42**
	KG 422	€ netto	23	29	32	34	36
22	**Wärmedämmschalen für Armaturen und Pumpen, DN32** Wärmedämmschalen für Armaturen und Pumpen; Polyethylen, WLS 034, B1; DN32, LxBxH 195x137x203mm						
	St	**€ brutto**	**31**	**37**	**40**	**42**	**44**
	KG 422	€ netto	26	31	33	35	37
23	**Wärmedämmschalen für Armaturen und Pumpen, DN40** Wärmedämmschalen für Armaturen und Pumpen; Polyethylen, WLS 034, B1; DN40, LxBxH 196x163x230mm						
	St	**€ brutto**	**42**	**48**	**50**	**53**	**54**
	KG 422	€ netto	36	40	42	44	45
24	**Wärmedämmschalen für Armaturen und Pumpen, DN50** Wärmedämmschalen für Armaturen und Pumpen; Polyethylen, WLS 034, B1; DN50, LxBxH 212x182x253mm						
	St	**€ brutto**	**42**	**48**	**52**	**54**	**56**
	KG 422	€ netto	35	40	44	45	47

LB 053							Preise €
Nr.	**Kurztext** / Stichworte **Einheit** / Kostengruppe		►	▷	**brutto ø** netto ø	◁	◄
1	**Gitterrinne, Stahl, 200mm** Gitterrinne; Stahl, feuerverzinkt; LxB 3.000x200mm; Zwischendecken, Hohlräume						
	m	**€ brutto**	**36**	**43**	**46**	**51**	**59**
	KG 444	€ netto	30	36	39	43	49
2	**Kabelrinne, Stahl, 100mm** Kabelrinne; Stahl, verzinkt; Höhe 60mm, Breite 100mm, Dicke 1mm, Belastung 2.400N/m; inkl. Verbinder-Set						
	m	**€ brutto**	**32**	**39**	**42**	**45**	**53**
	KG 444	€ netto	27	33	35	38	44
3	**Kabelrinne, Stahl, 200mm** Kabelrinne; Stahl, verzinkt; Höhe 60mm, Breite 200mm, Dicke 1mm, Belastung 2.400N/m; inkl. Verbinder-Set						
	m	**€ brutto**	**33**	**46**	**53**	**68**	**106**
	KG 444	€ netto	28	39	44	57	89
4	**Kabelrinne, Stahl, 300mm** Kabelrinne; Stahl, verzinkt; Höhe 60mm, Breite 300mm, Dicke 1mm, Belastung 2.400N/m; inkl. Verbinder-Set						
	m	**€ brutto**	**38**	**56**	**65**	**85**	**131**
	KG 444	€ netto	32	47	54	71	110
5	**Kabelrinne, Stahl, 400mm** Kabelrinne; Stahl, verzinkt; Höhe 60mm, Breite 400mm, Dicke 1mm, Belastung 2.400N/m; inkl. Verbinder-Set						
	m	**€ brutto**	**50**	**68**	**71**	**96**	**140**
	KG 444	€ netto	42	57	60	81	118
6	**Elektroinstallationsrohr, 16mm** Elektroinstallationsrohr, einwandig; Panzerrohr; 16mm; in Beton; inkl. Muffen						
	m	**€ brutto**	**2,8**	**5,1**	**5,6**	**7,3**	**10,6**
	KG 444	€ netto	2,4	4,3	4,7	6,1	8,9
7	**Elektroinstallationsrohr, 25mm** Elektroinstallationsrohr, einwandig; Panzerrohr; 25mm; in Beton; inkl. Muffen						
	m	**€ brutto**	**5,2**	**9,7**	**10,6**	**13,2**	**17,6**
	KG 444	€ netto	4,4	8,1	8,9	11,1	14,8
8	**Elektroinstallationsrohr, 40mm** Elektroinstallationsrohr, einwandig; Panzerrohr; 40mm; in Beton; inkl. Muffen						
	m	**€ brutto**	**14**	**17**	**18**	**19**	**24**
	KG 444	€ netto	11	14	15	16	20

Kosten: Stand 3.Quartal 2024, Bundesdurchschnitt

LB 053 **Preise €**

Nr.	Kurztext / Stichworte Einheit / Kostengruppe		►	▷	brutto ø netto ø	◁	◄
9	**Leitungsführungskanal PVC 15x15** Leitungsführungskanal; PVC-U, weiß; Breite 15mm, Höhe 15mm; Beton/Mauerwerk/Installationswand; inkl. Verbindungsstücke, Formstücke, Befestigungsmaterial						
	m	**€ brutto**	**3,9**	**7,1**	**8,7**	**15,7**	**26,3**
	KG 444	€ netto	3,3	5,9	7,3	13,2	22,1
10	**Leitungsführungskanal PVC 30x30** Leitungsführungskanal; PVC-U, grau; Breite 30mm, Höhe 30mm; Beton/Mauerwerk/Installationswand; inkl. Verbindungsstücke, Formstücke, Befestigungsmaterial						
	m	**€ brutto**	**6,9**	**12,0**	**14,1**	**22,3**	**31,6**
	KG 444	€ netto	5,8	10,1	11,8	18,7	26,5
11	**Leitungsführungskanal PVC 90x40** Leitungsführungskanal; PVC-U, grau; Breite 90mm, Höhe 40mm; Beton/Mauerwerk/Installationswand; inkl. Verbindungsstücke, Formstücke, Befestigungsmaterial						
	m	**€ brutto**	**12**	**17**	**20**	**29**	**39**
	KG 444	€ netto	9,7	14,0	16,5	24,6	32,8
12	**Leitungsführungskanal PVC 110x60** Leitungsführungskanal; PVC-U, grau; Breite 110mm, Höhe 60mm; Beton/Mauerwerk/Installationswand; inkl. Verbindungsstücke, Formstücke, Befestigungsmaterial						
	m	**€ brutto**	**14**	**26**	**34**	**49**	**81**
	KG 444	€ netto	12	22	28	41	68
13	**Installationsleitung, NYM-J 1x6mm²** Installationsleitung; NYM-J; 1x6mm², Cu-Zahl 58; in Kabelrinne/Kanal/Rohr/Montagewand						
	m	**€ brutto**	**2,7**	**3,3**	**3,4**	**3,4**	**3,8**
	KG 444	€ netto	2,3	2,7	2,8	2,9	3,2
14	**Installationsleitung, NYM-J 1x10mm²** Installationsleitung; NYM-J; 1x10mm², Cu-Zahl 96; in Kabelrinne/Kanal/Rohr/Montagewand						
	m	**€ brutto**	**3,1**	**4,0**	**4,7**	**6,0**	**6,1**
	KG 444	€ netto	2,6	3,3	4,0	5,0	5,1
15	**Installationsleitung, NYM-J 1x16mm²** Installationsleitung; NYM-J; 1x16mm², Cu-Zahl 154; in Kabelrinne/Kanal/Rohr/Montagewand						
	m	**€ brutto**	**3,6**	**4,7**	**5,0**	**5,6**	**7,3**
	KG 444	€ netto	3,0	3,9	4,2	4,7	6,2

LB 053						Preise €
Nr.	**Kurztext** / Stichworte **Einheit** / Kostengruppe	►	▷	**brutto ø** netto ø	◁	◄
16	**Installationsleitung, NYM-J 3x1,5mm²** Installationsleitung; NYM-J; 3x1,5mm², Cu-Zahl 43; in Kabelrinne/Kanal/Rohr/Montagewand					
	m € brutto	**0,7**	**2,1**	**3,0**	**3,6**	**5,2**
	KG 444 € netto	0,6	1,7	2,5	3,0	4,4
17	**Installationsleitung, NYM-J 3x2,5mm²** Installationsleitung; NYM-J; 3x2,5mm², Cu-Zahl 72; in Kabelrinne/Kanal/Rohr/Montagewand					
	m € brutto	**3,1**	**4,1**	**4,2**	**5,0**	**6,2**
	KG 444 € netto	2,6	3,4	3,6	4,2	5,2
18	**Installationsleitung, NYM-J 5x1,5mm²** Installationsleitung; NYM-J; 5x1,5mm², Cu-Zahl 72; in Kabelrinne/Kanal/Rohr/Montagewand					
	m € brutto	**1,1**	**2,4**	**3,0**	**3,5**	**5,0**
	KG 444 € netto	0,9	2,0	2,5	3,0	4,2
19	**Installationsleitung, NYM-J 5x2,5mm²** Installationsleitung; NYM-J; 5x2,5mm², Cu-Zahl 120; in Kabelrinne/Kanal/Rohr/Montagewand					
	m € brutto	**1,8**	**3,1**	**3,7**	**4,2**	**5,3**
	KG 444 € netto	1,5	2,6	3,1	3,6	4,4
20	**Installationsleitung, NYM-J 5x4mm²** Installationsleitung; NYM-J; 5x4mm², Cu-Zahl 192; in Kabelrinne/Kanal/Rohr/Montagewand					
	m € brutto	**3,6**	**5,3**	**6,3**	**8,0**	**9,3**
	KG 444 € netto	3,0	4,5	5,3	6,8	7,8
21	**Installationsleitung, NYM-J 5x6mm²** Installationsleitung; NYM-J; 5x6mm², Cu-Zahl 288; in Kabelrinne/Kanal/Rohr/Montagewand					
	m € brutto	**4,5**	**6,9**	**8,1**	**8,9**	**10,7**
	KG 444 € netto	3,8	5,8	6,8	7,5	9,0
22	**Installationsleitung, NYM-J 5x10mm²** Installationsleitung; NYM-J; 5x10mm², Cu-Zahl 430; in Kabelrinne/Kanal/Rohr/Montagewand					
	m € brutto	**6,6**	**9,8**	**11,8**	**14,8**	**20,4**
	KG 444 € netto	5,6	8,2	10,0	12,4	17,2
23	**Installationsleitung, NYM-J 5x16mm²** Installationsleitung; NYM-J; 5x16mm², Cu-Zahl 768; in Kabelrinne/Kanal/Rohr/Montagewand					
	m € brutto	**11**	**15**	**19**	**23**	**30**
	KG 444 € netto	9,2	12,9	15,6	19,4	25,2

LB 053 | **Preise €**

Nr.	Kurztext / Stichworte				brutto ø		
	Einheit / Kostengruppe		►	▷	netto ø	◁	◄
24	**Installationsleitung, NYM-J 1x6mm², AD** Installationsleitung, abgehängter Decke; NYM-J; 1x6mm², Cu-Zahl 58; inkl. Befestigung						
	m	**€ brutto**	**4,7**	**6,2**	**7,4**	**9,4**	**9,9**
	KG 444	€ netto	4,0	5,2	6,2	7,9	8,3
25	**Installationsleitung, NYM-J 1x10mm², AD** Installationsleitung, abgehängter Decke; NYM-J; 1x10mm², Cu-Zahl 96; inkl. Befestigung						
	m	**€ brutto**	**6,7**	**8,2**	**9,7**	**12,4**	**13,6**
	KG 444	€ netto	5,6	6,9	8,2	10,4	11,5
26	**Installationsleitung, NYM-J 1x16mm², AD** Installationsleitung, abgehängter Decke; NYM-J; 1x16mm², Cu-Zahl 154; inkl. Befestigung						
	m	**€ brutto**	**9,8**	**10,0**	**11,9**	**15,1**	**16,1**
	KG 444	€ netto	8,2	8,4	10,0	12,7	13,5
27	**Installationsleitung, NYM-J 3x1,5mm², AD** Installationsleitung, abgehängter Decke; NYM-J; 3x1,5mm², Cu-Zahl 43; inkl. Befestigung						
	m	**€ brutto**	**4,8**	**5,2**	**6,1**	**7,8**	**8,7**
	KG 444	€ netto	4,1	4,3	5,2	6,6	7,3
28	**Installationsleitung, NYM-J 3x2,5mm², AD** Installationsleitung, abgehängter Decke; NYM-J; 3x2,5mm², Cu-Zahl 72; inkl. Befestigung						
	m	**€ brutto**	**5,1**	**6,0**	**7,2**	**9,1**	**9,7**
	KG 444	€ netto	4,3	5,1	6,0	7,7	8,2
29	**Installationsleitung, NYM-J 5x2,5mm², AD** Installationsleitung, abgehängter Decke; NYM-J; 5x2,5mm², Cu-Zahl 120; inkl. Befestigung						
	m	**€ brutto**	**8,4**	**8,8**	**10,5**	**13,3**	**13,7**
	KG 444	€ netto	7,1	7,4	8,8	11,2	11,5
30	**Installationsleitung, NYM-J 5x4mm², AD** Installationsleitung, abgehängter Decke; NYM-J; 5x4mm², Cu-Zahl 192; inkl. Befestigung						
	m	**€ brutto**	**11**	**12**	**14**	**17**	**18**
	KG 444	€ netto	9,2	9,7	11,6	14,7	15,5
31	**Installationsleitung, NYM-J 5x6mm², AD** Installationsleitung, abgehängter Decke; NYM-J; 5x6mm², Cu-Zahl 288; inkl. Befestigung						
	m	**€ brutto**	**13**	**14**	**17**	**21**	**22**
	KG 444	€ netto	11	12	14	18	19

LB 053 **Preise €**

Nr.	Kurztext / Stichworte Einheit / Kostengruppe		▶	▷	brutto ø netto ø	◁	◀
32	**Installationsleitung, NYM-J 5x10mm², AD** Installationsleitung, abgehängter Decke; NYM-J; 5x10mm², Cu-Zahl 430; inkl. Befestigung						
	m	**€ brutto**	**18**	**19**	**22**	**28**	**30**
	KG 444	€ netto	15	16	19	24	25
33	**Installationsleitung, NYM-J 5x16mm², AD** Installationsleitung, abgehängter Decke; NYM-J; 5x16mm², Cu-Zahl 768; inkl. Befestigung						
	m	**€ brutto**	**27**	**27**	**32**	**41**	**42**
	KG 444	€ netto	22	23	27	35	36
34	**Installationsleitung, NYM-J 1x6mm², uP** Installationsleitung, Unterputz; NYM-J; 1x6mm², Cu-Zahl 58; inkl. Befestigung						
	m	**€ brutto**	**4,3**	**4,8**	**5,8**	**7,3**	**8,1**
	KG 444	€ netto	3,6	4,1	4,8	6,2	6,8
35	**Installationsleitung, NYM-J 1x16mm², uP** Installationsleitung, Unterputz; NYM-J; 1x16mm², Cu-Zahl 154; inkl. Befestigung						
	m	**€ brutto**	**3,8**	**4,4**	**5,2**	**6,6**	**7,2**
	KG 444	€ netto	3,2	3,7	4,4	5,6	6,0
36	**Installationsleitung, NYM-J 3x2,5mm², uP** Installationsleitung, Unterputz; NYM-J; 3x2,5mm², Cu-Zahl 72; inkl. Befestigung						
	m	**€ brutto**	**4,7**	**5,2**	**6,1**	**7,8**	**8,5**
	KG 444	€ netto	4,0	4,3	5,2	6,6	7,1
37	**Installationsleitung, NYM-J 5x2,5mm², uP** Installationsleitung, Unterputz; NYM-J; 5x2,5m², Cu-Zahl 120; inkl. Befestigung						
	m	**€ brutto**	**6,0**	**7,0**	**8,3**	**10,6**	**11,2**
	KG 444	€ netto	5,1	5,9	7,0	8,9	9,4
38	**Installationsleitung, NYM-J 5x6mm², uP** Installationsleitung, Unterputz; NYM-J; 5x6mm², Cu-Zahl 288; inkl. Befestigung						
	m	**€ brutto**	**15**	**15**	**18**	**22**	**24**
	KG 444	€ netto	12	12	15	19	20
39	**Geräteeinbaukanal, 130x60** Geräteeinbaukanal; PVC-U, weiß; Breite 130mm, Höhe 60mm; Beton/Mauerwerk/Installationswand; inkl. Verbindungsstücke, Formstücke, Befestigungsmaterial						
	m	**€ brutto**	**23**	**37**	**45**	**48**	**59**
	KG 444	€ netto	19	31	38	41	50

Kosten: Stand 3.Quartal 2024, Bundesdurchschnitt

LB 053 **Preise €**

Nr.	Kurztext / Stichworte Einheit / Kostengruppe		►	▷	brutto ø netto ø	◁	◄
40	**Geräteeinbaukanal, 170x60** Geräteeinbaukanal; PVC-U, weiß; Breite 170mm, Höhe 60mm; Beton/Mauerwerk/Installationswand; inkl. Verbindungsstücke, Formstücke, Befestigungsmaterial						
	m	**€ brutto**	**41**	**51**	**53**	**59**	**71**
	KG 444	€ netto	35	42	45	49	60
41	**Geräteeinbaukanal, 210x60** Geräteeinbaukanal; PVC-U, weiß; Breite 210mm, Höhe 60mm; Beton/Mauerwerk/Installationswand; inkl. Verbindungsstücke, Formstücke, Befestigungsmaterial						
	m	**€ brutto**	**53**	**66**	**67**	**74**	**84**
	KG 444	€ netto	44	56	56	62	71
42	**Sockelleistenkanal, 70x20** Sockelleistenkanal; PVC-U, weiß; Breite 70mm, Höhe 20mm; Beton/Mauerwerk/Installationswand; inkl. Verbindungsstücke, Formstücke, Befestigungsmaterial						
	m	**€ brutto**	**9,6**	**20,9**	**23,6**	**28,3**	**37,7**
	KG 444	€ netto	8,0	17,6	19,8	23,8	31,7
43	**Potentialausgleichsschiene, Stahl, verzinkt** Potenzialausgleichsschiene; Stahl verzinkt						
	St	**€ brutto**	**25**	**50**	**58**	**92**	**155**
	KG 446	€ netto	21	42	49	77	131
44	**Tastschalter, Aus-/Wechselschalter, einpolig, uP** Ausschalter; 250V, 10A; Unterputzmontage; inkl. Steck- und Verbindungsklemmen						
	St	**€ brutto**	**26**	**36**	**36**	**41**	**49**
	KG 444	€ netto	22	30	31	34	41
45	**Tastschalter, Aus-/Wechselschalter, zweipolig, uP** Wechselschalter; 250V, 10A; Unterputz; inkl. Steck- und Verbindungsklemmen						
	St	**€ brutto**	**20**	**26**	**29**	**32**	**39**
	KG 444	€ netto	17	22	24	27	32
46	**Tastschalter, Serienschalter, uP** Serienschalter, Gerätedose; einpolig, weiß; 10A, 250V; inkl. Wippe mit Symbol, Kontrolllampe						
	St	**€ brutto**	**25**	**35**	**39**	**46**	**67**
	KG 444	€ netto	21	29	33	39	57

LB 053 **Preise €**

Nr.	Kurztext / Stichworte Einheit / Kostengruppe	►	▷	brutto ø netto ø	◁	◄
47	**Tastschalter, Kreuzschalter, uP** Kreuzschalter in Gerätedose; einpolig, weiß; 10A, 250V; inkl. Wippe mit Symbol, Kontrolllampe					
	St € brutto	**25**	**34**	**40**	**44**	**56**
	KG 444 € netto	21	29	33	37	47
48	**Tastschalter, Taster, Kontrolllicht, uP** Taster, Gerätedose; einpolig, weiß; 10A, 250V; inkl. Wippe mit Symbol, Kontrolllampe					
	St € brutto	**20**	**37**	**48**	**85**	**123**
	KG 444 € netto	16	31	40	72	103
49	**Verbindungs-/Abzweigdose, aP** Abzweigdose mit Deckel; Polystyrol; Durchmesser 70mm; geschraubt					
	St € brutto	**21**	**31**	**35**	**35**	**65**
	KG 444 € netto	17	26	29	30	54
50	**Verbindungs-/Abzweigkasten, aP** Abzweigkasten mit Deckel; Polystyrol, grau; Länge 200mm, Breite 250mm, Tiefe 155mm; geschraubt					
	St € brutto	**19**	**26**	**30**	**36**	**48**
	KG 444 € netto	16	22	25	30	40
51	**Heizungs-Not-Ausschalter, aP** Not-Ausschalter, Heizung; grau; zweipolig, 16A, 250V, IP44; auf Putz; inkl. Kontrollleuchte					
	St € brutto	**36**	**44**	**48**	**53**	**65**
	KG 444 € netto	30	37	40	45	54
52	**Installationsschalter, Taster, aP** Installationsschalter, Taster					
	St € brutto	**30**	**33**	**36**	**38**	**42**
	KG 444 € netto	25	28	30	32	35
53	**Installationsschalter, Aus-/Wechselschalter, aP** Installationsschalter, Aus-/Wechselschalter; grau; einpolig, 10A, 250V AC, IP 44; auf Putz; inkl. Wippe mit Symbol, Beschriftungsfeld, Kontrolllampe					
	St € brutto	**25**	**32**	**34**	**37**	**47**
	KG 444 € netto	21	27	29	31	39
54	**Gerätedose, Brandschutz, uP** Gerätedose, Brandschutzanforderungen; Kunststoff, halogenfrei, schwarz; Durchmesser 60mm, Tiefe 60mm; unter Putz; Mauerwerk					
	St € brutto	**26**	**31**	**33**	**35**	**39**
	KG 444 € netto	22	26	28	30	33

Kosten: Stand 3.Quartal 2024, Bundesdurchschnitt

LB 053 **Preise €**

Nr.	Kurztext / Stichworte Einheit / Kostengruppe		►	▷	brutto ø netto ø	◁	◄
55	**Gerätedose, uP, luftdicht** Gerätedose; Kunststoff, halogenfrei, schwarz; Durchmesser 60mm, Tiefe 40mm; luftdicht, unter Putz; Mauerwerk						
	St	**€ brutto**	**25**	**30**	**36**	**46**	**47**
	KG 444	€ netto	21	25	30	38	39
56	**Gerätedose, uP** Gerätedose; Kunststoff, halogenfrei, schwarz; Durchmesser 60mm, Tiefe 40mm, IP20; unter Putz; Mauerwerk						
	St	**€ brutto**	**8,0**	**16,5**	**19,4**	**51,1**	**94,8**
	KG 444	€ netto	6,7	13,8	16,3	43,0	79,6
57	**Dreifach-Schutzkontaktsteckdose, 16A, 250V, aP, Deckel** Dreifach-Schutzkontaktsteckdose; reinweiß; 16 A, 250V, IP 44; auf Putz; inkl. Klappdeckel und Beschriftungsfeld						
	St	**€ brutto**	**35**	**41**	**48**	**61**	**65**
	KG 444	€ netto	29	34	41	52	54
58	**Zweifach-Schutzkontaktsteckdose, 16A, 250V, aP, Deckel** Zweifach-Schutzkontaktsteckdose; reinweiß; 16 A, 250V, IP 44; auf Putz; inkl. Klappdeckel und Beschriftungsfeld						
	St	**€ brutto**	**30**	**35**	**42**	**54**	**56**
	KG 444	€ netto	25	30	35	45	47
59	**Schutzkontaktsteckdose, 16A, 250V, aP, Deckel** Schutzkontaktsteckdose; reinweiß; 16 A, 250V, IP 44; inkl. Klappdeckel und Beschriftungsfeld						
	St	**€ brutto**	**25**	**31**	**37**	**47**	**53**
	KG 444	€ netto	21	26	31	40	45
60	**Dreifach-Schutzkontaktsteckdose, 16A, 250V, Wand, aP** Dreifach-Schutzkontaktsteckdose; reinweiß; 16 A, 250V, IP 24; auf Putz; inkl. Beschriftungsfeld, in Gerätedose						
	St	**€ brutto**	**36**	**42**	**45**	**49**	**55**
	KG 444	€ netto	31	36	38	42	47
61	**Zweifach-Schutzkontaktsteckdose, 16A, 250V, Wand, aP** Zweifach-Schutzkontaktsteckdose; reinweiß; 16 A, 250V, IP 24; auf Putz; inkl. Beschriftungsfeld, in Gerätedose						
	St	**€ brutto**	**23**	**38**	**44**	**52**	**67**
	KG 444	€ netto	19	32	37	44	57
62	**Schutzkontaktsteckdose, 16A, 250V, Wandmontage, aP** Schutzkontaktsteckdose; reinweiß; 16 A, 250V, IP 24; auf Putz; inkl. Beschriftungsfeld						
	St	**€ brutto**	**17**	**24**	**27**	**31**	**39**
	KG 444	€ netto	14	20	23	26	33

LB 053 **Preise €**

Nr.	Kurztext / Stichworte Einheit / Kostengruppe		►	▷	brutto ø netto ø	◁	◄
63	**Schutzkontaktsteckdose, 16A, 250V, uP, IP44, Deckel** Schutzkontaktsteckdose; reinweiß; 16 A, 250V, IP 44; Unterputz; inkl. Abdeckrahmen mit Beschriftungsfeld, Klappdeckel						
	St	**€ brutto**	**24**	**32**	**34**	**38**	**46**
	KG 444	€ netto	20	27	29	32	38
64	**Schutzkontaktsteckdose, 16A, 250V, uP, IP24** Schutzkontaktsteckdose; reinweiß; 16 A, 250V, IP 24; Unterputz; inkl. Abdeckrahmen mit Beschriftungsfeld						
	St	**€ brutto**	**17**	**20**	**22**	**24**	**28**
	KG 444	€ netto	14	17	18	20	24
65	**Photovoltaik 2kW$_p$** Photovoltaikanlage, Stromgewinnung; 2kW$_p$, mind. 250W$_p$, Schneelast bis 2kN/m², Windlast bis 2kN/m²; mit konstruktiver Verankerung; Aufdach-/Inndach-/Flachdachlösung; inkl. Befestigungsmittel						
	St	**€ brutto**	**6.177**	**6.200**	**7.381**	**9.374**	**10.854**
	KG 442	€ netto	5.191	5.210	6.202	7.877	9.121
66	**Photovoltaik 10kW$_p$** Photovoltaikanlage, Stromgewinnung; 10kW$_p$, mind. 250W$_p$, Schneelast bis 5kN/m², Windlast bis 2kN/m²; mit konstruktiver Verankerung; Aufdach-/Inndach-/Flachdachlösung; inkl. Befestigungsmittel						
	St	**€ brutto**	**22.328**	**22.924**	**27.290**	**34.658**	**38.454**
	KG 442	€ netto	18.763	19.264	22.933	29.125	32.314
67	**Batteriespeicher bis 10kW$_h$** Batteriespeicher; Strom; bis 10kW$_h$; zur Speicherung von Erzeugtem Strom zur Eigennutzung						
	St	**€ brutto**	**9.744**	**11.398**	**12.342**	**13.426**	**15.326**
	KG 442	€ netto	8.188	9.578	10.372	11.282	12.879
68	**Bewegungsmelder** Bewegungsmelder mit Dämmerungsschalter; Ultraschall/Infrarot/Radar/Optisch; Wand/Decken/Eckenmontage						
	St	**€ brutto**	**141**	**233**	**274**	**325**	**442**
	KG 444	€ netto	119	196	230	273	372
69	**Stundensatz, Monteur/-in Elektro** Stundensatz Monteur/-in Elektro; Verrechnungssatz für die Arbeitskraft inkl. aller Aufwendungen; Nachweis und Anmeldung gem. VOB/B.						
	h	**€ brutto**	**67**	**75**	**78**	**80**	**90**
		€ netto	56	63	66	67	75

LB 053 **Preise €**

Nr.	Kurztext / Stichworte Einheit / Kostengruppe		▶	▷	brutto ø netto ø	◁	◀
70	**Stundensatz, Helfer/-in Elektro** Stundensatz Helfer/-in Elektro; Verrechnungssatz für die Arbeitskraft inkl. aller Aufwendungen; Nachweis und Anmeldung gem. VOB/B.						
	h	**€ brutto**	**51**	**56**	**60**	**62**	**70**
		€ netto	42	47	50	52	59

LB 054 **Preise €**

Nr.	Kurztext / Stichworte Einheit / Kostengruppe		►	▷	brutto ø netto ø	◁	◄
1	**Installationskleinverteiler, uP, 356x348x70mm** Installationskleinverteiler; Kunststoffkasten, Rahmen und Tür Stahlblech, reinweiß; Höhe 356mm, Breite 348mm, Tiefe 70mm, 1 Verteiler, IP30; Unterputz						
	St	**€ brutto**	**96**	**124**	**136**	**150**	**179**
	KG 444	€ netto	81	104	114	126	150
2	**Installationskleinverteiler, uP, 755x348x94,5mm** Installationskleinverteiler; Kunststoffkasten, Rahmen und Tür Stahlblech, reinweiß; Höhe 755mm, Breite 348mm, Tiefe 94,5mm, 4 Verteiler, IP 30						
	St	**€ brutto**	**262**	**365**	**413**	**499**	**689**
	KG 444	€ netto	220	306	347	419	579
3	**Zählerschrank, uP, Multimediafeld** Zählerschrank, Multimediafeld; Kunststoffkasten, Rahmen und Tür Stahlblech, reinweiß; Höhe 1100mm, Breite 1050mm, Tiefe 205mm, 7 Verteiler, IP44; Unterputz						
	St	**€ brutto**	**1.489**	**2.208**	**2.393**	**3.005**	**4.097**
	KG 444	€ netto	1.251	1.855	2.011	2.525	3.443
4	**Fehlerstromschutzschalter, 25A, vierpolig** Fehlerstromschutzschalter, Reiheneinbaugerät; fingersicher; Fehlstrom A, 25A, Schutzschalter 30, Pole 3+N, 6kA; inkl. Aufnahmevorrichtung für Beschriftungsschild						
	St	**€ brutto**	**47**	**67**	**78**	**88**	**106**
	KG 444	€ netto	40	57	66	74	89
5	**Fehlerstromschutzschalter 63A, vierpolig** Fehlerstromschutzschalter, Reiheneinbaugerät; fingersicher; Fehlstrom A, 63A, Schutzschalter 30, Pole 3+N, 6kA; inkl. Aufnahmevorrichtung für Beschriftungsschild						
	St	**€ brutto**	**122**	**142**	**149**	**172**	**213**
	KG 444	€ netto	103	120	125	145	179
6	**Leitungsschutzschalter 6kA, dreipolig B16A** Leitungsschutzschalter, Reiheneinbaugerät; fingersicher; 230/400V AC, 6kA, 3 Pole, Schutzschalter B, 20A; inkl. Aufnahmevorrichtung für Beschriftungsschild						
	St	**€ brutto**	**41**	**56**	**60**	**68**	**87**
	KG 444	€ netto	34	47	51	57	73

LB 054 **Preise €**

Nr.	Kurztext / Stichworte Einheit / Kostengruppe		►	▷	brutto ø netto ø	◁	◄
7	**Leitungsschutzschalter 6kA, dreipolig B20A** Leitungsschutzschalter, Reiheneinbaugerät; fingersicher; 230/400V AC, 6kA, 3 Pole, Schutzschalter B, 20A; inkl. Aufnahmevorrichtung für Beschriftungsschild						
	St	**€ brutto**	**58**	**70**	**75**	**77**	**97**
	KG 444	€ netto	49	59	63	65	81
8	**Leitungsschutzschalter 6kA, dreipolig C16A** Leitungsschutzschalter, Reiheneinbaugerät; fingersicher; 230/400V AC, 6kA, 3 Pole, Schutzschalter B, 20A; inkl. Aufnahmevorrichtung für Beschriftungsschild						
	St	**€ brutto**	**65**	**75**	**78**	**88**	**112**
	KG 444	€ netto	54	63	66	74	94
9	**Leitungsschutzschalter 6kA, einpolig B10A** Leitungsschutzschalter, Reiheneinbaugerät; fingersicher; 230/400V AC, 6kA, 1 Pol, Schutzschalter B, 10A; inkl. Aufnahmevorrichtung für Beschriftungsschild						
	St	**€ brutto**	**19**	**26**	**28**	**31**	**38**
	KG 444	€ netto	16	22	24	26	32
10	**Sicherungssockel, dreipolig** Sicherungssockel; Baugröße D02; 63A, 3 Pole; Neutralleiterklemme; inkl. Abdeckung, auf Tragschiene, Sicherungseinsatz						
	St	**€ brutto**	**48**	**70**	**76**	**94**	**132**
	KG 444	€ netto	41	59	64	79	111
11	**Lasttrennschalter, 63A** Lasttrennschalter, Berührungsschutz; Anschlussquerschnitt 16mm²; 63A, 400V AC						
	St	**€ brutto**	**75**	**118**	**154**	**195**	**254**
	KG 444	€ netto	63	99	130	164	213

LB 058						Preise €
Nr.	Kurztext / Stichworte Einheit / Kostengruppe	►	▷	brutto ø netto ø	◁	◄
1	**Anbauleuchte, LED, Feuchtraum** Wannenleuchte; Polyester, Plexiglas; 1x 36W; Schutzklasse 2; Feuchtraum; inkl. Leuchtmittel					
	St € brutto	**143**	**151**	**168**	**185**	**189**
	KG 445 € netto	121	127	141	155	159
2	**Einbauleuchte, LED, 39W** Einbauleuchte; LED 39W; rechteckig, Schutzklasse 1					
	St € brutto	**153**	**163**	**182**	**200**	**205**
	KG 445 € netto	129	137	153	168	172
3	**Pendelleuchte, LED 47W, bis 598mm** Hängeleuchte, LED; Abdeckung Stahlblech, pulverbeschichtet, Alu-Ramen, eloxiert, Diffusor Kunststoff; Abmessung bis 598mm; LED 47W, Lichtfarbe 830 weiß, IP40, Schutzklasse I					
	St € brutto	**299**	**334**	**358**	**462**	**468**
	KG 445 € netto	251	281	301	388	393
4	**Pendelleuchte, LED 47W, bis 1.198mm** Hängeleuchte, LED; Abdeckung Stahlblech, pulverbeschichtet, Alu-Ramen, eloxiert, Diffusor Kunststoff; Abmessung bis 1.198mm; LED 47W, Lichtfarbe 830 weiß, IP40, Schutzklasse I; inkl. Befestigungsmaterial					
	St € brutto	**363**	**377**	**447**	**488**	**495**
	KG 445 € netto	305	317	376	410	416
5	**Einbaudownlight, LED, 9W** Einbaudownlight; Aluring, Metallreflektor; LED 9W; inkl. Leuchtmittel					
	St € brutto	**61**	**66**	**73**	**81**	**84**
	KG 445 € netto	51	55	62	68	71
6	**Einbaudownlight, LED, 17,8W** Einbaudownlight; Aluring, Metallreflektor; LED 17,8W; inkl. Leuchtmittel					
	St € brutto	**66**	**73**	**83**	**89**	**92**
	KG 445 € netto	55	61	70	75	77

LB 061						Preise €
Nr.	Kurztext / Stichworte Einheit / Kostengruppe	►	▷	brutto ø netto ø	◁	◄
1	**Installationsleitung, symmetrisch J-Y(St)Y 2x2x0,8mm, BS** Installationsleitung; Leitungstyp J-Y(St)Y; Ader-/Leiterzahl 2x2x0,8mm; Verlegung mit Metallbügel/Bügelschelle					
	m € brutto	**–**	**5,9**	**6,4**	**6,6**	**–**
	KG 444 € netto	–	4,9	5,3	5,6	–
2	**Installationsleitung, symmetrisch J-Y(St)Y 4x2x0,8mm, BS** Installationsleitung; Leitungstyp J-Y(St)Y; Ader-/Leiterzahl 4x2x0,8mm; Verlegung mit Metallbügel/Bügelschelle					
	m € brutto	**–**	**6,2**	**6,9**	**6,9**	**–**
	KG 444 € netto	–	5,2	5,8	5,8	–
3	**Installationsleitung, symmetrisch J-Y(St)Y 10x2x0,8mm, BS** Installationsleitung; Leitungstyp J-Y(St)Y; Ader-/Leiterzahl 10x2x0,8mm; Verlegung mit Metallbügel/Bügelschelle					
	m € brutto	**–**	**9,4**	**10,1**	**10,4**	**–**
	KG 444 € netto	–	7,9	8,5	8,8	–
4	**Installationsleitung, symmetrisch J-Y(St)Y 20x2x0,8mm, BS** Installationsleitung; Leitungstyp J-Y(St)Y; Ader-/Leiterzahl 20x2x0,8mm; Verlegung mit Metallbügel/Bügelschelle					
	m € brutto	**–**	**12**	**14**	**15**	**–**
	KG 444 € netto	–	10	12	12	–
5	**Installationsleitung, symmetrisch J-Y(St)Y 2x2x0,8mm, KR/K/R/MW** Installationsleitung; Leitungstyp J-Y(St)Y; Ader-/Leiterzahl 2x2x0,8mm; Verlegung in Kabelrinne/Kanal/Rohr/Montagewand					
	m € brutto	**–**	**4,4**	**5,2**	**6,6**	**–**
	KG 444 € netto	–	3,7	4,4	5,6	–
6	**Installationsleitung, symmetrisch J-Y(St)Y 4x2x0,8mm, KR/K/R/MW** Installationsleitung; Leitungstyp J-Y(St)Y; Ader-/Leiterzahl 4x2x0,8mm; Verlegung in Kabelrinne/Kanal/Rohr/Montagewand					
	m € brutto	**–**	**6,4**	**7,6**	**9,6**	**–**
	KG 444 € netto	–	5,3	6,4	8,1	–
7	**Installationsleitung, symmetrisch J-Y(St)Y 10x2x0,8mm, KR/K/R/MW** Installationsleitung; Leitungstyp J-Y(St)Y; Ader-/Leiterzahl 10x2x0,8mm; Verlegung in Kabelrinne/Kanal/Rohr/Montagewand					
	m € brutto	**–**	**6,4**	**7,6**	**9,6**	**–**
	KG 444 € netto	–	5,3	6,4	8,1	–

Kosten: Stand 3.Quartal 2024, Bundesdurchschnitt

LB 061 **Preise €**

Nr.	Kurztext / Stichworte				brutto ø		
	Einheit / Kostengruppe		▶	▷	netto ø	◁	◀
8	**Installationsleitung, symmetrisch J-Y(St)Y 20x2x0,8mm, KR/K/R/MW** Installationsleitung; Leitungstyp J-Y(St)Y; Ader-/Leiterzahl 20x2x0,8mm; Verlegung in Kabelrinne/Kanal/Rohr/Montagewand						
	m	**€ brutto**	**–**	**6,4**	**7,6**	**9,6**	**–**
	KG 444	€ netto	–	5,3	6,4	8,1	–
9	**Installationsleitung, symmetrisch J-Y(St)Y 2x2x0,8mm, AD** Installationsleitung; Leitungstyp J-Y(St)Y; Ader-/Leiterzahl 2x2x0,8mm; Verlegung oberhalb Unterdecke						
	m	**€ brutto**	**–**	**4,9**	**5,9**	**7,5**	**–**
	KG 444	€ netto	–	4,2	5,0	6,3	–
10	**Installationsleitung, symmetrisch J-Y(St)Y 4x2x0,8mm, AD** Installationsleitung; Leitungstyp J-Y(St)Y; Ader-/Leiterzahl 4x2x0,8mm; Verlegung oberhalb Unterdecke						
	m	**€ brutto**	**–**	**6,4**	**7,6**	**9,6**	**–**
	KG 444	€ netto	–	5,3	6,4	8,1	–
11	**Installationsleitung, symmetrisch J-Y(St)Y 10x2x0,8mm, AD** Installationsleitung; Leitungstyp J-Y(St)Y; Ader-/Leiterzahl 10x2x0,8mm; Verlegung oberhalb Unterdecke						
	m	**€ brutto**	**–**	**7,4**	**8,8**	**11,2**	**–**
	KG 444	€ netto	–	6,2	7,4	9,4	–
12	**Installationsleitung, symmetrisch J-Y(St)Y 20x2x0,8mm, AD** Installationsleitung; Leitungstyp J-Y(St)Y; Ader-/Leiterzahl 20x2x0,8mm; Verlegung oberhalb Unterdecke						
	m	**€ brutto**	**–**	**10**	**12**	**16**	**–**
	KG 444	€ netto	–	8,8	10,4	13,2	–
13	**Installationsleitung, symmetrisch J-Y(St)Y 2x2x0,8mm, uP** Installationsleitung; Leitungstyp J-Y(St)Y; Ader-/Leiterzahl 2x2x0,8mm; Verlegung unter Putz						
	m	**€ brutto**	**–**	**4,5**	**5,3**	**6,8**	**–**
	KG 444	€ netto	–	3,8	4,5	5,7	–
14	**Installationsleitung, symmetrisch J-Y(St)Y 4x2x0,8mm, uP** Installationsleitung; Leitungstyp J-Y(St)Y; Ader-/Leiterzahl 4x2x0,8mm; Verlegung unter Putz						
	m	**€ brutto**	**–**	**5,4**	**6,5**	**8,2**	**–**
	KG 444	€ netto	–	4,6	5,4	6,9	–
15	**Installationsleitung, symmetrisch J-Y(St)Y 10x2x0,8mm, uP** Installationsleitung; Leitungstyp J-Y(St)Y; Ader-/Leiterzahl 10x2x0,8mm; Verlegung unter Putz						
	m	**€ brutto**	**–**	**6,8**	**8,1**	**10,3**	**–**
	KG 444	€ netto	–	5,7	6,8	8,7	–

LB 061							Preise €
Nr.	Kurztext / Stichworte Einheit / Kostengruppe		►	▷	brutto ø netto ø	◁	◄
16	**Installationsleitung, symmetrisch J-Y(St)Y 20x2x0,8mm, uP** Installationsleitung; Leitungstyp J-Y(St)Y; Ader-/Leiterzahl 20x2x0,8mm; Verlegung unter Putz						
	m	**€ brutto**	**–**	**10**	**12**	**15**	**–**
	KG 444	€ netto	–	8,5	10,2	12,9	–

LB 063 Preise €

Nr.	Kurztext / Stichworte Einheit / Kostengruppe		►	▷	brutto ø netto ø	◁	◄
1	**Brandmeldezentrale, bis 4 Ringe/Linien** Brandmeldezentrale; bis 4 Ringe/Linien; mit Grenzwert-Linien oder Ringbustechnik						
	St	**€ brutto**	**3.143**	**3.492**	**3.880**	**4.268**	**4.695**
	KG 456	€ netto	2.641	2.935	3.261	3.587	3.946
2	**Brandmeldezentrale, ab 5 Ringe/Linien** Brandmeldezentrale; ab 5 Ringe/Linien; mit Grenzwert-Linien oder Ringbustechnik						
	St	**€ brutto**	**7.999**	**11.529**	**12.150**	**12.770**	**13.453**
	KG 456	€ netto	6.722	9.688	10.210	10.731	11.305
3	**Feuerwehr-Schlüsseldepot** Feuerwehr-Schlüsseldepot; Gehäuse, Stahl; Meldeanlagenbauteilklasse FSD1/FSD2/FSD3; UP/in WDVS/in Montagesäule						
	St	**€ brutto**	**2.711**	**2.847**	**2.932**	**3.157**	**3.316**
	KG 456	€ netto	2.278	2.392	2.464	2.653	2.787
4	**Notruf, für barrierefreies WC** Notruf für barrierefreies WC; als Kompakt-Set						
	St	**€ brutto**	**803**	**893**	**992**	**1.091**	**1.200**
	KG 452	€ netto	675	750	833	917	1.008
5	**Rauchmelder, optisch** Rauchmelder, optisch; Energieversorgung aus Zentrale über Busleitung/aus Zentrale über separate Stichleitung/Batterie; bis 4m/über 4m/über 6m						
	St	**€ brutto**	**208**	**231**	**257**	**282**	**312**
	KG 456	€ netto	175	194	216	237	262
6	**Rauchmelder, Ionisation** Rauchmelder, Ionisation; mit interner Batterie/mit externer Energieversorgung; bis 4m/über 4m/über 6m						
	St	**€ brutto**	**337**	**375**	**416**	**457**	**504**
	KG 456	€ netto	283	315	350	384	423
7	**Rauchwarnmelder, optisch** Rauchwarnmelder, optisch; mit interner Batterie/mit externer Energieversorgung; bis 4m/über 4m/über 6m						
	St	**€ brutto**	**59**	**66**	**74**	**81**	**89**
	KG 456	€ netto	50	56	62	68	75
8	**Rauchwarnmelder, Funkvernetzte** Rauchwarnmelder, Funkvernetzte; mit interner Batterie/mit externer Energieversorgung; bis 4m/über 4m/über 6m						
	St	**€ brutto**	**148**	**164**	**182**	**201**	**221**
	KG 456	€ netto	124	138	153	168	185

Kosten: Stand 3.Quartal 2024, Bundesdurchschnitt

LB 063 **Preise €**

Nr.	Kurztext / Stichworte				brutto ø		
	Einheit / Kostengruppe		►	▷	netto ø	◁	◄
9	**Wärme-Differenzialmelder** Wärme-Differenzialmelder; Gehäuse aus Kunststoff/Metall; Temperaturerfassung mit Halbleitern; bis 4m/über 4m/über 6m						
	St	**€ brutto**	**126**	**140**	**155**	**171**	**188**
	KG 456	€ netto	106	117	130	143	158
10	**Kombinierter Rauch-/Wärmemelder** Kombinierter Rauch-/Wärmemelder; als Optischen Rauchmelder und Thermodifferenzialmelder						
	St	**€ brutto**	**246**	**273**	**304**	**334**	**368**
	KG 456	€ netto	207	230	255	281	309
11	**Handfeuermelder, Aufputz** Handfeuermelder; Gehäuse aus Isolierstoff/Druckguss; für Innenräume oder im freien; in Aufputzausführung						
	St	**€ brutto**	**110**	**114**	**141**	**155**	**170**
	KG 456	€ netto	92	96	118	130	143
12	**Signalgeber, akustisch** Signalgeber akustisch; Gehäuse aus Kunststoff/Stahl/Leichtmetall; als elektronischer Schallgeber; für Decken/Wandmontage; bis/ab 3,5m						
	St	**€ brutto**	**182**	**202**	**224**	**246**	**271**
	KG 456	€ netto	153	169	188	207	228
13	**Signalgeber, akustisch/optisch** Signalgeber akustisch/optisch; Gehäuse aus Kunststoff/Stahl/Leichtmetall; als elektronischer Schallgeber und Blitzleuchte; für Decken/Wandmontage; bis/ab 3,5m						
	St	**€ brutto**	**224**	**248**	**276**	**304**	**334**
	KG 456	€ netto	188	209	232	255	281
14	**Signalgeber, optisch** Signalgeber, optisch; Gehäuse aus Kunststoff/Stahl/Leichtmetall; mit Blitzleuchte; für Decken/Wandmontage; bis/ab 3,5m						
	St	**€ brutto**	**199**	**221**	**245**	**270**	**297**
	KG 456	€ netto	167	186	206	227	250
15	**Anzeige-Tableau** Anzeige-Tableau; Aufputzmontage						
	St	**€ brutto**	**796**	**884**	**982**	**1.080**	**1.188**
	KG 456	€ netto	669	743	825	908	999
16	**Feuerwehr-Bedienfeld** Feuerwehr-Bedienfeld; einschließlich Schließzylinder; Einbau: Aufputz/Unterputz						
	St	**€ brutto**	**583**	**647**	**719**	**791**	**870**
	KG 456	€ netto	490	544	604	665	731

LB 063						Preise €
Nr.	**Kurztext** / Stichworte **Einheit** / Kostengruppe	►	▷	**brutto ø** netto ø	◁	◄
17	**Überfallmelder, Handtaster, Aufputz** Überfallmelder; Gehäuse aus Kunststoff; als Handtaster in Aufputzausführung; Anschluss: in Linientechnik/in Bustechnik/direkt an Zentrale					
	St **€ brutto**	**95**	**106**	**117**	**129**	**142**
	KG 456 € netto	80	89	98	108	119
18	**Rauchauslöseeinrichtung, Aufputz** Rauchauslöseeinrichtung; Montage an Wand; in Aufputzausführung					
	St **€ brutto**	**1.262**	**1.337**	**1.411**	**1.782**	**2.376**
	KG 456 € netto	1.061	1.123	1.186	1.498	1.997

LB 069 **Preise €**

Nr.	Kurztext / Stichworte Einheit / Kostengruppe		►	▷	brutto ø netto ø	◁	◄
1	**Personenaufzug/Lastenaufzug bis 320kg** Personenaufzug/Lastenaufzug; bis 320kg, Größe 4 Personen; betriebsfertig montieren; Auf-/Abwärts-Sammelsteuerung						
	St	**€ brutto**	**45.492**	**55.826**	**58.221**	**63.672**	**72.218**
	KG 461	€ netto	38.228	46.913	48.925	53.506	60.687
2	**Personenaufzug/Lastenaufzug bis 630kg, barrierefrei, Typ 2** Personenaufzug/Lastenaufzug, barrierefrei; 630kg, Türbreite mind. 90cm, Fahrkorbbreite mind. 110cm, Tiefe mind. 210cm, 8 Personen; betriebsfertig montieren; Auf-/Abwärts-Sammelsteuerung						
	St	**€ brutto**	**58.002**	**67.697**	**71.570**	**77.508**	**88.417**
	KG 461	€ netto	48.741	56.888	60.142	65.132	74.300
3	**Personenaufzug/Lastenaufzug bis 1.275kg, barrierefrei, Typ 3** Personenaufzug/Lastenaufzug, Krankentragegerecht; 1.275kg, 13 Personen; betriebsfertig montieren; Auf-/Abwärts-Sammelsteuerung						
	St	**€ brutto**	**72.567**	**98.617**	**113.108**	**127.738**	**155.199**
	KG 461	€ netto	60.981	82.872	95.049	107.343	130.419
4	**Personenaufzug/Lastenaufzug über 1.000 bis 1.600kg** Personenaufzug/Lastenaufzug; über 1.000 bis 1.600kg; betriebsfertig montieren; Auf-/Abwärts-Sammelsteuerung						
	St	**€ brutto**	**113.505**	**127.595**	**137.221**	**140.382**	**162.951**
	KG 461	€ netto	95.382	107.223	115.312	117.968	136.934
5	**Bettenaufzug, 2.500kg** Bettenaufzug; Nennlast 2.500kg; Schachtbreite 2.775mm, Schachttiefe 3.250mm; inkl. Geräte für med. Versorgung, Notfallbehandlung						
	St	**€ brutto**	**104.779**	**128.910**	**142.994**	**144.835**	**180.600**
	KG 461	€ netto	88.049	108.327	120.163	121.710	151.764
6	**Sitzlift, Treppe innen, gerade** Sitzlift, Treppe, gerade; Fahrschiene Stahlrohr; Tragfähigkeit 125kg; Zahnstangenantrieb, Fernbedienung, Joystick auf Lehne; Innenbereich						
	St	**€ brutto**	**5.739**	**6.163**	**11.556**	**15.793**	**16.486**
	KG 461	€ netto	4.823	5.179	9.711	13.271	13.854
7	**Sitzlift, Treppe innen, gewendelt** Sitzlift, Treppe, gewendelt; Fahrschiene Stahlrohr; Tragfähigkeit 125kg; Zahnstangenantrieb, Fernbedienung, Joystick auf Lehne; Innenbereich						
	St	**€ brutto**	**11.323**	**13.097**	**19.260**	**28.504**	**29.300**
	KG 461	€ netto	9.515	11.006	16.185	23.953	24.622

LB 069							Preise €
Nr.	**Kurztext** / Stichworte				**brutto ø**		
	Einheit / Kostengruppe		►	▷	netto ø	◁	◄
8	**Plattformlift, Treppe innen, gerade**						
	Plattformlift, Treppe, gerade; Fahrschiene Stahlrohrpaar; Größe mind. 860x650mm, Tragfähigkeit 250kg; mit Fahrschiene und Antriebsseil; Innenbereich; Schlüsselaktivierung ja/nein						
	St	**€ brutto**	**14.426**	**15.408**	**19.260**	**27.927**	**29.475**
	KG 461	€ netto	12.122	12.948	16.185	23.468	24.769
9	**Plattformlift, Treppe innen, gewendelt**						
	Plattformlift, Treppe, gewendelt; Fahrschiene Stahlrohrpaar; Größe mind. 860x650mm, Tragfähigkeit 250kg; mit Fahrschiene und Antriebsseil; Innenbereich; Schlüsselaktivierung ja/nein						
	St	**€ brutto**	**21.810**	**23.112**	**31.779**	**36.593**	**38.217**
	KG 461	€ netto	18.327	19.422	26.705	30.751	32.115
10	**Plattformlift, Treppe außen, gerade**						
	Fahrschiene Stahlrohrpaar, gerade; Fahrschiene Stahlrohrpaar; Größe mind. 860x650mm, Tragfähigkeit 250kg; mit Fahrschiene und Antriebsseil; Außenbereich; Schlüsselaktivierung ja/nein						
	St	**€ brutto**	**20.779**	**21.186**	**26.001**	**29.044**	**30.789**
	KG 461	€ netto	17.462	17.803	21.849	24.406	25.873
11	**Plattformaufzug, bis 2 Etagen, barrierefrei, verglast, außen**						
	Plattformaufzug; Stahlprofile mit Verglasung; Förderhöhe bis 15m, Tragfähigkeit 400kg; 2 Haltestellen; Außenbereich; mit Klappsitz						
	St	**€ brutto**	**40.234**	**40.445**	**56.816**	**69.335**	**72.139**
	KG 461	€ netto	33.810	33.988	47.745	58.265	60.621
12	**Plattformaufzug, bis 5 Etagen, barrierefrei, verglast, außen**						
	Plattformaufzug; Stahlprofile mit Verglasung; Förderhöhe bis 15m, Tragfähigkeit 400kg; 2 Haltestellen; Außenbereich; mit Klappsitz						
	St	**€ brutto**	**101.749**	**103.039**	**112.669**	**121.336**	**123.927**
	KG 461	€ netto	85.503	86.588	94.680	101.963	104.140
13	**Schachtgerüst, Aufzug**						
	Aufzugschachtgerüst; als geschweißte Stahlkonstruktion; Aufnahme einer Aufzugsanlage mit Haltestellen und Zugängen						
	m²	**€ brutto**	**269**	**422**	**502**	**573**	**722**
	KG 461	€ netto	226	355	422	481	607
14	**Hublift, Förderplattform, 1,5m**						
	Hublift; Stahlblech; Förderhöhe bis 1,5m, Tragfähigkeit 340kg, Nutzgröße 1.100x1.400mm; Förderplattform und Fördermast inkl. Sicherheitstüren, Stürzabsicherung, Wippschalter; Hochparterre/versetzte Geschossebene, innen/außen; Schlüsselaktivierung ja/nein						
	St	**€ brutto**	**13.925**	**15.023**	**17.334**	**26.001**	**26.675**
	KG 461	€ netto	11.701	12.624	14.566	21.849	22.416

LB 069 **Preise €**

Nr.	Kurztext / Stichworte		brutto ø				
	Einheit / Kostengruppe	►	▷	netto ø	◁	◄	

15 Hublift, Förderplattform, 3,0m

Hublift; Stahlblech; Förderhöhe bis 3,0m, Tragfähigkeit 340kg, Nutzgröße 1.100x1.400mm; Förderplattform und Fördermast inkl. Sicherheitstüren, Stürzabsicherung, Wippschalter; innen/außen; Schlüsselaktivierung ja/nein

St	**€ brutto**	**22.842**	**23.497**	**28.890**	**31.779**	**32.559**
KG 461	€ netto	19.195	19.745	24.277	26.705	27.360

16 Kleingüteraufzug mit Traggerüst

Kleingüteraufzug, Lastenaufzug; Nennlast: 50-100/über 100-300kg; betriebsfertig montieren; Hol- und Sendesteuerung

St	**€ brutto**	**12.188**	**14.908**	**16.825**	**17.621**	**20.571**
KG 461	€ netto	10.242	12.528	14.139	14.807	17.286

17 Verglasung Aufzugsanlage

Verglasung Aufzug; VSG aus 2x8mm TVG mit PVB-Folie 0,76mm

m^2	**€ brutto**	**170**	**279**	**322**	**393**	**494**
KG 461	€ netto	142	234	271	330	415

18 Schachttür, Aufzugsanlage

Schachttür, Aufzugsanlage; Türblätter: Stahl, grundiert, Türschwelle: Stahl, nicht rostend, matt; BxH 0,90x2,10m; Türrahmen als Eckprofil dreiseitig umlaufend; vorgerichtet für Anschluss der Laibungsbekleidungen

St	**€ brutto**	**1.653**	**1.836**	**2.277**	**2.546**	**2.748**
KG 461	€ netto	1.389	1.543	1.913	2.140	2.309

19 Türlaibung, Aufzugsanlage

Türlaibung, Aufzugsanlage; Stahl; Türöffnung BxH 0,90x2,10m

St	**€ brutto**	**1.832**	**1.978**	**2.055**	**2.104**	**2.249**
KG 461	€ netto	1.539	1.662	1.727	1.768	1.890

20 Fahrkorb-Tableau, Aufzugsanlage

Fahrkorb-Tableau, Aufzugsanlage; mit Schlüsselschalter, einschl. Profilhalbzylinder und 3 Schlüsseln; mit Tasten für die Funktionen Fahrbefehl, Tür-Auf, Tür-Zu, Notruf

St	**€ brutto**	**1.036**	**1.308**	**1.473**	**1.536**	**1.755**
KG 461	€ netto	870	1.099	1.238	1.290	1.475

21 Prüfung vor Inbetriebnahme, Aufzugsanlage

Prüfung der Aufzugsanlage vor erstmaliger Inbetriebnahme; durch zugelassene Überwachungsstelle, Ausführung gem. §15 Betriebssicherheitsverordnung

psch	**€ brutto**	**1.240**	**1.469**	**1.606**	**1.697**	**1.868**
KG 461	€ netto	1.042	1.235	1.350	1.426	1.570

LB 069							Preise €
Nr.	**Kurztext** / Stichworte **Einheit** / Kostengruppe		▶	▷	**brutto ø** netto ø	◁	◀
22	**Inbetriebnahme und Endabnahme Aufzugsanlage** Inbetriebnahme und Endabnahme Aufzugsanlage; Übergabe der Konformitätserklärung mit allen erforderlichen Dokumentationen; sämtliche Unterlagen, Bescheinigungen und Dokumentationen jeweils zweifach, geheftet in Ordnern						
	psch	**€ brutto**	**1.485**	**2.702**	**2.778**	**4.300**	**6.142**
	KG 461	€ netto	1.248	2.271	2.335	3.614	5.161
23	**Wartung Personenaufzug** Vollwartung, Personenaufzug; inkl. aller Verbrauchs- und Bedarfsstoffe						
	St	**€ brutto**	**1.462**	**2.770**	**3.270**	**3.928**	**5.710**
	KG 461	€ netto	1.229	2.327	2.748	3.301	4.798
24	**Brandfallsteuerung** Brandfallsteuerung; ausgelöst durch vorhandene Brandmeldeanlage; die optischen Türsicherungs- und Überwachungssysteme werden überbrückt; Mit dem Löschen des Signales "Brandfall" geht der Aufzug wieder in den Normalbetrieb über						
	St	**€ brutto**	**490**	**569**	**604**	**653**	**753**
	KG 461	€ netto	412	478	508	548	633
25	**Fern-/Notrufeinrichtung, Aufzugsanlage** Fern-/Notrufeinrichtung, Aufzugsanlage; als Schnittstelle zwischen Notrufsystem und GSM-Mobilfunknetz; Mobilfunk-Netz als Alternative zum analogen Festnetzanschluss; Entfernung zwischen Mobilfunk Modul und Notrufsystem: bis zu 500m; Aufschaltbar: auf Notrufleitstellen und Standardtelefone						
	St	**€ brutto**	**799**	**988**	**1.174**	**1.319**	**1.508**
	KG 461	€ netto	671	830	987	1.109	1.267
26	**Schutzauskleidung Aufzugskabine** Aufzugskabine auskleiden; OSB, Hinterlegung mit Luftpolsterfolie; Platten, d=18mm; verkleben mit Kunststoffband						
	St	**€ brutto**	**4.871**	**5.313**	**5.583**	**5.694**	**6.004**
	KG 461	€ netto	4.093	4.464	4.691	4.785	5.046
27	**Stundensatz, Monteur/-in Aufzüge** Stundensatz Monteur/-in Aufzüge; Verrechnungssatz für die Arbeitskraft inkl. aller Aufwendungen; Nachweis und Anmeldung gem. VOB/B.						
	h	**€ brutto**	**86**	**108**	**113**	**137**	**176**
		€ netto	72	91	95	115	148
28	**Stundensatz, Helfer/-in Aufzüge** Stundensatz Helfer/-in Aufzüge; Verrechnungssatz für die Arbeitskraft inkl. aller Aufwendungen; Nachweis und Anmeldung gem. VOB/B.						
	h	**€ brutto**	**54**	**71**	**76**	**82**	**95**
		€ netto	45	60	64	69	80

075
Raumlufttechnische Anlagen

LB 075						Preise €

Nr.	Kurztext / Stichworte Einheit / Kostengruppe		►	▷	brutto ø netto ø	◁	◄
1	**Dezentrales Fassaden-Lüftungsgerät bis 45 m³/h** Dezentrales Fassaden-Lüftungsgerät zur Be- und Entlüftung mit Wärmerückgewinnung als Geräteeinheit; bis 45 m³/h; für Wohnungen oder Einzelräumen						
	St	**€ brutto**	**531**	**969**	**1.013**	**1.447**	**1.885**
	KG 431	€ netto	446	814	851	1.216	1.584
2	**Brandschutz Absperrvorrichtung, K90, DN100** Brandschutz-Deckenschott; K90; DN100; verfüllen mit MGIII; Decke						
	St	**€ brutto**	**232**	**282**	**299**	**331**	**397**
	KG 431	€ netto	195	237	251	278	334
3	**Be- und Entlüftungsgerät, bis 5.000m³/h** Be- und Entlüftungsgerät; mit Anlagenbestandteilen; bis 5.000m³/h; mit Heizregister, Kühlregister, Luftbefeuchter, Wärmerückgewinner						
	St	**€ brutto**	**6.160**	**9.965**	**11.713**	**14.182**	**24.042**
	KG 431	€ netto	5.176	8.374	9.843	11.917	20.203
4	**Be- und Entlüftungsgerät, bis 12.000m³/h** Be- und Entlüftungsgerät; mit Anlagenbestandteilen; bis 12.000m³/h; mit Heizregister, Kühlregister, Luftbefeuchter, Wärmerückgewinner						
	St	**€ brutto**	**17.168**	**20.412**	**23.802**	**27.193**	**28.783**
	KG 431	€ netto	14.427	17.153	20.001	22.851	24.187
5	**Abluftrohrventilator, Einbaugerät** Abluftgerät als Radialrohrventilator/Axialrohrventilator; Kunststoff, B2; DN75/80, bis 10.000m³/h; Unterputz; Nassraum, Wand und Decke						
	St	**€ brutto**	**2.112**	**2.791**	**3.598**	**3.915**	**4.700**
	KG 431	€ netto	1.775	2.345	3.023	3.290	3.949
6	**Kanalventilator** Kanalventilator für Kanalanschluss; aus verzinktem Stahlblech mit schallabsorbierender Innenauskleidung; Motor und Laufrad herausnehmbar; mit systemgebundenem Zubehör sowie Verbindungs- und Befestigungsmaterial						
	St	**€ brutto**	**1.943**	**2.964**	**3.446**	**4.065**	**5.545**
	KG 431	€ netto	1.633	2.491	2.895	3.416	4.660
7	**Kulissenschalldämpfer, rechteckig, Stahlblech, verzinkt** Kulissenschalldämpfer; Stahl, verzinkt, Mineralwolle, Glasvlies, A2						
	St	**€ brutto**	**490**	**797**	**950**	**1.052**	**1.227**
	KG 431	€ netto	412	670	798	884	1.031
8	**Kulissenschalldämpfer, rund, Stahlblech, verzinkt** Kulissenschalldämpfer; Stahl, verzinkt, Mineralwolle; Dicke 1,0-1,5mm						
	St	**€ brutto**	**246**	**322**	**344**	**389**	**458**
	KG 431	€ netto	206	271	289	326	385

Kosten: Stand 3.Quartal 2024, Bundesdurchschnitt

LB 075 **Preise €**

Nr.	Kurztext / Stichworte Einheit / Kostengruppe		▶	▷	brutto ø netto ø	◁	◀
9	**Schalldämpfer, flach, runder Anschluss** Flachschalldämpfer; Aluminium, mineralfaserfrei, A2; DN100, l=500mm, bxh=195x120mm						
	St	**€ brutto**	**149**	**180**	**205**	**211**	**234**
	KG 431	€ netto	125	151	172	177	197
10	**Wetterschutzgitter, Außenluft-/Fortluft** Außenluft-/Fortluftgitter; Aluminium; Dicke 2mm; in Maueröffnung/Fassadenbekleidung						
	St	**€ brutto**	**185**	**314**	**350**	**475**	**692**
	KG 431	€ netto	155	264	294	399	582
11	**Luftleitung, rechteckig, Stahlblech verzinkt** Lüftungskanal; Stahl, verzinkt; Kantenlänge bis 500/1.000/2.000mm						
	m²	**€ brutto**	**56**	**72**	**78**	**84**	**105**
	KG 431	€ netto	47	61	65	70	89
12	**Luftleitung, rechteckig, Kunststoff** Lüftungskanal; Kunststoff						
	m²	**€ brutto**	**149**	**197**	**257**	**299**	**341**
	KG 431	€ netto	125	165	216	251	287
13	**Luftleitung, feuerbeständig L30/L90** Lüftungskanal L30/L90; Brandschutzplatte d=45mm; zweischalig						
	m²	**€ brutto**	**79**	**186**	**252**	**261**	**377**
	KG 431	€ netto	67	156	212	219	317
14	**Formstücke, verzinkt, Luftleitung** Formstück, Übergangsstück; Stahl, verzinkt; rechteckig auf rund und oval						
	m²	**€ brutto**	**75**	**112**	**117**	**142**	**175**
	KG 431	€ netto	63	94	98	119	147
15	**Formteile, Kunststoff, Lüftungskanäle** Formstück, Übergangsstück; Kunststoff; rechteckig auf rund und oval						
	m²	**€ brutto**	**265**	**277**	**329**	**378**	**395**
	KG 431	€ netto	223	233	276	318	332
16	**Luftleitung, Wickelfalz, verzinkt, DN100** Wickelfalzrohr; aus Stahl, verzinkt; DN100						
	m	**€ brutto**	**23**	**26**	**27**	**28**	**30**
	KG 431	€ netto	20	22	23	24	26
17	**Luftleitung, Wickelfalz, verzinkt, DN125** Wickelfalzrohr; aus Stahl, verzinkt; DN125						
	m	**€ brutto**	**24**	**30**	**33**	**45**	**60**
	KG 431	€ netto	20	25	28	38	51

LB 075							Preise €
Nr.	**Kurztext** / Stichworte				**brutto ø**		
	Einheit / Kostengruppe		►	▷	netto ø	◁	◄
18	**Luftleitung, Wickelfalz, verzinkt, DN160**						
	Wickelfalzrohr; aus Stahl, verzinkt; DN160						
	m	**€ brutto**	**27**	**34**	**36**	**45**	**61**
	KG 431	€ netto	23	29	30	38	51
19	**Luftleitung, Wickelfalz, verzinkt, DN180**						
	Wickelfalzrohr; aus Stahl, verzinkt; DN180						
	m	**€ brutto**	**32**	**37**	**42**	**53**	**54**
	KG 431	€ netto	27	31	35	44	46
20	**Luftleitung, Wickelfalz, verzinkt, DN250**						
	Wickelfalzrohr; aus Stahl, verzinkt; DN250						
	m	**€ brutto**	**47**	**52**	**60**	**70**	**78**
	KG 431	€ netto	40	44	50	59	66
21	**Luftleitung, Wickelfalz, verzinkt, DN500**						
	Wickelfalzrohr; aus Stahl, verzinkt; DN500						
	m	**€ brutto**	**76**	**84**	**96**	**108**	**116**
	KG 431	€ netto	64	71	81	91	98
22	**Luftleitung, Aluminium, flexibel, DN80**						
	Elastische Luftleitung, flexibel; Aluminium, zweilagig gestaucht; DN80, Länge 1,25m, ausziehbar bis 5,00m; inkl. Befestigungsmaterial						
	m	**€ brutto**	**9,2**	**16,3**	**20,7**	**20,8**	**27,9**
	KG 431	€ netto	7,7	13,7	17,4	17,5	23,4
23	**Luftleitung, Aluminium, flexibel, DN100**						
	Elastische Luftleitung, flexibel; Aluminium, zweilagig gestaucht; DN100, Länge 1,25m, ausziehbar bis 5,00m						
	m	**€ brutto**	**14**	**23**	**26**	**37**	**48**
	KG 431	€ netto	12	19	22	31	41
24	**Rohrbogen, Luftleitung**						
	Rohrbogen; Wickelfalzrohr, verzinkt; alle Winkelgrade						
	St	**€ brutto**	**17**	**26**	**31**	**40**	**52**
	KG 431	€ netto	15	22	26	33	44
25	**Abzweigstück, Luftleitung**						
	Abzweigstück; Wickelfalzrohr, verzinkt; 90°						
	St	**€ brutto**	**22**	**29**	**29**	**32**	**38**
	KG 431	€ netto	19	24	25	27	32
26	**Lüftungsgitter, Zu-/Abluft**						
	Lüftungsgitter; Stahl, verzinkt; für Zu- und Abluft; Einbau in Rundrohr/Rechteckkanal						
	St	**€ brutto**	**54**	**119**	**147**	**178**	**279**
	KG 431	€ netto	45	100	124	150	234

LB 075						**Preise €**
Nr.	**Kurztext** / Stichworte			**brutto ø**		
	Einheit / Kostengruppe	►	▷	netto ø	◁	◄
27	**Drallauslass, Decke**					
	Drallauslass; Stahl, verzinkt; für Zu-und Abluft; Decke					
	St **€ brutto**	**137**	**463**	**684**	**757**	**1.079**
	KG 431 € netto	115	389	575	636	906
28	**Brandschutzklappen, RLT, eckig**					
	Brandschutzklappe, K30/K60/K90/K120; Stahl; L 500/600mm; Wand/Decke					
	St **€ brutto**	**321**	**717**	**901**	**984**	**1.264**
	KG 431 € netto	270	602	757	827	1.062
29	**Brandschutzklappen, RLT, rund, Küche**					
	Brandschutzklappe, K30/K60/K90/K120; Stahl, verzinkt; L 500/600mm; Wand/Decke; für fetthaltige Abluft					
	St **€ brutto**	**5.722**	**7.930**	**10.002**	**10.941**	**15.860**
	KG 431 € netto	4.808	6.664	8.405	9.194	13.328
30	**Tellerventil, Zu-/Abluft**					
	Zu- und Abluftventil; Stahl; DN100; Wand/Decken					
	St **€ brutto**	**33**	**71**	**83**	**118**	**188**
	KG 431 € netto	27	60	70	99	158
31	**Wickelfalzrohr, Reduzierstück, DN100/DN80**					
	Wickelfalzrohr Reduzierstück; Verzinkt; DN100/DN80					
	St **€ brutto**	**20**	**26**	**29**	**35**	**42**
	KG 431 € netto	17	22	25	29	35
32	**Drosselklappe, DN100**					
	Drosselklappe; Stahl, verzinkt; DN100; rund					
	St **€ brutto**	**39**	**56**	**70**	**82**	**102**
	KG 431 € netto	32	47	59	69	85
33	**Drosselklappe, 200x200mm**					
	Drosselklappe; Stahl, verzinkt; 200x200mm; eckig					
	St **€ brutto**	**65**	**78**	**96**	**114**	**124**
	KG 431 € netto	55	66	80	96	105
34	**Lüftungsgerät mit WRG, zentral, Bypass, Feuerstättenfunktion**					
	Lüftungsgerät mit Wärmerückgewinnung; Volumen 300m³/h, BxHxT 750x750x469mm; zentrales Lüftungsgerät					
	St **€ brutto**	**3.104**	**3.698**	**4.646**	**5.963**	**6.043**
	KG 431 € netto	2.608	3.108	3.904	5.011	5.078
35	**Außenwanddurchlass, DN110**					
	Außenwandluftdurchlass; Teleskoprohr; DN110, Rohr 305-535mm					
	St **€ brutto**	**143**	**152**	**198**	**245**	**267**
	KG 431 € netto	120	128	167	206	224

LB 075						Preise €
Nr.	**Kurztext** / Stichworte **Einheit** / Kostengruppe	►	▷	**brutto ø** netto ø	◁	◄
36	**Außenwanddurchlass, DN160** Außenwandluftdurchlass; Teleskoprohr; DN160, Rohr 305-535mm					
	St € brutto	**329**	**353**	**446**	**488**	**506**
	KG 431 € netto	277	297	375	410	425
37	**Lüftungsgerät für Abluft** Lüftungsgerät; LxBxT 242x242x100mm; Wände/Decke					
	St € brutto	**311**	**329**	**337**	**359**	**384**
	KG 431 € netto	262	277	283	302	323
38	**KWL-Lüftungsgerät, in Außenwand, bis 100m³/h mit WRG** Lüftungsgerät mit Wärmerückgewinnung; Luftvolumenstrom bis 100m³/h, Wärmerückgewinnungsgrad mind 85%; Außenwandmontage hängend, inkl. Befestigungsmaterial					
	St € brutto	**2.469**	**2.666**	**2.962**	**3.377**	**3.654**
	KG 431 € netto	2.075	2.240	2.489	2.838	3.070
39	**KWL-Lüftungsgerät, Wohngebäude, bis 200m³/h mit WRG** Lüftungsgerät mit Wärmerückgewinnung; Luftvolumenstrom bis 200m³/h, Wärmerückgewinnung mind. 85%; wandhängend/deckenhängend/stehend; Innenmontage; inkl. 4 Schalldämpfer					
	St € brutto	**5.727**	**5.963**	**6.626**	**7.554**	**7.898**
	KG 431 € netto	4.813	5.011	5.568	6.348	6.637
40	**KWL-Lüftungsgerät, Wohngebäude, bis 350m³/h mit WRG** Lüftungsgerät mit Wärmerückgewinnung; Luftvolumenstrom bis 350m³/h, Wärmerückgewinnung mind. 85%; wandhängend/deckenhängend/stehend; Innenmontage; inkl. 4 Schalldämpfer					
	St € brutto	**5.925**	**6.550**	**7.278**	**8.297**	**9.049**
	KG 431 € netto	4.979	5.504	6.116	6.972	7.604
41	**KWL-Lüftungsgerät, Wohngebäude, bis 500m³/h mit WRG** Lüftungsgerät mit Wärmerückgewinnung; Luftvolumenstrom bis 500m³/h, Wärmerückgewinnung mind. 85%; wandhängend/deckenhängend/stehend; Innenmontage; inkl. 4 Schalldämpfer					
	St € brutto	**8.097**	**8.567**	**9.519**	**10.852**	**11.356**
	KG 431 € netto	6.804	7.199	7.999	9.119	9.543
42	**VRF-Außengerät, Heizen/Kühlen, 10kW** Klima-Außengerät; mit Wärmetauscher, Ventilator, Wärmedämmung, Abscheider; Gehäuse aus verzinktem Stahl; inkl. Verdrahtung und Bedieneinheit					
	St € brutto	**3.608**	**4.284**	**6.512**	**10.454**	**10.883**
	KG 434 € netto	3.032	3.600	5.473	8.785	9.145

Kosten: Stand 3.Quartal 2024, Bundesdurchschnitt

LB 075 **Preise €**

Nr.	Kurztext / Stichworte Einheit / Kostengruppe		►	▷	brutto ø netto ø	◁	◄
43	**VRF-Außengerät, Heizen/Kühlen, 15kW** Klima-Außengerät; mit Wärmetauscher, Ventilator, Wärmedämmung, Abscheider; Gehäuse aus verzinktem Stahl; inkl. Verdrahtung und Bedieneinheit						
	St	**€ brutto**	**8.355**	**8.811**	**12.392**	**16.852**	**17.136**
	KG 434	€ netto	7.021	7.404	10.414	14.161	14.400
44	**VRF-Außengerät, Heizen/Kühlen, 20kW** Klima-Außengerät; mit Wärmetauscher, Ventilator, Wärmedämmung, Abscheider; Gehäuse aus verzinktem Stahl; inkl. Verdrahtung und Bedieneinheit						
	St	**€ brutto**	**11.997**	**12.226**	**15.822**	**18.780**	**18.852**
	KG 434	€ netto	10.081	10.274	13.296	15.781	15.842
45	**VRF-Innenwandgerät, Heizen/Kühlen, 2,5kW** Klima-Innengerät; mit Wärmetauscher, Ventilator, Leitlamellen, Kondensatwanne; Gehäuse aus verzinktem Stahl; inkl. Verdrahtung und Bedieneinheit						
	St	**€ brutto**	**1.277**	**1.376**	**1.882**	**2.396**	**2.545**
	KG 434	€ netto	1.073	1.156	1.581	2.013	2.139
46	**VRF-Innenwandgerät, Heizen/Kühlen, 3,5kW** Klima-Innengerät; mit Wärmetauscher, Ventilator, Leitlamellen, Kondensatwanne; Gehäuse aus verzinktem Stahl; inkl. Verdrahtung und Bedieneinheit						
	St	**€ brutto**	**1.369**	**1.548**	**2.139**	**2.739**	**2.819**
	KG 434	€ netto	1.151	1.300	1.797	2.301	2.369
47	**VRF-Innenwandgerät, Heizen/Kühlen, 5,0kW** Klima-Innengerät; mit Wärmetauscher, Ventilator, Leitlamellen, Kondensatwanne; Gehäuse aus verzinktem Stahl; inkl. Verdrahtung und Bedieneinheit						
	St	**€ brutto**	**1.714**	**1.885**	**2.571**	**3.256**	**3.407**
	KG 434	€ netto	1.440	1.584	2.160	2.736	2.863
48	**VRF-Verteilereinheit, Innengerät** Klima-Verteilereinheit; Multi-Split-Einheit; Innenbereich						
	St	**€ brutto**	**1.114**	**1.200**	**1.714**	**2.228**	**2.485**
	KG 434	€ netto	936	1.008	1.440	1.872	2.088
49	**Zubehörmontage, VRF-Anlage** Montage Zubehör Klima; mit Rohrleitungen; mit Rohrleitungsdämmung						
	psch	**€ brutto**	**1.714**	**1.885**	**2.228**	**3.085**	**3.428**
	KG 434	€ netto	1.440	1.584	1.872	2.592	2.880

LB 075 **Preise €**

Nr.	Kurztext / Stichworte Einheit / Kostengruppe		▶	▷	brutto ø netto ø	◁	◀
50	**Inbetriebnahme, VRF-Anlage** Inbetriebnahme Kälteanlage						
	psch	**€ brutto**	**398**	**482**	**675**	**975**	**1.541**
	KG 434	€ netto	334	405	567	819	1.295
51	**Stundensatz, Monteur/-in Lüftung/Kälte** Stundensatz Monteur/-in Lüftung/Kälte; Verrechnungssatz für die Arbeitskraft inkl. aller Aufwendungen; Nachweis und Anmeldung gem. VOB/B.						
	h	**€ brutto**	**71**	**83**	**89**	**101**	**121**
		€ netto	60	70	75	85	102
52	**Stundensatz, Helfer/-in Lüftung/Kälte** Stundensatz Helfer/-in Lüftung/Kälte; Verrechnungssatz für die Arbeitskraft inkl. aller Aufwendungen; Nachweis und Anmeldung gem. VOB/B.						
	h	**€ brutto**	**57**	**66**	**70**	**72**	**78**
		€ netto	48	56	59	61	66

D

Freianlagen

Titel des Leistungsbereichs	LB-Nr.
Landschaftsbauarbeiten	003
Landschaftsbauarbeiten - Pflanzen	004
Straßen, Wege, Plätze	080

LB 003						Preise €
Nr.	**Kurztext** / Stichworte **Einheit** / Kostengruppe	►	▷	**brutto ø** netto ø	◁	◄
1	**Baugelände abräumen, entsorgen** Baugelände abräumen; Steine, Schutt, Unrat; laden, abfahren, entsorgen					
	t € brutto	**146**	**188**	**217**	**234**	**258**
	KG 594 € netto	123	158	182	196	217
2	**Stammschutz, Brettermantel, bis 60cm** Stammschutz; Brettermantel, Polsterung; Durchmesser über 40 bis 60cm, Schutzhöhe mind. 2,0m; gegen mechanische Schäden					
	St € brutto	**59**	**72**	**75**	**79**	**86**
	KG 211 € netto	50	60	63	66	73
3	**Hochstamm einschlagen** Hochstamm; gem. Angaben bis zur Verwendung einschlagen					
	St € brutto	**13**	**14**	**15**	**17**	**17**
	KG 573 € netto	11	12	12	14	15
4	**Strauchpflanze einschlagen** Strauchpflanze; gem. Angaben bis zur Verwendung einschlagen					
	St € brutto	**1,7**	**3,5**	**4,6**	**5,5**	**7,6**
	KG 573 € netto	1,4	2,9	3,8	4,7	6,4
5	**Baum herausnehmen, einschlagen** Baum herausnehmen; mit Ballen; StU 18-20cm; transportieren, bis zur Wiedereinpflanzung einschlagen					
	St € brutto	**131**	**169**	**186**	**209**	**242**
	KG 573 € netto	110	142	156	176	203
6	**Strauch herausnehmen, einschlagen, 60-100cm** Strauch herausnehmen; mit Ballen; Größe 60-100cm; transportieren, bis zur Wiedereinpflanzung einschlagen					
	St € brutto	**24**	**29**	**31**	**39**	**49**
	KG 573 € netto	20	25	26	33	41
7	**Strauch herausnehmen, einschlagen, 100-150cm** Strauch herausnehmen; mit Ballen; Größe 100-150cm; transportieren, bis zur Wiedereinpflanzung einschlagen					
	St € brutto	**26**	**35**	**40**	**44**	**52**
	KG 573 € netto	22	29	33	37	44
8	**Baugelände roden** Baugelände roden; Busch-, Hecken- und Baumbestand; StD bis 10cm; Räumgut abfahren					
	m² € brutto	**8,3**	**11,8**	**12,9**	**15,3**	**21,2**
	KG 214 € netto	7,0	9,9	10,8	12,8	17,8
9	**Grasnarbe abtragen, seitlich lagern** Grasnarbe abtragen; Dicke bis 5cm; zerkleinern, zur Abfuhr lagern					
	m² € brutto	**2,9**	**3,8**	**4,3**	**4,6**	**5,5**
	KG 214 € netto	2,4	3,2	3,6	3,8	4,6

Kosten: Stand 3.Quartal 2024, Bundesdurchschnitt

LB 003							Preise €
Nr.	**Kurztext** / Stichworte				**brutto ø**		
	Einheit / Kostengruppe		►	▷	netto ø	◁	◄
10	**Grasnarbe abtragen, entsorgen**						
	Grasnarbe abtragen; Dicke bis 5cm; laden, abfahren, entsorgen						
	m²	**€ brutto**	**3,6**	**4,6**	**5,2**	**6,7**	**9,2**
	KG 214	€ netto	3,0	3,9	4,4	5,6	7,7
11	**Bewachsene Fläche mähen**						
	Bewachsene Fläche mähen; Gräser, Kräuter; Höhe bis 0,70m; laden, abfahren entsorgen						
	m²	**€ brutto**	**1,5**	**2,4**	**2,8**	**3,7**	**5,1**
	KG 214	€ netto	1,3	2,0	2,3	3,1	4,3
12	**Metallzaun abbrechen, entsorgen**						
	Abbruch Zaun; Metall; abfahren, entsorgen; inkl. Stahlpfosten, Fundamente und Deponiegebühr						
	m	**€ brutto**	**12**	**16**	**17**	**20**	**26**
	KG 594	€ netto	9,9	13,2	14,6	16,9	22,3
13	**Zaun Viereck-Drahtgeflecht abbrechen bis 2,0m, entsorgen**						
	Abbruch Zaun; Viereck-Drahtgeflecht; Höhe 2,00m; abfahren, entsorgen; inkl. Stahlpfosten, Fundamente und Deponiegebühr						
	m	**€ brutto**	**14**	**17**	**18**	**19**	**21**
	KG 594	€ netto	12	14	15	16	18
14	**Zaun Viereck-Drahtgeflecht, bis 1,5m, abbauen, seitlich lagern**						
	Zaun abbauen; Viereck-Drahtgeflecht; Höhe 1,50; seitlich lagern; inkl. Stahlpfosten und Fundamente						
	m	**€ brutto**	**11**	**13**	**14**	**15**	**17**
	KG 594	€ netto	9,6	11,3	11,5	12,3	14,2
15	**Bauzaun, Bretter 2,00m**						
	Bauzaun, geschlossen; Bretter, einseitig gehobelt; Höhe 2,00m; aufstellen, vorhalten, abbauen						
	m	**€ brutto**	**14**	**18**	**19**	**22**	**31**
	KG 591	€ netto	12	15	16	19	26
16	**Bauzaun, inkl. Tore**						
	Bauzaun inkl. Tore; Baustahlgewebe; aufstellen, vorhalten, unterhalten, abbauen						
	m	**€ brutto**	**11**	**13**	**14**	**16**	**20**
	KG 591	€ netto	9,0	11,3	12,2	13,7	17,2
17	**Baum fällen, Durchmesser bis 15cm, entsorgen**						
	Baum fällen, Wurzelstock roden; StD bis 15cm; Räumgut abfahren						
	St	**€ brutto**	**52**	**72**	**81**	**88**	**108**
	KG 214	€ netto	44	61	68	74	91

LB 003							Preise €
Nr.	Kurztext / Stichworte Einheit / Kostengruppe		►	▷	brutto ø netto ø	◁	◄
18	**Baum fällen, Durchmesser bis 30cm, entsorgen** Baum fällen, Wurzelstock roden; StD bis 30cm; Räumgut abfahren						
	St	**€ brutto**	**108**	**129**	**140**	**148**	**176**
	KG 214	€ netto	91	108	118	125	148
19	**Baum fällen, Durchmesser bis 50cm, entsorgen** Baum fällen, Wurzelstock roden; StD bis 50cm; Räumgut abfahren						
	St	**€ brutto**	**129**	**206**	**231**	**268**	**339**
	KG 214	€ netto	109	173	194	225	285
20	**Baum fällen, Durchmesser über 50cm, entsorgen** Baum fällen, Wurzelstock roden; StD über 50cm; Räumgut abfahren						
	St	**€ brutto**	**231**	**297**	**324**	**346**	**390**
	KG 214	€ netto	194	249	272	291	328
21	**Wurzelstock roden, bis 30cm** Wurzelstock roden; StD bis 30cm; Stoffe häckseln, auf Baustelle lagern						
	St	**€ brutto**	**60**	**76**	**84**	**95**	**113**
	KG 214	€ netto	50	64	71	79	95
22	**Wurzelstock fräsen, einarbeiten** Wurzelstock fräsen; Fräsgut in Boden einarbeiten						
	St	**€ brutto**	**87**	**117**	**122**	**138**	**169**
	KG 214	€ netto	74	98	102	116	142
23	**Organische Stoffe aufnehmen, entsorgen** Aufwuchs abmähen; Gräser, Kräuter; Höhe bis 0,70m; entsorgen						
	m^3	**€ brutto**	**23**	**32**	**36**	**39**	**51**
	KG 214	€ netto	19	27	30	33	43
24	**Oberboden abtragen, lagern** Oberboden abtragen; Tiefe bis 30cm; laden, fördern und geordnet lagern; inkl. Vegetationsdecke						
	m^3	**€ brutto**	**17**	**22**	**24**	**28**	**34**
	KG 511	€ netto	14	18	21	23	28
25	**Oberboden abtragen, lagern, bis 20cm** Oberboden abtragen; Dicke bis 20cm; laden, fördern, seitlich lagern						
	m^2	**€ brutto**	**4,0**	**6,3**	**6,8**	**8,6**	**11,3**
	KG 214	€ netto	3,3	5,3	5,7	7,2	9,5
26	**Oberboden abtragen, lagern, bis 30cm** Oberboden abtragen; Dicke bis 30cm; laden, fördern, seitlich lagern						
	m^2	**€ brutto**	**5,1**	**7,4**	**8,1**	**9,3**	**12,0**
	KG 214	€ netto	4,3	6,2	6,8	7,8	10,0
27	**Oberboden abtragen, lagern, über 30cm** Oberboden abtragen; Dicke über 30cm; laden, fördern, seitlich lagern						
	m^2	**€ brutto**	**7,7**	**9,7**	**10,2**	**12,0**	**15,0**
	KG 214	€ netto	6,5	8,2	8,6	10,1	12,6

LB 003 **Preise €**

Nr.	Kurztext / Stichworte Einheit / Kostengruppe		▶	▷	brutto ø netto ø	◁	◀
28	**Oberboden abtragen, einarbeiten, 30cm** Oberboden abtragen; unbelastet; Dicke 30cm; laden, fördern, einarbeiten						
	m³	**€ brutto**	**23**	**27**	**29**	**30**	**37**
	KG 214	€ netto	19	23	24	26	31
29	**Oberboden auftragen, lagernd** Oberboden auftragen; Lagermaterial; laden, fördern, einbauen; bis 0,5km						
	m³	**€ brutto**	**9,0**	**13,4**	**15,0**	**18,7**	**28,6**
	KG 571	€ netto	7,6	11,3	12,6	15,7	24,0
30	**Oberboden liefern und einbauen, bis 30cm** Oberboden liefern; Boden frei von keimfähigen Samen und Schadstoffen; Dicke bis 30cm; profilgerecht einbauen, Ebenheit +/-3cm						
	m³	**€ brutto**	**39**	**48**	**53**	**59**	**71**
	KG 571	€ netto	33	41	44	50	60
31	**Oberboden liefern, andecken** Oberboden liefern; profilgerecht andecken						
	m³	**€ brutto**	**34**	**45**	**48**	**51**	**61**
	KG 571	€ netto	29	38	40	43	51
32	**Baugelände abräumen** Baugelände abräumen; Steinen, Schutt und Unrat, unbelastet; Räumgut getrennt lagern						
	m²	**€ brutto**	**3,9**	**5,8**	**6,3**	**7,6**	**10,2**
	KG 214	€ netto	3,3	4,9	5,3	6,4	8,6
33	**Betonfundament** Einzelfundament, Ortbeton; C12/15, unbewehrt; Tiefe bis 0,80m; inkl. Erdarbeiten						
	m²	**€ brutto**	**297**	**318**	**337**	**341**	**361**
	KG 561	€ netto	250	267	283	286	304
34	**Einzelfundamente, Zaunpfosten** Zaunpfostenfundament; Beton C20/25; BxT 30x30x80cm; Aushub entsorgen; inkl. Schalung						
	St	**€ brutto**	**71**	**118**	**147**	**156**	**238**
	KG 541	€ netto	60	99	124	131	200
35	**Einzelfundament, Mastleuchte** Einzelfundament, Mastleuchte; Beton C20/25; BxLxT 60x60x80cm; Aushub entsorgen; inkl. Schalung						
	St	**€ brutto**	**150**	**197**	**204**	**205**	**252**
	KG 541	€ netto	126	166	171	172	212

LB 003 **Preise €**

Nr.	Kurztext / Stichworte Einheit / Kostengruppe	►	▷	brutto ø netto ø	◁	◄
36	**Gründungssohle verdichten** Baugrubensohle verdichten; Abweichung +/-2,0cm; planieren, verdichten, DPr97%					
	m² € brutto	**1,2**	**2,2**	**2,6**	**3,4**	**5,0**
	KG 511 € netto	1,0	1,8	2,2	2,8	4,2
37	**Aushub Dränleitung** Aushub Dränleitung; Tiefe 80cm, Breite 50cm; fördern, wiederverfüllen					
	m³ € brutto	**31**	**34**	**35**	**36**	**41**
	KG 511 € netto	26	29	29	31	35
38	**Pflanzgrube für Kleingehölz 20x20x20** Pflanzgrube ausheben; Kleingehölze; 20x20x20cm; Aushub lagern, Sohle lockern, verdrängter Boden Gießrand herstellen/seitlich einbauen					
	St € brutto	**4,6**	**6,6**	**6,9**	**8,3**	**8,8**
	KG 571 € netto	3,9	5,6	5,8	7,0	7,4
39	**Pflanzgrube für Kleingehölz 30x30x30** Pflanzgrube ausheben; Kleingehölze; 30x30x30cm; Aushub lagern, Sohle lockern, verdrängter Boden Gießrand herstellen/seitlich einbauen					
	St € brutto	**4,9**	**7,6**	**9,2**	**9,4**	**12,1**
	KG 571 € netto	4,2	6,4	7,7	7,9	10,1
40	**Pflanzgrube für Rankgehölz 50x50x50** Pflanzgrube ausheben; Kleingehölz; 50x50x50cm; Aushub lagern, Sohle lockern, verdrängter Boden Gießrand herstellen/seitlich einbauen					
	St € brutto	**13**	**15**	**17**	**20**	**23**
	KG 571 € netto	11	13	14	17	20
41	**Pflanzgrube für Solitärbaum 80x80x80** Pflanzgrube ausheben; Solitärbaum; 80x80x80cm; Aushub lagern, Sohle lockern, verdrängter Boden Gießrand herstellen/seitlich einbauen					
	St € brutto	**24**	**31**	**33**	**45**	**62**
	KG 571 € netto	20	26	28	38	52
42	**Pflanzgrube für Solitärbaum 150x150x80** Pflanzgrube ausheben; Solitärbaum; 150x150x80cm; Aushub lagern, Sohle lockern, verdrängter Boden Gießrand herstellen/seitlich einbauen					
	St € brutto	**38**	**63**	**74**	**86**	**106**
	KG 571 € netto	32	53	62	72	89
43	**Pflanzgrube für Solitärbaum 300x300x100** Pflanzgrube ausheben; Solitärbaum; 300x300x100cm; Aushub lagern, Sohle lockern, verdrängter Boden Gießrand herstellen/seitlich einbauen					
	St € brutto	**95**	**125**	**146**	**161**	**195**
	KG 571 € netto	80	105	123	136	164

Kosten: Stand 3.Quartal 2024, Bundesdurchschnitt

LB 003 **Preise €**

Nr.	Kurztext / Stichworte Einheit / Kostengruppe		►	▷	brutto ø netto ø	◁	◄
44	**Pflanzgraben für Hecke herstellen** Pflanzgraben ausheben; 40x40cm; Boden lösen, laden entsorgen, Grabensohle lockern						
	m	**€ brutto**	**11**	**14**	**15**	**16**	**19**
	KG 571	€ netto	9,3	11,6	12,8	13,9	15,9
45	**Handaushub, Zulage** Handaushub Rohrgraben; Erd-und Oberbodenarbeiten						
	m³	**€ brutto**	**63**	**80**	**89**	**95**	**107**
	KG 511	€ netto	53	67	74	80	90
46	**Pflanzgrube verfüllen, Oberboden-Gemisch** Pflanzgrube verfüllen; 60% Oberboden, 30% Sand, 10% Kompost, gütegesichert; Dicke bis 80cm						
	St	**€ brutto**	**26**	**38**	**44**	**48**	**60**
	KG 571	€ netto	22	32	37	40	51
47	**Pflanzgrube verfüllen, Baumsubstrat** Pflanzgrube verfüllen; Humus-Basis 0/16; Dicke 30cm						
	St	**€ brutto**	**50**	**65**	**67**	**72**	**82**
	KG 571	€ netto	42	54	56	60	69
48	**Vegetationsflächen lockern, aufreißen** Vegetationstragschicht lockern, durch Aufreißen; Tiefe 30cm; Fremdkörper, Pflanzenteile, Unkraut abräumen						
	m²	**€ brutto**	**0,7**	**1,0**	**1,2**	**1,5**	**2,1**
	KG 571	€ netto	0,6	0,9	1,0	1,2	1,7
49	**Vegetationsflächen lockern, fräsen** Vegetationstragschicht lockern, Fräsen; Tiefe 15cm; Fremdkörper, Pflanzenteile, Unkraut abräumen						
	m²	**€ brutto**	**0,8**	**1,2**	**1,3**	**1,6**	**2,1**
	KG 571	€ netto	0,7	1,0	1,1	1,3	1,8
50	**Tiefenlockerung, Boden** Vegetationsfläche lockern, Grubbern; Tiefe 25cm; Fremdkörper, Pflanzenteile, Unkraut abräumen						
	m²	**€ brutto**	**0,5**	**0,7**	**0,7**	**0,8**	**0,9**
	KG 571	€ netto	0,4	0,5	0,6	0,7	0,8
51	**Bodenverbesserung, Komposterde** Bodenverbesserung; Komposterde; Einzelkorn bis 5cm; aufbringen, einarbeiten; Vegetationsfläche						
	m²	**€ brutto**	**1,9**	**3,1**	**3,5**	**4,3**	**5,6**
	KG 571	€ netto	1,6	2,6	3,0	3,6	4,7

LB 003							Preise €
Nr.	Kurztext / Stichworte Einheit / Kostengruppe		▶	▷	brutto ø netto ø	◁	◀
52	**Bodenverbesserung, Kiessand** Bodenverbesserung; Kiessand 0/4; 20kg/m²; aufbringen, einarbeiten; Vegetationsfläche						
	m²	**€ brutto**	**2,3**	**2,5**	**2,7**	**3,0**	**3,4**
	KG 571	€ netto	1,9	2,1	2,3	2,5	2,9
53	**Bodenverbesserung, Rindenhumus** Bodenverbesserung; Rindenhumus; Dicke 5cm; aufbringen, einarbeiten; Vegetationsfläche						
	m²	**€ brutto**	**1,6**	**2,6**	**3,1**	**3,4**	**4,4**
	KG 571	€ netto	1,3	2,2	2,6	2,9	3,7
54	**Mulchsubstrat liefern, einbauen** Mulchsubstrat aufbringen; Rindenmulch 10/20; Dicke 8cm; Baumscheiben abdecken						
	m²	**€ brutto**	**4,8**	**6,4**	**7,1**	**8,0**	**9,7**
	KG 573	€ netto	4,1	5,4	6,0	6,7	8,1
55	**Pflanzflächen mulchen, Rindenmulch** Pflanzfläche mulchen; Rindenmulch; Dicke 10-15cm; Schutz vor Austrocknung						
	m²	**€ brutto**	**6,1**	**7,2**	**7,7**	**8,2**	**9,1**
	KG 573	€ netto	5,1	6,1	6,5	6,9	7,7
56	**Vegetationsfläche, organische Düngung** Düngung Vegetationsfläche; Kern-Blut-Knochenmehl; 50g/m²; aufbringen, einarbeiten						
	m²	**€ brutto**	**0,6**	**0,9**	**1,0**	**1,4**	**2,0**
	KG 571	€ netto	0,5	0,8	0,9	1,2	1,7
57	**Langzeitdünger** Pflanzfläche düngen; organisches Material; 50g/m²; aufbringen, einarbeiten						
	m²	**€ brutto**	**0,1**	**0,5**	**0,6**	**1,0**	**1,8**
	KG 573	€ netto	0,1	0,4	0,5	0,9	1,5
58	**Rasenplanum** Planum herstellen, Rasenfläche; Abweichung +/-1cm; Fremdkörper, Pflanzteile, Unkraut entsorgen						
	m²	**€ brutto**	**0,8**	**1,8**	**2,1**	**3,0**	**4,5**
	KG 574	€ netto	0,7	1,5	1,8	2,6	3,8
59	**Feinplanum, Vegetationsfläche** Feinplanum herstellen, Vegetationsfläche; Abweichung +/-3cm; Fremdkörper, Pflanzenteile, Unkraut abräumen						
	m²	**€ brutto**	**1,2**	**2,0**	**2,4**	**2,8**	**4,4**
	KG 574	€ netto	1,0	1,7	2,0	2,3	3,7

LB 003 **Preise €**

Nr.	Kurztext / Stichworte Einheit / Kostengruppe		▶	▷	brutto ø netto ø	◁	◀
60	**Feinplanum, Rasenfläche** Feinplanum herstellen, Rasenfläche; Abweichung +/-3cm; Fremdkörper, Pflanzenteile, Unkraut abräumen						
	m²	**€ brutto**	**1,2**	**2,0**	**2,3**	**2,9**	**4,4**
	KG 574	€ netto	1,0	1,7	2,0	2,4	3,7
61	**Solitär/Hochstamm nach Einschlag pflanzen** Solitär/Hochstamm; aus Einschlag entnehmen, in vorbereitete Pflanzgrube pflanzen, verfüllen						
	St	**€ brutto**	**22**	**27**	**30**	**34**	**37**
	KG 573	€ netto	18	22	25	28	31
62	**Solitärgehölz nach Einschlag pflanzen** Großgehölz; aus Einschlag entnehmen, in vorbereitete Pflanzgrube pflanzen, verfüllen						
	St	**€ brutto**	**32**	**37**	**38**	**42**	**45**
	KG 573	€ netto	27	31	32	36	38
63	**Hochstamm/Solitär, liefern/pflanzen, 100-125cm** Hochstamm/Solitär pflanzen; mDb; Höhe 100-125cm; Pflanzgrube ausheben, wiederverfüllen, wässern; inkl. Baumscheibe						
	St	**€ brutto**	**46**	**66**	**74**	**80**	**155**
	KG 573	€ netto	39	56	62	67	130
64	**Hochstamm/Solitär, liefern/pflanzen, 125-150cm** Hochstamm/Solitär pflanzen; mDb; Höhe 125-150cm; Pflanzgrube ausheben, wiederverfüllen, wässern; inkl. Baumscheibe						
	St	**€ brutto**	**51**	**94**	**120**	**177**	**247**
	KG 573	€ netto	43	79	101	149	208
65	**Hochstamm/Solitär, liefern/pflanzen, 12-16cm** Hochstamm/Solitär pflanzen; mDb; StU 12-16cm; Pflanzgrube ausheben, wiederverfüllen, wässern; inkl. Baumscheibe						
	St	**€ brutto**	**117**	**146**	**148**	**214**	**310**
	KG 573	€ netto	99	122	124	180	260
66	**Baumverankerung, Unterflur** Unterflur-Baumverankerung; Stahlanker, Spanngurte Polyester; Gurtbreite 50mm; nicht sichtbar						
	St	**€ brutto**	**137**	**167**	**182**	**198**	**244**
	KG 573	€ netto	115	140	153	166	205
67	**Verdunstungsschutz, Baumstamm** Verdunstungsschutz; Schilfbandage, Kokosstrick; Stammfuß-Stammkopf						
	St	**€ brutto**	**21**	**29**	**32**	**37**	**44**
	KG 573	€ netto	17	24	27	31	37

LB 003 **Preise €**

Nr.	Kurztext / Stichworte Einheit / Kostengruppe		►	▷	brutto ø netto ø	◁	◄
68	**Pflanzverankerung, Baumpfahl** Pflanzenverankerung; Baumpfahl, weißgeschält; Länge 150cm, Zopfdicke 6/8cm						
	St	**€ brutto**	**20**	**23**	**25**	**26**	**29**
	KG 573	€ netto	17	20	21	22	25
69	**Pflanzenverankerung, Pfahl-Zweibock** Pflanzenverankerung, Pfahl-Zweibock; unbehandelt, geschält, Kokosstrick; Länge 300cm						
	St	**€ brutto**	**48**	**60**	**66**	**81**	**102**
	KG 573	€ netto	40	51	55	68	86
70	**Pflanzenverankerung, Pfahl-Dreibock** Pflanzenverankerung Pfahl-Dreibock; unbehandelt, geschält, Kokosstrick; Länge 300cm						
	St	**€ brutto**	**64**	**83**	**91**	**106**	**136**
	KG 573	€ netto	54	70	77	89	114
71	**Ansaat, Spielrasen** Rasenansaat; Spielrasen; 25g/m²; 2 Arbeitsgänge, inkl. anwalzen						
	m²	**€ brutto**	**0,9**	**1,5**	**1,8**	**2,5**	**3,9**
	KG 574	€ netto	0,7	1,3	1,5	2,1	3,3
72	**Ansaat, Gebrauchsrasen** Rasenansaat; Gebrauchsrasen; 25g/m²; aufbringen, 2 Arbeitsgänge, inkl. anwalzen						
	m²	**€ brutto**	**0,7**	**1,1**	**1,2**	**1,5**	**2,0**
	KG 574	€ netto	0,6	0,9	1,0	1,2	1,7
73	**Fertigrasen liefern, einbauen** Fertigrasen als Rollrasen; RSM-Mischung; liefern, verlegen						
	m²	**€ brutto**	**12**	**15**	**16**	**17**	**19**
	KG 574	€ netto	10	12	13	14	16
74	**Rasenflächen Mähen** Fertigstellungspflege Rasenfläche; mähen ab Rasenhöhe von 6-10cm, Schnittgut entsorgen						
	m²	**€ brutto**	**1,4**	**2,1**	**2,5**	**3,2**	**4,9**
	KG 574	€ netto	1,1	1,7	2,1	2,7	4,1
75	**Rasenfläche düngen** Rasenfläche düngen; Vorratsdünger; 5g/m²						
	m²	**€ brutto**	**0,2**	**0,5**	**0,5**	**0,7**	**1,0**
	KG 574	€ netto	0,2	0,4	0,5	0,6	0,8
76	**Heckenschnitt, Hainbuche** Unterhaltungspflege, Hecke schneiden; Hainbuche; Schnittgut entsorgen						
	m	**€ brutto**	**6,2**	**7,3**	**8,0**	**9,2**	**11,0**
	KG 573	€ netto	5,2	6,2	6,8	7,7	9,2

Kosten: Stand 3.Quartal 2024, Bundesdurchschnitt

LB 003 **Preise €**

Nr.	**Kurztext** / Stichworte **Einheit** / Kostengruppe		▶	▷	**brutto ø** netto ø	◁	◀
77	**Fertigstellungspflege, Baum** Fertigstellungspflege Bäume; wiederanbinden, entfernen toter Triebe, erf. Korrekturschnitt, Wasserreiser entfernen, Baumscheibe säubern						
	St	**€ brutto**	**29**	**44**	**62**	**76**	**84**
	KG 573	€ netto	24	37	52	64	71
78	**Fertigstellungspflege, Sträucher** Entwicklungspflege Sträucher; zwei Vegetationsperioden mit 5 Pflegegänge je Vegetationsperiode						
	St	**€ brutto**	**76**	**89**	**94**	**98**	**111**
	KG 573	€ netto	64	74	79	83	93
79	**Fertigstellungspflege Stauden, Bodendecker** Entwicklungspflege, Pflanzflächen; Stauden, Bodendecker; Fremdkörper, Unkraut, entfernen toter Triebe, Räumgut entsorgen						
	m²	**€ brutto**	**0,5**	**1,5**	**1,6**	**2,2**	**3,3**
	KG 573	€ netto	0,4	1,2	1,4	1,8	2,8
80	**Fertigstellungspflege, Hecken bis 2,00m** Fertigstellungspflege Hecke; Höhe bis 2,00m; schneiden, Boden lockern, Unrat, Schnittgut entsorgen						
	m	**€ brutto**	**9,9**	**12,0**	**12,9**	**13,9**	**16,2**
	KG 573	€ netto	8,3	10,0	10,8	11,7	13,6
81	**Pflanzflächen wässern** Pflanzfläche wässern; je 25l/m²; 2 Arbeitsgänge						
	m²	**€ brutto**	**0,4**	**1,4**	**1,8**	**2,4**	**3,7**
	KG 573	€ netto	0,4	1,2	1,5	2,0	3,1
82	**Wässern der Hecke** Unterhaltspflege, Hecken wässern; je Arbeitsgang 25 l/m²; Wasser aus vorhandener Zapfstelle						
	m²	**€ brutto**	**2,4**	**3,5**	**4,0**	**5,3**	**7,2**
	KG 573	€ netto	2,1	2,9	3,3	4,4	6,1
83	**Wässern Solitärgehölze** Unterhaltspflege, Gehölzflächen, Sträucher wässern; je Arbeitsgang 20l/m²; Wasser aus vorhandener Zapfstelle						
	St	**€ brutto**	**7,3**	**8,9**	**9,8**	**9,8**	**11,7**
	KG 573	€ netto	6,1	7,5	8,2	8,3	9,9
84	**Wässern der Rasenfläche** Unterhaltungspflege, Rasenfläche wässern; Gebrauchsrasen; je Arbeitsgang 25l/m²; Wasser aus vorhandenen Zapfstellen						
	m²	**€ brutto**	**0,3**	**0,7**	**0,8**	**0,9**	**1,4**
	KG 573	€ netto	0,3	0,5	0,7	0,8	1,1

LB 003						Preise €
Nr.	**Kurztext** / Stichworte **Einheit** / Kostengruppe	►	▷	**brutto ø** netto ø	◁	◄
85	**Pflanzflächen lockern, Baumscheiben** Pflanzfläche säubern; Boden lockern, entfernen toter Triebe, Verankerung nachrichten, säubern, Räumgut entsorgen					
	m² € brutto	**0,8**	**1,3**	**1,5**	**2,2**	**3,5**
	KG 573 € netto	0,7	1,1	1,2	1,8	2,9
86	**Bewässerungssack Neupflanzungen** Bewässerungssack; nach Neupflanzung um Stamm legen, mit Wasser befüllen					
	St € brutto	**–**	**19**	**20**	**23**	**–**
	KG 573 € netto	–	16	17	20	–
87	**Gießrand zur Bewässerung des Wurzelballens herstellen** Gießrand herstellen; LDPE, alterungsbeständig, UV-beständig; Tiefe 10cm, Höhe 20cm, Durchmesser 110cm, 195L					
	m € brutto	**–**	**7,5**	**8,2**	**9,3**	**–**
	KG 573 € netto	–	6,3	6,9	7,8	–
88	**Baumsubstrat für nicht befahrbare, freitragend überbaute Baugruben** Baumsubstrat, nicht befahrbare Baugrube; Löß, Lava, Bims-Basis Gemisch 0/16; Verdichtungsfaktor 1,25-1,3; höhengerecht einbauen					
	m³ € brutto	**–**	**4,3**	**4,6**	**5,2**	**–**
	KG 573 € netto	–	3,6	3,9	4,4	–
89	**Baumbelüftungs- und Entwässerungs-Set** Baumbelüftungs-/Entwässerungs-Set; Dränrohr, PVC-U, flexibel; DN80; Rohr ringförmig um den Wurzelballen verlegen					
	St € brutto	**–**	**8,0**	**8,6**	**9,7**	**–**
	KG 573 € netto	–	6,7	7,2	8,1	–
90	**Abdeckelement für Baumbelüftungs- und Entwässerungs-Set** Abdeckelement Baumbelüfungs-und Entwässerungs-Set; Aluminiumguss; DN80; verschließbar					
	St € brutto	**46**	**62**	**67**	**76**	**81**
	KG 573 € netto	38	52	57	64	68
91	**Wurzelbewässerungs- und Wurzelbelüftungssystem** Wurzelbewässerungs- u. belüftungssystem; PE-Rohr, Edelstahldeckel; DN80, Durchmesser Deckel 8cm, Länge 500cm; Deckel schwenkbar					
	St € brutto	**206**	**270**	**294**	**326**	**353**
	KG 373 € netto	173	227	247	274	296
92	**Feinplanie Blühwiese** Blühwiese Feinplanie; fräsen, Wurzeln, Steine sonstige Gegenstände ablesen, abfahren					
	m² € brutto	**0,9**	**1,2**	**1,3**	**1,5**	**1,5**
	KG 373 € netto	0,8	1,0	1,1	1,2	1,3

LB 003							Preise €
Nr.	**Kurztext** / Stichworte				**brutto ø**		
	Einheit / Kostengruppe		►	▷	netto ø	◁	◄
93	**Ansaat Blühwiese**						
	Blühwiese Ansaat; Mischung, gebietsheimischen Arten; gekreuzte Aussaat, 2 Arbeitsgänge						
	m²	**€ brutto**	**–**	**2,3**	**2,4**	**2,7**	**–**
	KG 573	€ netto	–	1,9	2,1	2,3	–
94	**Blühwiese, Artenzusammensetzung Blütenstauden+Gräser**						
	Blühwiese Artenzusammensetzung; Kräuter, Gräser aus Wildformen gebietseigener Herkunft						
	m²	**€ brutto**	**4,9**	**6,7**	**7,3**	**8,0**	**8,1**
	KG 573	€ netto	4,1	5,6	6,2	6,7	6,8
95	**Fertigstellungspflege Blühwiese**						
	Blühwiese Fertigstellungspflege						
	m²	**€ brutto**	**–**	**0,6**	**0,6**	**0,7**	**–**
	KG 573	€ netto	–	0,5	0,5	0,6	–
96	**Viereck-Drahtgeflecht, 1,00m**						
	Viereck-Drahtgeflecht; kunststoffummantelt, Metallpfosten; Höhe 1,00m; inkl. Erd-/Fundamentarbeiten						
	m	**€ brutto**	**41**	**51**	**57**	**68**	**82**
	KG 541	€ netto	35	43	48	57	69
97	**Viereck-Drahtgeflecht, 1,50m**						
	Viereck-Drahtgeflecht; kunststoffummantelt, Metallpfosten; Höhe 1,50m; inkl. Erd-/Fundamentarbeiten						
	m	**€ brutto**	**52**	**78**	**94**	**100**	**126**
	KG 541	€ netto	43	65	79	84	106
98	**Viereck-Drahtgeflecht, 2,00m**						
	Viereck-Drahtgeflecht; kunststoffummantelt, Metallpfosten; Höhe 2,00m; inkl. Erd-/Fundamentarbeiten						
	m	**€ brutto**	**65**	**99**	**100**	**121**	**155**
	KG 541	€ netto	55	83	84	102	130
99	**Stabgitterzaun, 0,80m**						
	Stabgitterzaun; Stahlgittermatten, Doppelstab, verzinkt; Höhe 0,80m, MW 50x200mm, Dicke 8mm						
	m	**€ brutto**	**52**	**88**	**95**	**98**	**138**
	KG 541	€ netto	44	74	80	82	116
100	**Stabgitterzaun, 1,40m**						
	Stabgitterzaun; Stahlgittermatten, Doppelstab, verzinkt; Höhe 1,40m, MW 50x200mm, Dicke 8mm						
	m	**€ brutto**	**66**	**97**	**102**	**116**	**159**
	KG 541	€ netto	56	82	86	97	134

LB 003 **Preise €**

Nr.	Kurztext / Stichworte Einheit / Kostengruppe		►	▷	brutto ø netto ø	◁	◄
101	**Stabgitterzaun, 2,00m** Stabgitterzaun; Stahlgittermatten, Doppelstab, verzinkt; Höhe 2,00m, MW 50x200mm, Dicke 8mm						
	m	**€ brutto**	**93**	**107**	**130**	**146**	**208**
	KG 541	€ netto	78	90	109	123	174
102	**Drehflügeltor, einflüglig, lichte Weite 1,1m, H 1,2m** Drehflügeltor, Stabgitterzaun; Stahl, verzinkt, Pulver beschichtet; Breite 1,10m, Höhe 1,20m; einflüglig, beidseitig fest; inkl. Drückergarnitur, Betonfundamente						
	St	**€ brutto**	**1.223**	**1.500**	**1.562**	**1.646**	**1.845**
	KG 541	€ netto	1.028	1.260	1.313	1.383	1.550
103	**Drehflügeltor, einflüglig, lichte Weite 1,3m, H 1,0m** Drehflügeltor, Stabgitterzaun; Stahl, verzinkt, Pulver beschichtet; Breite 1,30m, Höhe 1,20m, einflüglig						
	St	**€ brutto**	**1.156**	**1.537**	**1.855**	**2.111**	**2.492**
	KG 541	€ netto	971	1.292	1.558	1.774	2.094
104	**Drehflügeltor, einflüglig, lichte Weite 1,5m, H 1,2m** Drehflügeltor, Stabgitterzaun; Stahl, verzinkt, Pulver beschichtet; Breite 1,50m, Höhe 1,20m; einflüglig, beidseitig fest; inkl. Drückergarnitur, Betonfundamente						
	St	**€ brutto**	**1.258**	**1.907**	**2.047**	**2.986**	**4.005**
	KG 541	€ netto	1.057	1.603	1.720	2.509	3.365
105	**Drehflügeltor, zweiflüglig, lichte Weite 2,5m, H 1,2m** Drehflügeltor, Stabgitterzaun; Stahl, verzinkt, Pulver beschichtet; Breite 2,50m, Höhe 1,20m; zweiflüglig, beidseitig fest; inkl. Drückergarnitur, Betonfundamente						
	St	**€ brutto**	**2.649**	**3.232**	**3.274**	**3.521**	**3.904**
	KG 541	€ netto	2.226	2.716	2.751	2.959	3.281
106	**Drehflügeltor, zweiflüglig, lichte Weite 4,0m, H 1,2m** Drehflügeltor, Stabgitterzaun; Stahl, verzinkt, Pulver beschichtet; Breite 4,0m, Höhe 1,20m; zweiflüglig, beidseitig fest; inkl. Drückergarnitur, Betonfundamente						
	St	**€ brutto**	**2.336**	**2.810**	**3.121**	**3.447**	**3.921**
	KG 541	€ netto	1.963	2.362	2.623	2.896	3.295
107	**Stahltor, einflüglig, beschichtet** Tor; Stahl, verzinkt, beschichtet; 1,50x1x20m; einflüglig						
	St	**€ brutto**	**1.298**	**1.725**	**1.747**	**1.970**	**2.341**
	KG 541	€ netto	1.091	1.450	1.468	1.656	1.967

Kosten: Stand 3.Quartal 2024, Bundesdurchschnitt

LB 003 **Preise €**

Nr.	Kurztext / Stichworte Einheit / Kostengruppe		►	▷	brutto ø netto ø	◁	◄
108	**Stahltor, zweiflüglig, beschichtet** Drehtor; Stahl, verzinkt, beschichtet; 5,00x1,60m; zweiflüglig						
	St	**€ brutto**	**1.404**	**1.744**	**1.940**	**2.212**	**2.551**
	KG 541	€ netto	1.180	1.465	1.630	1.859	2.143
109	**Zaunpfosten, Stahlrohr** Zaunpfosten; Stahlrohr, verzinkt; Höhe 2,00m, Durchmesser 40mm						
	St	**€ brutto**	**52**	**67**	**72**	**80**	**98**
	KG 541	€ netto	43	56	61	67	82
110	**Holzzaun, Kiefer/Sandsteinpfosten** Holzzaun; Kiefer, Sandsteinpfosten; Höhe 1,20m, Latten 4x6cm, Steinpfosten 15x10cm; Senkrechtlattung						
	m	**€ brutto**	**180**	**236**	**275**	**278**	**339**
	KG 541	€ netto	151	198	231	234	285
111	**Eckausbildung, Holzzaun** Zulage für Eckausbildung; inkl. erf. Materialien						
	St	**€ brutto**	**60**	**85**	**100**	**113**	**138**
	KG 541	€ netto	51	72	84	95	116
112	**Holzzaun, Senkrechtzaun, 1,0m** Holzzaun; gefrästen Halbrundhölzer; Höhe 1,0m; inkl. Erd- und Fundamentarbeiten						
	m	**€ brutto**	**209**	**259**	**268**	**294**	**373**
	KG 541	€ netto	176	218	225	247	313
113	**Holzzaun, Staketenzaun, 1,0m** Holzzaun, Staketenzaun; Vierkanlatten, gehobelt; Höhe 1,0m; inkl. Erd- und Fundamentarbeiten						
	m	**€ brutto**	**88**	**110**	**119**	**144**	**178**
	KG 541	€ netto	74	92	100	121	149
114	**Holzzauntüre, Senkrechtzaun, einflüglig** Holzzauntüre, Senkrechtzaun; 100x100cm; inkl. Erd- und Fundamentierungsarbeiten; mit Kastenschloss und Beschläge						
	St	**€ brutto**	**299**	**416**	**491**	**547**	**648**
	KG 541	€ netto	251	350	412	460	544
115	**Ballfangzaun, Gittermatten** Ballfangzaun; Gittermatten, Rechteckpfosten; Höhe 4,00m, MW 50x200mm						
	m	**€ brutto**	**331**	**429**	**439**	**467**	**539**
	KG 542	€ netto	278	361	369	393	453
116	**Sichtschutzzaun aus Holzelementen Höhe 1,0m** Sichtschutzzaun, Holz; Lärche; Höhe 1,00m, Feldlänge 1,00m						
	m	**€ brutto**	**135**	**167**	**175**	**204**	**212**
	KG 542	€ netto	114	140	147	171	178

LB 003 **Preise €**

Nr.	Kurztext / Stichworte Einheit / Kostengruppe		►	▷	brutto ø netto ø	◁	◄
117	**Sichtschutzzaun aus Holzelementen Höhe 2,0m** Sichtschutzzaun, Holz; Lärche; Höhe 2,00m, Feldlänge 1,00m						
	m	**€ brutto**	**194**	**234**	**244**	**247**	**287**
	KG 542	€ netto	163	197	205	208	242
118	**Schachtabdeckung, Klasse A, Guss** Schachtabdeckung; Gussbeton, Klasse A 150; rund, Lüftungsöffnungen						
	St	**€ brutto**	**227**	**287**	**313**	**320**	**346**
	KG 551	€ netto	191	241	263	268	291
119	**Schachtabdeckung, Klasse B, Guss** Schachtabdeckung; Gussbeton, Klasse B 150; rund, Lüftungsöffnungen						
	St	**€ brutto**	**247**	**307**	**325**	**376**	**489**
	KG 551	€ netto	207	258	273	316	411
120	**Regenwasserzisterne** Regenwasserzisterne; Kunststoff/Beton; inkl. Konus, Abdeckung, Aus-/Zulaufmuffen, ohne Technik						
	St	**€ brutto**	**3.649**	**4.661**	**5.178**	**5.773**	**6.942**
	KG 552	€ netto	3.066	3.917	4.351	4.851	5.833
121	**Regenwasserkanal, PVC-U-Rohre, DN100** Regenwasserleitung; PVC-U-Rohre inkl. Formstücke; DN100; in vorandenen Graben						
	m	**€ brutto**	**22**	**31**	**34**	**37**	**43**
	KG 551	€ netto	19	26	29	31	36
122	**Regenwasserkanal, PVC-U-Rohre, DN150** Regenwasserleitung; PVC-U-Rohre inkl. Formstücke; DN150; in vorhandenen Graben						
	m	**€ brutto**	**33**	**39**	**43**	**47**	**50**
	KG 551	€ netto	28	33	36	39	42
123	**Regenwasserkanal, PVC-U-Rohre, DN200** Regenwasserleitung; PVC-U Rohren inkl. Formstücken; DN200; in vorhandenen Graben						
	m	**€ brutto**	**35**	**42**	**47**	**56**	**67**
	KG 551	€ netto	29	35	39	47	56
124	**Dränleitung, PVC-Vollsickerrohr, DN100** Dränleitung mit Sickerpackung; PVC-Vollsickerrohr, filtervliesummantelt Rollkies; DN100						
	m	**€ brutto**	**21**	**27**	**30**	**35**	**42**
	KG 551	€ netto	17	23	26	30	36

LB 003 **Preise €**

Nr.	Kurztext / Stichworte Einheit / Kostengruppe		►	▷	brutto ø netto ø	◁	◄
125	**Dränleitung, PVC-Vollsickerrohr, DN150** Dränleitung mit Sickerpackung; PVC-Vollsickerrohr, filtervliesummantelt Rollkies; DN150						
	m	**€ brutto**	**27**	**32**	**37**	**40**	**46**
	KG 551	€ netto	23	27	31	34	39
126	**Formstück, Dränleitung, PVC, Bogen** Formstück, Bogen; PVC-Vollsickerrohren; inkl. Steckmuffe						
	St	**€ brutto**	**13**	**18**	**20**	**23**	**28**
	KG 551	€ netto	11	15	17	19	23
127	**Formstück, Dränleitung, PVC, Abzweig** Formstück, Abzweig; PVC-Vollsickerrohr; DN100, 45°; inkl. Steckmuffe						
	St	**€ brutto**	**33**	**39**	**43**	**49**	**59**
	KG 551	€ netto	27	33	37	41	50
128	**Versickerungsmulden herstellen** Aushub Versickerungsmulde; überschüssige Boden entsorgen						
	m²	**€ brutto**	**4,1**	**8,0**	**9,1**	**13,4**	**18,9**
	KG 551	€ netto	3,4	6,7	7,7	11,2	15,9
129	**Filtervlies** Filterschicht Dachbegrünung; Vlies, GRK 2; 150g/m2; überlappend; zwischen Dränschicht und Substrat						
	m²	**€ brutto**	**3,2**	**4,1**	**4,4**	**5,0**	**6,5**
	KG 363	€ netto	2,7	3,5	3,7	4,2	5,5
130	**Kiesbett herstellen, 0/2** Kiesbett; Kies 0/2; Sollhöhe +/-2cm; einbauen, verdichten, DPr 97/ 103%						
	m³	**€ brutto**	**50**	**61**	**62**	**64**	**72**
	KG 531	€ netto	42	51	52	54	61
131	**Kiesbett herstellen, 16/32** Kiesbett; Rollkies 16/32, gewaschen; Sollhöhe +/-2cm; einbauen, verdichten, DPr 97%/103%						
	m³	**€ brutto**	**58**	**74**	**80**	**90**	**103**
	KG 531	€ netto	49	63	67	75	87
132	**Vegetationsmatte, liefern/verlegen** Vegetationsmatte, vorkultiviert; Sedum-Kräuter-Gräser; verlegen, wässern						
	m²	**€ brutto**	**38**	**50**	**54**	**60**	**80**
	KG 363	€ netto	32	42	45	51	67
133	**Bewässerungseinrichtung, Hochstämme** Baumbewässerungseinrichtung; Dränagerohr, Kies 8/16; DN80, Tiefe 30cm; rund 1,00m, Kies 10cm						
	St	**€ brutto**	**76**	**106**	**114**	**128**	**171**
	KG 573	€ netto	64	89	96	107	144

LB 003 **Preise €**

Nr.	Kurztext / Stichworte Einheit / Kostengruppe		▶	▷	brutto ø netto ø	◁	◀
134	**Baumschutzgitter, Metall** Baumschutzgitter; Aluminiumguss, Stahlteile feuerverzinkt; 183x64cm; zwei Halbschalen						
	St	**€ brutto**	**985**	**1.174**	**1.241**	**1.278**	**1.420**
	KG 573	€ netto	828	986	1.043	1.074	1.193
135	**Rankhilfe, Edelstahlseil** Rankseil; Edelstahl; Seildurchmesser 4mm; vertikal und horizontal; inkl. Klettersprossen						
	m	**€ brutto**	**15**	**27**	**32**	**36**	**54**
	KG 573	€ netto	13	22	27	30	45
136	**Baumscheibe, Grauguss** Baumscheibenabdeckung; Grauguss; A 1,50x1,50; quadratisch, vier Segmente						
	St	**€ brutto**	**1.773**	**2.744**	**2.888**	**3.106**	**3.695**
	KG 573	€ netto	1.490	2.306	2.427	2.610	3.105
137	**Spielgerät, Doppelschaukel** Spielgerät Doppelschaukel; Gummisitze, Alu-Einlage; einbauen; Fundamente bauseits						
	St	**€ brutto**	**4.045**	**4.842**	**5.290**	**5.490**	**7.169**
	KG 562	€ netto	3.399	4.069	4.446	4.614	6.024
138	**Spielgerät, Klettergerüst** Spielgerät Klettergerüst; einbauen						
	St	**€ brutto**	**1.158**	**10.713**	**12.294**	**13.901**	**23.457**
	KG 562	€ netto	973	9.003	10.331	11.682	19.711
139	**Spielgerät, Federwipptier** Spielgerät Federwipptier; einbauen						
	St	**€ brutto**	**1.467**	**1.818**	**1.857**	**2.076**	**2.412**
	KG 562	€ netto	1.232	1.527	1.561	1.745	2.027
140	**Spielsand, Körnung 0/2** Spielsand; gewaschen, unbelastet, 0/2; Dicke 30cm; einbauen						
	t	**€ brutto**	**37**	**47**	**51**	**74**	**101**
	KG 562	€ netto	31	39	43	62	85
141	**Spielsand auswechseln, bis 40cm** Spielsand auswechseln; Liefermaterial; Tiefe bis 40cm; einbauen; gebrauchter Sand entsorgen						
	m^3	**€ brutto**	**15**	**20**	**24**	**27**	**34**
	KG 536	€ netto	13	17	20	23	29
142	**Einfassung, Sandkasten** Einfassung Sandkasten; Pflastersteine; in C12/15 versetzen						
	m^2	**€ brutto**	**60**	**73**	**78**	**93**	**111**
	KG 536	€ netto	51	62	66	78	93

Kosten: Stand 3.Quartal 2024, Bundesdurchschnitt

LB 003 **Preise €**

Nr.	Kurztext / Stichworte Einheit / Kostengruppe		►	▷	brutto ø netto ø	◁	◄
143	**Wegeeinfassung, Naturwerkstein** Einfassung Wegefläche; Naturwerkstein; 12x12cm; in C12/15 versetzen						
	m	**€ brutto**	**34**	**43**	**46**	**53**	**67**
	KG 531	€ netto	28	36	39	45	56
144	**Fallschutz auskoffern** Aushub Fallschutzbereich; BK 3-5; laden, abfahren, entsorgen						
	m²	**€ brutto**	**2,5**	**5,1**	**6,8**	**8,5**	**10,9**
	KG 536	€ netto	2,1	4,3	5,7	7,1	9,2
145	**Fallschutz, Kies** Fallschutzbelag; Rundkies 0/4 bis 2/6, gewaschen; Dicke 40cm; auftragen, verdichten						
	m²	**€ brutto**	**31**	**36**	**39**	**45**	**51**
	KG 536	€ netto	26	30	33	38	43
146	**Fallschutzbelag, Gummigranulatplatten** Fallschutzbelag; Gummigranulatplatten, vollelastisch; Dicke mind. 10mm; auf vorhandenen Asphaltbeton verlegen						
	m²	**€ brutto**	**92**	**133**	**142**	**158**	**188**
	KG 536	€ netto	78	112	119	132	158
147	**Schall-Sichtschutzwand, Stahlbeton, 2,0m** Schall-Sichtschutzwand; Stahlbeton; Höhe 2,00m; inkl. Pfosten, Sockelelemente, Gründung						
	St	**€ brutto**	**454**	**598**	**673**	**729**	**853**
	KG 542	€ netto	381	503	565	612	717
148	**Fahrradständer, Stahlrohrkonstruktion** Fahrradständer; Stahlrohrkonstruktion, feuerverzinkt; einbauen in Fundament						
	St	**€ brutto**	**636**	**720**	**743**	**787**	**858**
	KG 561	€ netto	534	605	625	661	721
149	**Abfallbehälter, Stahlblech** Abfallbehälter; Stahlblech, feuerverzinkt; standfest verankern; inkl. Erd-und Fundamentarbeiten						
	St	**€ brutto**	**665**	**951**	**1.080**	**1.150**	**1.320**
	KG 561	€ netto	559	799	907	967	1.109
150	**Poller, Aluminium** Poller; Aluminium; umklappbar; inkl. Erd-und Fundamentarbeiten						
	St	**€ brutto**	**326**	**472**	**585**	**597**	**854**
	KG 561	€ netto	274	397	491	502	718

LB 003							Preise €
Nr.	Kurztext / Stichworte Einheit / Kostengruppe		►	▷	brutto ø netto ø	◁	◄
151	**Poller, Beton** Poller; Beton; 40x120, Höhe 900/1.000mm; inkl. Erd-und Fundamentarbeiten						
	St	**€ brutto**	**259**	**522**	**545**	**569**	**711**
	KG 561	€ netto	218	439	458	479	598
152	**Poller, Stahl, beschichtet** Poller; Stahl, verzinkt, beschichtet; Höhe 900/1.000mm; herausnehmbar; inkl. Erd- und Fundamentarbeiten						
	St	**€ brutto**	**396**	**513**	**561**	**619**	**733**
	KG 561	€ netto	332	431	472	520	616
153	**Poller, Naturwerkstein** Poller Naturwerkstein; Granit, gesägt, gefast; 35x35x40cm; inkl. Erd- und Fundamentarbeiten						
	St	**€ brutto**	**311**	**605**	**642**	**714**	**1.293**
	KG 561	€ netto	261	508	540	600	1.087
154	**Hinweisschild, Aluminium** Hinweisschild; Aluminium; 62x83cm; fünffarbiger Druck, mit Piktogrammen; inkl. Halterung						
	St	**€ brutto**	**249**	**322**	**334**	**350**	**400**
	KG 561	€ netto	209	271	280	294	336
155	**Gewässerabdichtung, Teichfolie** Gewässerabdichtung; EPDM-Kautschukfolie; Dicke 0,2mm, 200g/m²; beidseitigem Schutzvlies						
	m²	**€ brutto**	**26**	**37**	**43**	**45**	**56**
	KG 580	€ netto	22	31	36	38	47
156	**Planum Gewässer** Planum Gewässer; Auf-und Abtrag +/-5cm; Steine, Spitze Gegenstände, Fremdkörper größer 5cm entfernen, Unebenheiten ausgleichen						
	m²	**€ brutto**	**5,7**	**9,5**	**10,4**	**15,4**	**20,9**
	KG 580	€ netto	4,8	8,0	8,7	12,9	17,6
157	**Sauberkeitsschicht, Teich** Sauberkeitsschicht, Teich/See; Sand 0,2; Dicke 5cm						
	m²	**€ brutto**	**4,7**	**6,2**	**7,6**	**7,7**	**9,3**
	KG 580	€ netto	3,9	5,2	6,4	6,5	7,8
158	**Wurzelanker im Teich** Wurzelanker, Teich/See; Verwurzelungsgewebe; Übergangsbereich zwischen Luft und Wasser						
	m²	**€ brutto**	**31**	**42**	**44**	**48**	**52**
	KG 580	€ netto	26	35	37	41	44

LB 003						Preise €
Nr.	**Kurztext** / Stichworte **Einheit** / Kostengruppe		►	▷	**brutto ø** netto ø	◁	◄

Nr.	Kurztext / Einheit		►	▷	ø	◁	◄
159	**Befestigung, Gewässerabdichtungsbahn Uferbereich** Befestigung, Gewässerabdichtung; Kies 8/16; Grabenbreite 40cm, Tiefe 20cm						
	m	**€ brutto**	**18**	**22**	**23**	**24**	**28**
	KG 580	€ netto	15	18	19	20	23
160	**Teichrand herstellen** Teichrandstreifen herstellen; Rundkies 16/32, gewaschen						
	m²	**€ brutto**	**12**	**15**	**17**	**18**	**20**
	KG 580	€ netto	10	13	14	15	17
161	**Dachfläche reinigen** Dachfläche reinigen; grober Verschmutzung; Schutt aufnehmen, entsorgen						
	m²	**€ brutto**	**1,9**	**2,4**	**2,5**	**2,8**	**3,1**
	KG 363	€ netto	1,6	2,0	2,1	2,3	2,6
162	**Durchwurzelungsschutzschicht, PVC-P 0,8mm** Durchwurzelungsschutzschicht; PVC-P bitumenverträglich; Dicke 0,8mm; lose verlegen						
	m²	**€ brutto**	**23**	**26**	**26**	**28**	**31**
	KG 363	€ netto	20	22	22	24	26
163	**Dachbegrünung, Trenn-, Schutz- und Speichervlies, 300** Schutzlage Dachabdichtung; Chemiefaser; 300g/m²; vor mechanischer Beanspruchung/Wasserpeicherung						
	m²	**€ brutto**	**5,1**	**6,0**	**6,5**	**6,8**	**8,8**
	KG 363	€ netto	4,3	5,1	5,4	5,7	7,4
164	**Dachbegrünung, Trenn-, Schutz- und Speichervlies, 500** Schutzlage Dachabdichtung; Chemiefaser; 500g/m²; vor mechanischer Beanspruchung/Wasserpeicherung						
	m²	**€ brutto**	**6,4**	**7,5**	**8,1**	**8,9**	**10,1**
	KG 363	€ netto	5,4	6,3	6,8	7,4	8,5
165	**Dränageelement, PE-Platte, 40mm, Dachbegrünung** Dränelement, extensive Dachbegrünung; PE-Kunststoff, Blähton; Plattendicke 40mm; einbauen, verfüllen						
	m²	**€ brutto**	**20**	**23**	**25**	**26**	**28**
	KG 363	€ netto	17	19	21	21	24
166	**Flächendränage, begehbare Flachdächer, HDPE** Flächendränage, begehbare Flachdächer; Dränagematte HDPE, Filterschicht Polypropylen; unter Gehwegbelagsfläche						
	m²	**€ brutto**	**90**	**121**	**131**	**148**	**159**
	KG 363	€ netto	76	102	110	124	134

LB 003						Preise €
Nr.	**Kurztext** / Stichworte			**brutto ø**		
	Einheit / Kostengruppe	►	▷	netto ø	◁	◄
167	**Filtervlies, Dränageabdeckung, 100g/m²**					
	Filtervlies, Dränageabdeckung; Kunststoff; 100g/m²; verlegen; auf Dränschicht					
	m² **€ brutto**	**4,0**	**5,2**	**6,0**	**6,8**	**7,9**
	KG 363 € netto	3,3	4,4	5,0	5,7	6,6
168	**Filtermatte, Dachbegrünung**					
	Filtermatte, Dachbegrünung; 100% PP-Endlosfaser, GRK 2; 105g/m²; mechanisch befestigen; zwischen Dränschicht und Substrat					
	m² **€ brutto**	**2,2**	**2,9**	**3,4**	**3,7**	**4,6**
	KG 363 € netto	1,9	2,5	2,8	3,1	3,9
169	**Kontrollschacht, extensive Dachbegrünung, Höhe bis 20cm**					
	Kontrollschacht, extensive Dachbegrünung; Kunststoff; Höhe bis 20cm, Durchmesser 30cm; Dachablauf, inkl. Bodenplatte, Deckel					
	St **€ brutto**	**104**	**117**	**121**	**130**	**147**
	KG 363 € netto	88	98	102	109	124
170	**Kontrollschacht, intensive Dachbegrünung, Höhe bis 40cm**					
	Kontrollschacht, extensive Dachbegrünung; Kunststoff; Höhe bis 40cm, Durchmesser 40cm; Dachablauf, inkl. Bodenplatte, Deckel					
	St **€ brutto**	**236**	**248**	**252**	**258**	**276**
	KG 363 € netto	199	208	212	217	232
171	**Sicherheitsstreifen, Kies, Dachbegrünung**					
	Sicherheitsstreifen, Dachbegrünung; Rundkies 16/32, gewaschen; Dicke 5cm, Breite 20-30cm; einbauen; Aufkanungen, Abschlüsse, Durchdringungen					
	m² **€ brutto**	**11**	**14**	**16**	**18**	**21**
	KG 363 € netto	9,4	12,0	13,3	14,8	17,4
172	**Kiesfangleiste, L-Profil, Dachbegrünung**					
	Kiesfangleiste; Aluminium, gelocht; Dicke bis 2mm; vierfach gekantet; Dachneigung bis 5°					
	m **€ brutto**	**23**	**29**	**32**	**35**	**43**
	KG 363 € netto	19	24	27	30	36
173	**Einschichtsubstrat, extensive Dachbegrünung**					
	Drän- und Vegetationstragschicht, extensive Dachbegrünung; Einschichtsubstrat, strukturstabilisiert; Dicke 8cm; lose einbauen					
	m² **€ brutto**	**24**	**29**	**30**	**34**	**41**
	KG 363 € netto	20	24	25	29	34
174	**Mehrschichtsubstrat, extensive Dachbegrünung**					
	Drän- und Vegetationstragschicht, extensive Dachbegrünung; Mehrschichtsubstrat, strukturstabil; Dicke 8cm; lose einbauen					
	m² **€ brutto**	**32**	**36**	**37**	**39**	**42**
	KG 363 € netto	27	30	31	33	36

Kosten: Stand 3.Quartal 2024, Bundesdurchschnitt

LB 003 **Preise €**

Nr.	Kurztext / Stichworte Einheit / Kostengruppe		►	▷	brutto ø netto ø	◁	◄
175	**Begrünungssubstrat, Natur-Bims, Dachbegrünung** Begrünungssubstrat extensive Dachbegrünung; Natur-Bims/Leicht-Lava; auf fertiger Schichthöhe einbauen						
	m²	**€ brutto**	**12**	**17**	**18**	**20**	**23**
	KG 363	€ netto	10	15	15	17	19
176	**Mehrschichtsubstrat, intensive Dachbegrünung** Vegetationstragschicht, intensive Dachbegrünung; Intensivsubstrat, strukturstabil; Dicke 10cm; mehrschichtige Dachbegrünung, strukturstabil, lose einbauen						
	m²	**€ brutto**	**38**	**43**	**45**	**47**	**51**
	KG 363	€ netto	32	36	38	40	43
177	**Nassansaat, extensive Dachbegrünung, Saatgutmischung** Ansaat, extensive Dachbegrünung; Sedumsprossen, Kräuter; Anspritzverfahren, wässriger Zelluloselösung						
	m²	**€ brutto**	**4,3**	**6,7**	**8,4**	**10,5**	**14,3**
	KG 363	€ netto	3,6	5,6	7,0	8,9	12,0
178	**Trockenansaat, extensive Dachbegrünung, Saatgutmischung** Ansaat, extensive Dachbegrünung; Sedum-Sprossen in Sorten; Saatgut 50-80g/m²; inkl. Düngung, wässern						
	m²	**€ brutto**	**3,6**	**6,0**	**6,9**	**7,8**	**9,2**
	KG 363	€ netto	3,0	5,0	5,8	6,5	7,8
179	**Düngung, Dachbegrünung, extensiv** Düngung, extensive Dachbegrünung; mineralisch; 50g/m² je Arbeitsgang						
	m²	**€ brutto**	**0,4**	**0,7**	**0,9**	**0,9**	**1,1**
	KG 363	€ netto	0,3	0,6	0,8	0,8	0,9
180	**Wässern, Dachbegrünung, extensiv** Wässern, extensive Dachbegrünung; 10l/m² je Arbeitsgang; Wasser vorhanden, kostenlose Entnahme						
	m²	**€ brutto**	**0,7**	**0,9**	**1,0**	**1,1**	**1,2**
	KG 363	€ netto	0,6	0,8	0,8	1,0	1,0
181	**Stelzlager, Unterbau, Plattenbeläge, Dachbegrünung, H 25-40mm** Stelzlager, Plattenbelag; Polypropylen; Höhe 25-40mm; höhenverstellbar als Unterbau; Dachbegrünung						
	St	**€ brutto**	**8,3**	**10,5**	**11,3**	**12,5**	**13,8**
	KG 363	€ netto	7,0	8,8	9,5	10,5	11,6

LB 003							Preise €
Nr.	Kurztext / Stichworte Einheit / Kostengruppe		▶	▷	brutto ø netto ø	◁	◀
182	**Stelzlager, Unterbau, Plattenbeläge, Dachbegrünung, H 145-225mm** Stelzlager, Plattenbelag; Polypropylen; Höhe 145-225mm; höhenverstellbar als Unterbau; Dachbegrünung						
	St	**€ brutto**	**12**	**15**	**16**	**18**	**19**
	KG 363	€ netto	9,9	12,5	13,1	14,8	15,9
183	**Stelzlager, Aufstockelement, höhenverstellbar, H 80mm** Stelzlager, Aufstockelement; Polypropylen; Höhe 80mm; höhenverstellbar, einbauen; Dachbegrünung						
	St	**€ brutto**	**6,6**	**8,6**	**9,2**	**10,2**	**11,1**
	KG 363	€ netto	5,5	7,2	7,7	8,6	9,3
184	**Plattenlager, Betonplatten, höhenverstellbar, H 10mm** Plattenlager, Betonplatten; Durchmesser 120mm, Auflagenhöhe 10mm; für Höhenausgleich Betonplattenbelag						
	St	**€ brutto**	**6,4**	**7,8**	**8,3**	**9,4**	**10,2**
	KG 363	€ netto	5,4	6,5	7,0	7,9	8,6
185	**Sekurant, Anseilsicherung, Stahl verzinkt** Anschlagskonstruktion, Seilsicherung Flachdach; Stahl, verzinkt, Einzelanschlagspunkt; Durchdringungsfrei, mit Auflast herstellen; Neigung bis 5°						
	St	**€ brutto**	**233**	**282**	**307**	**320**	**380**
	KG 363	€ netto	196	237	258	269	319
186	**Fertigstellungspflege, extensive Dachbegrünung** Fertigstellungspflege, extensive Dachbegrünung; gem. der FLL-Dachbegrünungsrichtlinie, Arbeitsgänge 2x jährlich, Stoffe entsorgen						
	m²	**€ brutto**	**2,2**	**4,1**	**4,5**	**6,1**	**9,6**
	KG 363	€ netto	1,9	3,4	3,8	5,1	8,0
187	**Trenn-, Schutz-, Speichervlies** Trennlage; Filtervlies; zwischen Erdplanum und Frostschutz						
	m²	**€ brutto**	**2,3**	**2,6**	**2,7**	**3,2**	**3,7**
	KG 363	€ netto	1,9	2,2	2,3	2,7	3,1
188	**Unterkonstruktion, Terrasse, Bauschnittholz** Unterkonstruktion Terrasse; Bauschnittholz S10; Dicke 40mm, Breite bis 60mm; mechanisch befestigen						
	m²	**€ brutto**	**–**	**28**	**30**	**34**	**–**
	KG 533	€ netto	–	24	25	28	–
189	**Randabschluss, Deckbrett** Randabschluss Deckbrett; Kiefer S10, gehobelt, besäumt; Breite bis 120mm, Dicke 28mm						
	m	**€ brutto**	**–**	**66**	**71**	**78**	**–**
	KG 533	€ netto	–	56	60	65	–

Kosten: Stand 3.Quartal 2024, Bundesdurchschnitt

LB 003							**Preise €**
Nr.	**Kurztext** / Stichworte **Einheit** / Kostengruppe		►	▷	**brutto ø** netto ø	◁	◄
190	**Stundensatz, Helfer/-in** Stundenlohnarbeiten für Werkerin, Werker, Helferin, Helfer und Gleichgestellte; Landschaftsbauarbeiten						
	h	**€ brutto**	**58**	**63**	**65**	**68**	**73**
		€ netto	49	53	55	57	61
191	**Stundensatz, Facharbeiter/-in** Stundenlohnarbeiten, Vorarbeiterin, Vorarbeiter, Facharbeiterin, Facharbeiter und Gleichgestellte; Landschaftsbauarbeiten						
	h	**€ brutto**	**69**	**79**	**85**	**89**	**95**
		€ netto	58	67	71	75	80

LB 004						Preise €
Nr.	Kurztext / Stichworte Einheit / Kostengruppe	►	▷	brutto ø netto ø	◁	◄
1	**Heckenpflanze, Hainbuche bis 200cm** Carpinus betulus-Hainbuche; Heckenpflanze, Str 2xv mB; Höhe bis 200cm; liefern, einpflanzen					
	St **€ brutto**	**15**	**19**	**21**	**24**	**30**
	KG 573 € netto	13	16	18	20	25
2	**Heckenpflanze, Eibe bis 100cm** Taxus baccata-Gewöhnliche Eibe; Heckenpflanze, Str 4xv mB; Höhe bis 100cm; liefern, einpflanzen					
	St **€ brutto**	**44**	**55**	**64**	**80**	**99**
	KG 573 € netto	37	47	54	67	83
3	**Heckenpflanze, Buchsbaum** Buxus sempervirens-Buchsbaum; Heckenpflanze, Str 2xv mB/Co; Höhe 20-25cm; liefern, einpflanzen					
	St **€ brutto**	**4,4**	**7,9**	**8,3**	**9,2**	**11,5**
	KG 573 € netto	3,7	6,6	6,9	7,8	9,7
4	**Heckenpflanze, Liguster bis 100cm** Ligustrum vulgare-Liguster; Heckenpflanze, Str 1xv 5-7Tr; Höhe 60-100cm; liefern, einpflanzen					
	St **€ brutto**	**1,9**	**4,2**	**5,4**	**6,4**	**8,8**
	KG 573 € netto	1,6	3,6	4,5	5,3	7,4
5	**Heckenpflanze, Lorbeerkirsche bis 100cm** Prunus laurocerrasus-Lorbeerkirsche; Heckenpflanze, Str 2xv 5-7Tr; Höhe 80-100cm; liefern, einpflanzen					
	St **€ brutto**	**25**	**28**	**30**	**32**	**34**
	KG 573 € netto	21	24	26	27	29
6	**Heckenpflanze, Rot-Buche bis 200cm** Fagus sylvatica-Rotbuche; Heckenpflanze, Str. 3xv mB; Höhe 175-200cm; liefern, einpflanzen					
	St **€ brutto**	**36**	**49**	**52**	**59**	**68**
	KG 573 € netto	30	41	43	50	57
7	**Heckenpflanze, Blut-Buche bis 200cm** Fagus sylvatica purpurea-Blutbuche; Heckenpflanze, Str 3xv mB; Höhe 175-200cm; liefern, einpflanzen					
	St **€ brutto**	**40**	**53**	**59**	**64**	**77**
	KG 573 € netto	33	45	49	54	65
8	**Heckenpflanze, Feld-Ahorn bis 200cm** Acer campestre-Feldahorn; Heckenpflanze, Str 2xv mB; Höhe 175-200cm; liefern, einpflanzen					
	St **€ brutto**	**22**	**27**	**30**	**33**	**37**
	KG 573 € netto	18	23	25	28	31

Kosten: Stand 3.Quartal 2024, Bundesdurchschnitt

LB 004 **Preise €**

Nr.	Kurztext / Stichworte Einheit / Kostengruppe		►	▷	brutto ø netto ø	◁	◄
9	**Solitär, Hainbuche StU 16-18** Carpinus betulus-Hainbuche; Solitär, H 3xv; StU 16-18cm; liefern, einpflanzen						
	St	**€ brutto**	**322**	**412**	**445**	**544**	**658**
	KG 573	€ netto	271	346	374	458	553
10	**Solitär, Säulen-Hainbuche, StU 10-12** Carpinus betulus-Säulenhainbuche; Solitär, H 3xv mDb; StU 10-12cm; liefern, einpflanzen						
	St	**€ brutto**	**482**	**566**	**622**	**676**	**759**
	KG 573	€ netto	405	475	523	568	638
11	**Solitär, Rotblühende Rosskastanie, StU 16-18** Aesculus carnea-Rotblühende Rosskastanie; Solitär, H 3xv mDb; StU 16-18cm; liefern, einpflanzen						
	St	**€ brutto**	**287**	**395**	**416**	**433**	**510**
	KG 573	€ netto	241	332	350	364	429
12	**Solitär, Kugel-Ahorn StU 14-16** Acer platanoides-Kugelahorn; Solitär, H 3xv mDb; StU 14-16cm; liefern, einpflanzen						
	St	**€ brutto**	**418**	**549**	**616**	**651**	**763**
	KG 573	€ netto	351	461	517	547	641
13	**Solitär, Feld-Ahorn StU 18-20** Acer campestre-Feldahorn; Solitär, H mehrstämmig 3xv mDb; StU 18-20cm; liefern, einpflanzen						
	St	**€ brutto**	**259**	**386**	**440**	**540**	**711**
	KG 573	€ netto	218	325	370	454	598
14	**Solitär, Winterlinde StU 25-30** Tilia cordata-Winterlinde; Solitär, H 4xv mDb; StU 25-30cm, Höhe 400-500cm; liefern, einpflanzen						
	St	**€ brutto**	**426**	**532**	**588**	**634**	**728**
	KG 573	€ netto	358	447	494	533	612
15	**Solitär, Wald-Kiefer StU 18-20** Pinus sylvestris-Waldkiefer; Solitär, H 4xv mDb; StU 18-20cm, Höhe 100-150cm; liefern, einpflanzen						
	St	**€ brutto**	**374**	**660**	**704**	**787**	**925**
	KG 573	€ netto	314	554	591	661	778
16	**Solitär, Gemeine Esche StU 16-18** Fraxinus excelsior-Gemeine Esche; Solitär, H 3xv mDb; StU 16-18cm; liefern, einpflanzen						
	St	**€ brutto**	**315**	**373**	**409**	**436**	**511**
	KG 573	€ netto	265	314	344	366	429

LB 004						Preise €
Nr.	Kurztext / Stichworte			brutto ø		
	Einheit / Kostengruppe	▶	▷	netto ø	◁	◀
17	**Solitär, Vogelbeere StU 16-18**					
	Sorbus aucuparia-Eberesche; Solitär, H 3xv mDb; StU 16-18cm; liefern, einpflanzen					
	St € brutto	**199**	**276**	**298**	**328**	**389**
	KG 573 € netto	168	232	251	276	327
18	**Solitär, Schwedische Mehlbeere StU 14-16**					
	Sorbus intermedia-Mehlbeere; Solitär, H 3xv mDb; StU 14-16cm; liefern, einpflanzen					
	St € brutto	**256**	**297**	**304**	**316**	**348**
	KG 573 € netto	215	250	255	266	292
19	**Solitär, Baum-Hasel StU 16-18**					
	Corylus colurna-Baumhasel; Solitär, H 3xv mDb; StU 16-18cm; liefern, einpflanzen					
	St € brutto	**300**	**322**	**434**	**482**	**534**
	KG 573 € netto	252	271	365	405	449
20	**Solitär, Rotdorn in Sorten StU 20-25**					
	Crataegus-Rotdorn; Solitär, H 4xv mDb; StU 20-25cm; liefern, einpflanzen					
	St € brutto	**338**	**465**	**479**	**534**	**669**
	KG 573 € netto	284	391	403	448	562
21	**Solitär, Blutbuche, StU 20-25**					
	Fagus sylvatica-Blutbuche; Solitär, H 4xv mDb; StU 20-25cm; liefern, einpflanzen					
	St € brutto	**486**	**596**	**649**	**676**	**768**
	KG 573 € netto	408	501	545	568	645
22	**Solitär, Stieleiche StU 14-16**					
	Quercus robur-Stieleiche; Solitär, H 3xv mDb; StU 14-16cm; liefern, einpflanzen					
	St € brutto	**212**	**325**	**336**	**373**	**445**
	KG 573 € netto	178	273	282	314	374
23	**Solitär, Flachrohr Bambus Höhe 100-125**					
	Phyllostachys bissetii-Bambus; Solitär, Str 3xv Co; Höhe 100-150cm; liefern, einpflanzen					
	St € brutto	**147**	**182**	**192**	**196**	**220**
	KG 573 € netto	123	153	161	165	185
24	**Solitär, Platane StU 16-18**					
	Platanus x acerifolia-Platane; Solitär, H 3xv mDb; StU 16-18cm; liefern, einpflanzen					
	St € brutto	**256**	**343**	**396**	**460**	**556**
	KG 573 € netto	215	288	333	386	467

Kosten: Stand 3.Quartal 2024, Bundesdurchschnitt

LB 004 **Preise €**

Nr.	Kurztext / Stichworte Einheit / Kostengruppe		►	▷	brutto ø netto ø	◁	◄
25	**Solitär, Schwarzerle StU 16-18** Alnus glutinosa-Schwarzerle; Solitär, H 3xv mDb; 16-18cm; liefern, einpflanzen						
	St	**€ brutto**	**151**	**189**	**208**	**224**	**269**
	KG 573	€ netto	127	158	174	188	226
26	**Solitär, Fächerblattbaum StU 20-25** Ginkgo biloba-Fächerblattbaum; Solitär, H 3xv mDb; StU 20-25cm; liefern, einpflanzen						
	St	**€ brutto**	**370**	**563**	**661**	**891**	**1.158**
	KG 573	€ netto	311	473	556	749	973
27	**Solitär, Blauglockenbaum StU 18-20** Paulownia tomentosa-Blauglockenbaum; Solitär, H 3xv mDb; StU 18-20cm; liefern, einpflanzen						
	St	**€ brutto**	**424**	**482**	**492**	**526**	**584**
	KG 573	€ netto	356	405	414	442	491
28	**Solitär, Robinie StU 16-18** Robinia pseudoacacia-Robinie; Solitär, H 3xv mDb; StU 16-18cm; liefern, einpflanzen						
	St	**€ brutto**	**371**	**422**	**454**	**489**	**550**
	KG 573	€ netto	312	355	382	411	462
29	**Solitär, Magnolie Höhe 125-150** Magnolia-Magnolie; Solitär, H 3xv mDb; StU 16-18cm; liefern, einpflanzen						
	St	**€ brutto**	**241**	**310**	**335**	**380**	**409**
	KG 573	€ netto	203	260	282	320	344
30	**Solitär Straßenbaum, stadtklimaresistent, Spitzahorn StU 16-18** Acer platanoides-Spitzahorn; Solitär, H 3xv mDb; StU 16-18cm; liefern, einpflanzen; stadtklimaresistent, insektenfreundlich						
	St	**€ brutto**	**–**	**604**	**649**	**714**	**–**
	KG 573	€ netto	–	507	545	600	–
31	**Solitär Straßenbaum, stadtklimaresistent, Säulen, Spitzahorn StU 16-18** Acer platanoides-Spitzahorn; Solitär, H 3xv mDb; StU 16-18cm; liefern, einpflanzen; stadtklimaresistent, insektenfreundlich						
	St	**€ brutto**	**422**	**554**	**602**	**657**	**741**
	KG 573	€ netto	354	466	506	552	623

LB 004						Preise €
Nr.	**Kurztext** / Stichworte			**brutto ø**		
	Einheit / Kostengruppe	►	▷	netto ø	◁	◄
32	**Solitär Straßenbaum, stadtklimaresistent, Kornelkirsche StU 10-12** Cornus mas-Kornelkirsche; Solitär, H 3xv mDb; StU 10-12cm; liefern, einpflanzen; stadtklimaresistent, insektenfreundlich					
	St **€ brutto**	**287**	**391**	**416**	**474**	**504**
	KG 573 € netto	241	329	350	399	423
33	**Solitär Straßenbaum, stadtklimaresistent, Wollapfel StU 12-14** Malus tschonoskii-Wollapfel; Solitär, H 3xv mDb; StU 12-14cm; liefern, einpflanzen; stadtklimaresistent, insektenfreundlich					
	St **€ brutto**	**290**	**379**	**403**	**455**	**524**
	KG 573 € netto	244	318	338	382	440
34	**Solitär Straßenbaum, stadtklimaresistent, Zierkirsche StU 16-18** Prunus x schmittii-Zierkirsche; Solitär, H 3xv mDb; StU 16-18cm; liefern, einpflanzen; stadtklimaresistent, insektenfreundlich					
	St **€ brutto**	**–**	**478**	**534**	**599**	**–**
	KG 573 € netto	–	402	449	503	–
35	**Solitär Straßenbaum, stadtklimaresistent, Stadtlinde StU 16-18** Tilia cordata-Stadtlinde; Solitär, H 3xv mDb; StU 16-18cm; liefern, einpflanzen; stadtklimaresistent, insektenfreundlich					
	St **€ brutto**	**–**	**608**	**654**	**746**	**–**
	KG 573 € netto	–	511	550	627	–
36	**Solitär Straßenbaum, stadtklimaresistent, Kaiserlinde StU 16-18** Tilia x europaea-Kaiserlinde; Solitär, H 3xv mDb; StU 16-18cm; liefern, einpflanzen; stadtklimaresistent, insektenfreundlich					
	St **€ brutto**	**–**	**634**	**690**	**800**	**–**
	KG 573 € netto	–	533	580	672	–
37	**Solitär Straßenbaum, stadtklimaresistent, Robinie StU 16-18** Robinia pseudoacacia-Robinie; Solitär, H 3xv mDb; StU 16-18cm; liefern, einpflanzen; stadtklimaresistent, insektenfreundlich					
	St **€ brutto**	**423**	**570**	**613**	**693**	**754**
	KG 573 € netto	356	479	515	582	634
38	**Solitär Straßenbaum, stadtklimaresistent, Holzapfel StU 16-18** Malus sylvestris-Holzapfel; Solitär, H 3xv mDb; StU 16-18cm; liefern, einpflanzen; stadtklimaresistent, insektenfreundlich					
	St **€ brutto**	**–**	**373**	**397**	**457**	**–**
	KG 573 € netto	–	314	334	384	–

Kosten: Stand 3.Quartal 2024, Bundesdurchschnitt

LB 004							Preise €
Nr.	**Kurztext** / Stichworte				**brutto ø**		
	Einheit / Kostengruppe		►	▷	netto ø	◁	◄
39	**Solitär Straßenbaum, stadtklimaresistent, Speierling Höhe 200-225** Sorbus domestica-Speierling; Solitär, H 3xv mDb; Höhe 200-250cm; liefern, einpflanzen; stadtklimaresistent, insektenfreundlich						
	St	**€ brutto**	**–**	**464**	**510**	**556**	**–**
	KG 573	€ netto	–	390	429	467	–
40	**Solitär Anlagenbaum, stadtklimaresistent, Sal-Weide StU 16-18** Salix caprea-Salweide; Solitär, H 3xv mDb; StU 16-18cm; liefern, einpflanzen; stadtklimaresistent, insektenfreundlich						
	St	**€ brutto**	**–**	**471**	**506**	**572**	**–**
	KG 573	€ netto	–	396	425	481	–
41	**Solitär Anlagenbaum, stadtklimaresistent, Silberweide StU 16-18** Salix alba-Silberweide; Solitär, H 3xv mDb; StU 16-18cm; liefern, einpflanzen; stadtklimaresistent, insektenfreundlich						
	St	**€ brutto**	**–**	**465**	**500**	**545**	**–**
	KG 573	€ netto	–	391	420	458	–
42	**Solitär Anlagenbaum, stadtklimaresistent, Kulturapfel StU 14-16** Malus domestica-Kulturapfel; Solitär, H 3xv mDb; StU 14-16cm; liefern, einpflanzen; stadtklimaresistent, insektenfreundlich						
	St	**€ brutto**	**–**	**529**	**581**	**622**	**–**
	KG 573	€ netto	–	445	489	523	–
43	**Obstgehölze Apfel in Sorten StU 16-18** Malus-Apfelbaum; Obstgehölz, H 3xv mDb; StU 16-18cm; liefern, einpflanzen						
	St	**€ brutto**	**237**	**322**	**352**	**431**	**628**
	KG 573	€ netto	199	271	296	362	528
44	**Obstgehölze, Weidenblättrige Birne StU 16-18** Pyrus salicifolia-Weidenblättrige Birne; Obstgehölz, H 3xv mDb; StU 16-18cm; liefern, einpflanzen						
	St	**€ brutto**	**441**	**584**	**621**	**689**	**745**
	KG 573	€ netto	371	491	522	579	626
45	**Obstgehölze, Zwerg-Blut-Pflaume Höhe 80-100** Prunus cistena-Zwergblutpflaume; Obstgehölz, 3xv mB; Höhe 80-100cm; liefern, einpflanzen						
	St	**€ brutto**	**37**	**51**	**52**	**59**	**74**
	KG 573	€ netto	31	43	43	50	62

LB 004						Preise €
Nr.	Kurztext / Stichworte Einheit / Kostengruppe		►	▷ brutto ø netto ø	◁	◄
46	**Obstgehölze, Blut-Pflaume StU 16-18** Prunus cerasifera-Blutpflaume; Obstgehölz, H 3xv mDb; StU 16-18cm; liefern, einpflanzen					
	St	**€ brutto**	**–**	**281**	**299**	**338**	**–**
	KG 573	€ netto	–	236	251	284	–
47	**Obstgehölze, japanische Blütenkirsche StU 12-14** Prunus serrulata-Japanische Blütenkirsche; Obstgehölz, H 3xv mDb; StU 12-14cm; liefern, einpflanzen					
	St	**€ brutto**	**370**	**425**	**461**	**466**	**527**
	KG 573	€ netto	311	357	387	391	443
48	**Obstgehölze, Walnussbaum StU 14-16** Juglans regia-Walnussbaum; Solitär, Hst 3xv mDB; StU 14-16cm; liefern, einpflanzen					
	St	**€ brutto**	**207**	**316**	**356**	**407**	**491**
	KG 574	€ netto	174	265	299	342	412
49	**Weidentunnel, Silber-Weide** Salix alba-Silberweide; zweijährig, biegsam; Länge 3,00m; einpflanzen; liefern, einpflanzen					
	St	**€ brutto**	**3,1**	**5,2**	**6,4**	**7,6**	**11,5**
	KG 573	€ netto	2,6	4,4	5,4	6,4	9,7
50	**Strauch, Kupfer-Felsenbirne** Amelanchier lamarckii-Kupferfelsenbirne; Str 3xv 3-5Tr mB; Höhe 100-150cm; liefern, einpflanzen					
	St	**€ brutto**	**45**	**56**	**62**	**65**	**85**
	KG 573	€ netto	38	47	52	55	72
51	**Strauch, Gewöhnliche Haselnuss** Corylus avellana-Gewöhnliche Haselnuss; Str 3xv mB; Höhe 125-150cm; liefern, einpflanzen					
	St	**€ brutto**	**27**	**33**	**35**	**37**	**44**
	KG 573	€ netto	22	28	29	31	37
52	**Strauch, Rhododendron in Sorten** Rhododendron; Str Co; Höhe 40-50cm; liefern, einpflanzen					
	St	**€ brutto**	**45**	**57**	**61**	**68**	**81**
	KG 573	€ netto	38	48	51	57	68
53	**Strauch, Hortensie in Sorten** Hydrangea-Hortensie; Str 3l Co; Höhe 40-60cm; liefern, einpflanzen					
	St	**€ brutto**	**14**	**19**	**21**	**25**	**33**
	KG 573	€ netto	12	16	18	21	28

Kosten: Stand 3.Quartal 2024, Bundesdurchschnitt

LB 004 **Preise €**

Nr.	Kurztext / Stichworte Einheit / Kostengruppe		►	▷	brutto ø netto ø	◁	◄
54	**Strauch, Flieder in Sorten** Syringa vulgaris-Gemeiner Flieder; Str 3xv mB; Höhe 125-150cm; liefern, einpflanzen						
	St	**€ brutto**	**43**	**69**	**81**	**87**	**113**
	KG 573	€ netto	36	58	68	73	95
55	**Strauch, Forsythie** Forsythia intermedia-Forsythie; Str 3xv mB; Höhe 125-150cm; liefern, einpflanzen						
	St	**€ brutto**	**22**	**26**	**27**	**29**	**35**
	KG 573	€ netto	18	22	23	24	30
56	**Strauch, Europäische Eibe** Taxus baccata-Europäische Eibe; Heckenpflanze, Str 5xv mDb; Höhe 80-100cm; einpflanzen						
	St	**€ brutto**	**82**	**112**	**128**	**148**	**191**
	KG 573	€ netto	69	94	107	124	160
57	**Strauch, Berberitze in Sorten** Berberis-Berberitze; Busch 2xv mB; Höhe 40-50cm; einpflanzen						
	St	**€ brutto**	**19**	**24**	**26**	**28**	**33**
	KG 573	€ netto	16	20	22	24	27
58	**Strauch, Zwergmispel in Sorten** Cotoneaster-Zwergmispel; Busch 2xv 2l Co; Höhe 40-60cm; einpflanzen						
	St	**€ brutto**	**2,5**	**3,9**	**4,5**	**5,9**	**8,3**
	KG 573	€ netto	2,1	3,3	3,8	5,0	6,9
59	**Strauch, Immergrüne Heckenkirsche** Lonicera nitida-Immergrüne Heckenkirsche; Str 2xv mTb; Höhe 40-60cm; einpflanzen						
	St	**€ brutto**	**2,1**	**3,3**	**3,7**	**5,5**	**8,0**
	KG 573	€ netto	1,8	2,7	3,1	4,6	6,8
60	**Strauch, Rote Johannisbeere in Sorten** Ribes robrum-Rote Johannisbeere; Str Co; Höhe 30cm; einpflanzen						
	St	**€ brutto**	**3,9**	**5,3**	**6,0**	**6,1**	**9,0**
	KG 573	€ netto	3,2	4,5	5,0	5,2	7,5
61	**Strauch, Heckenrose** Rosa canina-Heckenrose; Str 1xv 3-4Tr oB; Höhe 60-100cm; einpflanzen						
	St	**€ brutto**	**2,0**	**3,3**	**3,4**	**4,4**	**6,0**
	KG 573	€ netto	1,6	2,8	2,9	3,7	5,1
62	**Staude, wilde Rosen in Sorten** Rosa glauca-Hechtrose; vStr, 3-4Tr oB; Höhe 60-100cm; einpflanzen						
	St	**€ brutto**	**4,9**	**5,8**	**6,2**	**6,5**	**7,9**
	KG 573	€ netto	4,1	4,9	5,2	5,5	6,6

LB 004							Preise €
Nr.	Kurztext / Stichworte Einheit / Kostengruppe		►	▷	brutto ø netto ø	◁	◄
63	**Staude, Frauenmantel** Alchemilla mollis-Frauenmantel; Staude, Topfballen; einpflanzen						
	St	**€ brutto**	**2,3**	**2,7**	**2,9**	**3,1**	**3,6**
	KG 573	€ netto	1,9	2,3	2,5	2,6	3,0
64	**Staude, Kastanienblättriges Schaublatt** Rodgersia aesculifolia-Kastanienblättriges Schaublatt; Staude, Topfballen; einpflanzen						
	St	**€ brutto**	**2,9**	**4,6**	**4,7**	**5,0**	**6,7**
	KG 573	€ netto	2,4	3,9	4,0	4,2	5,7
65	**Staude, Pracht-Storchenschnabel** Geranium x magnificum-Prachtstorchenschnabel; Staude, Topfballen; einpflanzen						
	St	**€ brutto**	**1,8**	**3,1**	**4,1**	**4,3**	**5,3**
	KG 573	€ netto	1,6	2,6	3,4	3,6	4,4
66	**Staude, Schwefel-Elfenblume** Epimedium versicolor-Schwefelelfenblume; Staude, Topfballen; einpflanzen						
	St	**€ brutto**	**3,3**	**3,8**	**4,0**	**4,4**	**4,9**
	KG 573	€ netto	2,8	3,2	3,3	3,7	4,1
67	**Gras, Feinhalm-Chinaschilf** Miscanthus sinensis-Feinhalm-Chinaschilf; Gras, Topfballen; einpflanzen						
	St	**€ brutto**	**5,4**	**6,5**	**6,6**	**7,1**	**8,2**
	KG 573	€ netto	4,6	5,5	5,5	5,9	6,9
68	**Gras, Blau-Schwingel** Festuca glauca-Blauschwingel; Gras, Topfballen; einpflanzen						
	St	**€ brutto**	**2,6**	**3,1**	**3,3**	**3,5**	**3,7**
	KG 573	€ netto	2,2	2,6	2,8	2,9	3,1
69	**Gras, Rasenschmiele-Goldschleier** Deschampsia cespitosa-Rasenschmiele-Goldhafer; Gras, Topfballen; einpflanzen						
	St	**€ brutto**	**2,0**	**2,6**	**2,9**	**2,9**	**3,4**
	KG 573	€ netto	1,7	2,1	2,4	2,4	2,8
70	**Gras, Schnee-Marbel** Luzula nivea-Schneemarbel; Gras, Topfballen; einpflanzen						
	St	**€ brutto**	**2,0**	**2,5**	**2,8**	**3,4**	**4,0**
	KG 573	€ netto	1,7	2,1	2,3	2,8	3,3
71	**Kletterpflanze, Wilder Wein** Parthenocissus quinquefolia-Wilder Wein; Kletterpflanze, Topfballen, 4-6 Tr; Höhe 60-80cm; einpflanzen						
	St	**€ brutto**	**6,6**	**11,4**	**12,5**	**13,6**	**17,3**
	KG 573	€ netto	5,6	9,5	10,5	11,4	14,5

Kosten: Stand 3.Quartal 2024, Bundesdurchschnitt

LB 004 **Preise €**

Nr.	Kurztext / Stichworte Einheit / Kostengruppe		►	▷	brutto ø netto ø	◁	◄
72	**Kletterpflanze, Berg-Waldrebe** Clematis montana-Bergwaldrebe; Kletterpflanze, Topfballen, 4-6 Tr; Höhe 60-100cm; einpflanzen						
	St	**€ brutto**	**8,7**	**9,2**	**9,6**	**9,7**	**10,2**
	KG 573	€ netto	7,3	7,7	8,0	8,1	8,5
73	**Kletterpflanze, Efeu** Hedera Helix-Efeu; Kletterpflanze, 2xv, Topfballen; Höhe 60-100cm; einpflanzen						
	St	**€ brutto**	**3,9**	**6,2**	**6,7**	**6,8**	**9,1**
	KG 573	€ netto	3,2	5,2	5,7	5,7	7,7
74	**Wasserpflanzen liefern** Wasserpflanzen in Sorten; Topfballen; einpflanzen						
	St	**€ brutto**	**3,4**	**4,7**	**5,3**	**7,6**	**11,7**
	KG 583	€ netto	2,8	3,9	4,5	6,4	9,9
75	**Wasserpflanze, Teich-Simse** Scirpus lacustris-Teichsimse; Wasserpflanze, Topfballen P 0,5; einpflanzen						
	St	**€ brutto**	**2,7**	**3,1**	**3,5**	**3,7**	**4,1**
	KG 583	€ netto	2,2	2,6	2,9	3,1	3,4
76	**Wasserpflanze, Sumpfdotterblume** Caltha palustris-Sumpfdotterblume; Wasserpflanze, Topfballen P 0,5; einpflanzen						
	St	**€ brutto**	**2,7**	**3,5**	**4,0**	**4,2**	**4,8**
	KG 583	€ netto	2,3	3,0	3,4	3,5	4,1

LB 080						Preise €
Nr.	**Kurztext** / Stichworte **Einheit** / Kostengruppe	►	▷	**brutto ø** netto ø	◁	◄
1	**Asphaltbelag aufbrechen, entsorgen** Asphaltbelag aufbrechen; unbelastetes Bitumen, Unterbau; Tiefe bis 15cm, Breite 70-100cm; entsorgen					
	m² **€ brutto**	**29**	**31**	**32**	**34**	**39**
	KG 594 € netto	24	26	27	29	33
2	**Betonplatten, abbrechen, entsorgen** Plattenbelag aufnehmen; Beton, Sandbettung; 50x50x5cm, Bettung bis 10cm; laden, abfahren, entsorgen					
	m² **€ brutto**	**6,0**	**8,1**	**8,6**	**9,7**	**13,0**
	KG 594 € netto	5,0	6,8	7,2	8,2	11,0
3	**Betonpflaster aufnehmen, lagern** Pflasterdecke aufnehmen; Beton; Dicke 8cm; zur Wiederverwendung lagern; Förderweg bis 50m					
	m² **€ brutto**	**14**	**17**	**17**	**18**	**21**
	KG 594 € netto	12	14	14	15	18
4	**Treppen/Bordsteine/Kantensteine aufnehmen, entsorgen** Fertigteile aufnehmen; Betontreppen, Betonstein; sortenrein laden, entsorgen; Förderweg bis 50m					
	m **€ brutto**	**7,4**	**10,5**	**11,5**	**13,9**	**19,7**
	KG 594 € netto	6,2	8,9	9,7	11,7	16,5
5	**Schotter entsorgen** Tragschicht entsorgen; Schotter; Dicke bis 40cm; gelagertes Material, aufnehmen, entsorgen					
	m³ **€ brutto**	**25**	**30**	**33**	**36**	**40**
	KG 594 € netto	21	26	28	30	33
6	**Planum herstellen** Planum herstellen, befestigte Flächen; Auf- und Abtrag bis 5cm, Abweichung +/-2cm; Überschüssigen Boden abfahren					
	m² **€ brutto**	**0,9**	**1,2**	**1,3**	**1,5**	**1,9**
	KG 530 € netto	0,8	1,0	1,1	1,3	1,6
7	**Untergrund verdichten, Wegeflächen** Untergrund verdichten; DPr 100%, Abweichung +/-3cm					
	m² **€ brutto**	**0,8**	**1,3**	**1,5**	**1,9**	**2,6**
	KG 530 € netto	0,6	1,1	1,3	1,6	2,2
8	**Untergrund verdichten, Fundamente** Untergrund verdichten, Fundamente; Abweichung +/-2cm; verdichten, DPr 97%					
	m² **€ brutto**	**1,3**	**1,7**	**1,9**	**2,1**	**2,5**
	KG 530 € netto	1,1	1,4	1,6	1,7	2,1

LB 080 **Preise €**

Nr.	Kurztext / Stichworte Einheit / Kostengruppe		►	▷	brutto ø netto ø	◁	◄
9	**Lastplattendruckversuch** Lastplattendruckversuch; inkl. erf. Nebenarbeiten, Hilfsmittel						
	St	**€ brutto**	**226**	**274**	**290**	**332**	**438**
	KG 533	€ netto	190	230	244	279	368
10	**Frostschutzschicht, Schotter 0/16, bis 30cm** Frostschutzschicht; Schotter 0/16; Dicke bis 30cm; einbauen, verdichten						
	m²	**€ brutto**	**15**	**18**	**19**	**22**	**28**
	KG 530	€ netto	12	15	16	18	24
11	**Frostschutzschicht, Schotter 0/32, bis 30cm** Frostschutzschicht; Schotter 0/32; Dicke bis 30cm; einbauen, verdichten						
	m²	**€ brutto**	**16**	**21**	**23**	**24**	**30**
	KG 530	€ netto	13	18	19	20	25
12	**Frostschutzschicht, RCL 0/56, bis 30cm** Frostschutzschicht; Recyclingmaterial 0/56; Dicke 30cm; einbauen, verdichten; Fahr- und Parkstreifen; Bodenlegerarbeiten						
	m²	**€ brutto**	**12**	**16**	**17**	**19**	**23**
	KG 530	€ netto	10	13	15	16	19
13	**Frostschutzschicht, Kies 0/16, bis 30cm** Frostschutzschicht; Kies 0/16; Dicke bis 30cm; einbauen, verdichten						
	m²	**€ brutto**	**13**	**16**	**17**	**18**	**21**
	KG 530	€ netto	11	13	14	15	17
14	**Frostschutzschicht, Kies 0/45, bis 30cm** Frostschutzschicht; Kies 0/45; Dicke bis 30cm; profilgerecht einbauen, verdichten						
	m²	**€ brutto**	**14**	**18**	**20**	**25**	**34**
	KG 530	€ netto	11	15	16	21	28
15	**Tragschicht, Schotter 0/16, bis 30cm** Tragschicht; Schotter 0/16; Dicke bis 30cm, Abweichung +/-1,5cm; einbauen, verdichten, DPr mind. 95%						
	m²	**€ brutto**	**13**	**14**	**15**	**16**	**18**
	KG 530	€ netto	11	12	13	13	15
16	**Tragschicht, Schotter 0/32, bis 30cm** Tragschicht; Schotter 0/32; Dicke bis 30cm, Abweichung +/-1,5cm; einbauen, verdichten						
	m²	**€ brutto**	**17**	**19**	**20**	**22**	**24**
	KG 530	€ netto	14	16	17	18	20
17	**Tragschicht, Kies 0/16, bis 30cm** Tragschicht; Kies 0/16, frostbeständig; Dicke bis 30cm, Abweichung +/-2,0cm; einbauen, verdichten						
	m²	**€ brutto**	**15**	**16**	**16**	**17**	**18**
	KG 530	€ netto	12	14	14	14	15

LB 080							Preise €
Nr.	**Kurztext** / Stichworte **Einheit** / Kostengruppe		►	▷	**brutto ø** netto ø	◁	◄
18	**Tragschicht, Kies 0/45, bis 30cm** Tragschicht; Kies 0/45, frostbeständig; Dicke bis 30cm, Abweichung +/-2,0cm; einbauen, verdichten						
	m2	**€ brutto**	**15**	**19**	**21**	**22**	**25**
	KG 530	€ netto	13	16	18	19	21
19	**Tragschicht aus RCL-Schotter 0/32, bis 30cm** Tragschicht; Recyclingschotter 0/32; Dicke bis 30cm, Sollhöhe +/-1,5cm; einbauen, verdichten						
	m2	**€ brutto**	**13**	**15**	**15**	**17**	**18**
	KG 530	€ netto	11	12	13	14	15
20	**Tragschicht aus RCL-Schotter 0/45, bis 30cm** Tragschicht; Recyclingschotter 0/45; Dicke bis 30cm, Sollhöhe +/-1,5cm; einbauen, verdichten						
	m2	**€ brutto**	**14**	**16**	**17**	**17**	**19**
	KG 530	€ netto	12	14	14	15	16
21	**Rasentragschicht 0/16** Tragschicht Schotterrasen; Kies 0/16, frostbeständig; Ebenflächigkeit +/-2cm						
	m2	**€ brutto**	**13**	**14**	**16**	**20**	**24**
	KG 530	€ netto	11	12	13	17	20
22	**Rasentragschicht 0/32** Tragschicht Schotterrasen; Kies 0/32, frostbeständig; Ebenflächigkeit +/-2cm						
	m2	**€ brutto**	**15**	**18**	**19**	**21**	**24**
	KG 530	€ netto	13	15	16	17	20
23	**Schotterrasendeckschicht, 20cm** Schotterrasen herstellen; Schotter-Humus-Gemisch; Dicke 20cm; abwalzen, einsanden						
	m2	**€ brutto**	**16**	**21**	**25**	**32**	**41**
	KG 574	€ netto	13	17	21	27	34
24	**Asphalttragschicht, 10cm** Asphalttragschicht; Mischgut AC, 0/32; einbauen, verdichten						
	m2	**€ brutto**	**33**	**36**	**37**	**38**	**40**
	KG 530	€ netto	28	30	31	32	33
25	**Asphaltbinderschicht, 6cm** Asphaltbinderschicht BK 10; Mischgut AC16 B S, natürliche Körnung; Dicke 6cm						
	m2	**€ brutto**	**26**	**28**	**29**	**31**	**33**
	KG 530	€ netto	22	24	25	26	28

Kosten: Stand 3.Quartal 2024, Bundesdurchschnitt

LB 080 **Preise €**

Nr.	Kurztext / Stichworte Einheit / Kostengruppe		▶	▷	brutto ø netto ø	◁	◀
26	**Asphaltbetondeckschicht, 3,5cm** Asphaltdeckschicht; Mischgut AC11 D LW, natürliche Körnung						
	m²	€ brutto	**20**	**24**	**27**	**31**	**35**
	KG 530	€ netto	16	20	23	26	30
27	**Wassergebundene Decke** Wassergebundene Decke herstellen; Kies-Sand 0/3; Gefälle max. 3%, Dicke 2cm; verdichten; eingebaute Tragschicht						
	m²	€ brutto	**13**	**19**	**22**	**26**	**31**
	KG 531	€ netto	11	16	18	22	26
28	**Pflasterdecke, Beton mit Sickerfugen** Pflasterdecke mit Sickerfugen/Rasenfugenfüllung; Beton; Bettungsdicke 30-50mm; Splitt Gemisch vollständig verfüllen						
	m²	€ brutto	**35**	**48**	**52**	**59**	**67**
	KG 534	€ netto	30	40	44	49	57
29	**Versickerungsfähiges Pflaster, Beton, 15x15** Versickerungsfähiges Pflaster; Beton; 15x15x8cm; Halbsteinverband inkl. Splittbettung, einsanden						
	m²	€ brutto	**39**	**53**	**56**	**65**	**70**
	KG 530	€ netto	33	44	47	54	59
30	**Versickerungsfähiges Pflaster, Beton, 30x15** Versickerungsfähiges Pflaster; Beton; 30x15x8cm; Halbsteinverband inkl. Splittbettung, einsanden						
	m²	€ brutto	**44**	**55**	**59**	**67**	**76**
	KG 530	€ netto	37	46	50	56	64
31	**Versickerungsfähiges Pflaster, Doppel-T-Verbundstein, 20x16,5** Versickerungsfähiges Pflaster; Beton, Doppel-T-Verbundstein; 20x16,5cm, Dicke 8cm; Halbsteinverband inkl. Splittbettung, einsanden						
	m²	€ brutto	**29**	**38**	**41**	**46**	**50**
	KG 532	€ netto	24	32	34	39	42
32	**Haufenporiges Pflaster, Beton, 12,5x12,5** Haufenporiges Pflaster; Beton; 12,5x12,5cm, Dicke 8cm; Halbsteinverband inkl. Splittbettung, einsanden						
	m²	€ brutto	**24**	**32**	**35**	**39**	**42**
	KG 530	€ netto	20	27	29	33	36
33	**Haufenporiges Pflaster, Beton, 25x12,5** Haufenporiges Pflaster; Beton; 25x12,5cm, Dicke 8cm; Halbsteinverband inkl. Splittbettung, einsanden						
	m²	€ brutto	**27**	**36**	**38**	**43**	**47**
	KG 530	€ netto	23	30	32	36	40

LB 080 **Preise €**

Nr.	Kurztext / Stichworte Einheit / Kostengruppe		▶	▷	brutto ø netto ø	◁	◀
34	**Pflaster Beton, begrünbarer Fuge, 20x20** Pflasterstein, begrünbar; Beton; 20x20cm, Dicke 8cm, Fugenbreite 3cm; Halbsteinverband inkl. Splittbettung, einsanden						
	m²	**€ brutto**	**31**	**42**	**44**	**48**	**55**
	KG 530	€ netto	26	35	37	40	46
35	**Pflaster Beton, begrünbarer Fuge, 40x20** Pflasterstein, begrünbar; Beton; 40x20cm, Dicke 8cm, Fugenbreite 3cm; Halbsteinverband inkl. Splittbettung, einsanden						
	m²	**€ brutto**	**34**	**45**	**48**	**54**	**58**
	KG 530	€ netto	29	38	40	46	49
36	**Rasenfugenstein, Beton, 20x15** Rasenfugenstein; Beton; 20x15cm, Dicke 8cm, angeformte Abstandshalter 30mm; Halbsteinverband inkl. Splittbettung, einsanden						
	m²	**€ brutto**	**27**	**36**	**40**	**45**	**48**
	KG 530	€ netto	23	30	33	38	41
37	**Rasenfugenstein, Beton, 20x20** Rasenfugenstein; Beton; 20x20cm, Dicke 8cm, angeformte Abstandshalter 30mm; Halbsteinverband inkl. Splittbettung, einsanden						
	m²	**€ brutto**	**28**	**38**	**41**	**46**	**51**
	KG 530	€ netto	24	32	34	39	43
38	**Betonplatte, Beton, 40x40, mit extra großer Rasenfuge** Rasenfugenplatte; Beton; 40x40cm, Dicke 7cm, Rasenfuge mind. 5cm; Halbsteinverband inkl. Splittbettung, einsanden						
	m²	**€ brutto**	**27**	**37**	**40**	**45**	**50**
	KG 530	€ netto	23	31	34	38	42
39	**Naturwerksteinpflaster, begrünbarer Fuge, polygonal** Naturwerksteinpflaster, begrünbare Fuge; Granit; polygonal, Dicke 6cm; Fugenbreite mind. 5cm, Splittbett verlegen						
	m²	**€ brutto**	**56**	**75**	**80**	**88**	**98**
	KG 530	€ netto	47	63	67	74	82
40	**Rasengitterplatte, Beton, 19,5x19,5** Rasengitterplatte; Beton; 19,5x19,5cm, Dicke 8cm; mit mind. 40% begrünbarer Fläche, im Splittbett verlegen						
	m²	**€ brutto**	**26**	**36**	**39**	**43**	**47**
	KG 530	€ netto	22	30	33	36	39
41	**Rasengitterplatte, Beton, Steinformat Raute, 40x40** Rasengitterplatte; Beton; 40x40cm, Dicke 8cm, Format Raute; mit mind. 40% begrünbarer Fläche, im Splittbett verlegen						
	m²	**€ brutto**	**29**	**38**	**41**	**47**	**50**
	KG 530	€ netto	25	32	34	40	42

LB 080 **Preise €**

Nr.	Kurztext / Stichworte Einheit / Kostengruppe		▶	▷	brutto ø netto ø	◁	◀
42	**Rasenplatte, Kunststoff, 50x50** Rasenplatte; Verbund-Gitterplatte, Kunststoff; 50x50cm, Dicke 4cm; im Splittbett verlegen; Verkehrsfläche						
	m^2	**€ brutto**	**27**	**37**	**40**	**44**	**49**
	KG 534	€ netto	23	31	34	37	41
43	**Rasenplatte, Kunststoff-RCL, 50x40** Rasenplatte; Recyclings-Kunststoff; 50x40cm, Dicke 4cm; im Splittbett verlegen						
	m^2	**€ brutto**	**46**	**63**	**68**	**75**	**83**
	KG 534	€ netto	39	53	57	63	70
44	**Rasenplatte, Kunststoff-RCL, 60x40** Rasenplatte; Recyclings-Kunststoff; 60x40cm, Dicke 4cm; im Splittbett verlegen						
	m^2	**€ brutto**	**–**	**66**	**71**	**79**	**–**
	KG 534	€ netto	–	55	60	66	–
45	**Rasengitterplatte, Kunststoff-RCL, 40x40** Rasengitterplatte; Kunststoff; 40x40cm, Dicke 3,5cm; mind. 40% begrünbarer Fläche						
	m^2	**€ brutto**	**19**	**26**	**28**	**32**	**35**
	KG 534	€ netto	16	22	24	27	29
46	**Rasengitterplatte, SBR-Gummigranulat, 10x10x4,5** Rasengitterplatte; SBR-Gummigranulat; Raster 10x10cm, Dicke 4,5cm; mind. 40% begrünbarer Fläche						
	m^2	**€ brutto**	**43**	**60**	**64**	**72**	**79**
	KG 534	€ netto	36	50	54	60	66
47	**Rasengitterplatte, SBR-Gummigranulat, 10x10x5,5** Rasengitterplatte; SBR-Gummigranulat; Raster 10x10cm, Dicke 5,5cm; mind. 40% begrünbarer Fläche						
	m^2	**€ brutto**	**–**	**62**	**66**	**74**	**–**
	KG 534	€ netto	–	52	56	63	–
48	**Füllung, Begrünung des Rasengitters, Quarzsand, 5cm** Füllung Rasengitterplatte; 60% Quarzsand, 40% Humus, Sportrasen-Samen; Einbaustärke 5cm; inkl. Düngung						
	m^3	**€ brutto**	**64**	**84**	**93**	**106**	**115**
	KG 530	€ netto	54	71	79	89	97
49	**Füllung, Begrünung des Rasengitter, Splitt, 5cm** Füllung Rasengitterplatte; 60% Splitt, 40% Humus, Sportrasen-Samen; Einbaustärke 5cm; inkl. Düngung						
	m^3	**€ brutto**	**110**	**148**	**157**	**171**	**185**
	KG 530	€ netto	92	124	132	144	156

LB 080						Preise €
Nr.	Kurztext / Stichworte Einheit / Kostengruppe	▶	▷	brutto ø netto ø	◁	◀
50	**Füllung, Begrünung Rasengitter, Min.-org. Substrat, Mauerpfeffer** Füllung Rasengitterplatte; Mineralisch-organisches Substrat; Einbaustärke 5cm					
	m² € brutto	**24**	**32**	**35**	**39**	**42**
	KG 530 € netto	20	27	29	32	35
51	**Fugenverfüllung, Rasenfuge Betonpflastersteine** Fugenverfüllung Rasen; RSM 5.1 Parkplatzrasen; Vegetationstragschicht					
	m³ € brutto	**78**	**105**	**111**	**128**	**137**
	KG 530 € netto	65	88	93	108	115
52	**Pflasterklinkerbelag** Plattenbelag; Pflasterklinker; im Verband, inkl. Bettung, Fugen einschlämmen					
	m² € brutto	**69**	**114**	**133**	**140**	**157**
	KG 533 € netto	58	96	112	118	132
53	**Pflasterdecke, Granit, 8x8** Pflasterdecke; Granit; 8x8x8cm; im Mörtelbett, im Verband verlegen					
	m² € brutto	**105**	**123**	**135**	**142**	**155**
	KG 531 € netto	88	103	113	120	130
54	**Pflasterdecke, Granit, 10x10** Pflasterdecke; Granit; 10x10cm; im Mörtelbett, im Verband verlegen					
	m² € brutto	**123**	**154**	**160**	**164**	**186**
	KG 531 € netto	103	130	134	138	156
55	**Pflasterdecke, Granit, 11x11** Pflasterdecke; Granit; 11x11cm; im Mörtelbett, im Verband verlegen					
	m² € brutto	**136**	**170**	**190**	**202**	**236**
	KG 531 € netto	114	143	160	170	198
56	**Pflasterzeile, Granit gebraucht, einzeilig** Pflasterstreifen, Naturwerkstein; Granit gebraucht; einzeilig in Betonfundament C12/15; Inneneinrichtung					
	m € brutto	**39**	**47**	**47**	**50**	**55**
	KG 530 € netto	33	39	40	42	46
57	**Pflasterzeile, Granit, dreizeilig** Pflasterzeile, Naturwerkstein; Granit; 15x17x17cm; dreizeilig, im Mörtelbett					
	m € brutto	**56**	**67**	**72**	**79**	**99**
	KG 530 € netto	47	56	61	66	83

LB 080 **Preise €**

Nr.	Kurztext / Stichworte Einheit / Kostengruppe		▶	▷	brutto ø netto ø	◁	◀
58	**Pflasterzeile, Großsteinpflaster, Granit** Pflasterzeile, Naturwerkstein; Granit; 15x17x17cm; einzeilig, im Mörtelbett verlegen						
	m	€ brutto	**40**	**47**	**51**	**57**	**61**
	KG 530	€ netto	34	40	43	48	51
59	**Plattenbelag, Granit, 60x60** Bodenbelag, Naturwerkstein; Granit; 60x60cm, Dicke 5cm; barrierefrei, ungebunden in Brechsand-Splitt-Gemische 0/2, Bettungsdicke 3-5cm						
	m²	€ brutto	**102**	**124**	**130**	**140**	**160**
	KG 533	€ netto	86	104	109	117	135
60	**Plattenbelag, Basalt, 60x60** Bodenbelag, Naturwerkstein; Basalt; 60x60cm, Dicke 5cm; barrierefrei, ungebunden in Brechsand-Splitt-Gemische 0/2, Bettungsdicke 3-5cm						
	m²	€ brutto	**181**	**219**	**265**	**288**	**293**
	KG 533	€ netto	152	184	223	242	246
61	**Plattenbelag, Travertin, 60x60** Bodenbelag, Naturwerkstein; Travertin; 60x60cm, Dicke 5cm; barrierefrei, ungebunden in Brechsand-Splitt-Gemische 0/2, Bettungsdicke 3-5cm						
	m²	€ brutto	**156**	**171**	**186**	**195**	**238**
	KG 533	€ netto	131	144	156	164	200
62	**Plattenbelag, Sandstein, 60x60** Bodenbelag, Natursteinwerkstein; Sandstein; 60x60cm, Dicke 5cm; barrierefrei, ungebunden in Brechsand-Splitt-Gemische 0/2, Bettungsdicke 3-5cm						
	m²	€ brutto	**162**	**188**	**203**	**214**	**232**
	KG 533	€ netto	136	158	170	180	195
63	**Pflasterdecke, Betonpflaster** Pflasterdecke; Beton, Sandbettung 0/4; einlagig; verlegen, abrütteln; Wand/Decke; ohne Lieferung						
	m²	€ brutto	**40**	**46**	**49**	**53**	**60**
	KG 530	€ netto	34	39	41	44	51
64	**Betonplattenbelag, 40x40cm** Plattenbelag; Beton; 40x40cm; im Sandbett 0/4 verlegen, inkl. Abrütteln						
	m²	€ brutto	**49**	**70**	**77**	**86**	**103**
	KG 530	€ netto	41	59	65	73	86
65	**Betonplattenbelag, großformatig** Plattenbelag; Beton; Dicke bis 8mm; Brechsand-Splitt-Gemisch 0/5						
	m²	€ brutto	**82**	**96**	**103**	**109**	**121**
	KG 530	€ netto	69	81	87	92	101

LB 080 **Preise €**

Nr.	Kurztext / Stichworte Einheit / Kostengruppe	►	▷	brutto ø netto ø	◁	◄
66	**Terrassenbelag aus Beton, 50x25x5** Bodenbelag; Betonwerkstein; 50x25cm, Plattendicke 5cm, Bettungsdicke 40mm; ungebunden im Sandbett verlegen, Fugen verfüllen; Terrasse					
	m² € brutto	**69**	**91**	**97**	**115**	**119**
	KG 533 € netto	58	77	81	97	100
67	**Terrassenbelag aus Beton, 50x 25x8** Bodenbelag; Betonwerkstein; 50x25cm, Plattendicke 8cm, Bettungsdicke 40mm; ungebunden im Sandbett verlegen, Fugen verfüllen; Terrasse					
	m² € brutto	**77**	**106**	**114**	**134**	**139**
	KG 533 € netto	64	89	96	112	117
68	**Terrassenbelag aus Beton, 50x50x8** Bodenbelag; Betonwerkstein; 50x50cm, Plattendicke 8cm, Bettungsdicke 40mm; ungebunden im Sandbett verlegen, Fugen verfüllen; Terrasse					
	m² € brutto	**82**	**112**	**119**	**137**	**144**
	KG 533 € netto	69	94	100	115	121
69	**Terrassenbelag aus Beton, 60x30x8** Bodenbelag; Betonwerkstein; 60x30cm, Plattendicke 8cm, Bettungsdicke 40mm; ungebunden im Sandbett verlegen, Fugen verfüllen; Terrasse					
	m² € brutto	**73**	**102**	**109**	**127**	**135**
	KG 533 € netto	62	86	92	107	113
70	**Terrassenbelag aus Beton, 60x60x8** Bodenbelag; Betonwerkstein; 60x60cm, Plattendicke 8cm, Bettungsdicke 40mm; ungebunden im Sandbett verlegen, Fugen verfüllen; Terrasse					
	m² € brutto	**75**	**104**	**111**	**131**	**137**
	KG 533 € netto	63	87	93	110	115
71	**Traufe, Betonplatten** Traufplatte; Beton, Splittbettung 0/5; 50x50x7cm; ohne Lieferung					
	m € brutto	**11**	**14**	**15**	**16**	**19**
	KG 530 € netto	9,5	11,4	12,3	13,8	16,3
72	**Holzbelag Lärche** Terrassenbelag Holz; Lärche; mit Schrauben befestigen inkl. Unterkonstruktion					
	m² € brutto	**206**	**222**	**227**	**232**	**267**
	KG 533 € netto	173	186	191	195	224

Kosten: Stand 3.Quartal 2024, Bundesdurchschnitt

LB 080 **Preise €**

Nr.	Kurztext / Stichworte Einheit / Kostengruppe		►	▷	brutto ø netto ø	◁	◄
73	**Holzbelag Douglasie** Terrassenbelag Holz; Douglasie; mit Schrauben befestigen inkl. Unterkonstruktion						
	m²	**€ brutto**	**105**	**139**	**166**	**190**	**224**
	KG 533	€ netto	89	117	140	160	188
74	**Holzbelag Bangkirai** Terrassenbelag Holz; Bangkirai; mit Schrauben befestigen inkl. Unterkonstruktion						
	m²	**€ brutto**	**–**	**170**	**229**	**272**	**–**
	KG 533	€ netto	–	143	193	228	–
75	**Belag aus Holzpaneele 60x60** Bodenbelag, Holzpaneele; Kiefer, Kesseldruckimprägniert; Bretter Dicke 26mm, Breite 95mm, 60x60cm; splitterfrei verarbeiten, versiegeln						
	m²	**€ brutto**	**–**	**194**	**204**	**225**	**–**
	KG 533	€ netto	–	163	172	189	–
76	**Belag aus Holzpaneele 120x60** Bodenbelag, Holzpaneele; Kiefer, Kesseldruckimprägniert; Bretter Dicke 26mm, Breite 95mm, 120x60cm; splitterfrei verarbeiten, versiegeln						
	m²	**€ brutto**	**–**	**173**	**182**	**201**	**–**
	KG 533	€ netto	–	146	153	169	–
77	**Rippenplatte, 30x30x8, Rippenabstand 50x6, o. Fase, anthrazit** Rippenplatte; Beton, ohne Fase, trapezförmige Rippen; 30x30x8cm, Rippenabstand 50x6m; Fugenbreite max. 5mm; Überquerungsstellen						
	m²	**€ brutto**	**129**	**174**	**189**	**217**	**229**
	KG 531	€ netto	108	146	159	183	192
78	**Rippenplatte, 20x10x8, mit Fase, anthrazit** Rippenplatte; Beton, mit Fase, trapezförmige Rippen; 20x10x8cm, 2 Rippen Abstand 50mm; Fugenbreite max. 5mm; Überquerungsstellen						
	m	**€ brutto**	**109**	**147**	**158**	**184**	**195**
	KG 531	€ netto	92	124	133	154	164
79	**Noppenplatte, 30x30x8, 32 Noppen, mit Fase, Kegel, anthrazit** Noppenplatte; Beton, mit Fasse, Kegelstumpf; 30x30x8cm, 32 Noppen; Fugenbreite max. 5mm; Überquerungsstellen						
	m²	**€ brutto**	**126**	**172**	**183**	**217**	**225**
	KG 531	€ netto	106	144	154	183	189

LB 080						Preise €
Nr.	**Kurztext** / Stichworte **Einheit** / Kostengruppe	►	▷	**brutto ø** netto ø	◁	◄
80	**Noppenplatte, 20x10x8, 8 Noppen, mit Fase, Kegel, weiß** Noppenplatte; Beton, mit Fase, Kegelstumpf; 20x10x8cm, 32 Noppen; Fugenbreite max. 5mm; Überquerungsstellen					
	m^2 € brutto KG 531 € netto	**98** 82	**125** 105	**136** 114	**153** 129	**251** 211
81	**Leitstreifen, Betonsteinpflaster** Leitstreifen, Rechteckpflaster; Beton mit Minifaser; 10x10x8cm					
	m € brutto KG 531 € netto	**–** –	**480** 403	**558** 469	**658** 553	**–** –
82	**Pflastersteine schneiden, Beton** Pflastersteine schneiden; Beton; mit Diamanttrennscheibe; Schnittgut entsorgen					
	m € brutto KG 530 € netto	**14** 12	**20** 17	**23** 19	**25** 21	**31** 26
83	**Plattenbelag schneiden, Beton** Plattenbelag schneiden; Beton; Abweichung max. 0,5cm; Wand/Decke; entfernen, entsorgen					
	m € brutto KG 530 € netto	**19** 16	**24** 20	**25** 21	**27** 23	**32** 27
84	**Blockstufe, Beton, 15x35x100** Blockstufe; Betonfertigteil, C20/25, sandgestrahlt, Kanten gefast; 15x35x100cm; auf bauseitigem Fundament					
	St € brutto KG 544 € netto	**130** 109	**187** 157	**229** 192	**248** 208	**323** 271
85	**Blockstufe, Beton, 17x28x100** Blockstufe; Betonfertigteil, C30/37; 17x28x100cm; in Beton C12/15 versetzen					
	m € brutto KG 544 € netto	**131** 110	**169** 142	**188** 158	**209** 176	**254** 213
86	**Blockstufe, Naturwerkstein, Länge 100** Blockstufe; Naturwerkstein, gefast, Fundamentbeton C12/15; Länge 100cm, Bettung 20cm					
	m € brutto KG 544 € netto	**186** 156	**220** 185	**234** 197	**248** 208	**268** 225
87	**Blockstufe, Kontraststreifen Beton, 20x40x120** Blockstufe; Betonfertigteil, Kontraststreifen Beton; Stufe 20x40x120cm, Streifen 5x5/8x5cm; in Beton C20/25 versetzen; bauseitigem Fundament					
	m € brutto KG 544 € netto	**235** 198	**251** 211	**260** 219	**270** 227	**296** 248

LB 080 **Preise €**

Nr.	Kurztext / Stichworte Einheit / Kostengruppe		▶	▷	brutto ø netto ø	◁	◀
88	**Blockstufe, Kontraststreifen PVC, 20x40x120** Blockstufe; Betonfertigteil, Kontraststreifen PVC; Stufe 20x40x120cm, Streifen 4,3x2,2cm; in Beton C20/25 versetzen; bauseitigem Fundament						
	m	**€ brutto**	**–**	**209**	**222**	**255**	**–**
	KG 544	€ netto	–	175	187	215	–
89	**Winkelstufe, Beton, 17x28x100** Winkelstufe; Betonfertigteil, C30/37; 17x28x100cm; in Beton C12/15 versetzen						
	m	**€ brutto**	**188**	**223**	**249**	**260**	**294**
	KG 544	€ netto	158	187	209	218	247
90	**Winkelstufe, Kontraststreifen Beton, 20x36x120** Winkelstufe; Betonfertigteil, Kontraststreifen Beton; Stufe 20x36x120cm, Streifen 5x5/8x5cm; in Beton C20/25 versetzen; bauseitigem Fundament						
	m	**€ brutto**	**155**	**206**	**221**	**252**	**275**
	KG 544	€ netto	130	173	186	212	231
91	**Winkelstufe, Kontraststreifen PVC, 20x36x120** Winkelstufe; Betonfertigteil, Kontraststreifen PVC; Stufe 20x36x120cm, Streifen 4,3x2,2cm; in Beton C20/25 versetzen; bauseitigem Fundament						
	m	**€ brutto**	**145**	**181**	**191**	**212**	**233**
	KG 544	€ netto	122	152	161	178	196
92	**Legestufe, Kontraststreifen Beton, 8x40x120** Legestufe; Betonfertigteil, Kontraststreifen Beton; Stufe 8x40x120cm, Streifen 5x5/8x5cm; in Beton versetzen; bauseitigem Fundament						
	m	**€ brutto**	**173**	**226**	**243**	**272**	**302**
	KG 544	€ netto	145	190	204	229	253
93	**Legestufe, Kontraststreifen PVC, 8x40x120** Legestufe; Betonfertigteil, Kontraststreifen PVC; Stufe 8x40x120cm, Streifen 4,3x2,2cm; in Beton versetzen; bauseitigem Fundament						
	m	**€ brutto**	**152**	**199**	**211**	**239**	**262**
	KG 544	€ netto	128	167	178	201	220
94	**L-Stufe, Kontraststreifen Beton,15x38x80** Legestufe; Betonfertigteil, Kontraststreifen Beton; Stufe 15x38x80cm, Kontraststreifen 5x5/8x5cmcm; in Beton C20/25 versetzen; bauseitigem Fundament						
	m	**€ brutto**	**144**	**180**	**192**	**217**	**236**
	KG 544	€ netto	121	152	161	182	198

LB 080							Preise €
Nr.	**Kurztext** / Stichworte			**brutto ø**			
	Einheit / Kostengruppe	►	▷	netto ø	◁	◄	
95	**Bordstein, Naturwerkstein 15x25, L=100** Bordstein, Naturwerkstein; Granit; 15x25x100cm; in Beton setzen, Fugen aus dauerelastischem Fugenband						
	m	**€ brutto**	**52**	**62**	**66**	**72**	**76**
	KG 530	€ netto	44	52	55	61	64
96	**Bordstein, Naturwerkstein 18x25, L=100** Bordstein, Naturwerkstein; Granit; 18x25x100cm; in Beton setzen, Fugen aus dauerelastischem Fugenband						
	m	**€ brutto**	**58**	**66**	**70**	**80**	**84**
	KG 530	€ netto	48	56	59	67	71
97	**Bordstein, Naturwerkstein 30x25, L=100** Bordstein, Naturwerkstein; Granit; 30x25x100cm; in Beton setzen, Fugen aus dauerelastischem Fugenband						
	m	**€ brutto**	**63**	**73**	**79**	**86**	**91**
	KG 530	€ netto	53	61	66	73	77
98	**Bordstein, Beton, 12x15x25, L=50** Bordstein; Beton, naturgrau; 12x15x25cm, Länge 50cm; als Hochbord, in Beton setzen						
	m	**€ brutto**	**32**	**38**	**45**	**47**	**50**
	KG 530	€ netto	27	32	38	39	42
99	**Bordstein, Beton, 12x15x30, L=50** Bordstein; Beton, naturgrau; 12x15x30cm, Länge 50cm; als Hochbord, in Beton setzen						
	m	**€ brutto**	**33**	**40**	**46**	**51**	**58**
	KG 530	€ netto	28	34	38	43	49
100	**Bordstein, Beton, 12x18x30, L=50** Bordstein; Beton, naturgrau; 12x18x30cm, Länge 50cm; als Hochbord, in Beton setzen						
	m	**€ brutto**	**37**	**45**	**50**	**55**	**65**
	KG 530	€ netto	31	37	42	46	55
101	**Bordstein, Beton, 12x18x30, L=100** Bordstein; Beton, naturgrau; 12x18x30cm, Länge 100cm; als Hochbord, in Beton setzen						
	m	**€ brutto**	**38**	**49**	**53**	**60**	**74**
	KG 530	€ netto	32	41	45	51	62
102	**Bordstein, Beton, 8x25, L=50** Bordstein; Beton; 8x25cm, Länge 50cm; als Tiefbord, in Beton setzen; Wege-, Pflanzfläche- und Rasenfläche						
	m	**€ brutto**	**31**	**35**	**38**	**43**	**47**
	KG 530	€ netto	26	29	32	36	39

LB 080 **Preise €**

Nr.	Kurztext / Stichworte Einheit / Kostengruppe		►	▷	brutto ø netto ø	◁	◄
103	**Bordstein, Beton, 8x25, L=100** Bordstein; Beton; 8x25cm, Länge 100cm; als Tiefbord, in Beton setzen; Wege-, Pflanzfläche- und Rasenfläche						
	m	**€ brutto**	**33**	**38**	**41**	**45**	**53**
	KG 530	€ netto	27	32	34	38	44
104	**Bordstein, Beton, 10x25, L=50** Bordstein; Beton; 10x25cm, Länge 50cm; als Tiefbord, in Beton setzen; Wege-, Pflanzfläche- und Rasenfläche						
	m	**€ brutto**	**33**	**34**	**36**	**38**	**42**
	KG 530	€ netto	28	29	30	32	35
105	**Bordstein, Beton, 8x20** Bordstein; Beton; TB 8x20cm; als Tiefbord, in Beton setzen						
	m	**€ brutto**	**32**	**38**	**39**	**43**	**51**
	KG 530	€ netto	27	32	33	36	43
106	**Rasenbordstein, Kantstein, Beton** Kantstein, als Rasenbordstein; Beton, einseitig abgerundet/gefast; 10x25cm, Fundament 10-12cm; in Beton setzen						
	m	**€ brutto**	**29**	**40**	**42**	**46**	**52**
	KG 530	€ netto	25	34	35	38	44
107	**Tastbordstein, Beton, 25x20, L=100** Bordstein, Taststein; Beton, weiß; 25x20x100cm; zur Anpassung an Straßenabläufe, in Beton setzen						
	m	**€ brutto**	**103**	**136**	**149**	**175**	**182**
	KG 530	€ netto	87	114	125	147	153
108	**Übergangsbordstein, Beton, dreiteilig, 12x15x30, L=50** Bordstein, Übergangsbordstein; Weißbeton; 12x15x30cm, Länge 50cm; dreiteiliger Übergang zwischen Nullabsenkung und Hochbord						
	m	**€ brutto**	**89**	**116**	**124**	**136**	**147**
	KG 530	€ netto	75	98	104	114	124
109	**Übergangsbordstein, Beton, dreiteilig, 12x15x30, L=100** Bordstein, Übergangsbordstein; Weißbeton; 12x15x30cm, Länge 100cm; dreiteiliger Übergang zwischen Nullabsenkung und Hochbord						
	m	**€ brutto**	**120**	**142**	**160**	**182**	**190**
	KG 530	€ netto	101	120	135	153	160
110	**Weg-/Beeteinfassung, Aluminium, gerade** Weg-/Beetabgrenzung, gerades Profil; Aluminium; Höhe 100mm						
	m	**€ brutto**	**33**	**49**	**59**	**67**	**81**
	KG 530	€ netto	28	41	49	57	68

LB 080							Preise €
Nr.	**Kurztext** / Stichworte		**brutto ø**				
	Einheit / Kostengruppe	►	▷	netto ø	◁	◄	
111	**Weg-/Beeteinfassung, Aluminium, Bogen** Weg-/Beetabgrenzung, Bogenprofil; Aluminium; Höhe 100mm						
	m	**€ brutto**	**96**	**124**	**132**	**149**	**162**
	KG 530	€ netto	81	104	111	125	136
112	**Weg-/Beeteinfassung, Aluminium, Stoßverbinder** Weg-/Beetabgrenzung, Stoßverbinder; Aluminium; Höhe 90mm, Länge 100mm						
	St	**€ brutto**	**87**	**110**	**117**	**132**	**140**
	KG 530	€ netto	73	92	98	111	118
113	**Weg-/Beeteinfassung, Aluminium, Eckverbinder, Außenecke 90°** Weg-/Beetabgrenzung, Eckverbinder, Außeneck 90°; Aluminium; Höhe 90mm, Schenkellänge 75mm						
	St	**€ brutto**	**50**	**56**	**58**	**62**	**67**
	KG 530	€ netto	42	47	48	52	57
114	**Weg-/Beeteinfassung, Aluminium, Erdnagel** Weg-/Beetbegrenzung, Erdnagel; Aluminium; Länge 300mm; mit Lochstanzung						
	St	**€ brutto**	**26**	**34**	**36**	**39**	**43**
	KG 530	€ netto	22	28	30	33	36
115	**Weg-/Beeteinfassung, Cortenstahl, gerade** Weg-/Beetabgrenzung, gerades Profil; Cortenstahl; Höhe 100mm, Stärke 3mm						
	m	**€ brutto**	**53**	**65**	**74**	**86**	**106**
	KG 530	€ netto	45	54	62	72	89
116	**Weg-/Beeteinfassung, Cortenstahl, Profilverbinder** Weg-/Beetabgrenzung, Profilverbinder; Cortenstahl; Höhe 600mm, Länge 140mm, Stärke 3mm						
	St	**€ brutto**	**97**	**127**	**138**	**153**	**165**
	KG 530	€ netto	81	107	116	129	139
117	**Weg-/Beeteinfassung, Cortenstahl, Eckverbinder, Außenecke 90°** Weg-/Beetabgrenzung, Eckverbinder, Außeneck 90°; Cortenstahl; Höhe 105mm, Schenklänge 300mm, Stärke 3mm						
	St	**€ brutto**	**58**	**76**	**81**	**90**	**99**
	KG 530	€ netto	49	64	68	75	83
118	**Weg-/Beeteinfassung, Cortenstahl, Beton- und Erdanker** Weg-/Beetbegrenzung, Erdnagel; Cortenstahl; Höhe 60mm, Länge 300mm, Stärke 5mm						
	St	**€ brutto**	**19**	**23**	**25**	**28**	**30**
	KG 530	€ netto	16	19	21	23	26

Kosten: Stand 3.Quartal 2024, Bundesdurchschnitt

LB 080							Preise €
Nr.	**Kurztext** / Stichworte				**brutto ø**		
	Einheit / Kostengruppe		►	▷	netto ø	◁	◄
119	**Weg-/Beeteinfassung, 15x22, L=50**						
	Bordstein, Rollstuhl-Überfahrtstein; Beton, weiß, mit Fase; 15x22x50cm; in Beton C20/25 versetzen						
	m	**€ brutto**	**81**	**95**	**108**	**121**	**132**
	KG 530	€ netto	68	80	91	102	111
120	**Weg-/Beeteinfassung, 15x22, L=100**						
	Bordstein, Rollstuhl-Überfahrtstein; Beton, weiß, mit Fase; 15x22x100cm; in Beton C20/25 versetzen						
	m	**€ brutto**	**118**	**139**	**151**	**172**	**186**
	KG 530	€ netto	99	117	127	145	156
121	**Winkelstützmauerelement, Beton, Höhe 55**						
	Winkelstützelement; Stahlbetonfertigteil C30/37; Höhe 55cm, Breite 50cm Fußlänge 30cm; Betonbettung						
	m	**€ brutto**	**166**	**183**	**189**	**195**	**209**
	KG 543	€ netto	140	154	158	164	176
122	**Winkelstützmauerelement, Beton, Höhe 80**						
	Winkelstützelement; Stahlbetonfertigteil C30/37; Höhe 80cm, Breite 50cm Fußlänge 30cm; Betonbettung						
	m	**€ brutto**	**193**	**215**	**226**	**239**	**281**
	KG 543	€ netto	162	181	190	201	236
123	**Winkelstützmauerelement, Beton, Höhe 130**						
	Winkelstützelement; Stahlbetonfertigteil C30/37; Höhe 130cm, Breite 50cm Fußlänge 50cm; Betonbettung						
	m	**€ brutto**	**375**	**406**	**428**	**447**	**478**
	KG 543	€ netto	315	341	360	376	402
124	**Winkelstützmauerelement, Beton, Höhe 155**						
	Winkelstützelement; Stahlbetonfertigteil C30/37; Höhe 155cm, Breite 50cm Fußlänge 50cm; Betonbettung						
	m	**€ brutto**	**389**	**450**	**486**	**566**	**664**
	KG 543	€ netto	327	378	409	476	558
125	**Gabionen, 50x50x50**						
	Gabionen; Baustahldraht, Gestein frostbeständig; 50x50x50cm, Stärke 3,5mm, MW 10x10mm; händisch befüllen						
	St	**€ brutto**	**–**	**160**	**170**	**194**	**–**
	KG 543	€ netto	–	134	143	163	–
126	**Gabionen, 150x50x50**						
	Gabionen; Baustahldraht, Gestein frostbeständig; 150x50x50cm, Stärke 3,5mm, MW 10x10cm; händisch befüllen						
	St	**€ brutto**	**–**	**296**	**305**	**348**	**–**
	KG 543	€ netto	–	249	256	292	–

LB 080						Preise €
Nr.	**Kurztext** / Stichworte			**brutto ø**		
	Einheit / Kostengruppe	►	▷	netto ø	◁	◄
127	**Gabionen, 100x100x100**					
	Gabionen; Baustahldraht, Gestein frostbeständig; 100x100x100cm, Stärke 3,5mm, MW 10x10mm; händisch befüllen					
	St **€ brutto**	**–**	**524**	**552**	**646**	**–**
	KG 543 € netto	–	440	464	542	–
128	**Gabionen, 150x100x100**					
	Gabionen; in Beton setzen hochelastisch, Gestein frostbeständig; Drahtkorb 150x100x100cm, Stärke 3,5mm, MW 10x10cm; händisch befüllen					
	St **€ brutto**	**–**	**682**	**718**	**847**	**–**
	KG 543 € netto	–	573	604	712	–
129	**Gabionen, 200x50x50**					
	Gabionen; Baustahldraht, Gestein frostbeständig; 200x50x50cm, Stärke 3,5mm, MW 10x10cm; händisch befüllen					
	St **€ brutto**	**–**	**382**	**407**	**480**	**–**
	KG 543 € netto	–	321	342	403	–
130	**Gabionen, 200x100x100**					
	Gabionen; Baustahldraht, Gestein frostbeständig; 200x100x100cm, Stärke 3,5mm, MW 10x10cm; händisch befüllen					
	St **€ brutto**	**–**	**935**	**995**	**1.104**	**–**
	KG 543 € netto	–	786	836	928	–
131	**Gabionen, 300x50x50**					
	Gabionen; Baustahldraht, Gestein frostbeständig; 300x50x50cm, Stärke 3,5mm, MW 10x10cm; händisch befüllen					
	St **€ brutto**	**–**	**510**	**536**	**601**	**–**
	KG 543 € netto	–	428	451	505	–
132	**Trockenmauer als Stützwand - Bruchsteinmauerwerk**					
	Trockenmauer, Stützwand; Naturstein; Steinhöhe 2-20cm, Mauerhöhe 2,50m, Dicke über 50cm; Sichtflächen unbearbeitet					
	m **€ brutto**	**–**	**430**	**448**	**506**	**–**
	KG 543 € netto	–	362	377	426	–
133	**Trockenmauer als freistehende Mauer- Granitblöcke - Findlinge**					
	Trockenmauer, freistehend; Granitblöcke; Steindurchmesser bis 60cm, Mauerdicke über 50cm; Sichtflächen unbearbeitet					
	m **€ brutto**	**–**	**349**	**368**	**416**	**–**
	KG 543 € netto	–	294	309	349	–

LB 080 **Preise €**

Nr.	Kurztext / Stichworte Einheit / Kostengruppe		►	▷	brutto ø netto ø	◁	◄
134	**Naturwerksteinmauerwerk als Quadermauerwerk** Naturwerksteinmauerwerk; Mauermörtel Mg III; Dicke mind. 30cm, Höhe bis 3,00m; als Außenwand, einseitig sichtbar, spaltrau, fugen glätten						
	m	**€ brutto**	**195**	**308**	**362**	**428**	**530**
	KG 543	€ netto	164	259	304	359	445
135	**Naturwerksteinmauerwerk als Außenwand** Naturwerksteinmauerwerk; Mauermörtel Mg III; Dicke mind. 50cm, Höhe bis 2,00m; als Außenwand, einseitig sichtbar, spaltrau, fugen glätten						
	m	**€ brutto**	**206**	**253**	**278**	**301**	**348**
	KG 543	€ netto	173	212	234	253	293
136	**Speicherelement, Box Niederschlagswasser, 600 Liter** Speicherelement, Box; HPDE; 600l; befahrbar SLW 60						
	St	**€ brutto**	**1.024**	**1.366**	**1.485**	**1.648**	**1.782**
	KG 552	€ netto	861	1.148	1.248	1.385	1.497
137	**Speicherelement, Flachtank Niederschlagswasser, 600 Liter** Speicherelement, Flachtank; Glasfaserverstärktes Polypropylen; 600l						
	St	**€ brutto**	**–**	**1.075**	**1.143**	**1.281**	**–**
	KG 542	€ netto	–	903	961	1.076	–
138	**Speicherelement, Rigole, Niederschlagswasser, 420 Liter** Speicherelement, Rigole; Polypropylen PP; 420l; befahrbar SLW 60						
	St	**€ brutto**	**508**	**697**	**758**	**826**	**939**
	KG 552	€ netto	427	586	637	694	789
139	**Speicherelement, Sickertunnel, Niederschlagswasser, 300 Liter** Speicherelement, Sickertunnel; Polypropylen PP; 300l; befahrbar SLW 60						
	St	**€ brutto**	**–**	**461**	**506**	**547**	**–**
	KG 552	€ netto	–	387	425	460	–
140	**Speicherelement, Box Niederschlagswasser, 400 Liter** Speicherelement, Box; HPDE; 400l; befahrbar SLW 60						
	St	**€ brutto**	**–**	**1.053**	**1.120**	**1.210**	**–**
	KG 552	€ netto	–	885	941	1.017	–

E

Barrierefreies Bauen

Positionsverweise
Barrierefreies Bauen

Kurztext **Seite**

F

Brandschutz

Positionsverweise Brandschutz

Kurztext **Seite**

M

R

S

U

W

Anhang

Regionalfaktoren

Anhang

Regionalfaktoren

Diese Faktoren geben Aufschluss darüber, inwieweit die Baukosten in einer bestimmten Region Deutschlands teurer oder günstiger liegen als im Bundesdurchschnitt. Sie können dazu verwendet werden, die BKI Baukosten an das besondere Baupreisniveau einer Region anzupassen.
Hinweis: Alle Angaben wurden durch Untersuchungen des BKI weitgehend verifiziert. Dennoch können Abweichungen zu den angegebenen Werten entstehen. In Grenznähe zu einem Land-/Stadtkreis mit anderen Baupreisfaktoren sollte dessen Baupreisniveau mit berücksichtigt werden, da die Übergänge zwischen den Land-/Stadtkreisen fließend sind. Die Besonderheiten des Einzelfalls können ebenfalls zu Abweichungen führen.
Für die größeren Inseln Deutschlands wurden separate Regionalfaktoren ermittelt. Dazu wurde der zugehörige Landkreis in Festland und Inseln unterteilt. Alle Inseln eines Landkreises erhalten durch dieses Verfahren den gleichen Regionalfaktor. Der Regionalfaktor des Festlandes erhält keine Inseln mehr und ist daher gegenüber früheren Ausgaben verringert.

Regionalfaktoren Deutschland

	Landkreis / Stadtkreis	Regionalfaktor
A	Aachen, Städteregion	0,935
	Ahrweiler	0,985
	Aichach-Friedberg	1,085
	Alb-Donau-Kreis	1,040
	Altenburger Land	0,881
	Altenkirchen (Westerwald)	1,009
	Altmarkkreis Salzwedel	0,855
	Altötting	1,009
	Alzey-Worms	0,942
	Amberg, Stadt	1,075
	Amberg-Sulzbach	1,023
	Ammerland	0,823
	Amrum, Insel	1,278
	Anhalt-Bitterfeld	0,833
	Ansbach	1,080
	Ansbach, Stadt	1,108
	Aschaffenburg	1,103
	Aschaffenburg, Stadt	1,047
	Augsburg	1,049
	Augsburg, Stadt	1,239
	Aurich, Festlandanteil	0,732
	Aurich, Inselanteil	1,201
B	Bad Dürkheim	1,005
	Bad Kissingen	1,064

	Bad Kreuznach	0,972
	Bad Tölz-Wolfratshausen	1,225
	Baden-Baden, Stadtkreis	1,039
	Baltrum, Insel	1,201
	Bamberg	1,078
	Bamberg, Stadt	1,170
	Barnim	0,859
	Bautzen	0,889
	Bayreuth	1,080
	Bayreuth, Stadt	1,011
	Berchtesgadener Land	1,100
	Bergstraße	1,002
	Berlin, Stadt	1,128
	Bernkastel-Wittlich	1,070
	Biberach	1,052
	Bielefeld, Stadt	0,836
	Birkenfeld	1,053
	Bochum, Stadt	0,894
	Bodenseekreis	0,969
	Bonn, Stadt	0,918
	Borken	0,918
	Borkum, Insel	1,099
	Bottrop, Stadt	0,826
	Brandenburg an der Havel, Stadt	1,022
	Braunschweig, Stadt	0,697
	Breisgau-Hochschwarzwald	1,000
	Bremen, Stadt	0,937
	Bremerhaven, Stadt	0,914
	Burgenlandkreis	0,894
	Böblingen	1,127
	Börde	0,867
C	Calw	1,030
	Celle	0,876
	Cham	0,872
	Chemnitz, Stadt	0,850
	Cloppenburg	0,759
	Coburg	1,027
	Coburg, Stadt	1,098
	Cochem-Zell	1,035
	Coesfeld	0,921
	Cottbus, Stadt	0,971
	Cuxhaven	0,773
D	Dachau	1,227
	Dahme-Spreewald	0,930

	Darmstadt, Stadt	1,025
	Darmstadt-Dieburg	0,979
	Deggendorf	1,004
	Delmenhorst, Stadt	0,797
	Dessau-Roßlau, Stadt	0,854
	Diepholz	0,798
	Dillingen a.d. Donau	1,058
	Dingolfing-Landau	0,972
	Dithmarschen	1,063
	Donau-Ries	1,031
	Donnersbergkreis	0,957
	Dortmund, Stadt	0,770
	Dresden, Stadt	0,940
	Duisburg, Stadt	0,953
	Düren	0,955
	Düsseldorf, Stadt	0,940
E	Ebersberg	1,309
	Eichsfeld	0,931
	Eichstätt	1,056
	Eifelkreis Bitburg-Prüm	1,002
	Elbe-Elster	0,899
	Emden, Stadt	0,670
	Emmendingen	1,117
	Emsland	0,819
	Ennepe-Ruhr-Kreis	0,884
	Enzkreis	1,044
	Erding	1,132
	Erfurt, Stadt	0,902
	Erlangen, Stadt	1,137
	Erlangen-Höchstadt	1,022
	Erzgebirgskreis	0,912
	Essen, Stadt	0,871
	Esslingen	0,989
	Euskirchen	0,889
F	Fehmarn, Insel	1,171
	Flensburg, Stadt	0,797
	Forchheim	1,124
	Frankenthal (Pfalz), Stadt	0,881
	Frankfurt (Oder), Stadt	0,907
	Frankfurt am Main, Stadt	0,981
	Freiburg im Breisgau, Stadtkreis	1,166
	Freising	1,054
	Freudenstadt	1,017
	Freyung-Grafenau	1,018

	Friesland, Festlandanteil	0,810
	Friesland, Inselanteil	1,408
	Fulda	1,017
	Föhr, Insel	1,278
	Fürstenfeldbruck	1,218
	Fürth	1,045
	Fürth, Stadt	1,053
G	Garmisch-Partenkirchen	1,212
	Gelsenkirchen, Stadt	0,854
	Gera, Stadt	0,938
	Germersheim	1,021
	Gießen	0,964
	Gifhorn	0,834
	Goslar	0,796
	Gotha	0,880
	Grafschaft Bentheim	0,817
	Greiz	0,922
	Groß-Gerau	1,015
	Göppingen	1,009
	Görlitz	0,893
	Göttingen	0,902
	Günzburg	1,042
	Gütersloh	0,905
H	Hagen, Stadt	0,864
	Halle (Saale), Stadt	0,729
	Hamburg, Freie und Hansestadt	1,112
	Hameln-Pyrmont	0,819
	Hamm, Stadt	0,893
	Hannover, Region	0,900
	Harburg	0,951
	Harz	0,816
	Havelland	1,006
	Haßberge	1,095
	Heidekreis	0,881
	Heidelberg, Stadtkreis	1,092
	Heidenheim	1,001
	Heilbronn	0,990
	Heilbronn, Stadtkreis	0,990
	Heinsberg	0,953
	Helgoland, Insel	1,409
	Helmstedt	0,854
	Herford	0,863
	Herne, Stadt	0,951
	Hersfeld-Rotenburg	1,001

	Herzogtum Lauenburg	0,952
	Hiddensee, Insel	1,121
	Hildburghausen	0,863
	Hildesheim	0,820
	Hochsauerlandkreis	0,922
	Hochtaunuskreis	1,025
	Hof	1,074
	Hof, Stadt	1,101
	Hohenlohekreis	1,030
	Holzminden	0,782
	Höxter	0,902
I	Ilm-Kreis	0,893
	Ingolstadt, Stadt	1,109
J	Jena, Stadt	1,046
	Jerichower Land	0,862
	Juist, Insel	1,201
K	Kaiserslautern	0,933
	Kaiserslautern, Stadt	0,973
	Karlsruhe	0,961
	Karlsruhe, Stadtkreis	1,102
	Kassel	1,033
	Kassel, Stadt	0,946
	Kaufbeuren	1,114
	Kelheim	1,019
	Kempten (Allgäu)	1,112
	Kiel, Stadt	1,161
	Kitzingen	1,027
	Kleve	0,914
	Koblenz, Stadt	0,875
	Konstanz	1,052
	Krefeld, Stadt	0,841
	Kronach	1,146
	Kulmbach	1,096
	Kusel	0,933
	Kyffhäuserkreis	0,860
	Köln, Stadt	0,917
L	Lahn-Dill-Kreis	1,023
	Landau in der Pfalz, Stadt	0,984
	Landsberg am Lech	1,108
	Landshut	0,995
	Landshut, Stadt	1,075

	Langeoog, Insel	1,073
	Leer, Festlandanteil	0,744
	Leer, Inselanteil	1,099
	Leipzig	0,978
	Leipzig, Stadt	0,820
	Leverkusen, Stadt	0,848
	Lichtenfels	1,053
	Limburg-Weilburg	0,961
	Lindau (Bodensee)	1,090
	Lippe	0,886
	Ludwigsburg	1,088
	Ludwigshafen am Rhein, Stadt	1,053
	Ludwigslust-Parchim	0,925
	Lörrach	1,022
	Lübeck, Hansestadt	0,934
	Lüchow-Dannenberg	0,867
	Lüneburg	0,893
M	Magdeburg, Stadt	0,884
	Main-Kinzig-Kreis	0,996
	Main-Spessart	1,074
	Main-Tauber-Kreis	1,015
	Main-Taunus-Kreis	0,984
	Mainz, Stadt	0,986
	Mainz-Bingen	1,006
	Mannheim, Stadtkreis	1,073
	Mansfeld Südharz	0,898
	Marburg-Biedenkopf	0,985
	Mayen-Koblenz	0,989
	Mecklenburgische Seenplatte	0,915
	Meißen	0,913
	Memmingen	1,044
	Merzig-Wadern	0,943
	Mettmann	0,902
	Miesbach	1,271
	Miltenberg	1,128
	Minden-Lübbecke	0,826
	Mittelsachsen	0,925
	Märkisch-Oderland	0,908
	Märkischer Kreis	0,906
	Mönchengladbach, Stadt	0,913
	Mühldorf a. Inn	1,025
	Mülheim an der Ruhr, Stadt	0,879
	München	1,347
	München, Stadt	1,502
	Münster, Stadt	0,896

N	Neckar-Odenwald-Kreis	1,039
	Neu-Ulm	1,083
	Neuburg-Schrobenhausen	1,052
	Neumarkt i.d.OPf.	0,961
	Neumünster, Stadt	0,877
	Neunkirchen	0,950
	Neustadt a.d. Aisch-Bad Windsheim	1,088
	Neustadt a.d. Waldnaab	1,026
	Neustadt an der Weinstraße, Stadt	0,967
	Neuwied	0,917
	Nienburg (Weser)	0,777
	Norderney, Insel	1,201
	Nordfriesland, Festlandanteil	1,105
	Nordfriesland, Inselanteil	1,278
	Nordhausen	0,851
	Nordsachsen	0,902
	Nordwest-Mecklenburg, Inselanteil	1,219
	Nordwestmecklenburg, Festlandanteil	0,964
	Northeim	0,887
	Nürnberg, Stadt	1,066
	Nürnberger Land	1,120
O	Oberallgäu	1,070
	Oberbergischer Kreis	0,869
	Oberhausen, Stadt	0,871
	Oberhavel	0,992
	Oberspreewald-Lausitz	0,932
	Odenwaldkreis	0,973
	Oder-Spree	0,942
	Offenbach	0,972
	Offenbach am Main, Stadt	0,962
	Oldenburg	0,849
	Oldenburg (Oldb), Stadt	0,823
	Olpe	0,986
	Ortenaukreis	0,987
	Osnabrück	0,855
	Osnabrück, Stadt	0,799
	Ostalbkreis	1,049
	Ostallgäu	1,059
	Osterholz	0,870
	Ostholstein, Festlandanteil	0,919
	Ostholstein, Inselanteil	1,171
	Ostprignitz-Ruppin	0,917

P	Paderborn	0,910
	Passau	0,948
	Passau, Stadt	1,051
	Peine	0,806
	Pellworm, Insel	1,278
	Pfaffenhofen a.d. Ilm	1,054
	Pforzheim, Stadtkreis	1,008
	Pinneberg, Festlandanteil	0,975
	Pinneberg, Inselanteil	1,409
	Pirmasens, Stadt	0,993
	Plön	0,966
	Poel, Insel	1,219
	Potsdam, Stadt	1,063
	Potsdam-Mittelmark	0,948
	Prignitz	0,818
R	Rastatt	0,998
	Ravensburg	1,004
	Recklinghausen	0,854
	Regen	0,937
	Regensburg	1,005
	Regensburg, Stadt	1,094
	Rems-Murr-Kreis	1,048
	Remscheid, Stadt	0,885
	Rendsburg-Eckernförde	0,966
	Reutlingen	1,018
	Rhein Erft Kreis	0,905
	Rhein-Hunsrück-Kreis	1,018
	Rhein-Kreis Neuss	0,885
	Rhein-Lahn-Kreis	1,048
	Rhein-Neckar-Kreis	1,041
	Rhein-Pfalz-Kreis	0,996
	Rhein-Sieg-Kreis	0,970
	Rheingau-Taunus-Kreis	1,050
	Rheinisch-Bergischer Kreis	0,920
	Rhön-Grabfeld	1,107
	Rosenheim	1,229
	Rosenheim, Stadt	1,199
	Rostock	0,946
	Rostock, Stadt	0,964
	Rotenburg (Wümme)	0,763
	Roth	1,116
	Rottal-Inn	0,990
	Rottweil	0,962
	Rügen, Insel	1,121

S	Saale-Holzland-Kreis	0,872
	Saale-Orla-Kreis	0,840
	Saalekreis	0,866
	Saalfeld-Rudolstadt	0,945
	Saarbrücken, Regionalverband	0,951
	Saarlouis	0,963
	Saarpfalz-Kreis	0,976
	Salzgitter, Stadt	0,809
	Salzlandkreis	0,806
	Schaumburg	0,781
	Schleswig-Flensburg	0,882
	Schmalkalden-Meiningen	0,983
	Schwabach, Stadt	1,075
	Schwalm-Eder-Kreis	0,984
	Schwandorf	0,979
	Schwarzwald-Baar-Kreis	0,936
	Schweinfurt	1,119
	Schweinfurt, Stadt	1,041
	Schwerin, Stadt	1,100
	Schwäbisch Hall	0,958
	Segeberg	0,935
	Siegen-Wittgenstein	0,932
	Sigmaringen	1,012
	Soest	0,873
	Solingen, Stadt	0,889
	Sonneberg	0,888
	Speyer, Stadt	1,078
	Spiekeroog, Insel	1,073
	Spree-Neiße	0,735
	St. Wendel	0,984
	Stade	0,827
	Starnberg	1,302
	Steinburg	0,959
	Steinfurt	0,879
	Stendal	0,698
	Stormarn	0,952
	Straubing, Stadt	1,272
	Straubing-Bogen	1,015
	Stuttgart, Stadtkreis	1,108
	Suhl, Stadt	0,826
	Sylt, Insel	1,278
	Sächsische Schweiz-Osterzgebirge	0,992
	Sömmerda	0,912
	Südliche Weinstraße	1,002
	Südwestpfalz	0,999

T	Teltow-Fläming	0,936
	Tirschenreuth	1,081
	Traunstein	1,126
	Trier, Stadt	1,101
	Trier-Saarburg	1,106
	Tuttlingen	1,018
	Tübingen	1,064
U	Uckermark	0,922
	Uelzen	0,844
	Ulm, Stadtkreis	1,086
	Unna	0,901
	Unstrut-Hainich-Kreis	0,833
	Unterallgäu	1,022
	Usedom, Insel	1,061
V	Vechta	0,850
	Verden	0,809
	Viersen	0,930
	Vogelsbergkreis	0,982
	Vogtlandkreis	0,906
	Vorpommern-Greifswald, Festlandanteil	0,999
	Vorpommern-Greifswald, Inselanteil	1,061
	Vorpommern-Rügen, Festlandanteil	0,932
	Vorpommern-Rügen, Inselanteil	1,121
	Vulkaneifel	0,974
W	Waldeck-Frankenberg	0,980
	Waldshut	1,035
	Wangerooge, Insel	1,408
	Warendorf	0,898
	Wartburgkreis	0,888
	Weiden i.d.OPf., Stadt	1,052
	Weilheim-Schongau	1,144
	Weimar, Stadt	1,182
	Weimarer Land	0,904
	Weißenburg-Gunzenhausen	1,060
	Werra-Meißner-Kreis	0,997
	Wesel	0,938
	Wesermarsch	0,830
	Westerwaldkreis	1,010
	Wetteraukreis	0,989
	Wiesbaden, Stadt	0,968
	Wilhelmshaven, Stadt	0,843
	Wittenberg	0,773
	Wittmund, Festlandanteil	0,763

Wittmund, Inselanteil	1,073
Wolfenbüttel	0,864
Wolfsburg, Stadt	0,851
Worms, Stadt	0,992
Wunsiedel i. Fichtelgebirge	1,077
Wuppertal, Stadt	0,847
Würzburg	1,127
Würzburg, Stadt	1,172

Z

Zingst, Insel	1,121
Zollernalbkreis	1,013
Zweibrücken, Stadt	0,994
Zwickau	0,936

Regionalfaktoren Österreich

Bundesland	Korrekturfaktor
Kärnten	1,105
Niederösterreich	1,043
Oberösterreich	1,128
Salzburg	1,098
Steiermark	1,116
Tirol	1,043
Vorarlberg	1,100
Wien	1,123

Regionalfaktoren für den Europa-Raum

Land	Korrekturfaktor
Albanien	0,324
Belgien	0,640
Bosnien und Herzegowina	0,303
Bulgarien	0,415
Dänemark	0,848
Deutschland	1,000
Estland	0,511
Finnland	0,884

Frankreich	0,754
Griechenland	0,473
Irland	0,687
Island	0,833
Italien	0,571
Kroatien	0,341
Lettland	0,528
Litauen	0,476
Luxemburg	0,836
Malta	0,563
Mazedonien	0,336
Montenegro	0,370
Niederlande	0,810
Norwegen	0,889
Österreich	1,101
Polen	0,448
Portugal	0,458
Rumänien	0,367
Schweden	0,988
Schweiz	1,078
Serbien	0,383
Slowakei	0,497
Slowenien	0,452
Spanien	0,526
Tschechien	0,508
Türkei	0,320
Ungarn	0,442
Zypern	0,480